Landscape Environmental Ecology

경관환경생태학

구본학 저

문운당

머리말

기후변화와 생태환경의 시대, 인류는 기후위기와 생물다양성의 위기를 극복하고 지속가능한 공동의 미래를 위한 시급하고 실천적인 노력을 강요받고 있다.

저자는 아직 학문적 성취가 일천하고 생태환경에 대한 고민이 부족한 상태에서 두려움으로 [환경생태학]을 처음 세상에 내놓아 생태계의 기본 원리를 이해하고 환경문제에 대응하기 위한 이론적 틀을 제시한 바 있으며, 이후 10년의 시간이 흘러 기후변화, 탄소중립, 생물다양성 등의 잇슈가 더욱 강조되고 지속가능발전을 위한 인류 공동의 노력들이 환경생태학의 변화를 요구하고 있다.

또한 환경생태학과는 다른 시각에서 경관을 생태적으로 해석하고 진단하며 대응하기 위한 학술적 이론을 담은 경관생태 이론의 필요성이 강조되고 있다.

이에 더 진전된 환경생태 연구 성과와 이론을 담고 경관의 기본적인 구조와 기능과 변화에 대한 기초 이론을 모아 [경관환경생태학]이라는 이름으로 다시 내 놓으면서, [환경생태학]을 처음 세상에 내 놓을 때의 설레임과 두려움, 그리고 더 큰 책임감과 기대감들이 가슴을 떨게 한다.

이 책은 생태학의 기초 이론을 바탕으로 생태환경문제와 경관의 구조와 기능을 진단하고 해결하기 위하여 무엇을 할 것인가에 대한 논의를 담고 있다.

제I편(Part I)에서는 생태학의 기초 이론을 다루고 있다.

제1장에서는 생태학과 생태계의 용어와 개념, 생태계 구성 요소 및 속성 등 기본적 용어와 개념을 설명하였다. 또한 생물과 환경을 주제로, 제한요인과 내성범위, 생육영향 요인 등 생태계의 기초적인 개념과 생육에 영향을 미치는 환경요인을 살펴보았다.

제2장에서는 생태계의 기본 기능인 에너지 흐름과 물질순환을 이해하기 위하여, 영양단계와 먹이연쇄, 광합성과 호흡, 생산량, 그리고 탄소와 질소 등 주요 원소에 대한 물질순환 등을 다루고 있다.

제3장은 개체군 및 군집 수준에서의 생태계 특성을 이해하기 위한 기본적 이론을 담고 있으며, 개체군과 성장, 개체군 상호작용, 군집의 유형과 구조, 층위와 생태적 지위, 군집변화 등의 내용으로 구성하였다.

제4장은 여러 가지 생태계 유형으로서 육상생태계의 생물권과 생태권역, 담수생태계, 연안생태계, 기수생태계 등 수생태계의 특성을 각각 설명하였고, 특히 우리나라에서만 볼 수 있는 백두산, 제주도 한라산, 비무장지대, 논습지 등 우리나라 고유의 독특한 생태계의 특성을 설명하였다.

제II편(Part II)은 생태환경과 경관에 대한 실천적 방법론과 국제적 노력을 담고 있다.

제5장은 생태계가 제공하는 생태계 기능과 현명한 이용, 생태계서비스의 개념 및 정의, 유형 및 구성 요소, 생태계서비스 평가 등으로 나누어 설명하고 있다.

제6장은 글로벌리스크와 생태환경문제를 진단하고 대응하기 위한 전략으로서, 생물다양성과 기후변화 및 생태계 보전에 대한 문제와 해결을 위한 범지구적 노력을 글로벌리스크와 지구생태용량 초과의 날, 생태환경문제와 지구환경문제에 대응하기 위한 국제협력, 환경과 환경지표, 수환경, 대기환경 등으로 구분하여 설명하였다.

제7장은 현대 가장 심각한 환경위기인 기후위기와 생물다양성을 다루고 있다. 기후위기와 탄소중립과 관련하여 지구온난화, 기후변화 대응과 온실가스 감축, 자연기반해법 등을 설명하고, 생물다양성과 생태계보전과 관련한 생물다양성 보전과 훼손, 환경포텐셜을 설명하였다.

제8장은 경관생태학의 기초개념인 경관구조와 기능, 패치와 코리도, 매트릭스, 비오톱 등을 설명하였다.

이 책을 통해 건강한 생태계와 건강한 인류를 보장하기 위한 국제적, 국가적 노력에 바탕을 두고 생태환경의 미래를 진단하고 현안 과제와 앞으로의 연구과제를 제안하였다.

특히 생태학의 기초 이론과 원리에서 수준높은 연구성과에 이르기까지 다양한 학술이론과 연구실천 성과를 담고자 노력하였다.

학부 및 대학원생들은 생태계 구조와 기능 및 형성과정 등에 대한 학술적 이론과 실천적 과제에 대한 단서를 찾을 수 있을 것이고, 실무자들에게는 생태문제의 진단과 해결 방안, 일반인에게는 일상생활을 통해 접근할 수 있는 생태적 원리와 응용 등을 이해할 수 있을 것이다.

이 책이 이렇게 멋지게 나오기까지 몸을 사리지 않고 밤새워 자료를 정리하고 귀한 그림을 일일이 그려준 GIS/SMART 환경생태계획연구실 연구원들의 헌신적 도움에 감사드리며, 멋진 책으로 완성시켜 주신 문운당 관계자들에게도 깊은 감사를 드린다.

여전히 부족하다는 아쉬움은 남지만, 앞으로 더 많은 연구와 노력을 통해 독자들의 질책을 수용하여 더 알찬 내용으로 발전시킬 것을 약속드린다.

2025년 3월

태조산 안서골과 북악산 자하골을 오가는 길목에서

구 본 학

ecoculture9@gmail.com

차례

PART 01 생태학 기초이론

1장

생태계와 환경요인

2장

에너지흐름과 물질순환

3장

개체군과 군집

4장

여러가지 생태계

PART 02 생태환경과 경관

5장

생태 기능과 생태계서비스

6장

글로벌리스크와 생태환경문제

7장

기후위기와 생물다양성

8장

경관생태

PART 1

생태학 기초이론

1. 생태계와 환경요인
2. 에너지흐름과 물질순환
3. 개체군과 군집
4. 여러가지 생태계

7장

기후위기와 생물다양성

1절 기후위기와 탄소중립

1. 기후위기와 지구온난화

[1] 기후변화와 기후위기

기후변화(climate change)란 인간의 활동에 의한 온실효과와 화산폭발로 인한 성층권 에어로졸의 증가 등의 자연적인 원인에 의한 효과를 포함하는 전체 자연의 평균 기후 변동을 의미한다. 기후변화에 관한 정부간 패널(IPCC)에서는 '장기간 지속되면서, 기후의 평균상태나 그 변동 속에서 통계적으로 의미있는 변동으로서 인간행위로 인한 것이든 자연적인 변동이든 시간의 경과에 따른 기후의 변화'라고 정의하였다.

또한 기후변화협약(UNFCCC)에서는 '전 지구 대기의 조성을 변화시키는 인간의 활동이 직접적 또는 간접적으로 원인이 되어 일어나고, 충분한 기간동안 관측된 자연적인 기후변동성에 추가하여 일어나는 기후의 변화(직접적 또는 간접적으로 전체 대기의 성분을 바꾸는 인간활동에 의한, 그리고 비교할 수 있는 시간 동안 관찰된 자연적 기후변동을 포함한 기후의 변화)'라고 정의한 바 있다(표 44).

표 44 기후변화의 정의

구 분	정 의
일반적 정의	인간의 활동에 의한 온실효과와 화산폭발로 인한 성층권 에어로졸의 증가 등의 자연적인 원인에 의한 효과를 포함하는 전체 자연의 평균 기후 변동
IPCC의 정의	장기간 지속되면서, 기후의 평균 상태나 그 변동 속에서 통계적으로 의미있는 변동으로서 인간 행위로 인한 것이든 자연적인 변동이든 시간의 경과에 따른 기후의 변화
UNFCCC (기후변화협약) 에 의한 정의	전 지구 대기의 조성을 변화시키는 인간의 활동이 직접적 또는 간접적으로 원인이 되어 일어나고, 충분한 기간 동안 관측된 자연적인 기후변동성에 추가하여 일어나는 기후의 변화. (직접적 또는 간접적으로 전체 대기의 성분을 바꾸는 인간 활동에 의한, 그리고 비교할 수 있는 시간동안 관찰된 자연적 기후 변동을 포함한 기후의 변화)

이 책에서는 일시적이고 단기적인 기상상태를 기상(weather) 또는 일기(climate)라고 정의하고, 장기간의 기상상태 즉 기후시스템의 상태를 기후라고 정의한다. 기후변화란 이러한 장기적인 기후시스템이 변화하는 것을 의미하며, 단기간의 이상기온이나 변동은 기후변화라고 하지 않는다(표 45).

표 45 기후변화 관련 용어

기후 용어	의 미
기상, 일기(weather)	단기간의 기상상태(conditions)
기후(climate)	장기간의 평균(average) 기상 상태 기후시스템의 상태
기후시스템 (기후계)	대기(atmosphere), 수권(hydrosphere), 빙권(cryosphere), 육지표면(land surface), 생물권(biosphere)이 주요소이며, 이들 간의 상호작용으로 이루어진 복잡한 시스템
기후변화	기후시스템이 변하는 것

[2] 지구온난화

"지구온난화는 논란의 여지가 없을 정도로 명백하다(unequivocal)"

지구온난화(global warming)에 대한 전문가들 사이의 논란이 지속되어 온 바, IPCC 4차보고서(AR4)에서 이렇게 선언하여 논란을 끝내게 되었다. 아직도 일부에서는 온난화를 인정하지 않는 학자들도 있지만 대체로 다양한 증거를 통해 온난화가 진행되고 있다는데 동의하고 있다. IPCC 5차보고서(AR5, 2013)에서는 다음과 같이 선언하였다(그림 246).

"기후위기는 위해(hazard)요소와 취약성(vulnerability), 기후노출(exposure)의 상호관계에 따라 발생하고 인간과 자연계에 영향을 미친다."

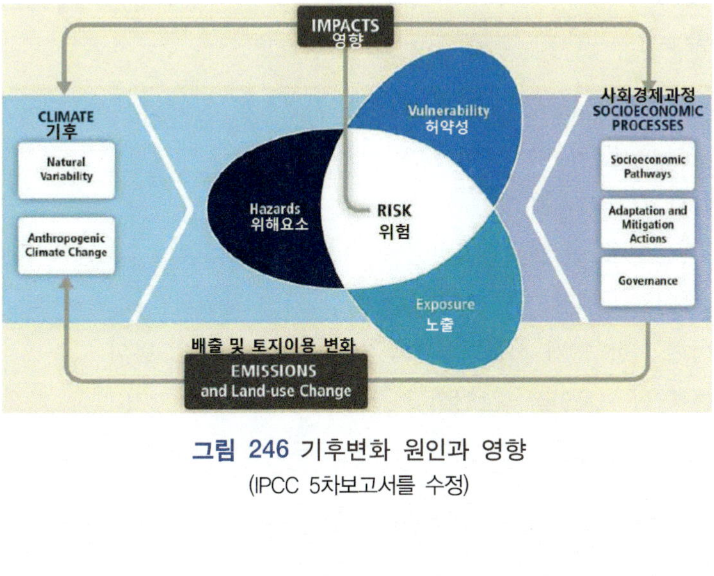

그림 246 기후변화 원인과 영향
(IPCC 5차보고서를 수정)

지구온난화는 화석연료의 연소, 기타 원인으로 온실개스의 농도가 증가되어 온실효과가 과도하게 발생하여 지구의 온도가 지나치게 상승하는 현상을 말한다. 태양광선이 대기를 통과하여 지구 표면을 데우며 이때 발생한 복사열(파장이 긴 적외선)이 지구 밖으로 방출되지 못하고 대기 중의 이산화탄소를 비롯한 온실가스에 차단되어 기온이 상승하게 된다.

지구온난화의 원인은 우선 인구증가와 산업화에 따른 화석연료 사용량이 급증한데 있으며, 산림파괴로 인한 CO_2 흡수원 소실, 가축 분뇨 등에 의한 이산화탄소 및 메탄 등이 과다하게 배출된 것도 중요한 원인이 되고 있다. 여기에 산업화로 인한 오염원 배출 등도 원인이 된다. 그 외에도 태양 복사량의 변동, 해양의 이산화탄소 흡수능력, 수증기량의 변화, 극지방 빙하의 변화, 대기오염에 의한 영향(에어로졸), 메탄 방출량 증가 등도 원인으로 꼽힌다.

IPCC 4차보고서(AR-4, 2007)에서는 인간활동이 지구온난화의 주범이라고 결론을 내리면서, 기후변화모델에 의한 예측값과 실제 관측값을 비교한 바 있다. 그림 247에 나타난 바와 같이 화산활동이나 태양광 등 자연적 변수만을 고려했을 때는 관측값에서 크게 벗어났으나 인간활동을 포함한 모델로 예측했을 때는 관측값과 거의 일치하는 것을 알 수 있다.

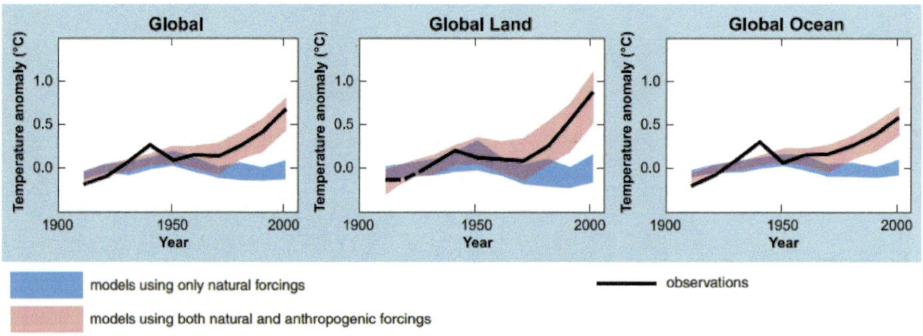

그림 247 기온변화모델에 의한 예측과 관측값
(자료:IPCC, 2007)

■ 모델 설명

- 검은색 실선: 1906~2005년 관측된 10년 평균치
  1901~1950년 평균과 비교하여 온도 차이 산출
  매 10년 단위로 나타냄
- 검은색 파선:관측 면적이 전체의 50% 미만인 기간
- 짙은회색 영역 : 태양 활동과 화산에 의한 자연 강제력만을 고려
  5개 모델에 의한 19개 시뮬레이션의 5~95%가 포함되는 범위
- 옅은회색 영역 : 자연적 및 인위적 복사강제력을 모두 고려
  14개 모델에 의한 58개 시뮬레이션의 5~95%가 포함되는 범위

IPCC 보고서에서도 온실가스 및 인위적 강제력에 의해 표면 온도 변화가 발생하였다고 보고하고 있다(그림 248). 이와 같이 지구온난화는 결국 인간의 활동에서 기인한 것이라고 결론 내릴 수 있다.

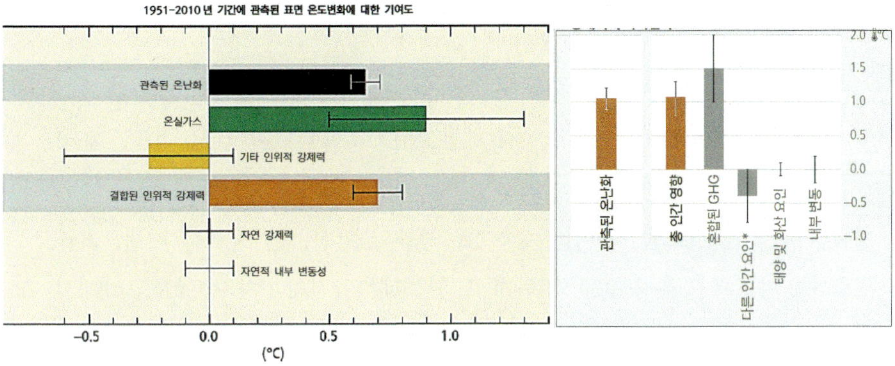

그림 248 표면온도변화 기여도 (왼쪽: 5차보고서, 오른쪽: 6차보고서)
(자료: IPCC, 2023)

이러한 지구온난화로 인한 영향은 광범위하게 미치고 있다.

- **식량생산의 변화**: 단기적으로는 광합성과 상대성장률이 일시적으로 증가하는 현상이 나타난 일시적으로는 바이오매스량이 증가될 수 있으나 장기적으로는 토양유기물 함량이 감소되고 비옥도 저하. 농작물 생육한계선 달라짐
- **수자원 변화**: 단기간의 집중 강우 현상과 더불어 강수량 감소, 일부 지역 물 부족. 유출량은 습윤지역 및 고위도 지역에서는 증가하고, 중위도 건조지역에서는 감소.
- **생태계**: 대기 중 이산화탄소 농도 증가로 생태계 구조와 기능, 종의 상호 작용과 관련하여 다양한 부정적 결과 초래
- **식생대의 변화 및 생물다양성 감소**: 기후대 변화 등으로 적응력 떨어지는 일부 생물 종 멸종. 연평균 2℃ 상승 시 남부해안지역에서 자생하는 동백나무가 중부내륙지역 생육가능
- **숲의 구조변화**: 기온상승시 토양과 유기물 분해속도가 빨라져 탄소배출량 증가
- **극한 날씨 빈도 및 강도 증가**: 홍수, 가뭄, 태풍, 산불
- **극지방의 얼음이 녹아 수면 상승**: 빙하가 모두 녹으면 약 60m가량 해면 상승하여 주요 해안도시 물에 잠기며, 2030년 까지 1℃상승 가정하면 극지의

빙하가 녹아 수위 10~200cm 상승 예측

- 재해 발생 증가: 산불, 산사태, 아열대성 산림 병충해 발생
- 생물계절과 다양성 변화: 꽃피는 시기, 곤충류 생활패턴 변화
- 사막화 촉진
- 인류의 건강 위협: 전염병 창궐 및 변형 전염병 발생

■기후위기 골든타임

2023년 정부간협의체(IPCC) '제6차 평가보고서 종합보고서(AR6, The Sixth Assessment Report)'는 기후변화 위험이 더욱 심화하였다고 평가하고 있다(그림 249). 6차 종합보고서는 5가지 지표(위협받는 시스템, 특이 기상현상, 영향의 확산, 전 지구적 피해, 대규모 특이 현상)에서 위험 · 영향 '매우 높음'으로 기록하고 있는데, 이전의 5차 종합보고서에서 '고유 시스템 위협'만 매우 높음으로 평가된 점과 비교하면 매우 심각한 상황이다.

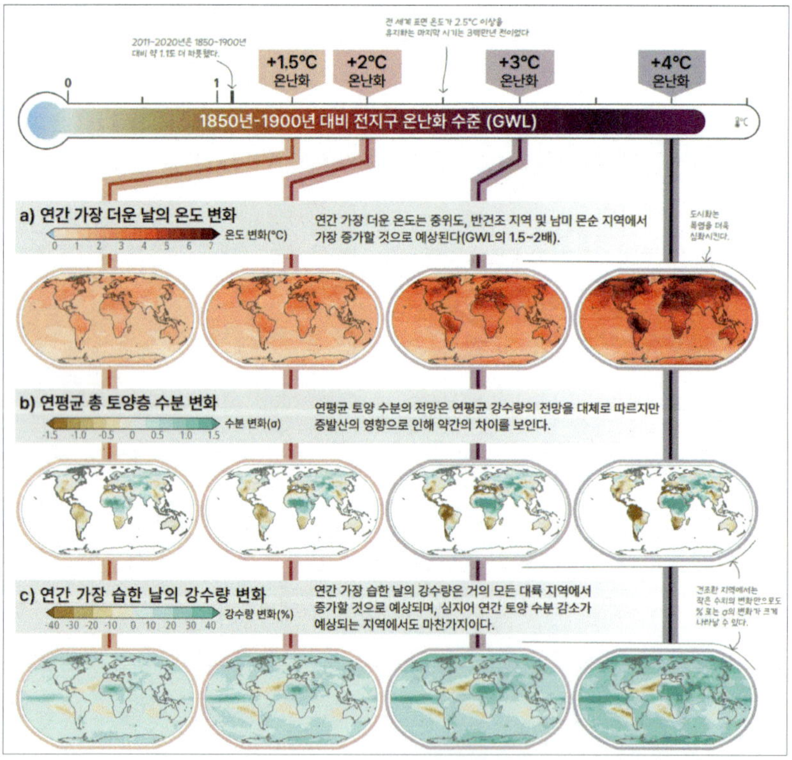

그림 249 1850~1900년 대비 지구온난화 수준 및 영향.
(a) 연간 최대 일일 온도 변화(° C), (b) 연평균 총 토양층 수분 변화(표준편차), (c) 연간 최대 1일 강수량 변화(%).
(자료: IPCC(국문번역본), 2023)

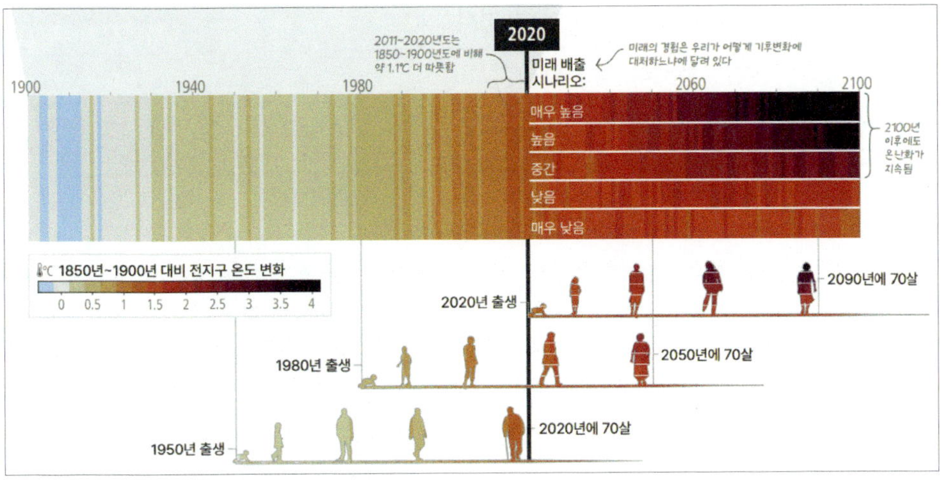

그림 250 1850~1900년 대비 전지구 지표 온도의 관측(1900~2020년) 및 전망(2021~2100년).
3개의 대표 세대(1950년생, 1980년생, 2020년생)의
수명에 따라 어떻게 변화할 것인지 예측.
(자료: IPCC(국문번역본), 2023)

온실가스 배출을 통한 인간 활동은 전 지구 지표 온도를 1850~1900년 대비 현재(2011~2020년) 1.09℃ 상승시켰다. 지속되는 온실가스 배출로 인해 온난화기 심화되어 기의 모든 시나리오에서 가까운 미래(2021~2040년)에 1.5℃에 도달할 것이다(그림 250).

2010년 기온상승 1.5℃ 또는 2℃ 제한 목표 달성을 위해서는 즉각적인 온실가스 감축 이 필요하다. 기후탄력적 개발(Climate Resilient Development)의 이행가능한 기회는 급격히 줄어들고 있다.

[3] 온실효과

(1) 온실효과(greenhouse effect)와 온난화

온난화의 원인은 과잉의 온실효과이다. 온실효과는 온실가스가 지구 주위를 둘러싸고 그 결과 지구층의 가열된 복사열의 방출을 막아 지구 온도가 일정하게 유지되는 현상으로서 온실효과에 의해 지구의 온도가 유지되고 생명체가 살아갈 수 있는 환경이 되기 때문에 온실효과는 지구 생태계에서 필수적인 현상이라고 할 수 있다.

온실효과는 태양광선이 대기를 통과하여 지구 표면을 데우며 이때 발생한 복사열(파장이 긴 적외선)이 지구 밖으로 방출되지 못하고 대기 중의 이산화탄소와 수증기에 의해 차단되어 기온이 상승된다(그림 251).

온실효과가 유지될 수 있는 것은 탄소순환에 의해 대기 중 CO_2가 일정하게 유지되기 때문이다. 그런데 화석연료를 태울 때 대기 중으로 배출되는 추가적인 CO_2나 그 외 인위적으로 배출

되는 (7대) 온실가스는 그동안 지구가 자연적으로 유지해 온 온실효과보다 강화된 온실효과를 유발하며 이로 인해 온도가 더 상승하게 되는 온난화가 발생하게 된다.

(2) 온실가스(greenhouse gas;GHG)

온실가스는 대기 중에 장기간 체류하는 가스상의 물질로써 지구의 평균 기온을 유지하는데 중요한 요소이지만, 과도하게 늘어나게 되면 지구에서 우주로 나가는 열을 잡아두게 되어 온실효과를 유발한다. 기후변화협약에서는 교토의정서에 의해 이산화탄소(CO_2), 메탄(CH_4), 아산화질소(N_2O), 수소불화탄소(HFCs), 과불화탄소(PFCs), 육불화황(SF_6) 등을 6대온실가스로 지정하였고 2차공약기간(2013-2020)에 삼불화질소(NF3)를 추가하여 7대 온실가스를 지정 관리하고 있다(그림 252).

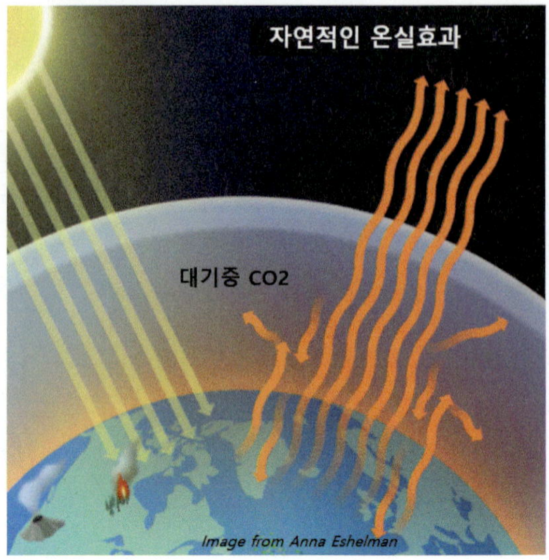

그림 251 온실효과
(Anna Eshelman의 그림을 저자 수정)

그림 252 7대 온실가스
(자료 : 환경부, 2016)

IPCC 6차 평가보고서(2021)에 따르면 산업화로 인한 온실가스의 증가로 산업화(1850~1890년) 이전에 비해 전 지구의 지표면온도가 최근(2011~2020년) 1.09℃ 상승하였다. 이는 46억 년 지구 역사상 유례없는 급격한 변화로 50년에 한번 발생하던 극한 고온(폭염 등) 현상이 4.8배, 1.5℃ 오른다면 극한 고온 현상은 8.6배 증가할 것으로 전망된다.
2015년 파리기후협정에서 각 국가들은 온실가스 배출량 감축을 합의하였으며, 2021년 글래스고(Glasgow) 총회에서 온실가스 감축 세부 이행규칙을 완성하였다. 이행 규칙에 따라 우리나라는 2050년 탄소중립을 선언하고 2030년 까지 국가 온실가스 감축목표를 2018년 대비 40%로 감축할 것을 약속하였다.
온실가스 발생 원인으로는 도시화, 산업화, 산림벌채 등이 원인으로 꼽히고 있다. 이산화탄소는 화석연료와 토지이용 변화로, 메탄과 아산화질소는 농업에서 주로 발생한다.

(3) 온난화지수

온난화지수(GWP;Global Warming Potential)란 CO_2 1 kg과 비교하여 특정 온실가스가 대기

중에 방출된 후 특정 기간 동안 그 가스 1 kg의 상대적 온난화 효과 즉 복사강제력을 의미한다. 온실개스별 온난화지수는 이산화탄소가 1일 경우 메탄 21, 아산화질소 310, 프레온가스 등 기타 온실개스는 1,300~23,900배에 이른다. 그런데 온실가스 배출량은 이산화탄소량이 가장 많아 실제 온난화에 미치는 영향 즉 온난화기여도는 이산화탄소 55~60, 메탄가스 20~25, 아산화질소 6, 기타 24 등이다(그림 253).

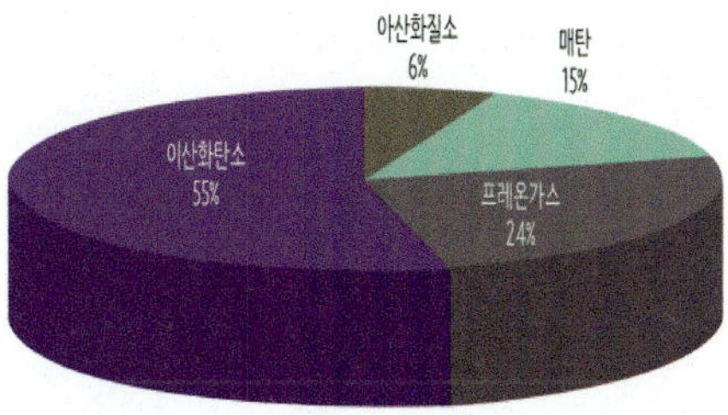

그림 253 온실가스별 온실효과 기여도

[참고] 열섬현상

열섬현상(Heat Island)은 주로 도시지역에서 나타나는 현상으로서 도시의 인공 축조물에서 배출되는 열이 대기오염 물질 때문에 대기의 상층으로 이동하지 못함에 따라 지표근처의 온도가 상승하는 현상을 말한다. 도시에서 특히 문제가 되고 있으므로 도시열섬이라고도 한다(그림 254).

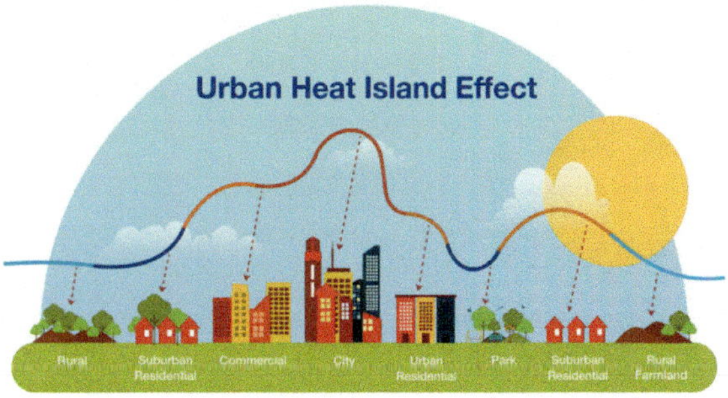

그림 254 도시 열섬현상 개념
(자료: https://sustecsol.com/services/heat-island-effect/)

등온신을 그려보면 특히 도심지역에서 기온이 유난히 높은 지역이 나타나고 마치 섬이나 얕은 산봉우리처럼 가운데가 높은 등온선을 그리게 되어 열섬이라고 이름을 붙이게 되었다.

열섬현상은 주로 도시화 지역에서 녹지가 도로, 건물, 기타 구조물의 아스팔트나 콘크리트로 바뀌면서 생겨난다. 도심의 아스팔트나 콘크리트 표면은 태양열을 반사하기보다는 흡수하게 되며, 지표면과 그 주변 지역까지 온도를 상승시킨다. 이런 현상은 콘크리트와 아스팔트로 뒤덮인 도심지에서 기온의 차가 큰 겨울철에 심하게 나타날 수 있으나, 여름철 밤에 특히 심하게 느끼는 경향이 있어 열대야의 원인이 되기도 한다.

2. 기후변화 대응과 온실가스 감축

[1] 기후변화 대응

저감(완화;mitigation) 및 적응(adaptation) 전략으로 나눌 수 있다. 저감은 온실가스 배출을 억제하고 흡수함으로써 기후변화가 발생하지 않도록 노력하는 전략이며, 적응은 이미 나타나고 있는 기후변화 현상에 피해를 입지 않도록 적응하기 위한 전략을 의미한다. 저감전략과 적응전략은 독립적이라기 보다는 서로 연계될 때 기후변화에 효과적으로 대응할 수 있다(그림 255; 그림 256).

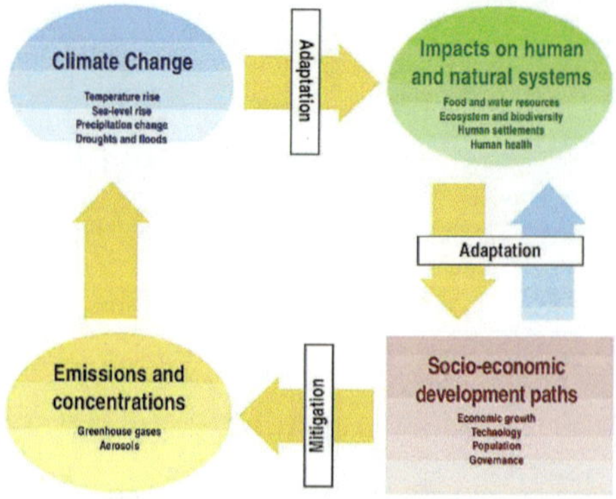

그림 255 기후변화 대응을 위한 저감, 적응 전략 개념적 틀

(IPCC, 2001)

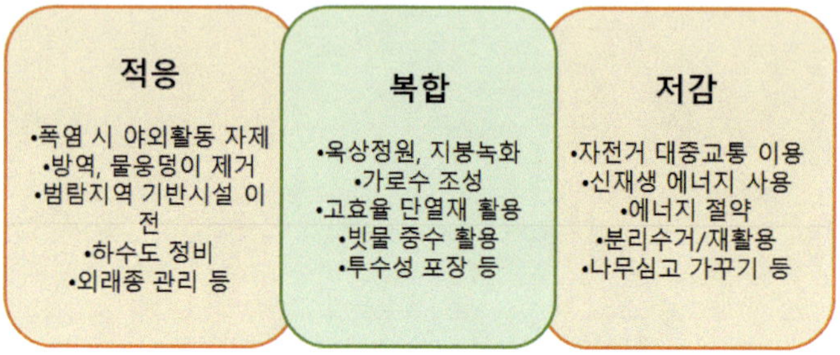

그림 256 기후변화 적응 및 저감 전략

[2] 온실가스 감축 시나리오

IPCC에서 제시하는 온실가스 감축 시나리오는 SRES시나리오, RCP시나리오 및 SSP 시나리오가 있으며, 현재는 SSP시나리오를 채택하고 있다.

(1) SRES 시나리오

SRES(Special Report on Emission Scenarios)는 경제우선과 환경우선, 지역주의와 범지구적 광역 등 서로 상반된 접근을 고려한 시나리오로서 다음과 같이 설정되어 있다(그림 257).

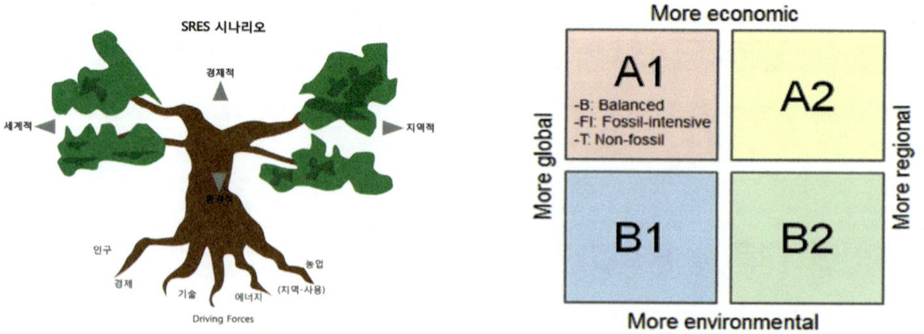

그림 257 SRES시나리오

(자료; IPCC AR4)

㉠ A1 시나리오 : 고성장 사회

- A1FI: 화석연료의 집중적, 효율적 사용
- A1T: 비화석연료 중심
- A1B: 모든 에너지 공급원의 균형(균형은 모든 에너지 공급원과 활용기술의 동등한 발전 가정 하에 특정 종류의 에너지원에 의존하지 않는 것)

㉡ A2 시나리오 : 다원화 사회

㉢ B1 시나리오 : 지속 발전형 사회

㉣ B2 시나리오 : 지역 공존형 사회

IPCC의 4차 평가보고서에 따르면 향후 20년 동안, SRES 배출 시나리오 범위에 대하여 0.2℃/10년 상승률로 온난화가 진행될 것으로 전망하고 있다. 온실가스와 에어로솔 농도가 2000년 수준으로 유지된다고 하더라도, 해양의 느린 반응으로 인하여 향후 20년간 기온은 0.1℃/10년 비율로 온난화 될 것으로 예상된다(그림 258).

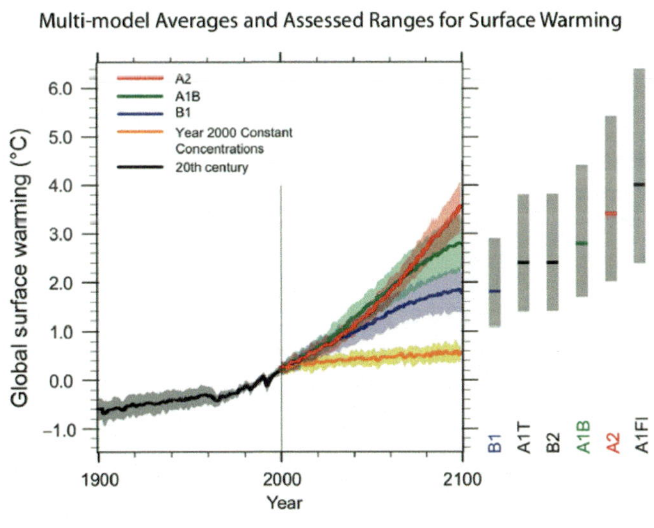

그림 258 SRES 시나리오에 의한 지구온난화변화 예측
(IPCC, 2007)

- 실선: A2, A1B, B1 시나리오에 대한 다중 모델에 의한 지구 평균 지표 온난화(1980~1999년과 비교)
- 음영부:모델 연평균 ±1 표준편차
- 가장 아래 옅은 선:2000년의 농도를 일정하게 유지한 실험 결과.
- 우측 회색 막대:6개의 SRES 시나리오 예측범위 및 최적추정치

SRES 시나리오에 의해 예측한 2100년도 시나리오별 CO_2 농도는 다음과 같이 나타낼 수 있다(표 46).

표 46 SRES 시나리오에 의한 2100년도 이산화탄소 예측치

시나리오별 모델		예측치[ppm]
A1 (고성장 사회)	A1FI	1550
	A1T	700
	A1B	850
A2 (다원화 사회)		1250
B1 (지속발전형 사회)		600
B2 (지역공존형 사회)		800

(2) RCP 시나리오

RCP(Representative Concentration Pathways) 시나리오는 온실가스 농도값을 설정한 후 기후변화 시나리오를 산출하는 모델이다.

SRES 모델에서는 미래의 사회경제 형태가 먼저 결정되고 이에 따른 배출량을 산출하는 시나리오인데 비해, RCP 시나리오는 기후변화 대응 정책에 따른 온실가스 저감 노력의 실현 여부에 따라 인간활동이 대기에 미치는 복사량으로서 온실가스 농도를 정하였다(표 47;그림 259). RCP 시나리오의 숫자는 복사강제력, 즉 온실가스 등으로 에너지의 평형을 변화시키는 영향력의 정도를 의미하는 양으로서 단위는 W/m^2이다.

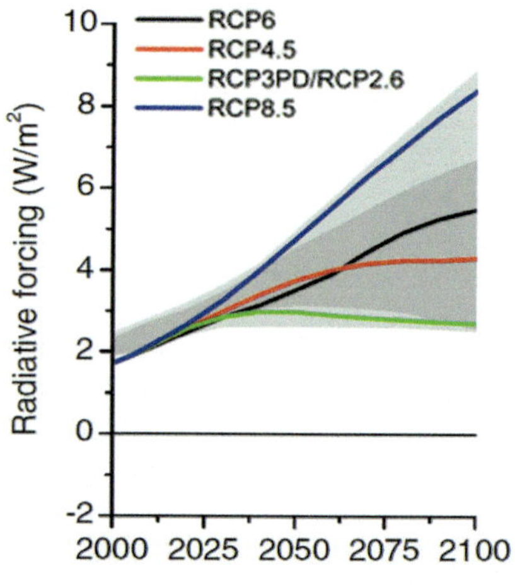

그림 259 RCP시나리오에 의한 예측값
(자료 :IPCC AR5)

표 47 RCP 시나리오

구분	특 징	이산화탄소 농도
RCP 2.6	인간활동에 의한 영향을 지구 스스로가 회복 가능한 경우(현실적으로 실현 불가)	420ppm
RCP 4.5	온실가스 저감 정책이 상당히 실행되는 경우	540ppm
RCP 6.0	온실가스 저감 정책이 어느정도 실현되는 경우	670ppm
RCP 8.5	온실가스 저감 없이 현재 추세로 저감없이 온실가스가 배출되는 경우(BAU 시나리오)	940ppm

SRES 시나리오와 RCP 시나리오를 비교하면 다음 표 48와 같다.

표 48 RCP시나리오와 SRES시나리오 비교
(자료:기상청 기후변화정보센터)

〈RCP 시나리오〉 *기후변화 대응정책과 연계하여 선정	〈SRES 시나리오〉 *미래 사회구조를 중심으로 선정
RCP2.6 : 인간 활동에 의한 영향을 지구 스스로가 회복 가능한 경우	
RCP4.5 : 온실가스 저감 정책이 상당히 실현되는 경우	B1(지속발전형 사회) : 지역간 격차가 적고, 인구감소, 청정자원 절약기술 도입
RCP6.0 : 온실가스 저감 정책이 어느 정도 실현되는 경우	A1B(고성장 사회) : 화석에너지와 비화석에너지원 균형, 신기술, 고효율화 기술 도입
RCP8.5 : 현재 추세(저감없이)로 온실가스가 배출되는 경우(BAU 시나리오)	A2(다원화 사회) : 인구증가, 경제성장은 낮고, 환경에의 관심도 상대적으로 낮음

(3) SSP 시나리오

SSP시나리오(공통사회경제경로, Shared Socioeconomic Pathways)는 RCP의 경로에 미래 사회경제 변화를 고려하여 보정한 것이다(IPCC 6차보고서,2021). 2100년 기준 복사강제력 강도(기존 RCP 개념)와 함께 미래 사회경제 변화를 기준으로 기후변화에 대한 미래의 완화와 적응 노력에 따라 5개의 시나리오로 구별한다(O'Neiletal, 2014)(그림 260; 표 49)

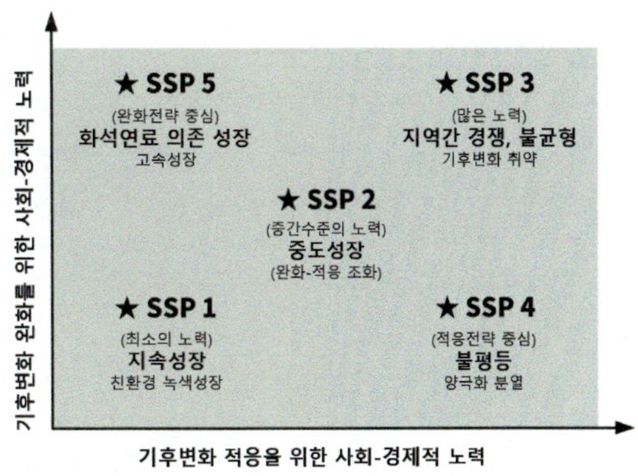

그림 260 SSP 5개 시나리오
(자료: IPCC AR6)

표 49 SSP 시나리오 특징

구분	특징		
	시나리오	2041~2060	2081~2100
SSP 1- 1.9	매우 낮은 (온실기체) 배출: 2050년 탄소중립	1.6	1.4±0.4
SSP 1- 2.6	낮은 배출: 2075년 탄소중립	1.7	1.8 (1.3~2.4)
SSP 2- 4.5	중간 배출: 2050년까지 현재 배출량 유지, 이후 감소	2.0	2.7 (2.1~3.5)
SSP 3- 7.0	높은 배출: 2100년에 현재 배출량 2배	2.1	3.6 (2.8~4.6)
SSP 5- 8.5	매우 높은 배출: 2075년에 현재 배출량 3배	2.4	4.4 (3.3~5.7)

미래사회경제 변화로는 인구통계, 경제발달, 복지, 생태계 요소, 자원, 제도,기술 발달, 사회적 인자, 정책 등을 고려한다.

그림 261는 IPCC AR6(6차보고서)과 IPCC AR5(5차보고서) 표준경로를 비교하고 있다. IPCC 6차 평가보고서의 표준경로는 그림 오른쪽에 표기된 SSP1-2.6(녹색실선), SSP2-4.5(청색실선), SSP3-7.0(적색실선), SSP5-8.5(보라색실선)의 4종이며, 그 외에 표기되지 않은 선들은 표준 외에 가능한 배출 경로들을 나타내며 가능한 배출경로들의 전체 범위를 회색 음영으로 표기하고 있다.

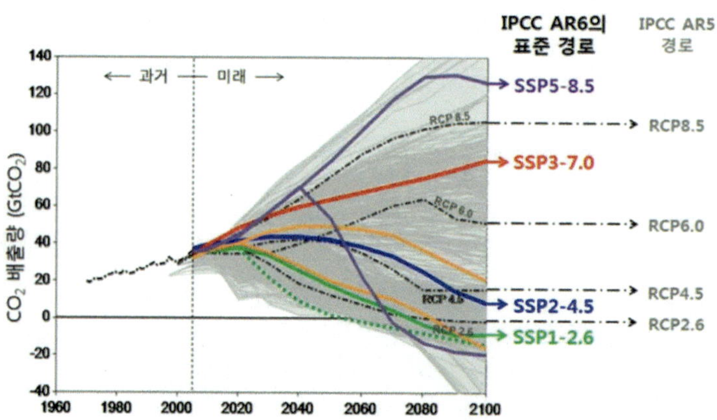

그림 261 SSP 표준경로
(자료 : IPCC)

3. 자연기반해법

기후변화 완화를 위해 자연기반해법(NbS; Natural Based Solutions) 또는 생태계기반적응(EbA; Ecosystem based Adaptation)이 효과적인 전략으로 대두되고 있다. 자연기반해법은 사회인프라 구축 시 자연적 기작(mechanisms)과 공정(process)을 이용하여 생태계의 물질순환과 에너지흐름이 원활하도록 조성하는 기법을 의미하며, 생태계 보호, 관리, 복원을 통해 사회환경 도전 이슈에 효과적, 적응적, 동시적으로 대처하여 인간복지와 종다양성 혜택 모두를 꾀하는 활동으로서 생태계 기능과 생태계서비스 등에 활용한다(그림 262).

NbS는 기후변화 등 각종 환경문제의 완화와 적응에 기여할 수 있어 탄소중립 목표 달성 방안으로 주목받고 있다. NbS 기반 탄소중립 달성을 위해서는 습지와 산림생태계 보존 및 조성, 훼손된 생태계 복원, 도시생태계 건강성 제고 등 다양한 접근이 필요하며, 농경지, 습지, 초지, 해양 등 자연생태계가 지니는 탄소 흡수 저장 기능을 향상시키는 전략이 중요하다.

유형	개념
NbS (Nature-based Solution)	자연의 생태계서비스를 통한 사회환경 문제 해결
EE (Ecological engineering)	인간과 사회, 자연환경의 통합 디자인
BwN (Building with Nature)	자연의 역학적 원리를 활용한 인프라 설계
GI (Green Infrastructure)	공간환경 내 오픈스페이스, 하천, 녹지 등 네트워크 구축을 통해 인프라 기능 유지
LID (Low Impact Development)	개발 이전의 수문학적 상태 유지 (GI)
NW (Natmaher Wasserbau)	자연의 재료와 모양을 모방한 인프라 설계
NNBF (Natural, Nature-based Features)	경관 규모의 특성에 따른 홍수 위해도 저감

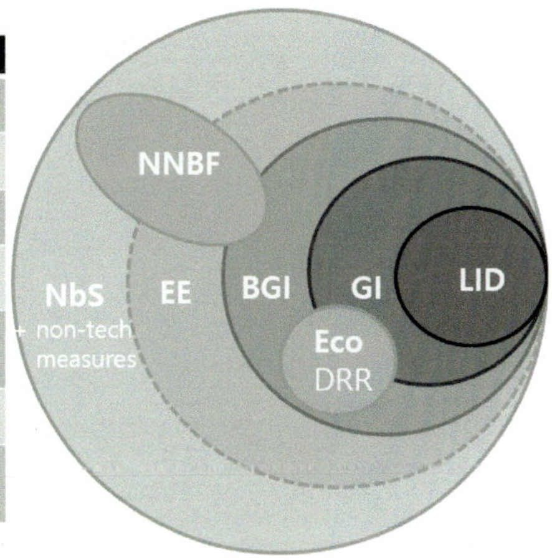

그림 262 자연기반해법의 유형과 개념

지속가능발전목표(SDGs), 글로벌 생물다양성 목표를 달성하고, 기후 변화에 효과적으로 대처하기 위해 자연기반솔루션은 글로벌, 국가 및 지역 수준의 적응 전략에 필수적이다.

IUCN에 의하면 기후 변화에 적응하고 취약성을 줄이고 기후 변화에 대한 복원력을 구축하기 위해 생물다양성과 생태계 서비스를 활용하는 자연기반솔루션으로서 생태계 보존, 지속 가능한 관리 및 복원을 포함하는 생태계기반적응(EbA)이 매우 유용한 전략이 될 수 있다(그림 263).

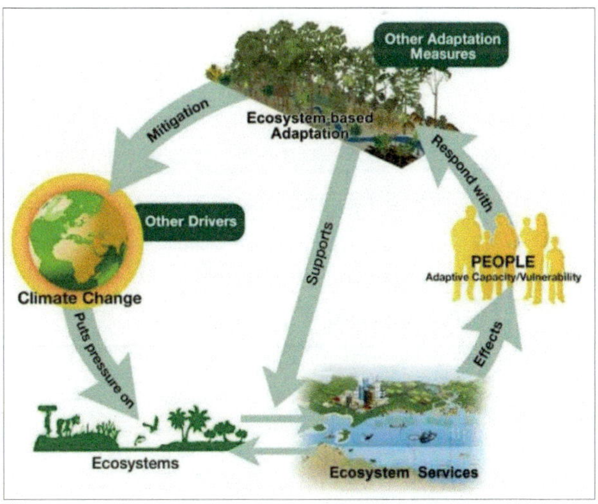

그림 263 생태계기반적응 개념 (IUCN)

2절 생물다양성과 생태계 보전

1. 생물다양성

[1] 생물다양성

생물다양성(Biodiversity)은 지구상의 생물 그 자체를 의미한다고 할 수 있다. 즉, 미생물에서부터 고래와 같은 대형 동물과 대형 식물에 이르기까지 모든 생명체의 고유한 유전정보를 포함하고 있으며, 종 수준에서 생태계에 이르기까지 모든 구성 요소를 아우르고 있다.

[참고] 종다양도

- 생태계를 구성하는 종의 수 및 군집구조의 복잡한 정도.
- 단조로울수록 환경변화에 민감.
- 생태계의 건전성을 위해서는 다양성 유지 필수 -생태계복원의 궁극적인 목표.
- 물리적으로 지배(물리적, 화학적, 제한요인)된 생태계에서는 낮으며, 생물적으로 지배(생산자, 소비자, 분해자)된 생태계에서는 높게 나타남.

생물다양성법(생물다양성 보전 및 이용에 관한 법률)에 의하면 생물다양성이란 육상생태계 및 수생생태계와 이들의 복합생태계를 포함하는 모든 원천에서 발생한 생물체의 다양성을 말하며, 종내·종간 및 생태계의 다양성을 포함한다(표 50).

여기서 생물다양성과 관련하여 생물자원이란 '사람을 위하여 가치가 있거나 실제적 또는 잠재적 용도가 있는 유전자원, 생물체, 생물체의 부분, 개체군 또는 생물의 구성요소'를 말하며, 유전자원이란 '유전의 기능적 단위를 포함하는 식물·동물·미생물 또는 그 밖에 유전적 기원이 되는 유전물질 중 실질적 또는 잠재적 가치를 지닌 물질'을 말한다.

표 50 생물다양성

유전다양성 (Genetic D.)	- 유전자의 수. - 단일 종 내에서 각 개체들이 지니는 유전적 구성의 다양성. - 생명체는 유전적 변이로 인해 복원력이 높아져 변화하는 기후 및 토양에 적응하고 버틸 수 있게 됨.. - 종 내 유전자 변이. - 사람 눈동자의 색이나 외모, 성격 등 각각 다름. - 모든 생명체에 고유한 속성을 부여하고 같은 종 안의 개체를 구별할 수 있는 유전적 변이를 포함.

종 다양성 (Species D.)	- 생태계 내에 존재하는 전체 종 수. - 다양한 생물종을 포함하는 분류학적 다양성. - 군집과 먹이사슬의 구조 유지 기능. - 소나무와 같은 식물, 고라니와 같은 동물, 해양 플랑크톤과 같은 미생물 등 - - 지구생태계에 사는 모든 생물종을 포함
생태계 다양성 (Ecosystem D.)	- 특정 지역 내 분포된 생태계의 수. - 사막, 산림, 습지, 호수, 강, 농경지 등 서식환경의 다양성. - 물질순환과 노폐물 분해를 통해 생명활동 유지 기능. - 생물이 서로 작용-반작용을 통해 상호관련성을 지니며 물질순환과 에너지 흐름을 통해 역동적으로 살아 숨쉬는 생태계를 포함. - 도시나 농경지, 숲, 호수와 같이 상호작용하는 개별 생태계가 패치, 코리도, - 매트릭스 등으로 형성되어 모자이크를 구성하는 경관을 포함

[참고] 국토차원의 경관다양성(Landscape D.)

- 모든 생명체에 고유한 속성을 부여하고 같은 종 안의 개체를 구별할 수 있는 유전적 변이를 포함한다. 즉 생명체는 유전적 변이로 인해 복원력이 높아져 변화하는 기후 및 토양에 적응하고 버틸 수 있게 된다.
- 소나무와 같은 식물, 고라니와 같은 동물, 그리고 해양의 플랑크톤과 같은 미생물 등 지구생태계에 사는 모든 생물종을 포함한다.
- 생물이 서로 작용-반작용을 통해 상호관련성을 지니며 물질순환과 에너지흐름을 통해 역동적으로 살아 숨쉬는 생태계를 포함한다.
- 도시나 농경지, 숲, 호수와 같이 상호작용하는 개별 생태계가 패치, 코리도, 매트릭스 등으로 형성되어 모자이크를 구성하는 경관을 포함한다.

이와같은 역동적인 생태계 안에서 생명체는 먹이그물을 통해 연결되어 상호작용하고 서식환경을 다른 생물체와 공유하면서 경쟁, 포식-피식, 공생, 기생 등에 의해 조절되고 있다.

[2] 보호되어야 할 생물종

(1) 생물다양성 보전

생물다양성을 보전하기 위한 노력의 하나로서 법적 보호지역 지정을 들 수 있다. 보호지역은 '현지 보전(in situ)' 전략의 하나로서 생물다양성의 피난처이며 효과적인 생물다양성 보호 전략으로 간주될 수 있다. 보호지역들은 생물다양성 보전, 휴양, 관광, 유역 보호, 지속가능한 임업, 사냥 혹은 낚시, 과학 연구, 환경 교육 등 현명한 이용 전략을 포함하고 있다.

국내에서는 제5차 국가생물다양성 전략(2024-2028)이 수립되었다. 내용으로는 제15차 생물다양성협약 당사국총회에서 채택된 '쿤밍-몬트리올 글로벌 생물다양성 프레임워크(GBF)'의 23개 실천목표를 국내 상황에 맞게 21개 실천목표로 구성했으며 구체적으로 3대 정책분야, 12개 핵심과제로 구성되었다.

보호되어야 할 생물종으로는 야생생물법(야생생물 보호 및 관리에 관한 법률)에서 정하는 멸종위기종 및 국제적 멸종위기종, 자연유산의 보존 및 활용에 관한 법률에서 정하는 천연기념물, 산림청에서 정하는 희귀식물 등이 있다(표 51).

표 51 보호 및 제거 대상 생물 유형

<table>
<tr><td>야생생물</td><td>산·들 또는 강 등 자연 상태에서 서식하거나 자생하는 동물, 식물, 균류·지의류), 원생생물 및 원핵생물의 종</td><td rowspan="4">야생생물 보호 및 관리에 관한 법률
제2조(정의)</td></tr>
<tr><td>멸종위기
야생생물</td><td>멸종위기야생생물 I 급
멸종위기야생생물 II 급</td></tr>
<tr><td>국제적
멸종위기종</td><td>멸종위기에 처한 야생 동식물 종의 국제거래에 관한 협약(CITES)에 의하여 국제거래가 규제되는 동·식물 (환경부장관 고시)</td></tr>
<tr><td>유해야생동물</td><td>사람의 생명이나 재산에 피해를 주는 야생동물 (환경부장관)</td></tr>
<tr><td>생태계교란
야생생물</td><td>위해성평가 결과 생태계 등에 미치는 위해가 큰 것으로 판단 환경부장관 지정·고시</td><td>생물다양성 보전 및 이용에 관한 법률
제2조(정의)</td></tr>
<tr><td>희귀식물</td><td>자생식물 중 개체수와 자생지가 감소되고 있어 특별한 보호·관리가 필요한 식물</td><td rowspan="2">수목원·정원의 조성 및 진흥에 관한 법률
제2조(정의)</td></tr>
<tr><td>특산식물</td><td>자생식물 중 우리나라에만 분포하고 있는 식물</td></tr>
<tr><td>천연기념물</td><td>한국 특유의 이름있는 서식지 및 생장지·석회암지대·사구·동굴·건조지·습지·하천·온천·호수·도서, 학술적인 가치가 큰 나무, 원시림, 고산식물지대, 중요한 화석 표본 등</td><td>자연유산의 보존 및 활용에 관한 법률
제2조(정의)
제11조(천연기념물의 지정)</td></tr>
</table>

(2) 야생생물과 멸종위기종

야생생물법 제2조에서는 산·들 또는 강 등 자연상태에서 서식하거나 자생하는 동물, 식물, 균류·지의류, 원생생물 및 원핵생물의 종을 야생생물이라고 규정하고 있다.

야생생물 중에서 자연적 또는 인위적 위협요인으로 개체수가 크게 줄어들어 멸종위기에 처해 있거나 위기에 가까운 야생생물을 멸종위기 야생생물로 정하고 있으며, 위급한 정도에 따라 1,2급으로 구분하고 있다(그림 265).

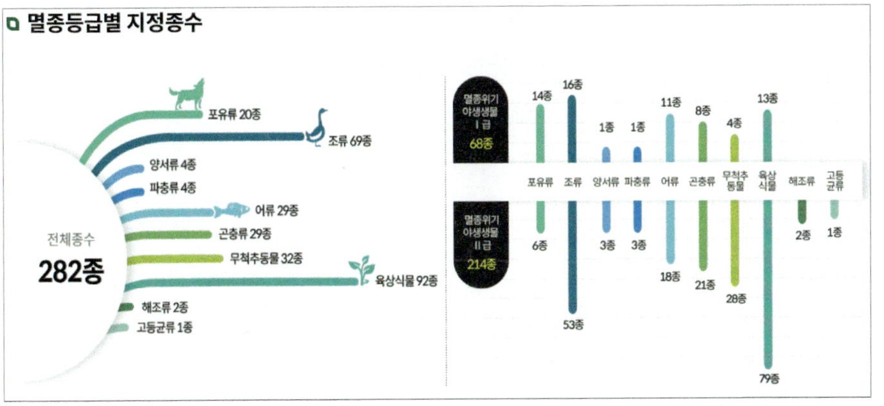

그림 265 우리나라의 멸종위기종
(자료: 국립생태원)

- **멸종위기 야생생물 Ⅰ급**: 자연적 또는 인위적 위협요인으로 개체수가 크게 줄어들어 멸종위기에 처한 야생생물(그림 266)
- **멸종위기 야생생물 Ⅱ급**: 자연적 또는 인위적 위협요인으로 개체수가 크게 줄어들고 있어 현재의 위협요인이 제거되거나 완화되지 아니할 경우 가까운 장래에 멸종위기에 처할 우려가 있는 야생생물

그림 266 멸종위기야생생물 1급. 백두산호랑
(중국 훈춘에서 필자 촬영)

이때 야생생물의 범위는 다음과 같이 정하고 있다.

- 멸종위기 야생생물을 가공·유통·보관·수출·수입·반출 및 반입하는 경우에는 죽은 것을 포함.
- 포유류, 조류, 양서류·파충류, 어류, 곤충류, 무척추동물:살아 있는 생물체와 그 알 및 표본을 포함.
- 육상식물:살아 있는 생물체와 그 부속체(종자, 구근, 인경, 주아, 덩이줄기, 뿌리) 및 표본을 포함.
- 해조류, 고등균류, 지의류:살아 있는 생물체와 그 포자 및 표본을 포함.

멸종위기종의 특성은 다음과 같다.

- 낮은 번식률-나그네비둘기, 팬더
- 특이한 먹이 습성-특정 먹이만 섭취

- 한 장소, 지역에만 서식-순록, 오리너구리
- 고정된 이동패턴-흰긴수염고래, 두루미
- 큰 몸집-코끼리, 뱅골호랑이, 코뿔소 등
- 양육장소 제한-거북, 오랑우탄

(3) 국제적 멸종위기종

또한 「멸종위기에 처한 야생동식물종의 국제거래에 관한 협약(CITES)」(멸종위기종국제거래협약)에서 국제거래가 규제되는 종을 국제적 멸종위기종으로 정하고 있다.

- 멸종위기에 처한 종 중 국제거래로 영향을 받거나 받을 수 있는 종으로서 멸종위기종국제거래협약의 부속서 I 에서 정한 것
- 현재 멸종위기에 처하여 있지는 아니하나 국제거래를 엄격하게 규제하지 아니할 경우 멸종위기에 처할 수 있는 종과 멸종위기에 처한 종의 거래를 효과적으로 통제하기 위하여 규제를 하여야 하는 그 밖의 종으로서 멸종위기종국제거래협약의 부속서 II 에서 정한 것
- 멸종위기종국제거래협약의 당사국이 이용을 제한할 목적으로 자기 나라의 관할권에서 규제를 받아야 하는 것으로 확인하고 국제거래 규제를 위하여 다른 당사국의 협력이 필요하다고 판단한 종으로서 멸종위기종 국제거래협약의 부속서 III에서 정한 것

멸종위기에 처한 야생동식물 종의 국제 거래에 관한 협약(CITES(the Convention on International Trade in Endangered Species of Wild Fauna and Flora, also known as the Washington Convention))의 로고는 다음 그림 267과 같다.

그림 267 CITES로고 및 40주년 로고
(자료:CITES)

[3] 제거되어야 할 생물종

제거되어야 할 생물종으로는 생물다양성법에서 정하는 생태계교란생물, 야생생물법에서 정하는 유해야생동물 등이 있다.

(1) 외래생물과 생태계교란생물

생물다양성법에서는 외국으로부터 인위적 또는 자연적으로 유입되어 그 본래의 원산지 또는 서식지를 벗어나 존재하게 된 생물을 외래생물이라고 정의하고 있다. 외래 생물은 살아있는 것 뿐만 아니라, 알, 씨앗, 기관 등도 포함된다. 특히 외래생물이나 유전자변형 생물 중에서 위해성평가 결과 생태계 등에 미치는 위해가 큰 것으로 판단되는 생물을 생태계교란생물로 규정하여 사육, 재배, 저장, 운반, 수입 등을 규제하고 있다.

생태계교란생물의 유형은 다음과 같다.

① 유입주의 생물 및 외래생물 중 생태계의 균형을 교란하거나 교란할 우려가 있는 생물

② 유입주의 생물이나 외래생물에 해당하지 아니하는 생물 중 특정지역에서 생태계의 균형을 교란하거나 교란할 우려가 있는 생물

유입주의생물은 국내에 유입될 경우 생태계에 위해를 미칠 우려가 있는 생물을 의미한다.

생태계교란생물로 지정된 대표적인 동식물은 다음 표 52와 같다.

표 52 생태계교란생물 (2024년 기준)

구분	종명	구분	종명
포유류	뉴트리아 Myocastor coypus	식물	돼지풀 Ambrosia artemisiaefolia var. elatior
양서류·파충류	황소개구리 Lithobates catesbeianus		단풍잎돼지풀 Ambrosia trifida
	붉은귀거북속 전종 Trachemys spp.		서양등골나물 Eupatorium rugosum
	리버쿠터 Pseudemys concinna		털물참새피 Paspalum distichum var. indutum
	중국줄무늬목거북 Mauremys sinensis		물참새피 Paspalum distichum var. distichum
	악어거북 Macrochelys temminckii		도깨비가지 Solanum carolinense
	플로리다붉은배거북 Pseudemys nelsoni		애기수영 Rumex acetosella
	늑대거북 Chelydra serpentina		가시박 Sicyos angulatus
어 류	블루길 Lepomis macrochirus		서양금혼초 Hypochoeris radicata
	배스 Micropterus salmoides		미국쑥부쟁이 Aster pilosus
	브라운송어 Salmo trutta		양미역취 Solidago altissima
갑각류	미국가재 Procambarus clarkii		가시상추 Lactuca scariola
곤충류	꽃매미 Lycorma delicatula		갯줄풀 Spartina alterniflora
	붉은불개미 Solenopsis invicta		영국갯끈풀 Spartina anglica
	등검은말벌 Vespa velutina nigrithorax		환삼덩굴 Humulus japonicus
	갈색날개매미충 Pochazia shantungensis		마늘냉이 Alliaria petiolata
	미국선녀벌레 Metcalfa pruinosa		돼지풀아재비 Parthenium hysterophorus
	아르헨티나개미 Linepithema humile		
	긴다리비틀개미 Anoplolepis gracilipes		
	빗살무늬미주메뚜기 Melanoplus differentialis		

(2) 유해야생동물

야생동물법에서는 사람의 생명이나 재산에 피해를 주는 야생동물을 유해야생동물로 정하고 있다. 현재 유해야생동물로 지정된 사유 및 해당 종은 다음과 같다.

- 장기간에 걸쳐 무리를 지어 농작물 또는 과수에 피해를 주는 참새, 까치, 어치, 직박구리, 까마귀, 갈까마귀, 떼까마귀, 큰부리까마귀
- 일부 지역에 서식밀도가 너무 높아 농·림·수산업에 피해를 주는 꿩, 멧비둘기, 고라니, 멧돼지, 청설모, 두더지, 쥐류및 오리류(오리류 중 원앙이, 원앙사촌, 황오리, 알락쇠오리, 호사비오리, 뿔쇠오리, 붉은가슴흰죽지는제외), 민물가마우지
- 비행장 주변에 출현하여 항공기 또는 특수건조물에 피해를 주거나, 군 작전에 지장을 주는 조수류(멸종위기 야생동물은 제외)
- 인가 주변에 출현하여 인명·가축에 위해를 주거나 위해 발생 우려가 있는 멧돼지 및 맹수류(멸종위기 야생동물은 제외)
- 분묘를 훼손하는 멧돼지
- 전주 등 전력시설에 피해를 주는 까치
- 일부 지역에 서식밀도가 너무 높아 분변(糞便) 및 털 날림 등으로 문화재 훼손이나 건물 부식 등의 재산상 피해를 주거나 생활에 피해를 주는 집비둘기

2. 생물다양성과 생태계 보전

[1] 생물다양성 보전

(1) 최적환경

생물종이 최대한 성장할 수 있는 최적 환경은 환경요소별 변화(환경경사)에 따라 달라지게 되나 이때 경쟁 관계에 있는 종의 존재에 따라 최적환경이 달라질 수 있다(그림 268).

- 생리적 최적환경 : 어느 종을 한 종만 단순하게, 경쟁관계가 아닌 상태에서 길렀을 때 그 종이 최대한의 성장을 하는 환경
- 생태적 최적환경 : 타종과 경쟁관계가 있는 상태에서 길렀을 때에 그 종이 최대한 성장 하는 환경

(2) IUCN 적색목록(Red List)

국제자연보전연맹(IUCN; International Union for Conservation of Nature)에서는 야생생물 멸종 방지 및 생물다양성 보전 위해 멸종 위험이 높은 생물을 선정하고, 이들 종의 분포 및 서식 현황을 수록한 자료집을 발간하였다(그림 269). 1966년 처음 발간한 자료집 표지가 위기를 나타내는 붉은색이어서 적색목록집(Red Data Book)라고 한다.

적색목록의 범주(categories)와 기준(criteria)은 1994년에 처음 발표하였으며 이후 여러 차례

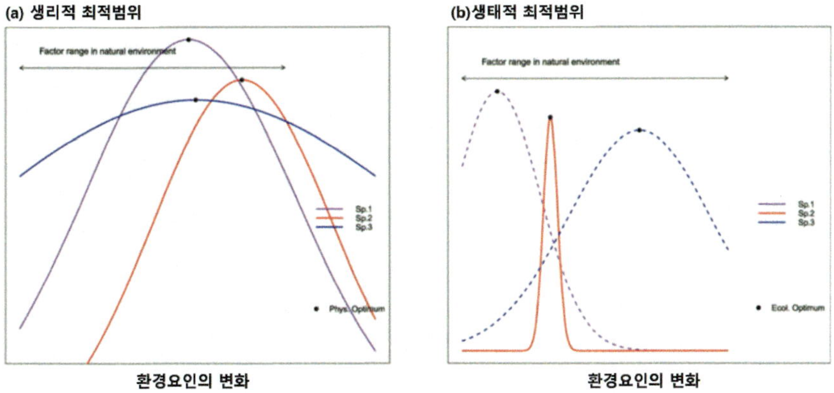

그림 268 생리적 최적환경과 생태적 최적환경
(Puglielli et al., 2023)

개정작업을 거쳐 2001년에 기준3.1판을 발표하였다. 기준 3.1(2001)에서는 멸종정도에 따라 다음과 같이 9단계로 분류하고 있다(그림 270). 이때 분류기준은 위기의 속도, 개체 크기, 지질학 분포 지역, 개체와 분포의 정도 등에 따라 분류한다.

그림 269 IUCN Red List 로고 및 등급
(자료:IUCN)

- 절멸(EX, Extinct): 개체가 하나도 남아 있지 않음. 마지막 개체가 죽었다는 점에 대해 합리적으로 의심할 여지가 없는 상태.
- 야생 절멸(EW, Extinct in the Wild): 보호시설에서만 생존하고 있거나 원래의 서식지역이 아닌 곳에서만 인위적으로 유입되어 생존하고 있음. 분류군이 자연 서식지에서는 절멸한 상태이나 동물원이나 식물원 등지에서 사육 또는 재배하는 개체만 있는 상태.
- 위급(CR, Critically Endangered): 야생에서 절멸할 가능성이 대단히 높음. 가장 유효한 증거가 위급에 해당하는 기준 A부터 E까지의 그 어떤 하나와 일치한 상태로 위급으로 평가된 분류군은 야생에서 극단적으로 높은 절멸 위기에 직면한 것으로 간주.
- 위기(EN, Endangered): 야생에서 절멸할 가능성이 높음. 가장 유효한 증거가 위기에 해당하는 기준 A부터 E까지의 그 어떤 하나와 일치한 상태로 야생에서 매우 높은 절멸 위기에 직면한 것으로 간주.

- 취약(VU, Vulnerable): 야생에서 절멸 위기에 처할 가능성이 높음. 가장 유효한 증거가 취약에 해당하는 기준 A부터 E까지의 그 어떤 하나와 일치한 상태로 야생에서 높은 절멸 위기에 직면한 것으로 간주.
- 준위협(NT, Near Threatened): 가까운 장래에 야생에서 멸종 우려 위기에 처할 가능성이 높음. 기준에 따라 평가했으나 현재에는 위급, 위기, 취약에 해당하지 않는 것으로 가까운 장래에 멸종우려 범주 중 하나에 근접하거나 멸종우려 범주 중 하나로 평가될 수 있는 상태.

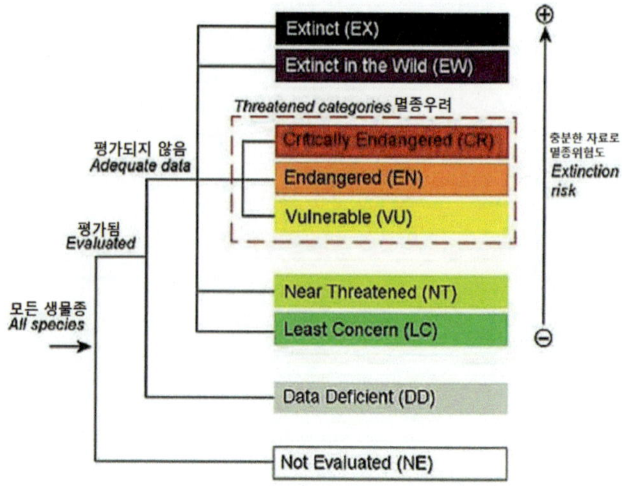

그림 270 IUCN 적색목록 구분
(IUCN자료를 바탕으로 수정)

- 관심 대상(LC, Least Concern): 위험이 낮고 위험 범주에 도달하지 않음. 기준에 따라 평가했으나 위급, 위기, 취약, 준위협에 해당하지 않은 상태로 널리 퍼져 있고 개체수도 많은 분류군.

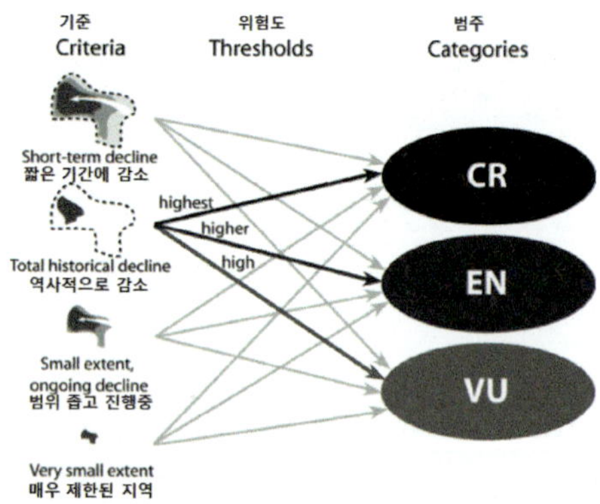

그림 271 멸종우려 등급 기준
(Rodriguez et al., 2012를 수정)

- 자료 부족(DD, Data Deficient): 멸종 위험에 관한 평가 자료 부족. 확실한 상태 평가를 하기에는 정보가 부족한 분류군.
- 미평가(NE, Not Evaluated, NE): 아직 평가 작업을 거치지 않음. 적색목록 기준에 따라 아직 평가하지 않은 분류군

이중에서 특히 위급(CR), 위기(EN), 취약(VU)의 세 부류를 합해 멸종 우려(threatened)라고 하며, 멸종우려종으로 구분되는 CR, EN, VU 등급 기준은 그림 271과 같다.

(3) 지역적색목록(Red List)

지역 적색목록은 세계적색목록 9단계에 지역절멸과 미적용 분야를 추가하여 작성한다(그림 272).

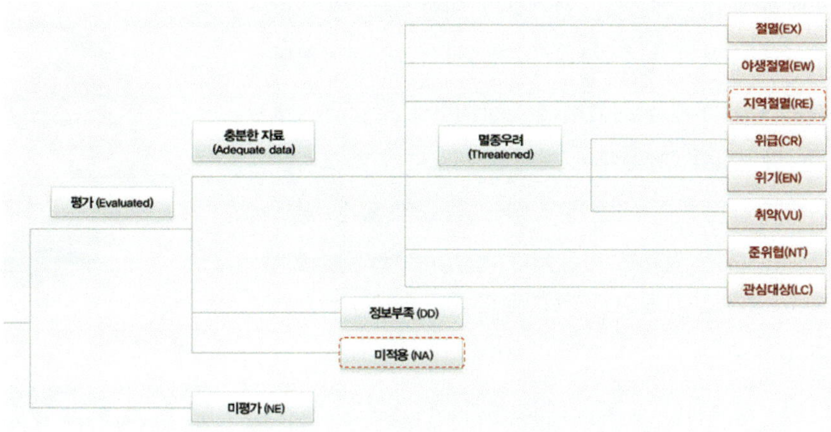

그림 272 지역적색목록

점선(지역절멸, 미적용) 부분이 지역적색목록에 추가 분류됨.

- 지역절멸(Regionally Extinct;RE): 지역 내에서 잠재적인 번식 능력을 가진 마지막 개체가 죽거나 지역 내 야생 상태에서 사라져 버렸다는 점에 대해 의심할 이유가 없을 경우, 또는 만일 이전에는 방문자 분류군이었으나 지역 내 야생 상태에서 마지막 개체가 죽거나 사라진 분류군을 지역절멸로 분류한다. 지역절멸로 등재하기 위해 필요한 시간 한계는 일반적으로 서기 1500년 이후에 해당한다. 지역적색목록 범주는 반드시 지역을 포함해 자연 영역 전체에 걸쳐 야생에서 절멸된 분류군에만 적용되어야 하나 과거 영역 이외의 곳에서 재배, 사육 또는 귀화 개체군(또는 개체군들)은 생존한 것으로 간주한다. 한 분류군이 전 세계적으로 절멸하였으나 지역 내에 하나의 귀화 개체군으로 생존한다면 지역 개체군은 반드시 현지외 도입 결과로 처리되어야만 하며, 결과적으로 적색목록 기준에 따라 평가한다.
- 미적용(Not Applicable;NA): 지역 수준에서 평가하기가 부적절한 것으로 간주되는 분류군에 해당하는 범주이다. 분류군이 야생 개체군이 아니거나 또는 지역 내 자연 영역에 속하지 않을 때 또는 지역의 방랑자일 때 미적용으로 평가한다. 이밖에 지역 내에 극도로 적은 개체가 존재하거나 분류군의 분류학적 수준이 종 또는 아종보다 낮은 분류군일 경우에도 미적용으로 평가한다.

(4) IUCN 생태계 적색목록(Red List of Ecosystems)과 생태계

1)IUCN 생태계 적색목록(RLE)

생태계에 대한 위험을 평가하기 위한 글로벌 표준으로서 생태계 건강 상태를 평가하고 위협을 식별하여 보전 노력을 지원하는 도구이다(그림 273). 생물다양성협약(CBD)에서 제시한 생물다양성 보전을 위해 2030년까지 달성해야 하는 목표의 달성 정도를 평가하는 지표로 활용된다. 쿤밍-몬트리올 글로벌 생물다양성 프레임워크 목표A의 핵심지표(A.1)이다.

그림 273 생태계 적색목록
(자료 : IUCN)

RLE는 생태계의 보존 상태를 평가하는 도구로서 생태계의 지리적 분포 변화와 생태계의 핵심 요소의 훼손 여부를 포함하여 증거에 기반한 생태계 붕괴 위험 분석을 수행하기 위한 과학적 기준이 된다. RLE를 통해 생태계가 직면한 위험 수준을 이해하기 위한 공간적, 기능적 현상을 식별하고 판단할 수 있게 된다. 어떤 생태계가 건강한지, 어떤 생태계가 가까운 미래에 훼손되거나 붕괴될 위험이 있는지, 그 이유는 무엇인지 등에 대한 생태계 역학적 현상을 이해할 수 있다.

IUCN 생태계 적색목록 평가절차는 평가 대상 생태계의 위험 수준을 구분하는 5가지 규정 기반 조건(A-E)을 바탕으로 구성된다. 이 중 2가지 기준은 분포의 감소(분포 면적의 변화)(A) 및 제한적인 분포(분포 면적의 크기) (B)로, 생태계 붕괴를 나타내는 지리적 특성을 평가한다. 다음 2가지 기준은 환경 황폐화(C), 생태 천이 · 상호작용 교란(D)으로, 생태계 붕괴를 나타내는 기능적 특성을 평가한다. 마지막 기준은 생태계 역학모델에 여러 위협 · 징후를 통합하여 산출한 생태계 붕괴 위험에 관한 정량적 추정치(E)를 나타낸다.

생태계 적색목록은 대상 생태계를 1) 분포 면적의 변화, 2) 분포 면적의 크기, 3) 환경의 황폐화, 4) 생물의 천이 및 교란, 5) 정량적 추정치의 기준을 가지고 평가하여, 등급화하고 있다(표 53).

표 53 IUCN 생태계 적색목록 기준 및 목적 (자료 : IUCN)

기준	목적
(1) 기준 A (분포 면적 감소)	생태계 손실·파편화를 유발하는 위협으로 인해 면적이 감소하고 있는 생태계를 식별
(2) 기준 B (면적 제한)	지리적으로 뚜렷한 위협·재해에 취약한 소규모 분포의 생태계를 식별
(3) 기준 C (환경 황폐화)	환경 황폐화를 겪고 있는 생태계를 식별
(4) 기준 D (생태 천이/상호작용 교란)	주요 생태 천이/상호작용으로 손실 또는 교란을 겪고 있는 생태계를 식별
(5) 기준 E (생태계 붕괴 확률 정량적 추정)	여러 위협·징후 및 그 상호작용을 종합적으로 평가

생태계 평가 결과는 붕괴(CO)부터 최소관심(LC)까지 8개의 등급으로 나타내며, 위급(CR)에서 취약(VU)까지는 시급한 조치를 필요로 하는 위협받는 생태계를 의미한다(그림 274, 그림 275).

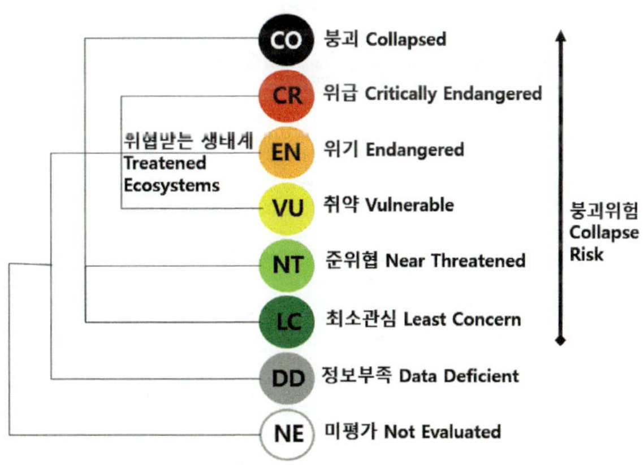

그림 274 생태계 적색목록
(자료: IUCN을 저자 수정)

2)IUCN 글로벌 생태계 유형 Global Ecosystem Typology(GET)

모든 지구 생태계 유형을 분류하고 매핑하기 위한 최초의 포괄적인 분류 프레임워크로서 기능적 및 구성적 특징을 종합하여 분류한다. 4개의 핵심영역(core realms)과 6개의 복합영역(transitional realms)으로 구성되며, 각 영역은 6개의 계층적 수준으로 구성된다(그림 276).

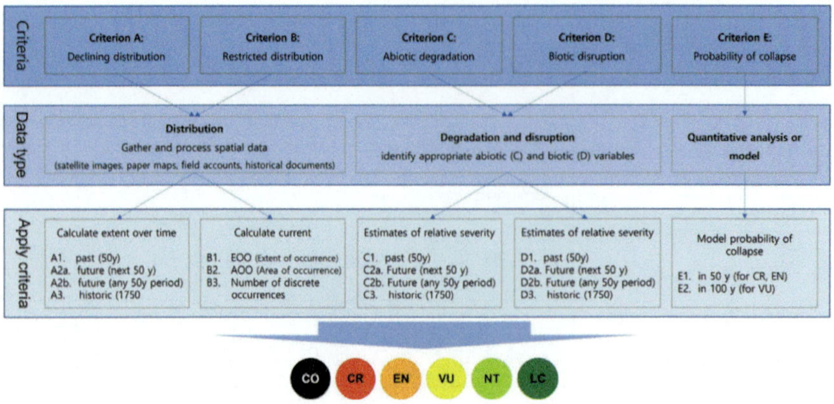

그림 275 IUCN 생태계 적색목록 카테고리 평가 과정 및 기준
(자료: 한상학과 강성룡, 2023)

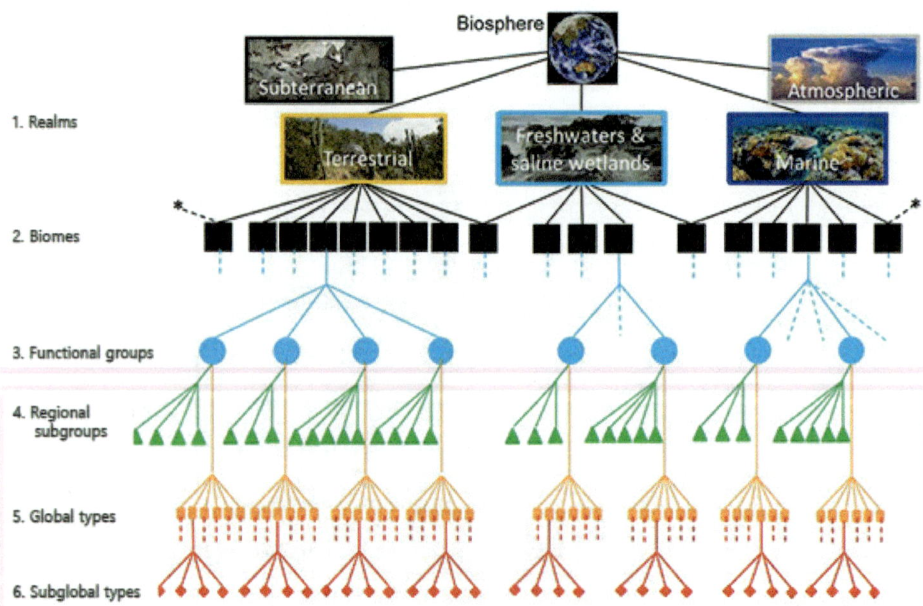

그림 276 IUCN 글로벌 생태계 유형 구조
(자료 : global ecosystems typology)

상위 3개 수준은 종 구성과 관계없이 기능적 특성을 기준으로 생태계를 분류하고, 하위 3개 수준은 구성적 유사성을 기준으로 기능적으로 유사한 생태계를 분류하며, 이미 사용 중이거나 국가 수준에서 정책 인프라에 통합된 기존 분류를 통합할 수 있도록 허용한다. 전 세계 110개 주요 생태계 유형의 생물물리적 특징에 따라 표 54와 같이 정의한다.

표 54 IUCN 글로벌 생태계 유형 구조

(자료 : global ecosystems typology을 저자 수정, 편집)

영역 realms		바이옴 biomes	기능그룹 functional groups
핵심영역 (4) core realms	육상 (T) terrestrial	T1 Tropical-subtropical forests	T1.1 Tropical/Subtropical lowland rainforests T1.2 Tropical/Subtropical dry forests and thickets T1.3 Tropical/Subtropical montane rainforests T1.4 Tropical heath forests
		T2 Temperate-boreal forests and woodlands	T2.1 Boreal and temperate high montane forests and woodlands T2.2 Deciduous temperate forests T2.3 Oceanic cool temperate rainforests T2.4 Warm temperate laurophyll forests T2.5 Temperate pyric humid forests T2.6 Temperate pyric sclerophyll forests and woodlands
		T3 Shrublands and shrubby woodlands	T3.1 Seasonally dry tropical shrublands T3.2 Seasonally dry temperate heath and shrublands T3.3 Cool temperate heathlands T3.4 Young rocky pavements, lava flows and screes
		T4 Savannas and grasslands	T4.1 Trophic savannas T4.2 Pyric tussock savannas T4.3 Hummock savannas T4.4 Temperate woodlands T4.5 Temperate subhumid grasslands
		T5 Deserts and semi-deserts	T5.1 Semi-desert steppe T5.2 Succulent or Thorny deserts and semi-deserts T5.3 Sclerophyll hot deserts and semi-deserts T5.4 Cool deserts and semi-deserts T5.5 Hyper-arid deserts
		T6 Polar/alpine (cryogenic)	T6.1 Ice sheets, glaciers and perennial snowfields T6.2 Polar/alpine cliffs, screes, outcrops and lava flows T6.3 Polar tundra and deserts T6.4 Temperate alpine grasslands and shrublands T6.5 Tropical alpine grasslands and herbfields
		T7 Intensive land-use	T7.1 Annual croplands T7.2 Sown pastures and fields T7.3 Plantations T7.4 Urban and industrial ecosystems

			T7.5 Derived semi-natural pastures and old fields
	해양 (M) marine	M1 Marine shelf	M1.1 Seagrass meadows M1.2 Kelp forests M1.3 Photic coral reefs M1.4 Shellfish beds and reefs M1.5 Photo-limited marine animal forests M1.6 Subtidal rocky reefs M1.7 Subtidal sand beds M1.8 Subtidal mud plains M1.9 Upwelling zones M1.10 Rhodolith/Maërl beds
		M2 Pelagic ocean waters	M2.1 Epipelagic ocean waters M2.2 Mesopelagic ocean water M2.3 Bathypelagic ocean waters M2.4 Abyssopelagic ocean waters M2.5 Sea ice
		M3 Deep sea floors	M3.1 Continental and island slopes M3.2 Submarine canyons M3.3 Abyssal plains M3.4 Seamounts, ridges and plateaus M3.5 Deepwater biogenic beds M3.6 Hadal trenches and troughs M3.7 Chemosynthetic-based-ecosystems (CBE)
		M4 Anthropogenic marine	M4.1 Submerged artificial structures M4.2 Marine aquafarms
	내륙수역 (F) freshwater	F1 Rivers and streams	F1.1 Permanent upland streams F1.2 Permanent lowland rivers F1.3 Freeze-thaw rivers and streams F1.4 Seasonal upland streams F1.5 Seasonal lowland rivers F1.6 Episodic arid rivers F1.7 Large lowland rivers
		F2 Lakes	F2.1 Large permanent freshwater lakes F2.2 Small permanent freshwater lakes F2.3 Seasonal freshwater lakes F2.4 Freeze-thaw freshwater lakes F2.5 Ephemeral freshwater lakes F2.6 Permanent salt and soda lakes F2.7 Ephemeral salt lakes F2.8 Artesian springs and oases F2.9 Geothermal pools and wetlands F2.10 Subglacial lakes

		F3 Artificial wetlands	
	지하 (S) subterranean	S1 Subterranean lithic	S1.1 Aerobic caves S1.2 Endolithic systems
		S2 Anthropogenic subterranean voids	S2.1 Anthropogenic subterranean voids
복합영역 (6) transitional realms	해양-육상(MT) Marine-Terrestrial	MT1 Shorelines	MT1.1 Rocky Shorelines MT1.2 Muddy Shorelines MT1.3 Sandy Shorelines MT1.4 Boulder and cobble shores
		MT2 Supralittoral coastal	MT2.1 Coastal shrublands and grasslands MT2.2 Large seabird and pinniped colonies
		MT3 Anthropogenic shorelines	MT3.1 Artificial shorelines
	지하-내륙수역 (SF) Subterranean-Freshwater	SF1 Subterranean freshwaters	SF1.1 Underground streams and pools SF1.2 Groundwater ecosystems
		SF2 Anthropogenic subterranean freshwaters	SF2.1 Water pipes and subterranean canals SF2.2 Flooded mines and other voids
	내륙수역 -해양(FM)	FM1 Semi-confined transitional waters	FM1.1 Deepwater coastal inlets FM1.2 Permanently open riverine estuaries and bays FM1.3 Intermittently closed and open lakes and lagoons
	해양-내륙수역-육상 (MFT)	MFT1 Brackish tidal	MFT1.1 Coastal river deltas MFT1.2 Intertidal forests and shrublands MFT1.3 Coastal saltmarshes and reedbeds
	지하-해양 (SM)	SM1 Subterranean tidal	SM1.1 Anchialine caves SM1.2 Anchialine pools SM1.3 Sea caves
	육상-내륙수역 (TF)	TF1 : Palustrine wetlands	TF1.1 Tropical flooded forests and peat forests TF1.2 Subtropical/temperate forested wetlands TF1.3 Permanent marshes TF1.4 Seasonal floodplain marshes TF1.5 Episodic arid floodplains TF1.6 Boreal, temperate and montane peat bogs TF1.7B oreal and temperate fens

3)Nature 2030 IUCN

Nature 2030 프로그램은 자연을 소중히 여기고 보존하는 정의로운 세상이라는 비전을 달성하기 위한 IUCN의 작업 계획으로서 지속가능한 발전을 위한 유엔 2030 의제와 2020년 이후의 세계적 생물다양성 프레임워크와 연계된 장기적인 전망이다. 특히 10년 단위(2021-203) 목표를 구체적으로 설정하고 있다. Nature 2030은 IUCN "하나의 프로그램 헌장"에 가장 최적화된 프로그램으로, IUCN 연합 회원, 위원회, 국가 및 지역 위원회, 사무국의 각자의 역할, 역량 및 고유한 특징을 활용하여 효과적으로 전달하고 영향을 극대화하는 것을 목표로 한다.

Nature 2030 목표 달성을 위해서 사람(People), 땅(Land), 물(Water), 바다(Oceans), 기후(Climate) 등 5가지 핵심 분야를 정의하며, 인식(Recognise), 유지(Retain), 복원(Restoration), 자원(Resource) 및 재연결(Reconnect)이라는 5가지 혁신적 경로를 제시하고 있다(그림 277).

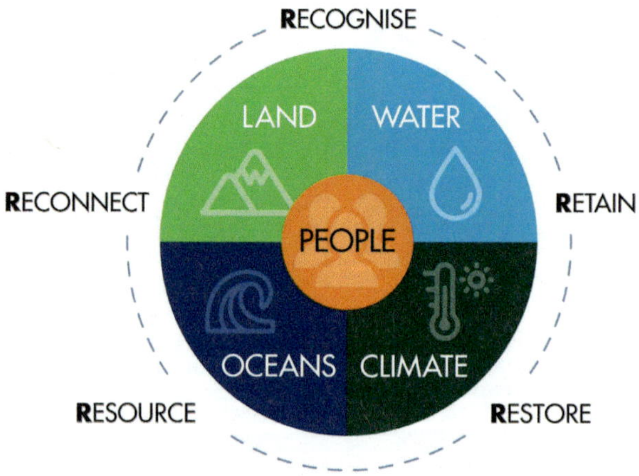

그림 277 Nature 2030 프로그램 프레임워크
(5대 핵심분야 및 5가지 혁신 경로)
(자료: IUCN)

① 사람: 자연 보호의 중요성에 대한 인식과 교육을 강화한다. 지역사회 참여를 통해 개인이 지역 환경에서 조치를 취할 수 있도록 지원한다.

② 땅: 토지 생태계를 보호하고 복원하는 것은 농업 및 기타 토지이용 활동의 지속가능성을 보장하는데 필수적인 요소이다.

③ 물: 담수와 해양생태계가 인간 생존에 필수적이기 때문에 수자원의 지속가능한 관리가 고려되어야 한다. 모든 사람이 깨끗하고 접근 가능한 물을 확보할 수 있도록 생태계를 보호해야 한다.

④ 바다: 해양 생물 다양성의 보존이 중요한 요소이다. 바다는 식량, 기후조절, 레크리에이션 기회 제공 등 인류에게 수많은 편익을 제공한다.

⑤ 기후: 기후변화 대응은 보존 및 생태계 복원 조치를 시행함으로써 기후 영향에 대한 자연 및 인간 시스템의 회복력을 강화한다.

[2] 생물다양성 감소

(1) 생물다양성 감소 원인

생물다양성의 중요한 구성 요소인 생물종들이 급격하게 줄어들고 있는 실정으로서 세계자연보전연맹(IUCN)에 의하면 조류의 1/8, 포유류의 1/4, 침엽수의 1/3, 양서류의 1/3, 바다거북의 6/7에 달하는 종들이 이미 멸종되었거나 멸종 위기에 처해 있으며, 농작물의 유전적 다양성 중 75%가 손실되었고, 세계 어장 중 75%가 남획되고 있는 실정이다.

이러한 생물종의 급속한 감소는 인구 증가와 경제 발전 등에 의한 서식지의 물리적 변화(전환, 분열, 단순화), 남획(사냥, 밀렵), 토지이용 변화, 기후변화와 지구온난화, 외래종 도입 및 침입, 생물 종 남획과 환경오염 같은 직간접적인 원인을 제공하고 있으며, 그 외에도 법적 제도적 체계 미비 등도 생물다양성 훼손의 원인이다.

① 인구증가

인구가 증가하면서, 숲, 습지 등의 자연생태계 파괴된다. 인구밀도가 높고 인구 성장속도 빠른 곳, 개발도상국에서 심각하다. 특히 아시아, 아프리카는 원래 자연 서식지의 약 2/3를 상실하였다.

② 외래종 유입

새로운 환경에 적응하지 못하고 사라지기도 하지만, 환경적응 능력이 뛰어난 경우가 많으므로 토종 생물이 피압당하는 경우가 많다(그림 278). 제한적으로 종다양성이 증가하기도 한다.

그림 278 외래종에 의한 생태계 교란
(자료:Everglades National Park)
에버글레이드 습지의 외래종인 비단뱀이 토종 악어를 삼켰으나 배가 갈라져 죽음

③ 서식지 전환(Conversion) 및 소멸

인간의 필요에 따라 자연이 도

시, 공장, 주택지, 산업단지로 바뀜 숲이 제거되면서 나무가 사라지고 파괴된 생태계에 살고 있던 모든 다른 생물들도 사라지게 됨

④ 분절화(Fragmentation)

도로 건설, 택지개발 등으로 한 지역이 쪼개지는 현상 어떤 집단의 지속적인 생존을 위해서는 최소한의 면적 필요 서식지가 분열되면서 서식지의 크기가 줄어들 때 어떤 종은 유리하고 어떤 종은 치명적인 해를 입음(그림 279).

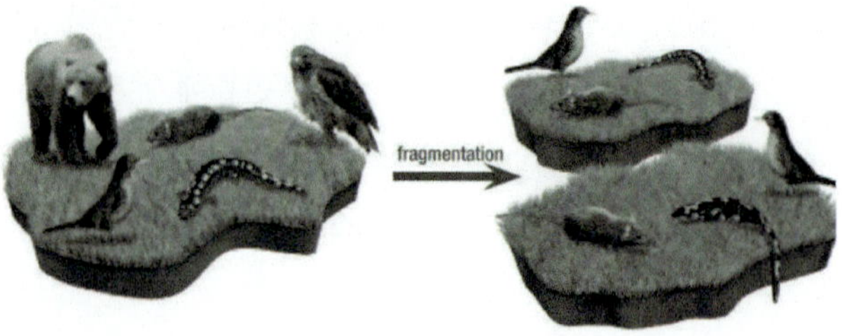

그림 279 서식지 분절화
(자료: https://slideplayer.com/slide/13829095/)

⑤ 단순화(Simplification)

인간이 이용할 경우 서식지를 단순화 숲에 거주할 장소를 마련할 경우 죽은 나무나 장작들을 제거

⑥ 남획

생물이 증식하는 속도보다 빠르게 죽이는 현상으로서 경제적인 탐욕, 무지 및 무감각에서 비롯된다. 특히 밀렵꾼이나 보신용으로 잡는 경우가 심각하다. 또한 천적을 남획하는 경우로서 모기의 천적인 개구리 남획으로 모기가 증가한다.

(2)서식지 교란(habitat disturbance)과 중규모 교란설

서식지 교란은 물리적인 파괴나 화학적인 오염에 의해 서식지의 환경이 변화하는 현상을 말하며, 인위적인 교란과 자연적인 교란이 있다.

인위적 교란은 생물의 서식환경 오염 및 악영향 등을 말하며, 벌채, 제어내기, 불놓기 등의 직접적 교란과 대기오염, 수질오염, 소음, 진동 등의 간접적 교란이 있다. 자연적 교란은 홍수, 화산분화 등의 자연현상이나 생물학적 교란들이 해당된다.

서식지 교란은 생물의 생존을 반드시 위협하는 것은 아니며 오히려 교란에 의해 새로운 서식처를 제공하기도 한다. 이러한 경우는 대체로 교란의존종, 천이의 초기 및 중기에 주로 발생된다.

[참고] 광해

빛에 의한 부정적 영향과 교란.

야간의 빛은 주광성 곤충류를 유인하여 서식에 위협이 되며, 주암성 곤충의 서식 방해.

야간 빛이 반딧불이 빛보다 밝아지면 번식 저해.

알에서 갓 부화한 바다거북은 바다 해면에 반사된 달빛은 목표로 바다로 향함. 육지쪽에 유사한 광원이 있는 경우 육지 쪽을 향함

교란에 약한 종이 절멸하지 않을 정도의 교란이 있을 때에 종의 풍부함이 가장 높아지며 이를 중규모 교란설이라 한다(그림 280). 이때 붕괴나 자연발화에 의한 산불 등 자연적인 것 뿐만 아니라 논 경작 등의 인위적인 교란도 포함된다. 교란이 증가하면 약한 종이 소멸되어 종풍부도가 낮아지며, 반대로 교란이 작아지면 천이가 진행하여 극상림으로 발달되어 종풍부도가 낮아진다. 경작이 중단된 묵밭이나 묵논, 농지 정비에 따른 논의 밭 경작화, 콘크리트 수로, 제초제 사용 등의 인위적 정비에 의해 기존의 논과 자연수로를 서식처로 생활한 생물종들이 감소하게 된다.

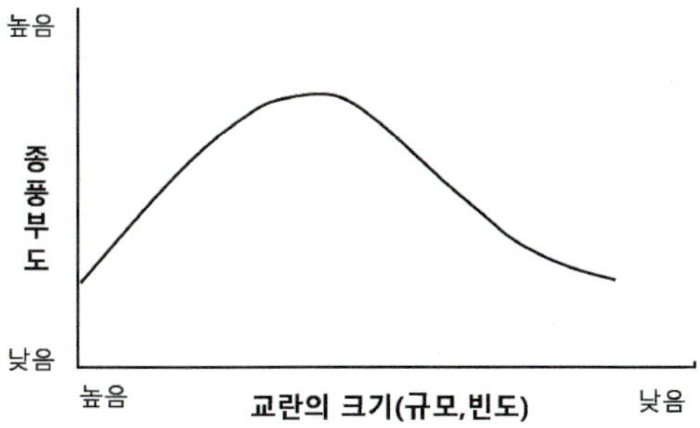

그림 280 중규모 교란설

(3) 생물학적 침입

생물이 인위적 요인의 개입으로 본래의 분포역이 아닌 장소로 이동하는 현상을 이입이라 하며 이렇게 다른 지역으로 이입된 생물을 이입종이라고 한다.

귀화종은 이입종이 야외에서 번식할 수 있게 적응된 경우 귀화종이 된다.

귀화율은 귀화종이 전체 종에서 차지하는 비율을 의미하며 생태계가 얼마나 왜곡되었는지를 판단하는 지표가 된다. 이입종이 생태계 내에 침입하여 정착되는 현상을 생물학적 침입이라 하며, 침입한 곳의 생태계에서 이입종의 생태적 지위에 빈틈이 있는 경우 침입에 성공하게 된다. 침입종은 대체로 재래종의 강력한 천적이 된다.

도시생태계는 반복적 교란이 발생하고 재래종 개체수가 적어 이입종 정착에 용이한 환경을 제공하며, 도서생태계는 종의 분화가 불충분하고 생태적 지위에 빈틈이 많으며 천적이 될만한 재래종이 거의 없고 침입에 대한 방어 기능이 없어 침입종이 재래종을 압도하는 경우가 많다. 그 결과 이입종이 재래종의 먹이나 서식장소를 빼앗고 생태적 지위를 획득하거나, 이입종과 재래종과의 사이에 중간적인 종을 만들어 유전적 교란을 일으키게 된다.

3. 환경포텐셜

[1] 환경포텐셜 개념 및 구성 요소

환경포텐셜은 특정 장소에서 생물종의 서식이나 생태계가 발달할 잠재적 가능성을 의미한다. 어느 시점에서의 환경포텐셜은 입지포텐셜, 종의 공급 포텐셜, 종간 관계 포텐셜 등 3가지 유형의 포텐셜로 정의되며, 환경포텐셜이 시간에 따라 변화하여 미래의 환경포텐셜이 결정되는데 그 변화의 방향과 속도를 천이포텐셜이라 하며 앞의 3가지 유형의 포텐셜에 의해 결정된다 (그림 281).

- **입지포텐셜**: 기후, 지형, 토양, 수환경 등의 토지 조건이 특정 생태계의 성립에 대한 적합성
- **종공급 포텐셜**: 식물의 종자나 동물의 개체 등이 다른 곳으로부터 공급될 가능성
- **종간관계 포텐셜**: 종의 생육 및 서식과 관계. 포식관계나 경쟁관계 등의 생물간 상호작용을 형성하는 종간 관계가 성립할 가능성
- **천이의 포텐셜**: 생태계의 시간적 변화가 어떤 과정을 거쳐 어느 정도의 속도로 진행되며, 최종적으로 어떠한 모습이 될 것인가 하는 가능성.

그림 281 환경포텐셜의 개념
(문석기 등(2004)을 저자 수정)

예를 들어, 습지생태계의 경우 다음과 같은 환경포텐셜 관계가 성립될 수 있다(그림 282).

1) 입지포텐셜

① 지형이 토양, 수환경을 규정

② 토양, 물의 물리화학적 조건이 식물군락 규정

③ 토양, 물의 물리화학적 조건이 동물군집 규정

2) 종간 관계 포텐셜

④ 동물군집이 식물군락에 영향

⑤ 식물군락이 동물군집에 규정

⑥ 동물종 상호작용

⑦ 식물종 상호작용

3) 종공급 포텐셜

⑧ 식물종 교류 (공급)

⑨ 동물종 교류 (공급)

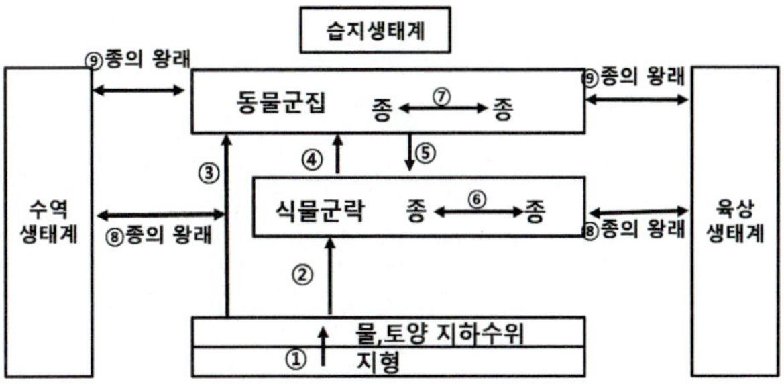

그림 282 습지생태계의 환경포텐셜 예시
(문석기 등(2004)을 저자 수정)

[2] 환경포텐셜의 속성

(1) 입지포텐셜

토지의 환경조건에 관한 환경포텐셜인 입지포텐셜은 다음과 같은 속성을 지닌다.

- 기후: 생물의 존재를 좌우하는 기본적 인자. 기온과 강수량이 가장 큰 영향. 일사, 적설, 바람 등도 중요한 인자. 거시적으로는 위도, 육역이나 해역 내 위치, 큰 지형 등에 의해 결정. 미시적으로는 소지형 등에 의해 결정.
- 지형: 지형 형태(고도, 방위, 경사 등)와 지형형성 작용에 따른 교란(붕괴, 운반, 퇴적 등)에 의해 식생군락 성립 결정
- 물환경:
  - 수문: 지표수의 양, 수심, 유속, 지하수위 등에 의해 결정
  - 수질: 물의 물리화학적 상태. 수온, pH, 영양염류의 과다 등

예를들어 습지생태계에서 입지포텐셜 요소 중 얕은 수역이나 토양에서 과습한 토지가 성립할 가능성이 중요하며 이는 지형에 의해 결정된다. 지형이나 물환경은 식생군락을 통해 간접적으로 동물 군집을 결정한다.

(2) 종간관계 포텐셜

종간관계 포텐셜은 생태계의 특징 중 상호작용과 관련이 있다.

생물종 사이의 상호작용에서 어떤 특정한 종의 생존에 긍정적으로 작용하는 종(상리공생 관계)과 부정적으로 작용하는 종(포식-피식, 경쟁)과의 관계에 의해 포텐셜이 형성된다. 자원을 둘러싼 경쟁은 생태적 지위가 비슷한 종 또는 생태적 지위가 가까운 경우 경쟁이 발생하며 경쟁에서 도태된 어느 한쪽이 그 장소에서 배제되는 경쟁배타 현상이 나타난다.

일반적으로 많은 종들이 공존하며 복잡한 종간관계를 이루는 생태계는 소수의 종이 우점하는 생태계보다 안정적이다. 이는 같은 기능을 가진 종이 복수로 존재하므로 몇 종이 사라지더라도 전체로서는 생물간 상호작용을 유지하기 때문이다.

[참고] 중추종

- 생태계 내에서 특히 중요한 기능을 가진 종. 고차포식자, 대형초식동물 등.
- 중추종이 사라지면 생태계 내 큰 변화 초래됨.
- 최상위 포식자 사라지면 하위 포식자 및 초식동물 등 개체수 증가 현상.

(3) 종공급 포텐셜

종의 공급원(source)과 수요처(sink)의 공간적 관계와 종의 이동력이라는 2가지 요인에 의해 결정된다.

종의 공급원과 수요처가 인접할 때 공급포텐셜이 높아진다. 이때 식물은 종자나 꽃가루에 의해 유전자가 이동되므로, 종의 공급원과 수요처 사이의 공간관계 외에도 수분매개자인 동물의 유무에 의해 결정된다. 즉, 식물의 종공급포텐셜은 종간관계포텐셜의 영향이 크게 작용된다.

[참고] 매토종자

- 식물 종의 주요한 공급원.
- 매토종자는 식물군락 성립 가능성에 대한 판단 기준이 되며, 2차천이의 초기 식생 결정
- 계절적 매토종자: 수명 1년 미만
- 영속적 매토종자: 수명 1년 이상. 휴면상태에서 발아에 적합한 환경을 기다리는 교란의존적 식물, 망토군락 구성 종

(4)천이 포텐셜

생태적 천이가 발달하는 방향과 속도와 극상(climax) 등은 입지포텐셜, 종공급 포텐셜, 종간관계 포텐셜에 의해 결정된다. 현재의 환경포텐셜은 장래 그 생태계가 어떻게 천이될 것인가를 좌우한다. 예를들면 같은 입지포텐셜을 지닌 도로의 절토비탈면 인근에 소나무군락이 있는 경

우는 산포된 소나무 종자가 발아하여 비탈면에 소나무군락이 형성되고, 인근에 갈참나무군락이 존재하는 경우 갈참나무군락이 형성되어 다른 목본종 침입은 쉽지 않다. 즉, 종공급 포텐셜에 의해 천이의 방향이 결정된다.

[3] 환경포텐셜 평가

(1) 환경포텐셜 평가

환경포텐셜의 평가를 통해 생물종의 서식이나 생태계의 성립 가능성을 진단하고 예측할 수 있다. 생물종의 서식지나 생태계를 복원하는 경우 환경포텐셜 평가를 통해 미리 그 가능성을 알 수 있어 적절한 후보지의 선정이나 목표를 설정할 수 있다.

환경포텐셜 평가는 평가 대상 공간의 규모나 목적에 따라 다양한 목표와 방법을 설정할 수 있다.

- 거시적 규모 : 광역에서의 서식지 적지 선정이 주요한 과제
- 중간 규모에서는 개별 대상지 내에서의 식생의 입지나 넓은 범위의 서식지를 필요로 하는 동물의 서식가능성을 평가
- 미시적 규모 : 구체적으로 생물의 서식가능성 제시

(2) 입지포텐셜 평가

지형, 토양, 물환경 등에 의해 생물종의 서식이나 식생군락, 생태계의 성립가능성을 진단함으로써 입지포텐셜을 평가할 수 있다. 이때 기후는 중요한 인자이기는 하나 좁은 범위에서의 입지포텐셜 평가의 경우에는 그 차이가 거의 없다. 예를들면, 습지생태계의 입지포텐셜을 평가한 그림 283에서 사례에서 지하수위를 2년동안 9회 측정하여 지하수 변동과 강우량의 관계를 분석하여 습지 조성 가능성을 평가한 결과, 깊은 곳을 중심으로 습지가 형성될 수 있는 잠재력이 높게 나타났다.

(3) 종공급 포텐셜 평가

첫째, 실험적으로 조성한 싱크 기능을 하는 서식지(대체서식지 또는 테스트베드)에 출현하는 생물종의 조성을 조사하는 방법으로 평가한다. 이때 싱크 서식지에 생물동 서식을 위한 환경조건을 충분히 갖추는 것이 중요하다. 종공급 포텐셜의 결정 요인은 소스(원시석지)와 싱크(대상지) 사이의 거리, 소스의 질, 이동장해요소 등이 있다. 그림 284에서 평가된 사례와 같이 나비류의 종공급 포텐셜이 대상지의 환경요인에 따라 차이가 있음을 알 수 있다.

둘째, 매토종자를 활용하여 판단하는 방법으로서, 토양 중 포함된 종자를 직접 확인하거나 종자를 포함한 토양에서 발아한 식물종을 확인하는 실생발생조사법(실생출현법)이 있다.

그림 283 습지생태계의 입지포텐셜 평가도
(문석기 등(2004)을 저자 수정)

매토종자는 종자를 공급하는 지상부 식물군락에 의존하며, 장소의 과거, 현재 식물군락이 관여한다. 현재의 식물군락에는 없지만 과거에는 살았던 종, 인근으로부터 이입종, 풍산포 또는 조산포로 이입된 종 등을 포함한다.

(4) 환경포텐셜 변화 :

환경포텐셜은 자연적 요인(천이, 화산분화, 홍수 등)이나 인위적 요인(지형변화, 지하수위 저하, 식생파괴, 토양침식 등)에 의해 변화한다. 특히 광범위한 지형이나 식생 변화는 환경포텐셜을 불가역적으로 저하시키기도 한다.

그림 285에서 도시화 이전과 이후의 환경포텐셜 변화 사례를 볼 수 있다.

- 각 길드의 서식변화지수 = (이입종수-소실종수) / (소실종수+잔존종수+이입종수)
- 서식지변화지수 = (현재 서식지 규모-과거 서식지 규모) / (현재 서식지 규모 + 과거 서식지 규모)

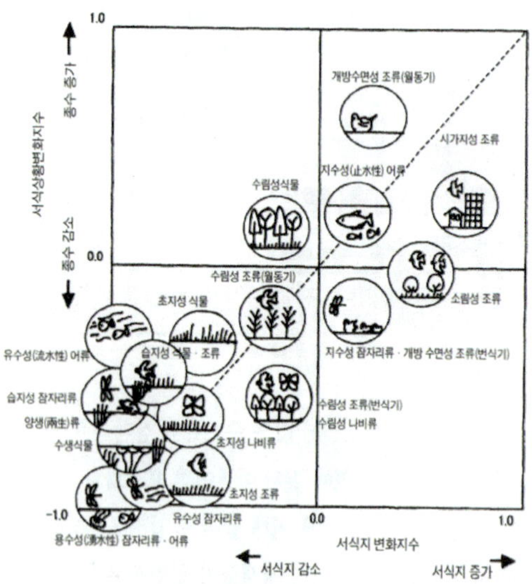

그림 284 환경포텐셜 변화
(문석기 등, 2004)

(5) 환경포텐셜과 생물 복원 잠재성

생물의 복원 가능성은 각 환경포텐셜에 의해 평가 가능하다. 예를들면, 입지 포텐셜과 종공급 포텐셜이 낮을수록 복원 잠재력이 낮아진다.

입지 포텐셜 증진 전략으로는 우수침투와 같은 물순환체계 개선 등의 전략이 있고, 종공급 포텐셜 증진 전략으로는 생태통로를 조성하거나 서식지 네트워크를 구축하는 등의 전략이 가능하다.

입지포텐셜과 종공급 포텐셜로부터 동물상 복원 잠재력을 평가한 그림 286에서 종공급포텐셜과 입지포텐셜이 높은 경우 (왼쪽 위) 생물상 복원 잠재력이 높게 나타난다.

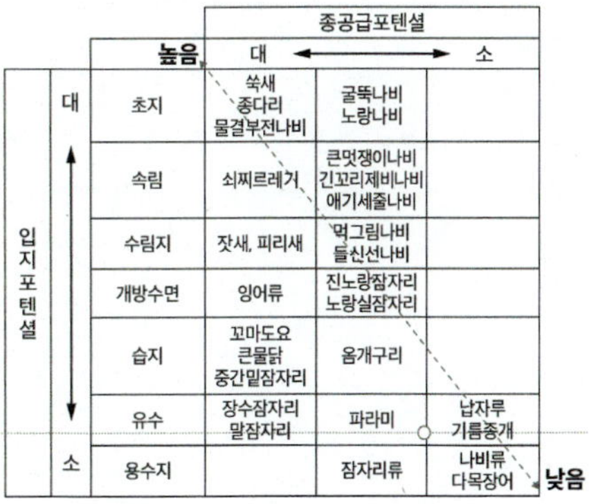

그림 285 환경포텐셜과 생물상복원 잠재력
(문석기 등(2004)을 저자 수정)

8장

경관생태

1절 경관구조와 기능

1. 경관과 경관생태

[1] 경관

(1) 경관의 정의

경관(landscape)은 비슷한 형태가 반복되는 상호작용하는 생태계의 집합으로 구성된 이질적인 토지로서, 토지를 바라보는 환경인식의 종합적인 표현이다. 또한 시각적, 지각적, 미적인 개념뿐만 아니라 그 지역이 갖고 있는 종합적인 생태학적 특성을 포함하는 총체적인 실체이다.

경관생태학에서의 경관의 개념은 단순한 지구표면의 시각적 형상이 아니고 지역의 여러 현상과 여러 작용의 인과관계로 결합된 복합체이다. 경관은 집합체로 형성된 지역의 토지형태 혹은 토지의 표면 및 이와 연관된 몇 ha에서 수㎢에 이르는 서식지이며 공간적으로 이질적인 지역이다. 경관은 다음을 포함하여 토지의 시각적 요소로 구성된다.

- 지형과 같은 물리적 요소
- 동식물상 등 생물적 요소
- 빛, 기후조건 등 추상적 요소
- 인문적 요소 : 인간행위, 인조(인공)환경 등

(2) 경관 3요소

경관은 경관구조와 기능과 시간에 따른 변화를 주 연구대상으로 하며, 이를 경관의 3요소라 한다(그림 287).

- 구조(structure): 구별되는 생태계 사이의 관계. 즉, 에너지, 물질, 종의 크기와 모양, 수, 종류 등의 요소들이 어떻게 분포하는가
- 기능(function): 공간적인 요소 사이의 상호작용으로 생태계의 구성요소 사이에서 에너지, 물질, 유기체의 흐름
- 변화(change): 시간에 따라 생태적 모자이크의

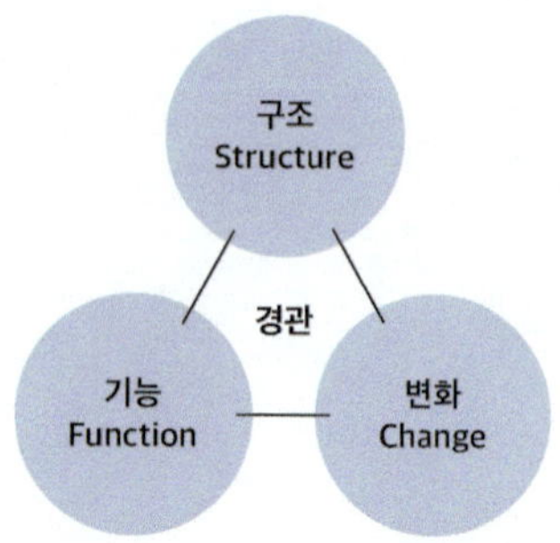

그림 286 경관 3요소

구조와 기능의 변화(alteration)

(3) 경관구조

경관은 일정한 면적을 갖는 경관조각인 패치(patch)와 선형의 통로인 코리도(corridor), 이들을 둘러싸고 있는 바탕이 되는 매트릭스(matrix)로 구성되며, 이들 요소가 모두 포함된 전체를 경관 모자이크(mosaic)라고 한다(그림 287).

즉, 일정한 경관 내에서 지표를 구성하는 여러 요소(식생, 서식처, 구조물, 자원, 지형 등)가 모자이크처럼 분포하는 일정 지역을 경관 모자이크라고 한다(그림 288).

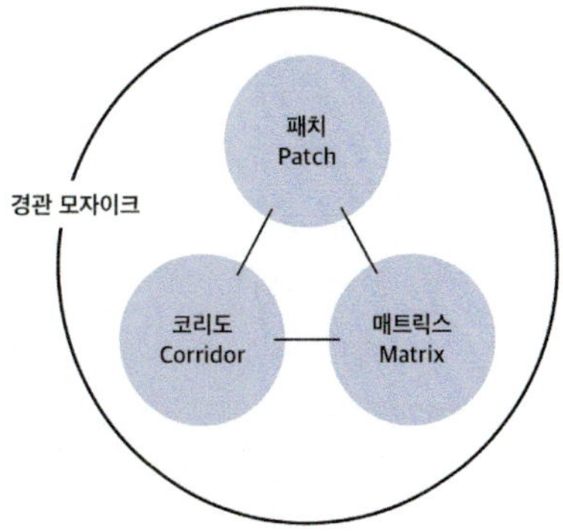

그림 287 경관구조

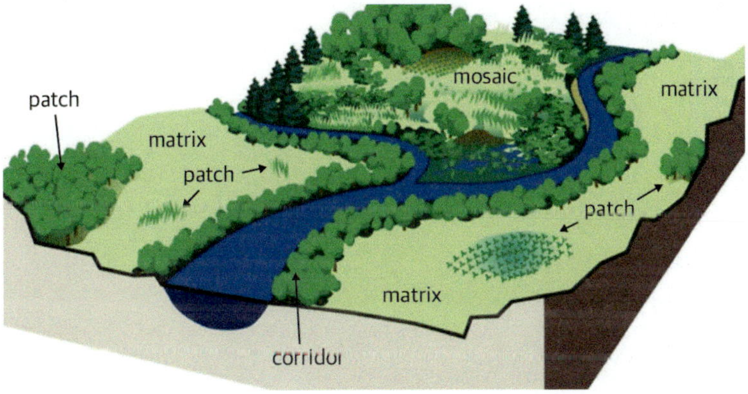

그림 288 하천 경관 모자이크
(자료: USGS)

[2] 경관생태학과 생태학

경관생태학(Landscape Ecology)은 경관생태학은 경관의 구조와 기능과 변화를 연구하는 학문이다. 즉, 현재의 경관 구조와 기능을 밝히고 시간의 흐름에 따라 구조와 기능이 어떻게 변화하는지를 예측하는 학문이다. 생태계의 공간적 분포 패턴에 관계되는 현상을 밝혀내는 것을 주목적으로 연구하며 특히 경관(단위생태계)의 구조와 기능과 시간에 따른 변화를 연구하는 학문이며, 거대한 지역과 생태계의 공간적 패턴의 생태적인 영향을 강조한다.

광범위하고 장기적인 초점은 보다 지속 가능한 미래를 위해 토지를 설계하고 계획할 수 있는 명확한 기반을 제공하며, 경관생태학의 언어를 이해함으로써 지역의 생태학적 기능을 향상시키는 계획 결정을 내리는 데 도움이 된다.

경관생태학은 인공경관을 대상으로 하며, 생태학적 관점에서는 생태계를 대상으로 GIS/RS, 컴퓨터 시뮬레이션 등의 기술이 적용되며, 패턴과 프로세스(patterns and processes)의 상호작용을 실현할 수 있는 강력한 이론적 도구가 된다.

경관생태학 용어는 경관과 생태학의 각 개념들이 통합된 개념으로서 1939년 독일 '칼 트롤(Carl Troll)'에 의해 정립되었다. 경관생태학은 생물공동체와 그것을 둘러싸는 환경조건 사이에 존재하는 종합적이고 일정한 법칙 아래 복합적인 상호작용을 하는 현상을 해명하는 학문이라고 할 수 있다.

경관생태학은 경관의 구조, 기능, 변화 세가지 측면에 초점을 두며(Forman & Godron, 1986), 서로 영향을 주는 모든 요소로 구성된 총체적 실체로서 경관을 연구하는 토지과학의 중요한 분야이다(Zonneveld, 1995).

경관생태학은 환경공간계획이나 정책에 적용할 수 있는 이론적 근거와 학술적 기반을 제공하며, 특히 다음과 같은 원리를 이해하는 것이 필요하다.

1)생태계 기능:

생태계는 생태적 형성과정 전 과정에 걸쳐 상호작용하여 생태계 기능을 결정한다. 이 과정에서 생물다양성과 환경요인은 생태계의 기능과 지속성을 위해 필수적인 작용을 한다.

2)복원력

복원력은 변화하는 내부 및 외부 프로세스에 적응하고 적응하는 시스템의 능력으로서 생태적 수용능력 범위에서는 탄력성이 작용하여 복원력이 발생하게 된다. 예를들어 도시의 복원력은 생태적 기능과 인간 기능을 동시에 유지하는 도시의 생태적 능력에 의해 결정되며, 특히 복원력은 공간의 생태학적 건강을 정확하게 측정하는 척도가 된다.

3)계층 구조와 규모:

척도는 계층적으로 연결되며, 생물학적 및 사회적 조직의 한 수준에서 각 단계별 행동은 하위 및 상위 척도에서 작동하는 패턴과 메커니즘에 영향을 미친다. 이 과정에서 공간 척도 외에도 시간 척도를 고려하는 것이 중요하다. 예를들어, 도시 생태계 내 서식하는 조류의 다양성은 시간, 계절, 연도에 따라 달라진다.

전통적인 생태학과 경관생태학은 다음과 같은 차이가 있다.

1)생태학

- 단일 생태계 내 수직적인 구조와 기능에 초점.
- 상대적으로 동질적인 공간단위 내에서 일어나는 식물, 동물, 대기, 물, 토양 사이의 수직적 관계에 치중
- 주로 변환속도 및 변환율(turnover)과 과정에 영향을 미치는 내부요소의 역할과 물질순환 및 에너지 흐름에 관심

- 분명한 공간적 경계 없이 주로 생태계 내의 과정에 대한 수직적 연구에 치중

2)경관생태학

- 여러 생태계들 사이에서 발생하는 수평적인 구조와 기능에 초점
- 공간단위 사이의 관련성에 초점
- 경관의 공간적 차원, 배치의 규칙성, 분포, 생태계 구조와기능(흐름, 상호작용, 변화)에 영향을 미치는 공간적 구성에 초점
- 경관 내 또는 경관 간의 수평적 경계를 오가는 공간적 연구에 치중

2. 패치

[1] 패치의 생성원인과 유형

패치는 일정한 면적을 가진 조각 형태의 경관요소이다.

패치의 유형은 형성된 원인에 따라 잔여형, 도입형, 간섭형, 환경자원형 및 일시적 패치로 구분할 수 있다(그림 289).

그림 289 패치의 유형
(Gemini 2.0 flash에서 생성된 그림을 저자 수정)

잔여형(remnants)은 원래 광범위하게 분포했던 경관이 인위적이거나 자연적 원인에 의해 다른 지형으로 바뀌고 일부 남아있는 경관지역을 말한다. 예를들어 넓은 산림지역을 개발하여 건물,

농경지 등으로 바뀌고 일부만 남아있는 잔존산림을 잔여형 패치로 볼 수 있다.

도입형(introduced)은 잔여형과 반대의 의미로서 원래 없던 경관요소가 새롭게 조성되어 새로운 경관을 이루는 경관지역을 말한다. 예를들어 넓은 농경지에 일부 건물들이나 소규모 과수원이 새롭게 조성되었거나, 산림지역을 개간하여 농경지나 초지를 조성했을 때 도입형 패치로 볼 수 있다.

간섭형(disturbance)은 자연재해나 인위적 원인으로 훼손되고 파괴된 경관지역을 말한다. 예를들어 산림 내 산불이 났거나 심한 폭우로 산사태로 파괴된 경우 간섭형 패치로 볼 수 있다.

환경자원형(environmental resources)은 자연형성과정에 의해 생성된 원래의 생태자원을 말한다. 예를들어 도시 내 자연습지나 사막의 오아시스와 같은 지형을 환경자원형 패치로 볼 수 있다.

일시적패치(ephemeral)는 계절적 수위변동과 같은 환경요인이나 자원가용성의 변화에 의해 나타나는 일시적인 패치를 의미한다.

또한 패치의 서식처로서의 기능에 따라 잠재적, 활동형, 퇴화형 등으로 구분할 수 있다.

잠재적(potential)패치는 특정 생물종이 아직 서식하지는 않지만 서식할 가능성이 있는 패치, 활동형(active)패치는 적합한 종이나 생물군집이 서식하고 있는 서식지, 퇴화형(degraded)패치는 한때 서식지였으나 환경요인에 의해 버려지거나 잠재적패치로서 회복 가능성이 있는 패치를 의미한다.

[2] 패치의 크기

패치의 크기는 종다양성이나 멸종가능성 등 생물의 서식환경을 비롯한 생물학적, 생태적으로 결정 요인이 된다. 큰 패치가 좋은지 또는 작은 패치가 좋은지에 대한 논의는 특정한 생물체가 살기 위한 최소한으로 요구되는 패치의 크기, 가장 적합한 패치의 크기 등의 의문에서 출발한다.

(1) 종다양성 측면

일반적으로 패치의 면적이 줄어들 경우 가장자리(edge) 면적이 증가하여 에코톤이 증가하고 가장자리 효과에 의해 일반적인 종의 서식처가 많아지게 되며 가장자리종의 다양성과 풍부도는 증가하게 된다. 반면에 보전 가치가 높고 활동범위가 넓은 내부종이 서식하는 내부(interior) 면적이 감소하게 되어 보전할 가치가 있는 내부종의 다양성과 풍부도는 감소하게 된다(그림 290). 그러므로 보전 가치가 높은 생물종에 대해서는 패치의 면적이 줄어드는 것은 바람직하지 않다.

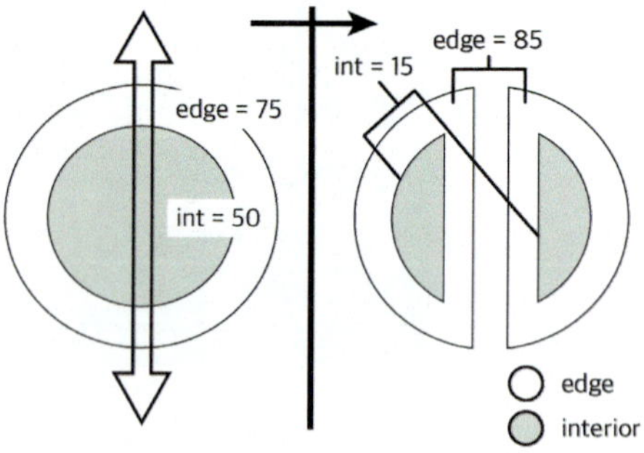

그림 290 분절된 패치 내부와 가장자리 면적

(2) 지역적 멸종 가능성

큰 패치가 작은 패치보다 더 큰 개체군을 유지할 수 있고 종이 멸종할 가능성은 낮아진다. 또한 패치의 생태적 질도 영향을 끼치게 되어 패치가 작거나 생태적 질이 낮을수록 멸종 위기는 높아진다(그림 291).

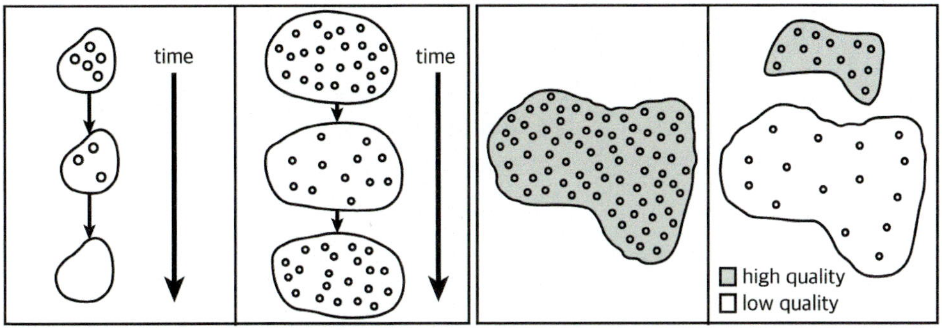

그림 291 패치 면적과 생태적 질이 멸종 가능성에 미치는 영향.
왼쪽: 면적이 작을수록 멸종가능성 증가,
오른쪽; 면적이 작아도 생태적 질이 높으면 멸종가능성 낮아짐

(3) 큰 패치의 장점 작은 패치의 장점

큰패치는 다양한 비오톱을 포함하여 서식처 다양성이 높아지고, 종 다양성이 증가한다. 작은 패치는 외부 교란의 확산을 저지하여 부정적 영향이 광범위하게 확산되는 것을 억제하는 장벽이 된다(그림 292).

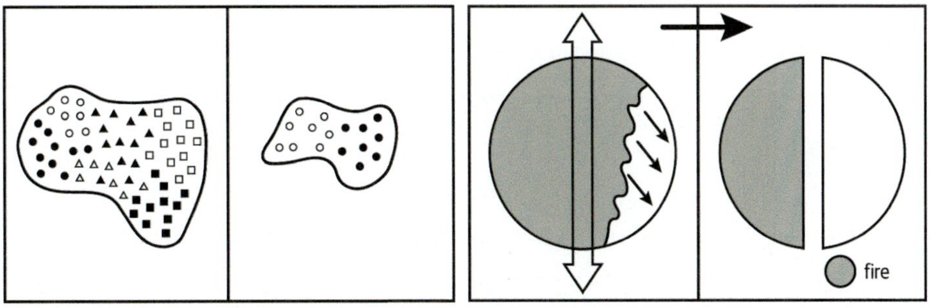

그림 292 큰 패치의 장점과 작은 패치의 장점
왼쪽 : 서식지 다양성, 오른쪽 : 교란에 대한 장벽(방어)

큰 패치는 수자원과 하천네트워크를 유지 형성하며 자연적 간섭에 의한 피해를 최소화 할 수 있게 된다. 또한 보호가치가 높은 내부종에게 중심 서식처를 제공하여 개체군을 일정한 크기 이상으로 유지할 수 있어 큰 행동권을 갖는 대부분의 척추동물에게 피난처를 제공한다. 작은

패치는 종 이동을 위한 징검다리 기능을 하며 큰 패치가 없거나 특정 종에 적합하지 않은 경우 작은 패치가 그 지역의 특이한 종을 포함하게 된다(그림 293).

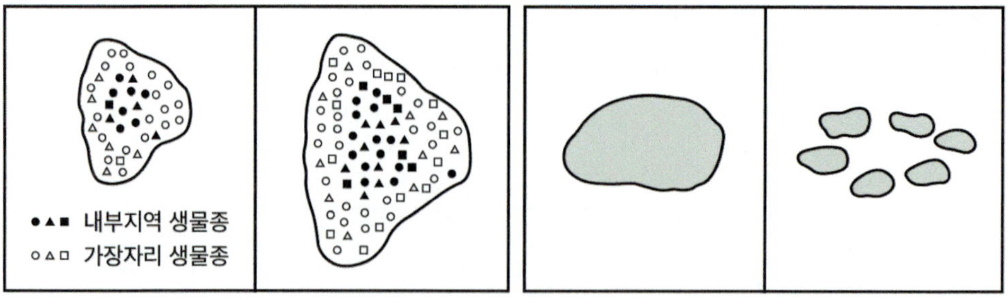

그림 293 큰 패치와 작은 패치
왼쪽 : 큰 패치는 내부종의 서식처 제공,
오른쪽 : 작은 패치는 징검다리 기능

[참고] SLOSS (Single Large Or Several Small) 논쟁

생태적으로 작은 패치가 좋은가, 큰 패치가 좋은가에 대한 의문이다(그림 294).

총 면적이 같은 경우, 하나의 큰(Single Large) 패치와 여러 개(Several Small)의 작은 패치 중 어느 것이 생태적으로 건전한가에 대한 의문으로서, 1976년 『Science』 지에 실린 Simberloffand Abele와 Diamond의 글(Simberloffand Abele 1976; Diamond et al. 1976)에서 비롯되었다. 논쟁의 잠정적 결론은 큰 패치는 대형동물의 유지에 유리하며, 여러개의 작은 패치는 서식처 다양성을 유지하여 종다양성을 유지할 수 있다. 큰 패치가 없는 경관 모자이크는 기본적인 토대가 없어서 불안정하고, 큰 패치만 있는 경관 모자이크는 서식처 다양성이 부족할 가능성이 있다.

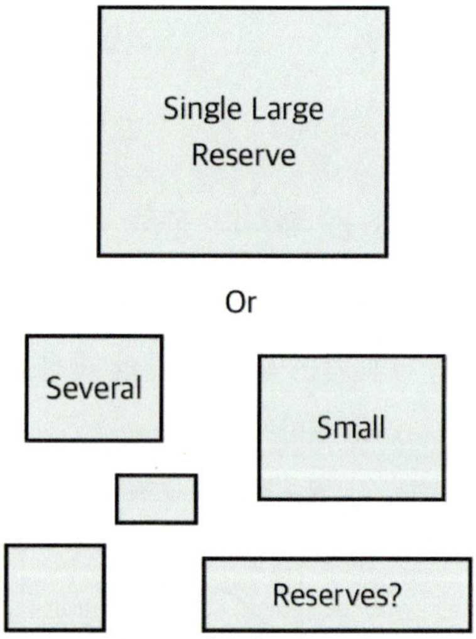

그림 294 SLOSS 논쟁

여러 개의 작은 패치가 큰 패치가 가지지 못하는 기회를 제공할 수 있기 때문에, 작은 패치를 큰 패치의 대체물이 아니라 보완물로 생각해야 할 것이다(Forman, 1995). 즉 몇 개의 큰 패치 주변 매트릭스에 작은 패치가 여러개 분포하여 징검다리 서식처의 기능을 하는 것이 이상적인 분포라고 할 수 있다.

[참고] 면적-종수 곡선

일반적으로 패치의 면적이 클수록 패치 내부의 종 수가 증가하게 되는데, 면적이 증가할수록 종 수의 증가 속도는 점점 완화되어 일정 면적 이상이 되면 면적을 확대해도 종수는 거의 증가하지 않게 된다(그림 295).

그러므로 종다양성 유지를 위한 보호구역을 설정할 때는 공간 확보 가능성과 요구하는 종 수 등을 고려하여 보호지역의 면적을 결정하게 된다.

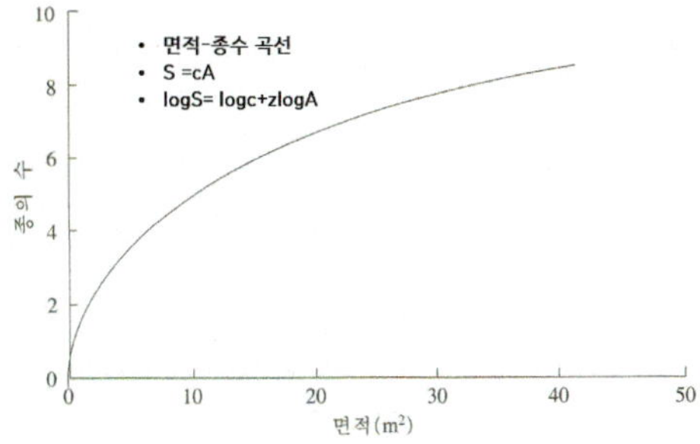

그림 295 면적-종수 곡선

[3] 패치의 위치와 수

(1) 패치의 수는 얼마나 되어야 하는가 ?

패치 중에 하나가 제거되면 전체 서식처 면적이 감소하고 다시 생물종의 개체군 크기가 감소되며 이는 서식처 다양성과 종다양성이 감소되는 결과로 이어진다. 그러므로 패치는 해당 지역의 종다양성을 유지할 수 있을 정도로 충분히 손실 없이 존재하여야 하며, 불가피하게 패치 중 일부가 제거될 경우 특정 종이 서식하고 있는 패치, 패치와 패치의 연결성을 이어주는 위치에 있는 패치 등을 우선 보전하는 것이 중요하다(그림 296).

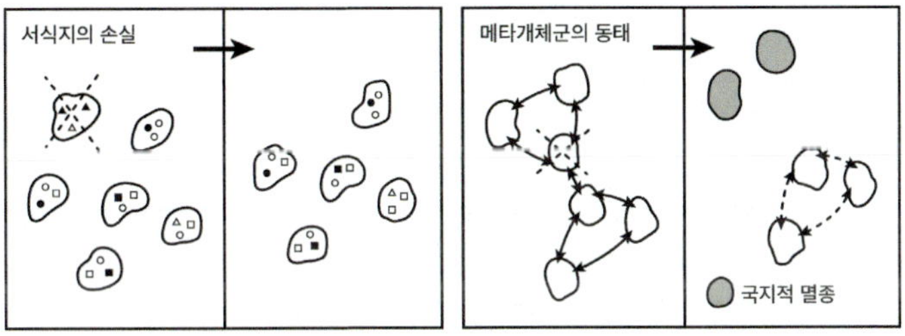

그림 296 우선 보전하여야 하는 패치

(2) 큰 패치의 수

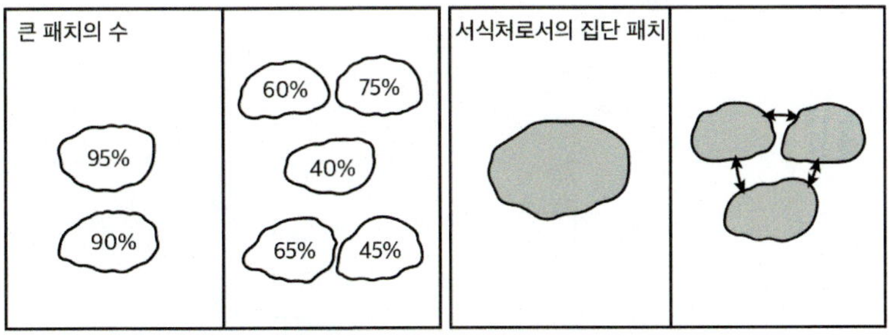

그림 297 큰 패치의 수

하나의 큰 패치가 거의 모든 종을 포함할 경우 최소 두 개 정도의 큰 패치가 있으면 종 풍부도를 유지할 수 있다. 큰 패치가 없는 경우에도 일반종들은 작은 패치가 연결된 상태에서 살아갈 수 있다(그림 297).

(3) 패치 연결성과 위치

패치가 연결되지 못하거나 종의 이동을 방해하는 요소가 많을수록 격리된 패치의 종이 국지적으로 멸종해 갈 가능성이 높아진다. 주요 서식처에 인접한 패치는 멀리 떨어진 패치보다 일정한 시간 내에서 이입 또는 재이입의 기회가 많아 멸종 가능성이 낮아진다. 작은 패치가 고립될 경우 멸종 가능성이 높아지므로 패치와 패치 또는 작은 패치와 큰 패치를 연결하는 통로를 조성하여 작은 패치의 국지적 멸종을 막아야 한다(그림 298).

그림 298 패치의 연결성

패치의 위치와 연결성과의 관계는 다음과 같이 설명할 수 있다(그림 299).

- 멸종가능성 : 고립된 패치에서는 멸종의 가능성이 높다.
- 고립은 거리뿐만 아니라 매트릭스 서식지의 특성과도 관련이 있다.
- 복원가능성 : 다른 패치나 큰 패치로부터 가까운 거리에 위치한 패치는 고립된 패치보다 재생(복원) 가능성이 높다.

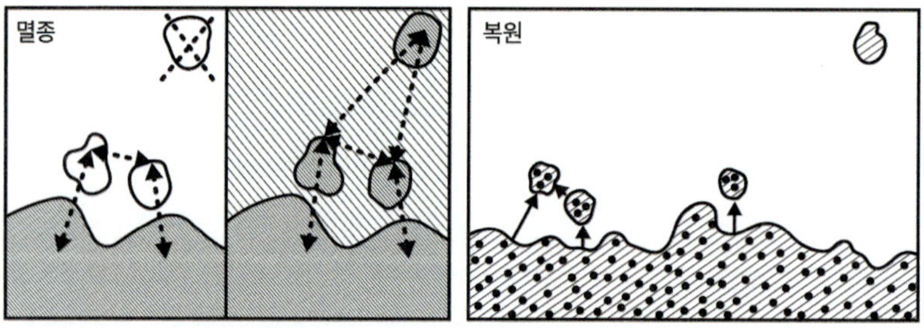

그림 299 패치의 연결성과 위치

(4) 보전을 위한 패치 선정

복잡하게 분포한 패치 중에서 건설사업 등의 외부 요인으로 일부 패치를 보전하게 되는 경우,

1) 전체 시스템에서의 기여도를 기준으로 특정 패치가 일정한 경관이나 지역 안에서 다른 패치와 잘 연결되어 있는 경우, 또는
2) 희귀종, 멸종위기종, 고유종 등 독특한 특

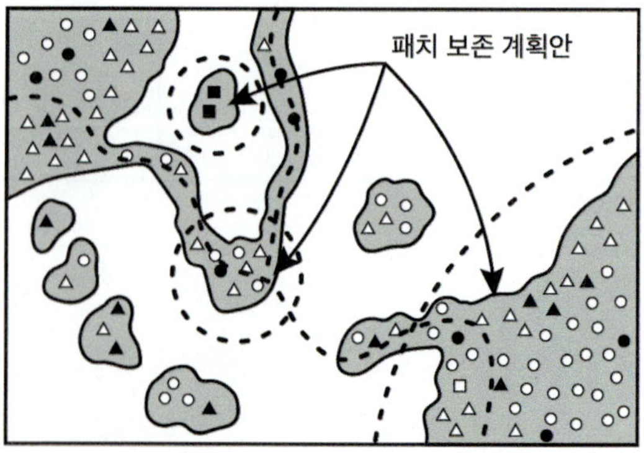

그림 300 보전을 위한 패치 선정

성을 가진 패치 등을 중심으로 선정할 수 있다(그림 300).

(5) 도서(섬)생물지리설

육지에서 떨어진 작은 섬(패치)의 크기와 위치를 고려할 때 육지에서의 거리가 멀어질수록 종 수는 감소하고, 섬의 크기가 증가할수록 종 수는 증가한다. 즉, 육지에서 가깝고 큰 섬일수록 종 수가 가장 많고, 육지에서 멀리 떨어진 작은 섬일수록 종 수가 적어 멸종 가능성이 높아진다(그림 301).

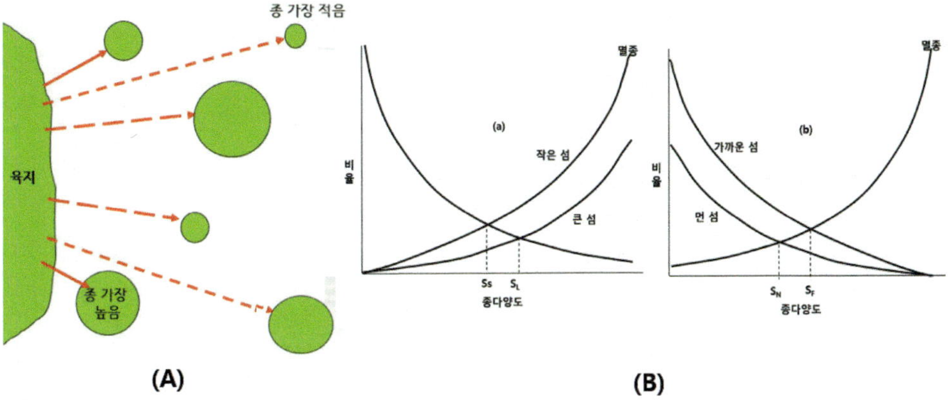

그림 301 섬생물지리설

[4] 패치 형태

(1) 주변 지역과의 상호작용

패치의 형태가 원형(round)이 좋은지 아니면 굴곡형(irregular)이 좋은지에 대한 의문에서 패치의 형태가 굴곡이 심할수록 긍정적이든 부정적이든 패치와 주변 매트릭스 간에 존재하는 상호작용이 더 많아지게 된다. 다만, 패치를 둘러싸고 있는 매트릭스(바탕)가 인공적인 경우 부정적 영향이 많아 오히려 굴곡이 많은 패치가 주변 매트릭스와의 상호작용 기회가 많아 불리하고 원형이 유리하게 된다(그림 302).

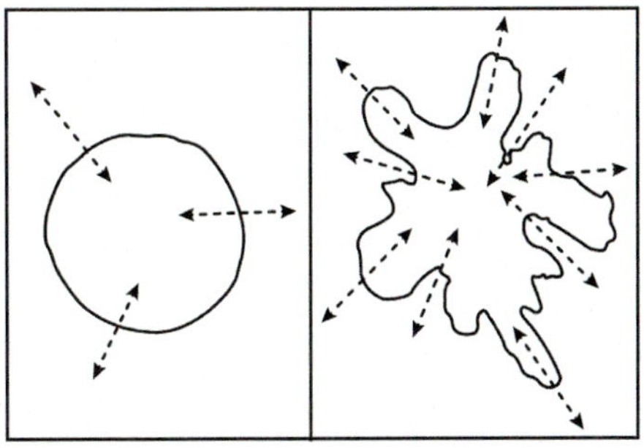

그림 302 패치의 형태, 원형 또는 굴곡형

(2) 패치 형상계수

패치의 형태와 관련된 Davis 형상계수는 다음과 같다.

- 형(모양) F = I/w
- 원형도 C = 4A / p2
- 타원도 EI= I (0.5I)/A
- 형태인자 SF = Pc / P
- 입형지수 GSI = p/ I
- A:패치면적, I : 패치의 장경, w : 패치의 단경,
- Pc : 패치와 같은 면적의 원둘레 길이

(3) 생태적으로 적정한 패치 형태

보호지역을 설정할 때 활동 반경이 큰 주요종의 서식환경을 제공할 수 있는 둥근 형태의 내부(interior)와 종 분산이 가능한 불규칙한 가장자리(edge)가 균형을 이루는 것이 바람직하다. 또한 육지에서 떨어진 고립된 섬이나 대규모 주요 서식처에서 떨어진 고립된 패치의 형태와 방향은 종의 이동 경로와 평행하는 선형의 긴 패치가 이주 가능성이 낮으므로 가능하면 이동 경로와 직교하도록 배치하는 것이 바람직하다(그림 303).

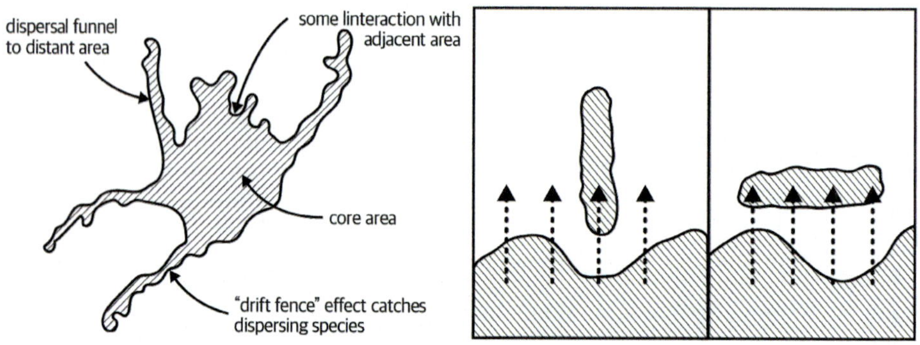

그림 303 패치의 형태
a)왼쪽: 우주선 모양의 보호지역 설정, b)오른쪽: 선형 패치의 방향

[참고] 패치 형태별 특징

불규칙한 가장자리 형태를 지닌 패치는 다음과 같은 특징을 갖는다(그림 306).

a) 난기류 발생: 식생패치 부근의 개방된 매트릭스에 나타나는 심한 난기류

b) 유전적 변이: 실선=많은 유전자 흐름, 점선=적은 유전자 흐름

c) 반도효과: x=패치의 넓은 부분의 종 수, n=돌출부 끝으로 가면서 점진적으로 잃거나

더해진 종 수, 그늘부분=다른 특성의 미소서식지

d) 깔때기: 동물들이 넓은 지역으로부터 돌출부 좁은 지역으로 이동.

e) 담장효과(분산깔대기): 돌출부를 가로지르는 종을 패치 중심으로 유도

f) 물질흐름 조절 : 개방된 매트릭스로부터 패치로 운반

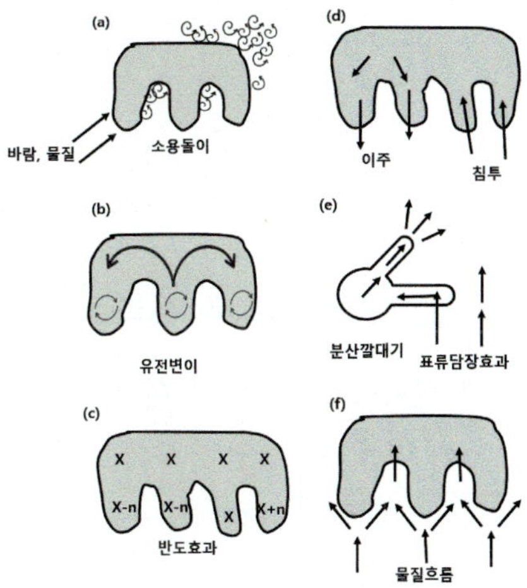

그림 304 불규칙한 경계 특징

[5] 가장자리와 경계

(1) 패치와 가장자리

가장자리(edge, 주변부)는 패치 내부와 명확히 구별되는 환경을 가진 외곽 부분으로서 일정한 폭의 선형 지역 이다. 패치의 입지나 환경조건 등에 따라 폭이 다양, 온도, 풍속, 습도, 조도, 토양습도 등의 변화가 발생한다. 가장자리 구조에 영향을 미치는 요인으로는 미기후, 빛, 바람, 토양, 초식동물 및 포식자, 사람의 영향 등 다양한 환경요인이 작용한다.

또한 가장자리는 완충지대로서 필터로서의 기능을 하며 패치 내부에 미치는 외부로부터의 영향을 저감시킴으로써 패치 내부의 급격한 환경변화를 방지할 수 있다. 그 외에도 패치는 독특한 생태적, 환경적 특성을 지니며, 인간에 의한 개발이 확장되고 있기 때문에 가장자리에서 나

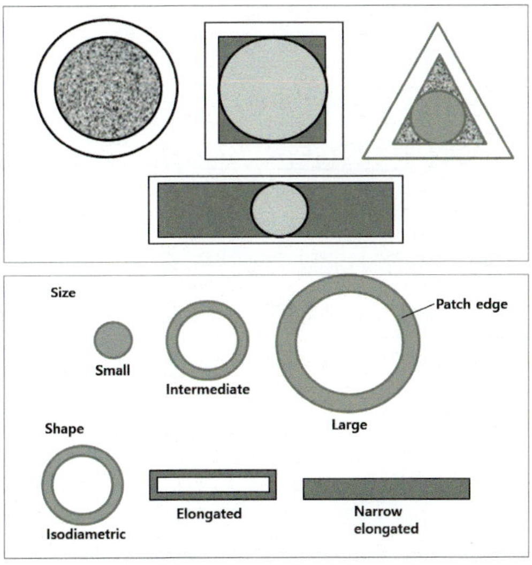

그림 305 패치 형태에 따른 내부와 가장자리 변화

타나는 인공적 서식처와 자연적 서식처 간의 상호작용이 점점 더 중요해지고 있다. 패치가 원형에 가까울수록 내부 면적이 증가하고 가장자리 면적이 감소되는 특징이 있으므로 패치의 형태를 결정할 때는 내부와 가장자리 비율을 고려하는 것이 중요하다(그림 305).

(2) 에코톤과 가장자리 효과

에코톤(ecotone; 전이지대, 이행대, 추이대)은 서로 다른 패치가 만나서 각각의 가장자리를 포함하여 형성되는 일정한 폭의 선형 지역으로서 주로 일반적인 종(generalist species), 간섭에 대한 적응성이 높고 대비되는 두 가지 환경을 모두 좋아하는 종, 다양한 서식처를 요구하는 종(multihabitat species)에게 유용한 서식환경을 제공한다(그림 306).

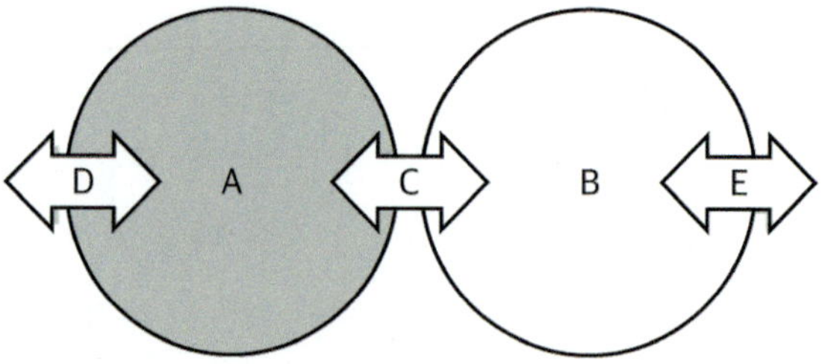

그림 306 에코톤 개념

에코톤에서는 다른 지역과는 달리 개체군의 밀도나 종다양성이 높아지는 현상이 나타난다. 이를 가장자리 효과(edge effect, 주변 효과, 주연부 효과)라고 한다. 패치가 작게 나뉘면 가장자리의 비율이 커져 안정된 내부환경을 좋아하는 종이 서식이 어려워진다. 서식지 가장자리는 빛, 바람, 소음, 진동 등 물리적 영향을 받아 서식환경이 질적으로 저하되며 가장자리 효과에 의해 일반종의 종다양도와 풍부도는 높아지지만 내부환경을 선호하는 주요 종의 수는 급감한다.

숲생태계의 예를들면, 숲의 분절화(단편화)와 고립화는 전체 숲의 면적을 감소시키는 것은 물론 내부(interior; 몸통군락) 면적을 감소시키게 되나 가장자리(edge; 망토군락(어깨군락) 및 소매군락) 면적은 증가된다. 가장자리 망토군락은 숲 고유의 식생보다는 양지식물 중심의 가장자리 종이 증가하고 개화결실이 숲 내부보다 양호하다. 조류의 경우 산림성 조류는 내부 몸통군락 면적과 상관관계를 이루나 가장자리 임연성 조류는 숲의 면적보다는 가장자리의 길이와 상관관계가 있다(그림 307).

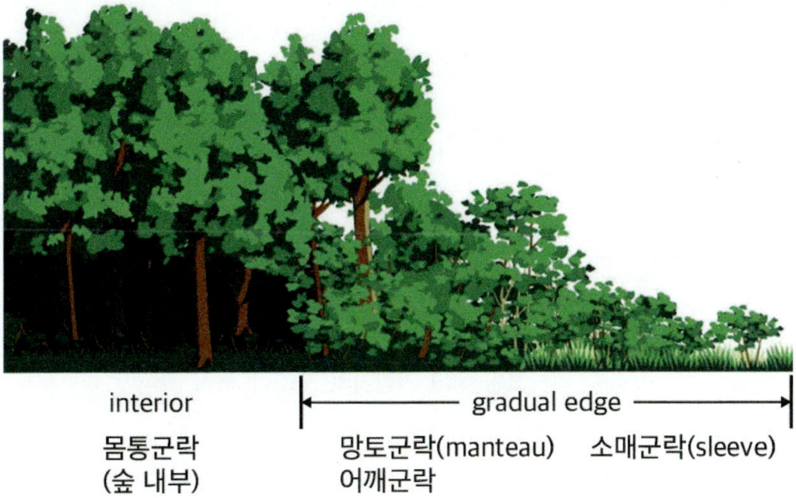

그림 307 숲 패치의 군락구조
(자료: USEPA 그림을 저자 수정)

(3) 가장자리 구조

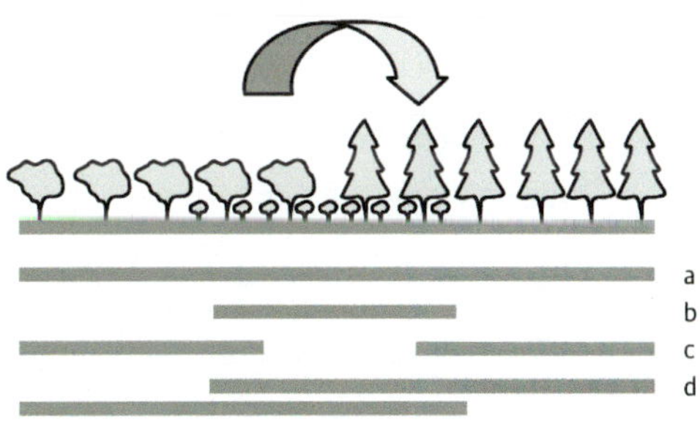

그림 308 가장자리와 종의 이동

다양한 층위구조와 넓은 폭을 가진 가장자리는 가장자리 자체의 생물 종다양성도가 높고 내부 서식처 잘 보호할 수 있나. 가장사리에서는 내부로 들어가면서 온도, 풍속, 습도, 조도 등이 점차적으로 변화하며 이런 변화가 점진적으로 일어날수록 가장자리 폭은 커지게 된다.

생물종의 특성에 따라 a)가장자리와 내부 전체를 자유롭게 이동하는 종, b)가장자리에서만 이동하는 종, c)내부에서만 이동하는 종, d)어느 한 패치에서만 내부와 가장자리를 이동하는 종 등으로 나누어 볼 수 있다(그림 308). 또한 가장자리 간 변화의 정도가 클수록 가장자리 경계를 따라 이동하는 종은 증가하며 가장자리 간 변화의 정도가 작을수록 가장자리를 구성하는 두 패치 사이를 이동하는 에너지와 물질, 종의 이동은 많아진다.

수직적, 수평적으로 구조적 다양성이 복잡한 생태계의 가장자리는 가장자리종이 풍부하며, 가장자리 폭과 복잡성은 패치 둘레를 따라 다르게 형성되는데 주풍향이나 일조량이 많은 방향의 가장자리 폭이 더 넓게 형성되게 된다(그림 309).

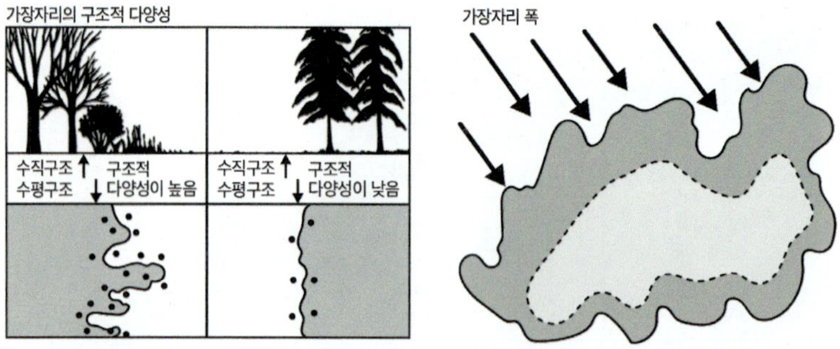

그림 309 가장자리 구조적 특징

(4) 가장자리 속성

① 여과장치로서의 가장자리 : 패치의 가장자리는 주변으로부터 패치 내부로 침입하는 영향에 대한 여과장치로 작용(그림 310).

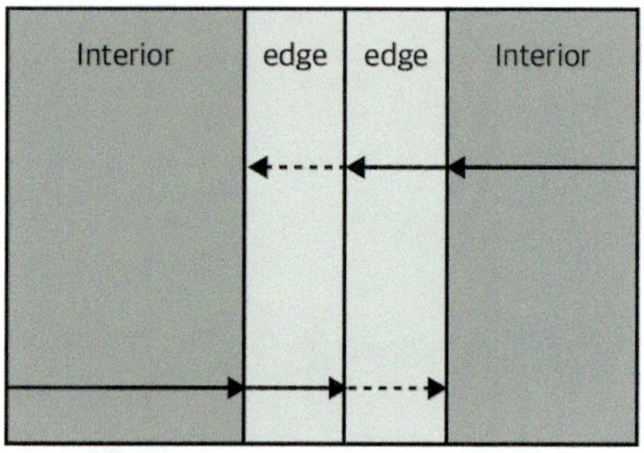

그림 310 여과장치로서의 가장자리

② 가장자리 변화도 : 가장자리의 변화가 매우 심한 경우 가장자리를 따라 이동하는 경향이 있으며, 가장자리의 변화가 미미한 경우 가장자리를 가로질러 이동하는 경향이 있음(그림 311).

③ 가장자리종과 내부종 : 굴곡이 많은 패치는 가장자리 서식처 비율이 증가하고 가장자리 종의 수가 증가하는 반면, 내부종의 수는 급격히 감소하고 주변 매트릭스 사이 상호작용이 증가. 가장자리의 곡선도와 폭은 서식지 가장자리의 총량을 결정하게 됨(그림 312).

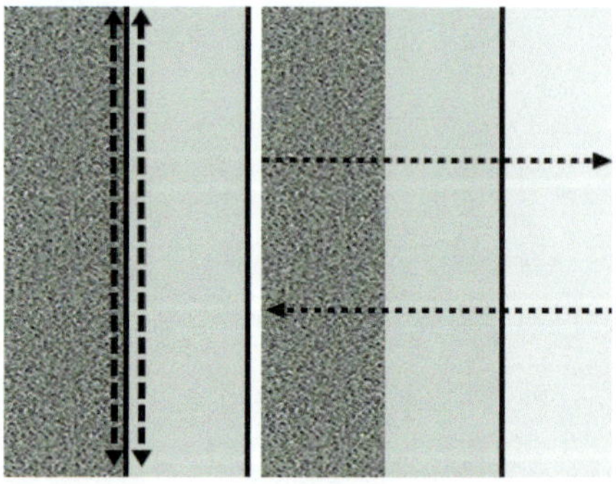

그림 311 가장자리 변화도

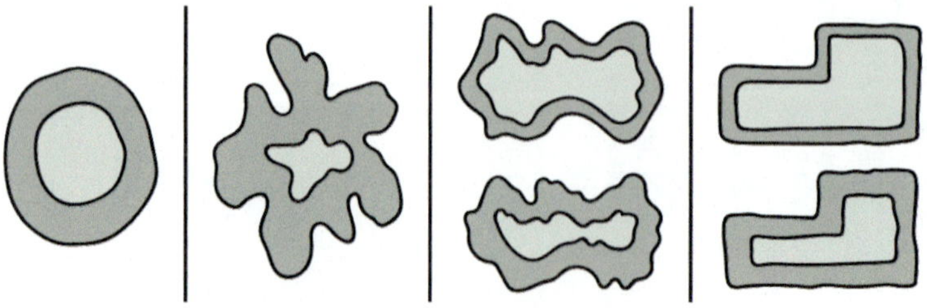

그림 312 패치 굴곡과 곡선도
왼쪽: 굴곡이 많은 패치는 가장자리 비율이 높음
오른쪽 : 가장자리 곡선도와 폭은 가장자리 총량을 결정

(5) 경계

경계(Boundary)는 패치의 경계선과 인접한 두 패치의 가장자리를 모두 포함하는 구간을 말한다.

1) 행정적 경계와 생태적 경계

인공적(행정적) 경계와 자연적(생태적) 경계가 불일치하는 경우, 경계와 경계 사이의 지역은 분명하게 구별되기도 하며 주변으로부터 보전지역 안으로 미치는 영향을 완화시키는 완충지역으로 작용한다(그림 313).

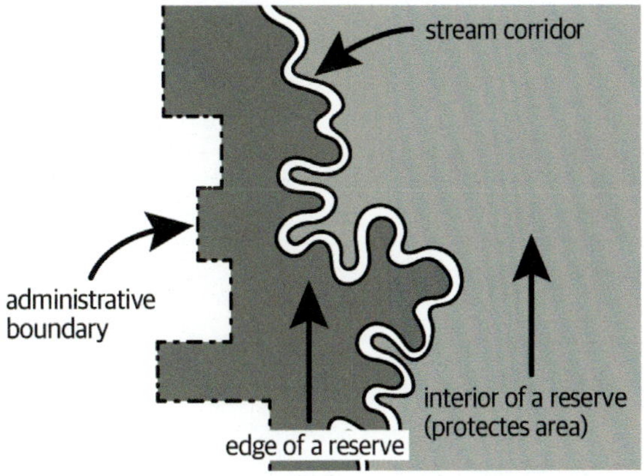

그림 313 생태적 경계와 행정적 경계

2)경직된 경계와 부드러운 경계

부드러운 경계는 자연적 경계에서 나타나며 매우 작은 패치가 발달하여 생태적 질이 높은 경우가 많고 토양침식이 비교적 적게 발생한다(그림 314).

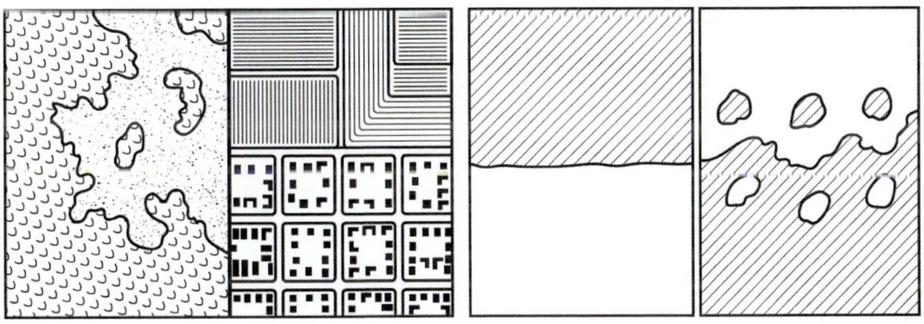

그림 314 경직된 경계와 부드러운 경계

3) 직선형 경계와 곡선형 경계

직선형 경계는 인공적 경계에서 주로 나타나는데 경계를 따라 이동하는 종이 많으며, 곡선형 경계는 자연적 경계에서 주로 나타나는데 경계를 가로질러 이동하는 종에 유리하다(그림 315). 대체로 곡선형 경계가 직선형 경계보다 서식처 다양성과 종다양성이 높은 경향이 있다.

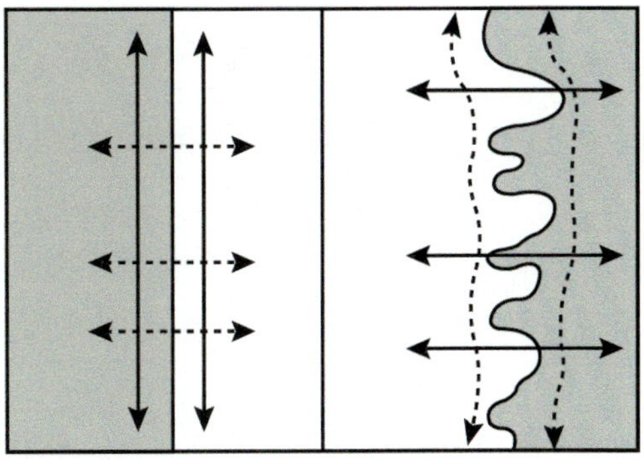

그림 315 직선형 경계와 곡선형 경계

4)만입부와 돌출부

굴곡이 많은 자연형 경계는 만입부와 돌출부가 발달하여 다양한 서식지와 종다양성이 증가한다(그림 316).

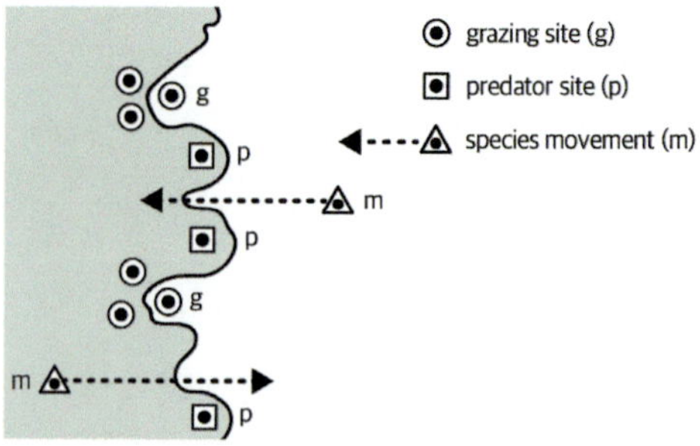

그림 316 만입부와 돌출부

3. 코리도

[1] 코리도 기능

(1) 코리도 유형과 속성

코리도(Corridor)는 시각적으로 구별되는 선적인 경관요소로서 종다양성 증진, 수자원 관리, 패치를 효과적으로 연계시키는 그물망, 종 이동을 막는 장벽과 여과작용(도로, 철도, 송전선, 수로, 등산로 등), 농작물이나 가축을 위한 방풍림(농/임업 생산촉진, 토양침식 및 사막화 방지), 레크리에이션 제공, 공동체와 문화적 결집 기여, 자연보호구에서 격리된 종의 이동통로 등의 기능을 한다.

코리도는 형성 원인에 따라 자연적 통로와 인공적 통로로 구분된다. 자연적 통로는 하천, 식생대, 녹지축 등이 있으며, 인공적 통로는 도로, 철도, 송전선 등을 들 수 있다.

(2) 코리도 기능

코리도의 기능은 서식처, 이동통로, 종의 공급원 및 수요처, 여과, 장벽 등의 기능을 한다(그림 317; 그림 318).

1) 서식처 (habitat)

코리도는 대체로 가장자리종과 일반종이 우세하게 나타나는 서식처로서의 기능을 한다. 구체적으로 폭이 좁은 선적 코리도는 가장자리종이 많이 나타나며, 폭이 넓은 대상 코리도(매트릭스형 코리도)는 다양한 서식처에 가장자리종과 일반종이 분포한다. 코리도가 다양한 패치와 연결되고 다양한 환경적 특성을 갖는 경우 많은 종이 분포하고 밀도 및 풍부도가 높게 된다.

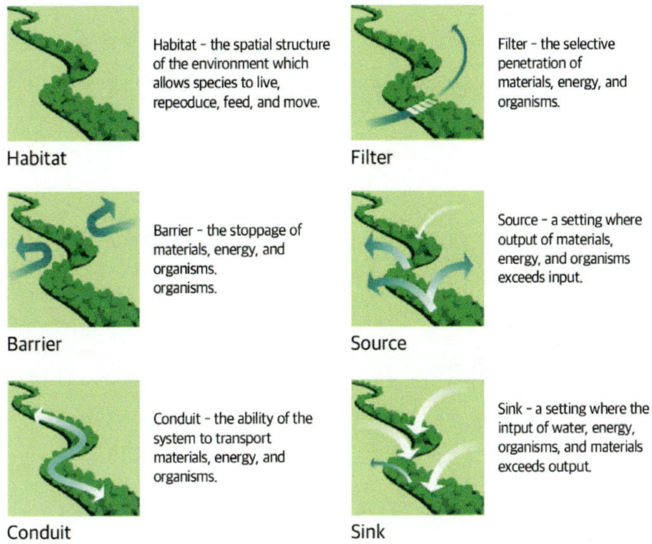

그림 317 코리도의 기능
(자료: USDA)

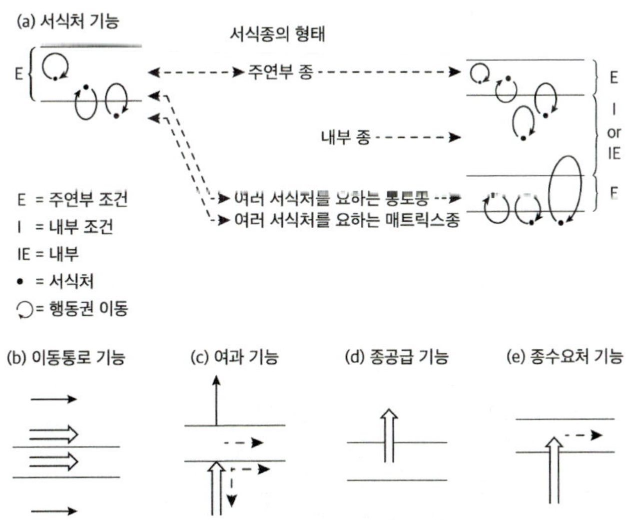

그림 318 코리도의 구조와 기능

2) 이동통로 (conduit)

코리도는 생물종이 이동하는 통로로서의 기능을 갖는다. 이동 기능에 영향을 주는 요인으로는 폭, 단절된 정도, 구불구불한 정도, 경관요소, 환경요인 변화, 도로나 하천의 유무, 길이 등이 영향을 주며, 영향을 끼치는 정도는 코리도의 형태와 길이, 이동하는 종에 따라 다르게 나타난다.

3) 여과기능 (filter)

코리도 안에 분포하는 동식물은 코리도를 횡단하는 물질과 상호작용을 하며 오염물질을 여과하는 조절 기능을 갖는다. 코리도의 폭이나 내부요소 등 몇가지 구조적 특성이 여과기능에 영향을 준다.

4) 장벽 (barrier)

코리도는 야생동물의 행동권을 갈라놓는 자연적 장벽으로서 개체군을 분리하거나 서로 다른 식물종 개체군 사이의 경계가 된다.

운하, 파이프라인, 철도, 송전선 등의 인위적 코리도에 의한 장벽은 야생동물의 이동을 방해하고 개체군의 크기를 감소시키며 개체군의 국지적 멸종을 유발하는 원인이 된다. 그러므로 도로로 인해 서식처가 분리된 경우 생태통로를 조성하여 극복하는 것이 필요하다.

5) 종의 공급원 (source) 및 수요처 (sink)

종의 공급원 기능은 새로운 코리도가 공급원으로 작용하여 매트릭스에 다양한 영향을 준다. 공급원으로서의 기능을 결정하는 요인은 코리도의 폭, 경관요소의 존재 여부, 환경요소의 변화 등을 들 수 있다.

수요처 기능은 매트릭스에서 공급된 새로운 종들이 코리도로 유입되는 기능으로서, 결정 요인은 코리도의 폭, 끊어진 정도, 수직적 구조, 구불구불한 정도, 가장자리의 구조와 변화 정도 등이다.

하천코리도의 5가지 기능은 그림 319와 같이 설명할 수 있다.

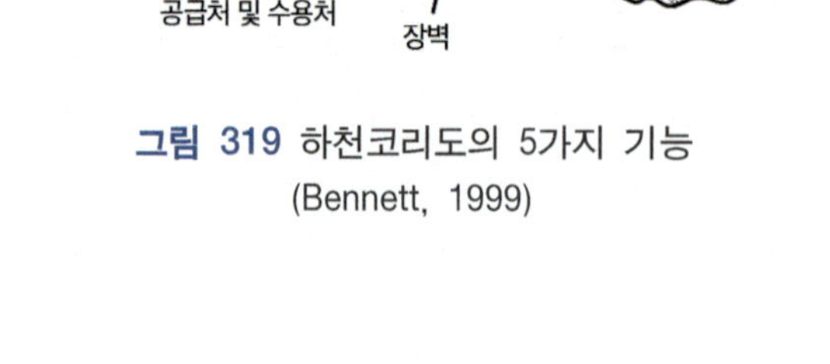

그림 319 하천코리도의 5가지 기능
(Bennett, 1999)

[2] 코리도의 효과

(1) 바람에 의한 침식과 조절

코리도의 구조와 식생은 바람에 의한 침식을 조절할 수 있다(그림 320).

부드러운 바람은 미세한 입자를 장거리에 걸쳐 선택적으로 운반하여 토양 비옥도를 감소시키는 반면, 강한 바람은 종종 중간 크기 입자를 수십 미터만 이동시킨다.

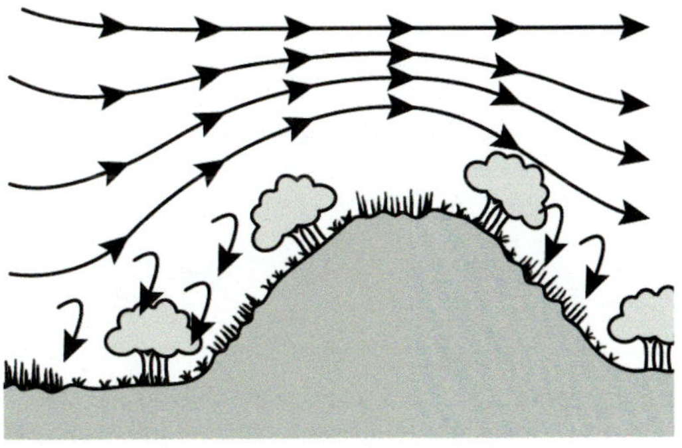

그림 320 코리도의 바람조절

(2) 하천코리도와 용존물질

천변식생대가 있는 하천 코리도 (vegetated stream corridor)에서는 용존물질이 하천에 유입되는 과정에서 토양이나 식생과의 마찰, 뿌리에 의한 흡수, 점토나 토양유기질 등에 의해 차단 조절되거나 수질을 정화하게 된다. 특히 폭이 넓고 밀집된 자연식생대에서 효과적이다.

하천변 식생대(riparian vegetation)로 이루어진 코리도가 용존물질을 저감하는 기작은 다음과 같다(그림 321).

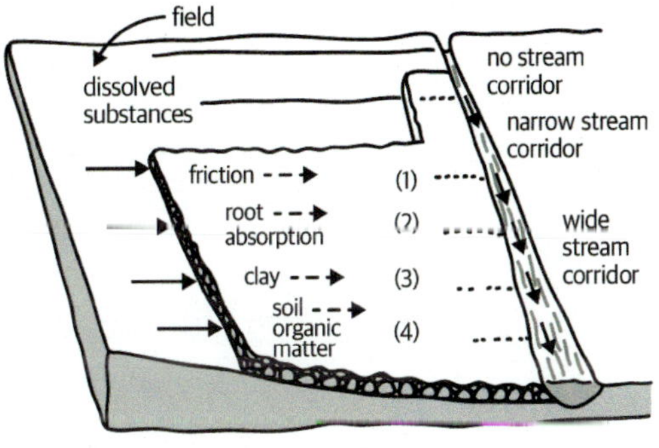

그림 321 하천코리도와 용존물질

천변 식생대 폭이 좁은 경우 주변 토지피복에서 유입되는 용존물질이 거의 여과되지 않고 대부분 하천에 유입된다. 넓은 폭의 식생 코리도는 다음과 같은 작용을 한다.

1) 나무줄기나 부엽토 등에 의해 유속 저감
2) 나무뿌리가 사전에 용존물질 흡수
3) 토양에 의해 용존물질 여과
4) 토양유기물이 용존물질 흡착

(3) 하천코리도와 폭

1) 상류부

하천의 자연형성과정을 위해서 하천 양안에 내부 서식환경(interior)을 포함하는 매트릭스형 코리도를 다음과 같인 조성하는 것이 바람직하다(그림 322).

- 매트릭스로부터 유입되는 용존물질 조절에 충분한 폭,
- 육상 핵심종의 통로 제공
- 홍수터(범람원) 서식하는 생물종에게 서식환경 제공

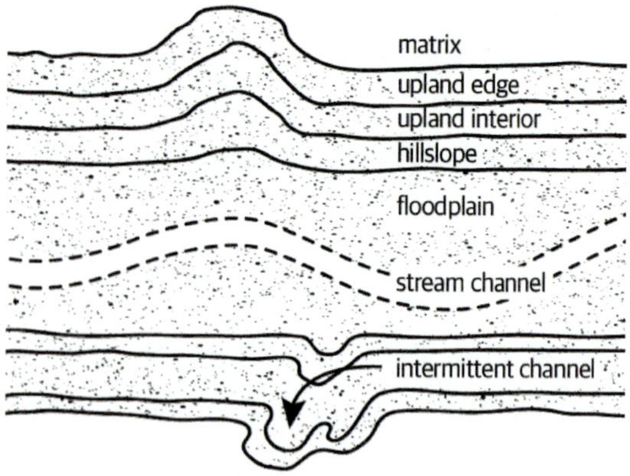

그림 322 상류부 하천코리도의 구조

2) 중하류부

하천변 홍수터에 대규모 패치를 사다리 형태로 유지한다면 수문학적 스폰지, 홍수 시 퇴적물 부착 등의 기능을 하며, 수서 먹이연쇄에서 기본이 되는 토양유기물을 제공하게 되고, 희귀종의 서식환경도 형성될 수 있다(그림 323).

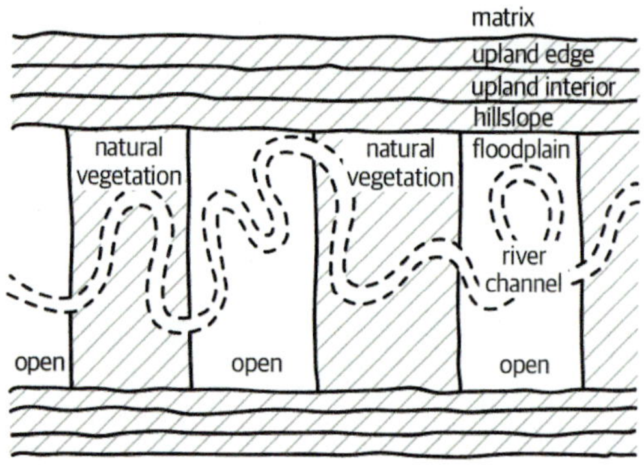

그림 323 중하류부 하천코리도 구조

3) 연결성

천변 식생대가 조성된 하천 코리도의 폭과 길이는 흐름 과정에 영향을 미치게 되며, 일부 생물종에 필요한 낮은 수온 및 높은 산소 함량과 같은 하천 특성을 유지하려면 연속적이거나 큰 간격으로 단절구간이 없는 하천코리도가 필요하다(그림 324).

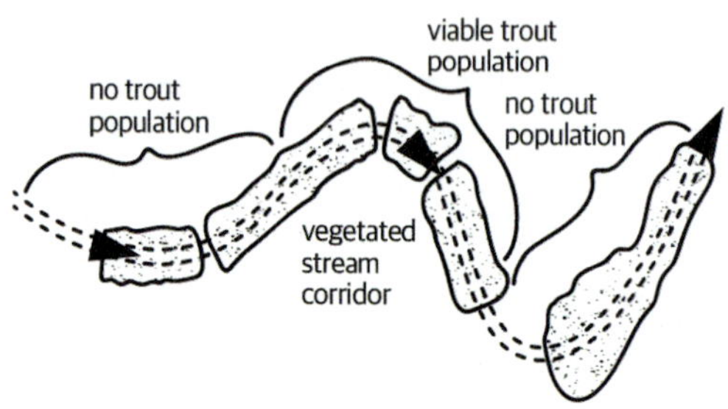

그림 324 하천코리도 연결성

(4)도로와 코리도

도로, 철도, 송전선, 송유관, 기타 선형의 인공적 코리도는완전하게 연결되고 거의 직선형이며 인간에 의한 교란이 유입되는 통로가 된다. 도로에 의해 형성된 선형 코리도는 개체군을 메타개체군으로 분리하는 장벽이 되며, 교란에 강한 종의 주 통로, 매트릭스에 대한 침식원인, 퇴적, 외래종 유입, 인간의 영향 등의 작용을 한다(그림 325).

일부 도로변 녹지대나 가로수의 경우 야생생물의 서식이나 이동과 같은 기능을 하기도 한다.

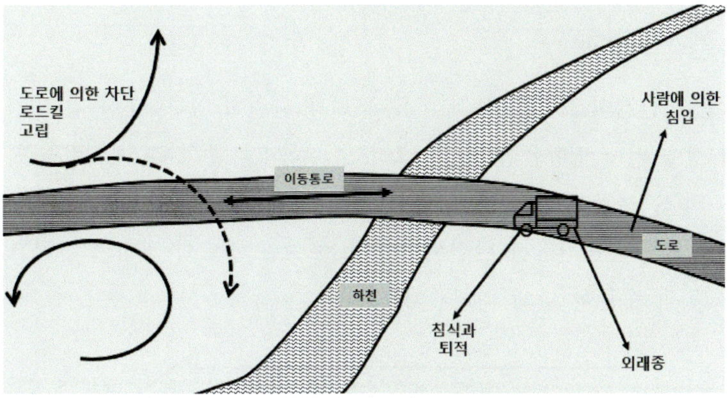

그림 325 도로의 코리도 기능

[3] 코리도와 연결성

(1) 코리도 연결성 증진

코리도의 폭과 연결성은 패치와 코리도의 기능에 대한 조절인자로서, 물리적으로 연결된 코리도가 어려울 경우 작은 패치들을 징검다리로 배치하여 중간 정도의 연결성을 갖게 되어 어느 정도 패치간 종 이동의 효과를 가질 수 있다. 징검다리를 구성하는 패치의 손실은 종의 이동을 방해하고 패치의 고립을 증가시킨다. 반면에 도로, 철도, 송전선, 소로 등과 같은 인공 코리도는 종의 일부 개체군을 분리하는 장벽으로 작용한다.

패치 연결성을 증진시키는 방안으로는 a)코리도, b)징검다리 패치, c)기존 패치 면적 확대 등의 전략이 있다. 징검다리 패치는 코리도가 없는 경우 핵심종의 이동을 위한 수단이 된다. 고립된 패치는 징검다리 패치로 연결(약한 연결성), 일부 단절된 코리도(중간 연결성), 온전히 연결된 코리도(강한 연결성) 등의 전략을 통해 연결성을 강화할 수 있다(그림 326).

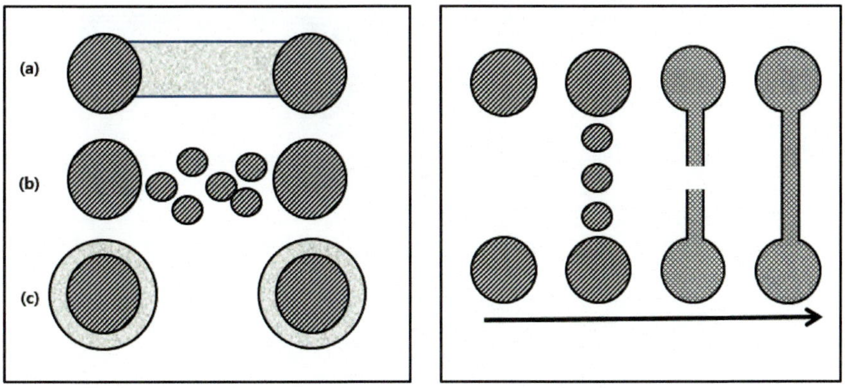

그림 326 패치 연결성 증진
왼쪽 : a)코리도로 연결, b)징검다리, c)패치면적 확대
오른쪽 : 왼쪽에서 오른쪽으로 갈수록 연결성 증가

(2) 코리도 간격의 효과

코리도의 폭과 간격의 크기는 종의 이동 능력과 관련이 있다. 또한 같은 간격인 경우 매트릭스의 생태적 질에 의해 영향을 받는다. 코리도의 폭이 충분히 큰 매트릭스형 코리도의 경우 코리도의 모든 기능 (서식지, 이동통로, 여과, 종의 공급원 및 수요처)에 대한 질적 수준이 높으며, 반면에 폭은 넓으나 중간중간 단절된 경우에는 중간 정도의 질적 수준이고, 폭인 좁은 경우 모든 기능의 질적 수준이 낮게 나타난다(그림 327).

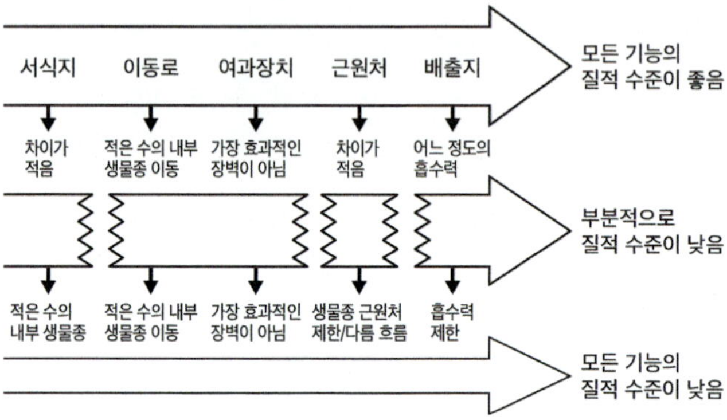

그림 327 코리도의 폭과 간격

코리도의 폭이 같지만 단절된 경우 단절 구간의 간격과 생물종의 이동능력, 매트릭스의 생태적 질에 따라 연결성이 달라진다(그림 328).

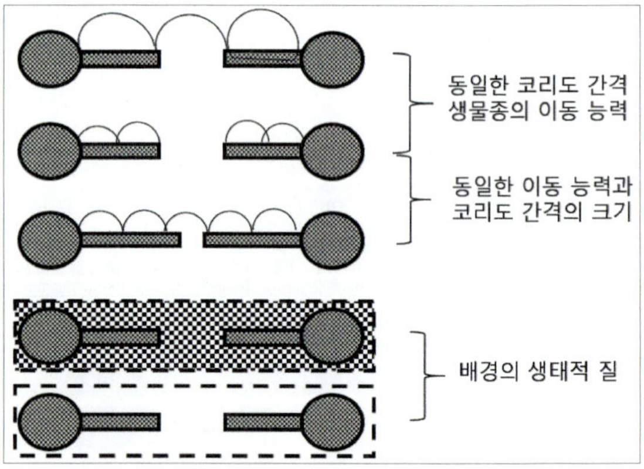

그림 328 단절된 코리도의 간격과 종의 이동

단절 구간 간격이 종의 이동능력보다 넓은 경우 연결성이 없이 단절된 것으로 인식되며 이런 경우 단절 구간 간격을 좁히는 노력이 필요하다. 또한 같은 간격인 경우에도 매트릭스의 생태적 질에 따라 연결성이 있는지 없는지에 대한 판단이 달라진다.

징검다리 사이의 간격은 생물종이 어떻게 인식하느냐에 의해서도 결정된다. 즉, 연속된 징검다리를 생물종이 시각적으로 연결된 상태로 인식할 수 있느냐에 따라 이동 가능한 간격이 될 수 있다(그림 329).

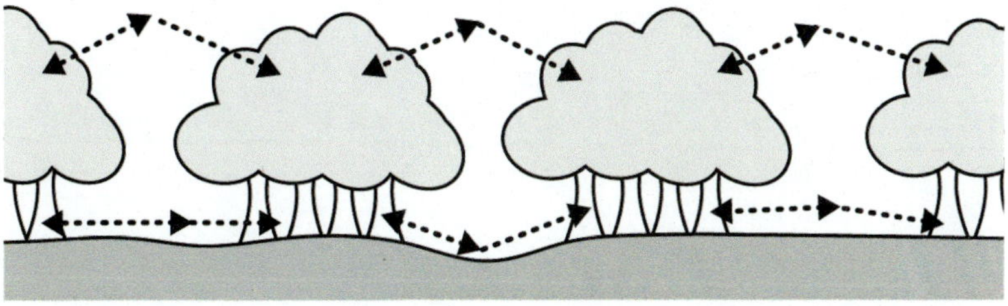

그림 329 효과적으로 연속된 징검다리와 생물종 이동

(3) 징검다리 손실

징검다리 기능을 하는 작은 패치 손실은 종 이동을 저해하고 고립된 패치의 격리를 증가시켜 생물종의 지역적 절멸을 초래할 수 있다(그림 330).

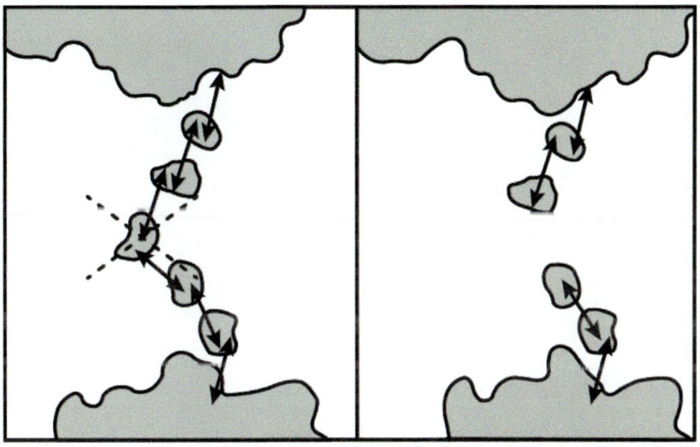

그림 330 징검다리 패치 손실

4. 매트릭스와 네트워크

[1] 매트릭스의 구조와 기능

(1) 위치에 따른 매트릭스와 패치의 차이

매트릭스(matrix)는 경관 구조에서 패치와 코리도를 둘러싸고 바탕을 이루고 있는 배경이 되는 경관요소이다. 경관모자이크의 구성요소인 패치와 코리도, 매트릭스는 관찰 지점과의 거리에 따라 다르게 분석될 수 있다. 예를들어 서울 중심부의 위성영상에서 남산은 바탕을 이루고 있는 시가지 매트릭스 안에 작은 면적의 패치형태로 분석되지만, 더 가까운 위치에서 보면(A) 남산의 숲이 매트릭스를 이루고 정상부 시설과 건축물 지역이 패치로 분석되고 도로는 코리도로 분석된다(그림 331).

그림 331 관찰 지점(높이)에 따른 경관 구성요소의 차이

(2) 매트릭스 내 패치와 코리도에 따른 생태적 건강성

패치를 둘러싸고 있는 매트릭스의 생태적 질에 따라 패치와 매트릭스가 혼합된 경관모자이크의 생산성 비율이 달라질 수 있다(그림 332). 매트릭스가 자연초지나 농경지와 같은 생태계인 경우 패치와 매트릭스 사이의 교류가 활발해지며 매트릭스의 생산성이 패치에 비해 높아지거나 유사한 수준으로 유지질 수 있다. 그러나 매트릭스가 도시화된 시가지로 구성된 경우 매트릭스의 생산성이 매우 낮아지고 패치의 생산성이 높게 나타난다.

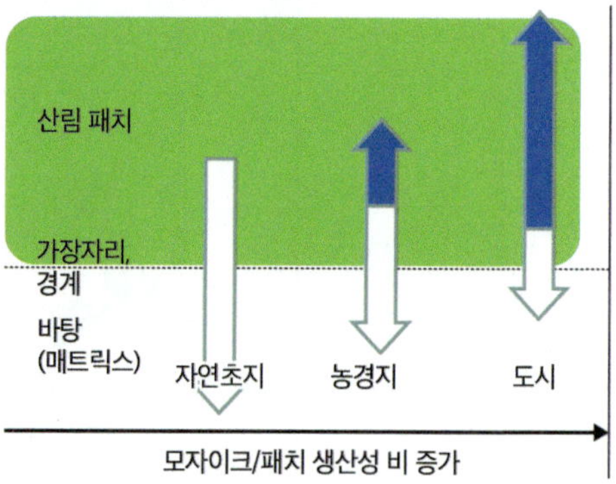

그림 332 매트릭스의 생태적 질과 생산성 비

(3)매트릭스 내 패치의 분포

큰 패치 사이의 매트릭스에는 종의 이동이 가능하도록 작은 징검다리 패치 클러스터를 무리지어 배치하여 다양한 대체 경로와 우회경로를 제공하는 것이 연결성을 높이고 종의 국지적 절멸을 방지할 수 있다(그림 333).

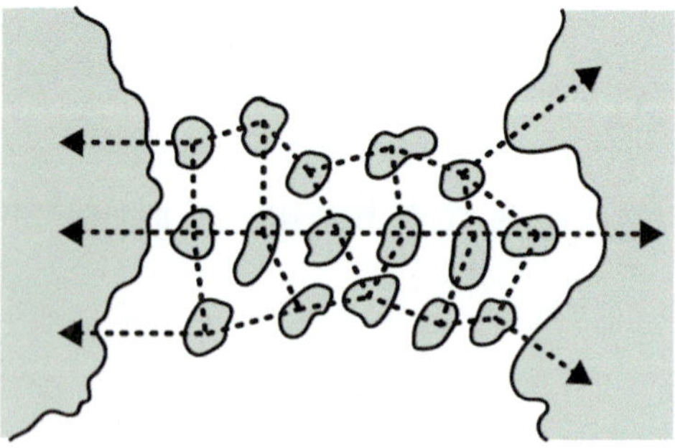

그림 333 징검다리 패치와 연결성

[2] 네트워크

(1) 매트릭스와 핵심-완충 패치 네트워크

경관의 생태적 건강성 평가 기준은 매트릭스 내 분포하는 패치와 코리도의 전체적 연결성으로 판단할 수 있다. 매트릭스에 분포하는 패치와 패치사이를 연결하는 코리도의 네트워크는 크기와 폭, 생태적 질 등에 따라 핵심패치, 완충, 매트릭스형 코리도, 선형 코리도, 징검다리 패치 등의 요소에 의해 네트워크를 구축하는 것이 바람직하다(그림 334).

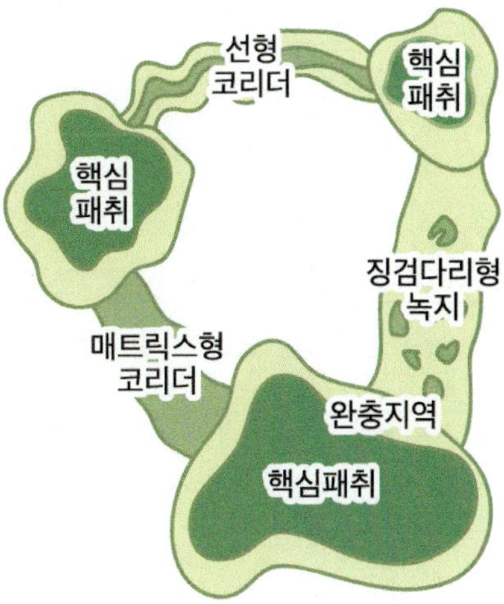

그림 334 매트릭스 내 패치와 코리도의 네트워크

1)핵심패치(Core)

중요 생물종의 이동 및 번식과 관련된 지역 등 생태적으로 중요한 서식처로 구성

2)패치 가장자리 완충지역(Buffer)

핵심지역과 코리도를 보호하기 위해 외부 위협 요인으로부터의 충격을 어느 정도 감소시켜 줄 수 있는 지역

3)코리도(Corridor)

핵심지역 사이를 연결시켜 주는 통로로서

① 폭이 넓어 내부(interior)와 가장자리(edge) 기능이 가능한 매트릭스형 코리도

② 폭이 좁아 가장자리 기능만 가능한 선형 코리도

③ 물리적으로 연결되지 않고 작은 패치가 인접하여 종의 이동이 가능한 징검다리등으로 구성한다.

(2) 네트워크의 복잡성

1)연결성, 순환성

종 이동 효율을 높이고 지역적 절멸을 방지하기 위해서는 네트워크의 복잡성(complexibility)과 순환성(circuitry)을 유지하는 것이 중요하며, 순환성이 높을수록 종 이동을 위한

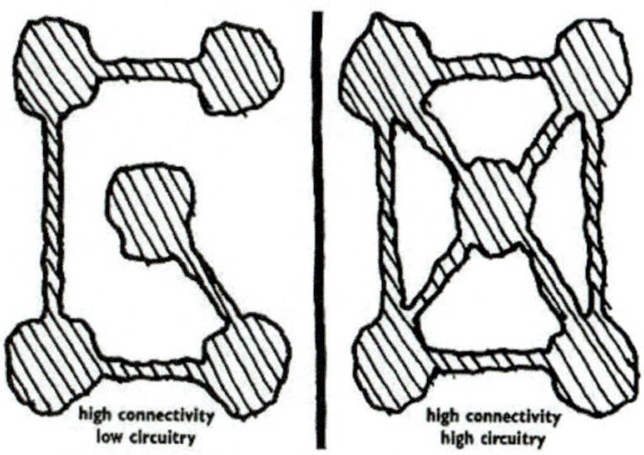

그림 335 네트워크 연결성과 순환성

연결 효율성 지수가 높아져 종의 지역적 멸절을 최소화 할 수 있다(그림 335).

2) 네트워크의 대안적 경로와 순환 고리

종의 이동경로에서 대체경로가 될 수 있는 복수의 이동경로를 확보하고 순환적 고리를 연결할 때 코리더 내의 간격, 교란, 포식자, 사냥 등 종의 이동을 방해하는 부정적 영향을 최소화하며 종 이동 효율성을 증대시킬 수 있다(그림 336).

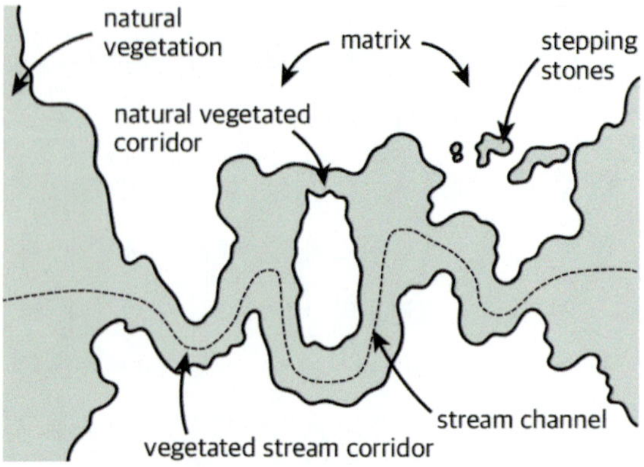

그림 336 대안적 경로와 순환고리

3) 매트릭스 내 코리도 분포와 연결

코리도의 밀도와 패치의 크기와의 관계는 패치 크기가 감소할수록 종의 생존 가능성은 급격히 떨어지며 코리도를 통한 이동을 회피하거나 제한되고 결국 멸종가능성이 증가된다. 자연식생 코리도의 교차 지점에는 일반종의 풍부도가 높아지거나 일부 소수의 내부종이 서식할 수 있으며 네트워크의 다른 지점에 비해 종풍부도가 높아진다(그림 337).

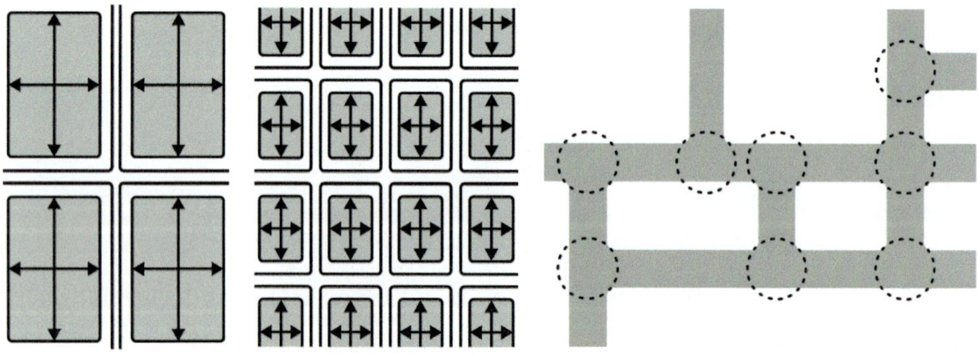

그림 337 코리도의 분포와 연결

4) 매트릭스 내 패치의 분포와 연결

코리도 네트워크와 연결된 작은 패치는 네트워크 연결로부터 분리된 패치에 비해 종풍부도가 더 높고 멸종가능성이 낮아진다(그림 338).

네트워크로 연결된 작은 패치들은 분산된 개체가 머무르거나 번식을 위한 효과적인 서식지로서의 기능이 높다(그림 339).

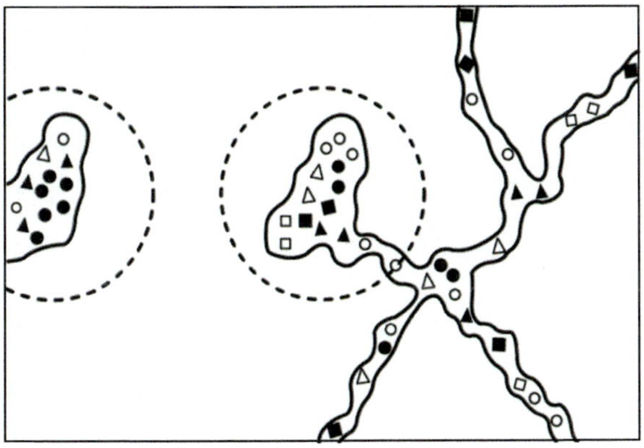

그림 338 패치 분포와 연결

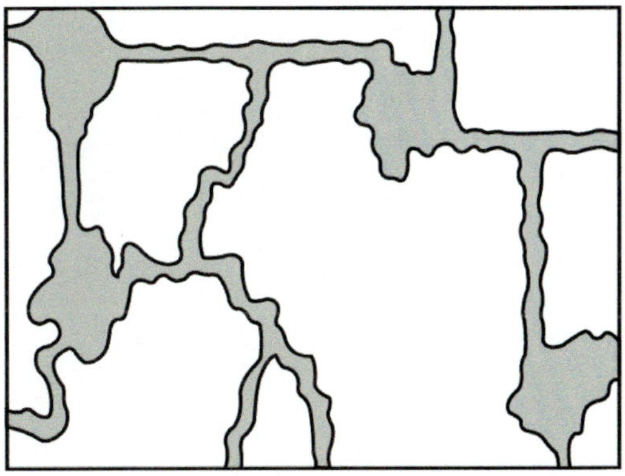

그림 339 연결된 패치의 서식지 기능

[3] 매트릭스 분절화

(1) 분절화와 영향

분절화(fragmentation)는 커다란 서식처가 두 개 이상의 작은 서식지로 나눠지는 상태를 의미하며 서식지의 손실이나 고립을 야기하게 된다(그림 340).

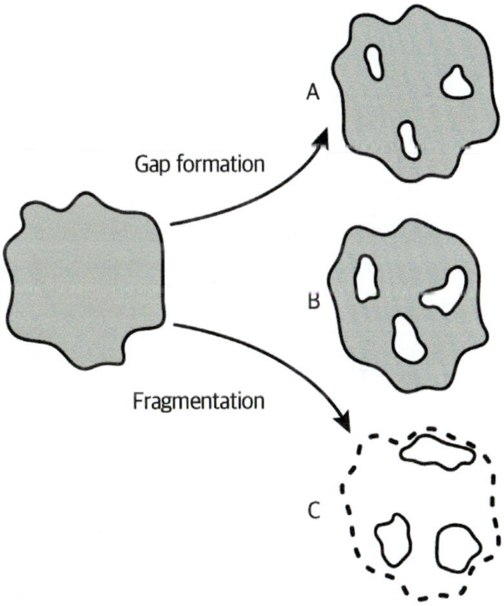

그림 340 분절화 과정
A)간섭시작으로 간섭형 패치, B)간섭확대, C)분절화로 인한 잔여형 패치

분절화는 도로나 철도 건설, 도시개발, 댐, 수중보 등 하천구조물 등에 의해 발생되며 패치의 서식처 면적이 감소되고 서식처 사이의 연결에 장벽으로 작용한다. 미세하게 분절화된 서식처는 서식 범위가 넓은 종에게는 연속된 것으로 지각되어 서식지가 단절되었다는 인식보다는 연결된 서식처로 인식될 수 있으나, 거칠게 분절화된 서식처는 거의 모든 종에게 불연속적인 것으로 지각되어 영향을 크게 끼친다. 그런데 특정 종들은 미세한 크기의 분절화에 더 부정적 영향을 받게 되므로 미세한 규모의 분절화도 발생하지 않도록 하여야 한다.

서식처 분절화가 개체군에 미치는 영향을 살펴보면 다음과 같은 유형의 영향을 받을 수 있다.

1) 초기배제 효과 (Initial Exclusion)

분절화가 되면 큰 면적을 요구하는 종이나 간섭에 민감한 종은 분절화 초기에 다른 서식처로 이동하거나 간섭의 영향으로 사라지게 된다.

2) 장벽과 격리화

서식처가 분리되면서 분절화가 일어나게 한 원인(도로, 댐 등)이 장벽으로 작용하여 생물 종이 다른 서식처로 이동하는 것을 차단하게 된다. 이는 각각 분리된 개체군 내에서 근친교배에 의한 유전적 불리함과 여러 인위적 간섭으로 멸종 가능성을 매우 증가시키게 된다.

3) 혼잡효과

분절화된 초기에 일시적으로 어느 한 패치로 많은 개체들이 모여드는 현상이 나타난다.

4) 국지적 멸종

다음과 같은 경우 생물종의 국지적 멸종 가능성이 높아진다.

① 개체군의 크기가 작아지는 경우 : 앨리효과(Allee's Effect)와 MVP 원리에 따라 개체군의 크기가 일정 이하로 작아지면 다음과 같은 현상에 의해 멸종가능성이 매우 높아짐

- 번식 기회가 줄고 유전적 풀이 줄어서 유전자의 다양성이 감소하여 유전적으로 열성이 됨
- 환경변화에 대한 적응성이 감소됨
- 생태적 지위가 유사한 경쟁관계의 다른 개체군과의 경쟁에서 불리하여 경쟁배타에 의해 밀려남

② 개체군의 공간분포가 변하는 경우 : 변화된 환경에 쉽게 적응하지 못하여 번식이나 먹이활동, 천적으로부터의 회피 등이 어려워지고 멸종 가능성 높아짐

(2) 분절화 정도 측정

분절화 정도는 다음 요인들에 의해 판단할 수 있다(그림 341).

A. 분절화된 각 패치의 면적

B. 패치의 형태

C. 분절화된 각 패치 간의 이격거리

D. 분절화된 패치의 배열

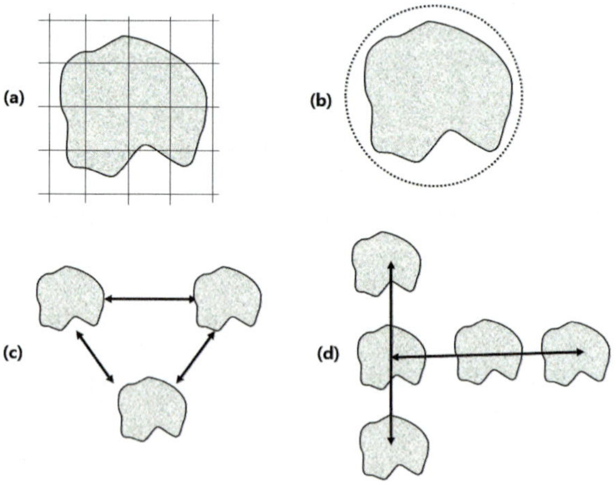

그림 341 분절화 정도의 측정

(3) 분절화와 서식지 손실

분절화에 의해 전체 서식지가 감소되며, 특히 내부 서식지(interior)는 더욱 감소율이 높아 활동반경이 큰 주요종의 서식에 매우 불리한 조건이 된다(그림 342; 343).

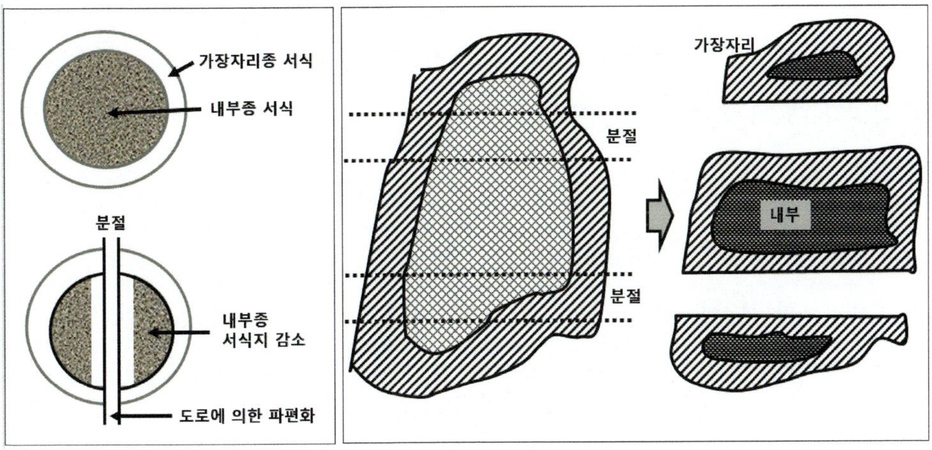

그림 342 분절화에 의한 서식지 손실 개념

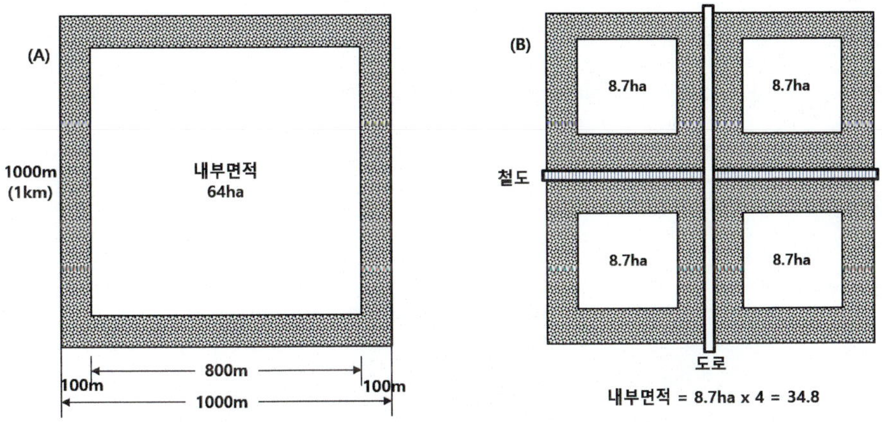

그림 343 분절화에 의한 서식지 손실 예시

(4) 분절화 패턴

분절된 패치들은 프랙탈 패치 형태로서 고립된 패치들이 외부 교란에 공통적으로 유사한 반응을 나타낸다. 분절된 패치들의 구조적 관계나 패턴은 외부의 강력한 교란이 발생할 때까지는 유사한 상태가 유지되는 프랙탈패치 현상을 보인다(그림 344).

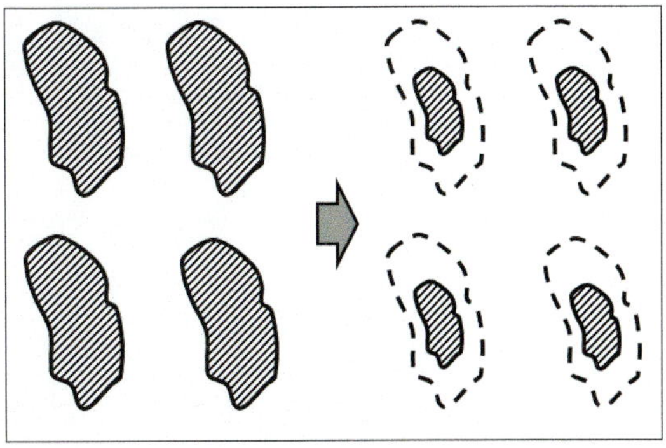

그림 344 프랙탈 패치

(5) 교외화와 보호구역

교외화가 진행되거나 외래종이 지속적으로 침입되는 지역에서는 외래종을 억제하는 완충지역을 설정함으로써 종다양도를 증진시키고 보전지역을 외부 교란이나 환경압으로부터 보호할 수 있게 된다.

(6) 분절화 정도에 대한 동물들의 인식

작게 분절화된 서식처는 이동성이 높은 동물에게는 연속된 서식처로 인식되며, 분절화로 인해 거리가 멀리 떨어진 거칠게 조각난 패치는 이동성이 아주 높은 특정 종을 제외하고는 대부분 연결성이 단절되어 불연속적으로 인식되고 서식처와 종이 격리된다(그림 345).

또한 매트릭스가 작게 분절되면 크고 충분한 서식처를 필요로하는 전문종(핵심종)이 일반종보다 더 큰 영향을 받게 된다(그림 346).

(7) 다양한 서식환경을 필요로 하는 종을 위한 모자이크패턴

다양한 서식환경을 필요로 하는 생물종은 3~4유형 이상의 서식환경이 연결된 모자이크 패턴이나 다양한 서식처가 근접한 모자이크, 서식처가 균등하게 분산된 모자이크 등이 유리하다(그림 347).

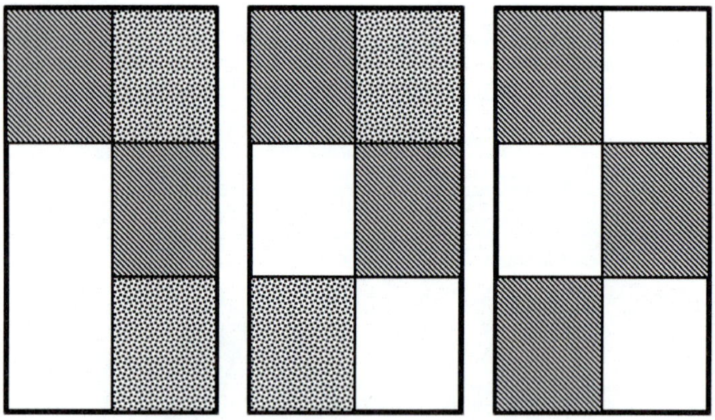

그림 347 다양한 서식환경을 위한 모자이크 패턴

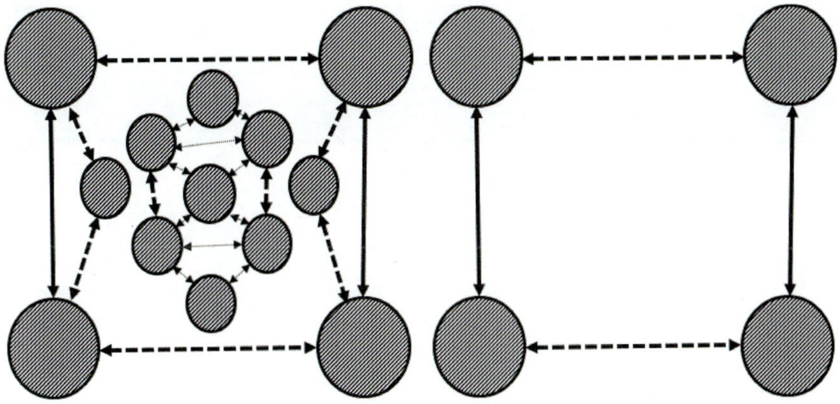

그림 345 분절화와 연결성

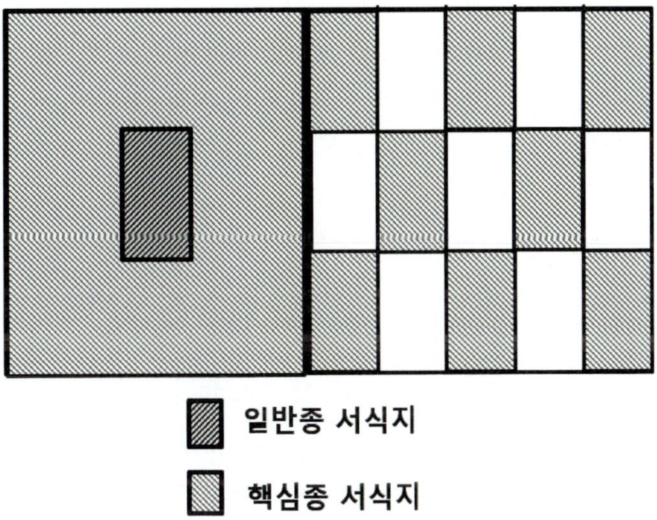

그림 346 일반종과 핵심종 서식지

2절 비오톱

1. 비오톱과 서식처

[1] 비오톱

(1) 비오톱 개념

비오톱(Biotop, Biotope)은 'BIOS'(생명)와 'TOPOS'(장소)에서 파생된 용어로서, 'Bio'는 생물군집, 'Top'은 균일한 공간단위를 의미한다. 즉 비오톱이란 '특정 생물군집이 어울려 사는 공간단위'이라는 뜻을 지닌다. 일정한 공간에 어울려 사는 식물군과 동물군이 다른 곳과 생태학적으로 구분되는 속성을 가진 공간을 의미하며 일반적인 '생물 군집의 서식 공간'과 비교해서 포괄적 개념이다.

[자연환경보전법]에서는 '인간의 토지이용에 직간접적인 영향을 받아 특징지어진 지표면의 공간적 경계로서 생물군집이 서식하고 있거나 서식할 수 있는 잠재력을 가지고 있는 공간단위'라고 정의한다.

비오톱이라는 용어는 1908년 독일의 생물학자 Dahl에 의해서 최초로 사용되었다고 하며, Schaeffer(1992)에 따르면 비오톱이란 "어떤 일정한 생명 집단 및 사회 속에서 입체적으로 다른 것들과 구별할 수 있는 동일한 성질의 생명 공간"을 말하며 주변 공간들과 확실하게 구분될 수 있는 일정 범위의 공간을 의미한다. Leser(1991)에 따르면 비오톱이란 동식물로 이루어진 특정 생물 사회 속에서 3차원적이고 지역적으로 정의내릴 수 있는 생명 공간으로서 무생물계와 생물계로 이루어진 생명 공간을 뜻하기 때문에 비교적 동일한 생명 조건을 제공하기도 한다.

습지, 산림, 초지, 호소 등 우리 주변의 모든 자연적 인공적 경관은 여러 유형의 비오톱들이 모여 복합적인 경관 모자이크를 형성한 것이라 정의할 수 있다. 대면적의 산림생태계에서부터 종다양성이 높은 습지, 농업지역, 도시의 주거지나 건물군, 작은 서식공간 등 자연과 인공의 크고 작은 서식환경 모두가 각각 하나의 비오톱이라고 할 수 있다.

비오톱은 주변 공간과 지형상 뚜렷하게 구별되는 특정 위치나 장소와 그 곳에 서식하는 생물을 모두 포함하는 생물공동체의 서식공간이며, 보존가치의 크고 작음과는 관계없는 가치중립적 개념으로서 생물서식에 유리하여 보존가치가 높거나 또는 서식환경에 불리하거나 관계없이 모두 비오톱에 해당된다.

비오톱은 일반적으로 생활터라 할 수 있으나 구체적으로는 어떤 생물의 생활터인가에 따라 개념과 용어 사용이 달라질 수 있다. 생물공동체를 의미하는 비오톱(Biotop)은 다음 요소를 포함한다.

- Standort : 식물종, Habitat : 동물종 서식처, Demotop : 개체군

(2) 비오톱 속성과 위계

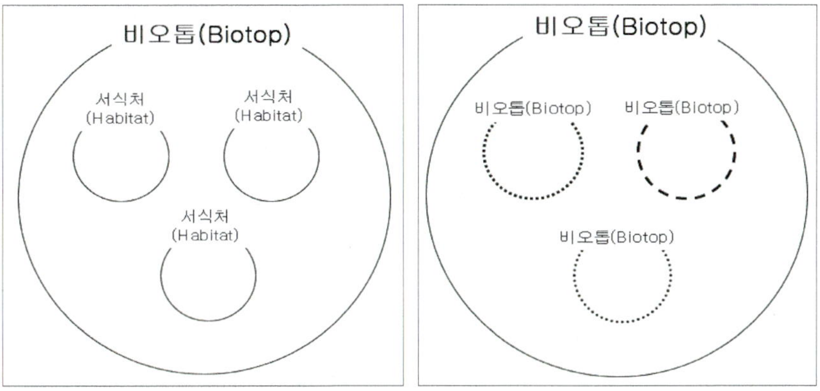

그림 349 비오톱과 서식처

비오톱은 여러 개의 서식처를 담고 있는 생물서식공간이며 여러개의 비오톱이 모여 더 큰 비오톱을 이룰 수 있다(그림 349).

비오톱은 주변 공간과 지형상 뚜렷하게 구분되는 생물공동체의 서식공간이다. 예를들어 산림비오톱, 습지비오톱 등과 같이 명확하게 주변 공간과 구별이 가능한 공간이다. 경관 내에서 여러 유형의 비오톱들이 모여 비오톱 모자이크 형태를 이룬다.

비오톱의 개념에는 생물군집 개념을 포함하고 있다. 예를들어 신갈나무림을 비오톱이라는 관점에서 보면 식물군락으로서의 신갈나무림을 가리키는 한편, 신갈나무림에 분포하는 다양한 동물들의 서식공간을 포함하게 된다.

또한 시간적 흐름과 변화, 인위적인 경영 형태 등도 중요한 고려사항이다.

(3) 비오톱 기능과 가치

도시와 같은 인조환경에서 비오톱은 도시생태계를 구성하는 핵심요소가 된다. 도시지역에서의 비오톱 기능을 다음과 같은 기능을 들 수 있다.

- 도시생물종의 은신처, 분산(확산), 이동통로로서의 기능
- 도시가 얼마나 친근감을 느낄수 있는 공간인가 판별하는 근거로서의 기능

- 도시민의 휴식 및 레크레이션을 위한 공간으로서의 기능
- 어린이를 위한 비공식적 놀이공간으로서의 기능
- 환경교육을 위한 실험지역으로서의 기능
- 도시생태계 연구를 위한 공간으로서의 기능
- 도시의 환경변화 및 오염의 지표로서의 기능
- 도시환경보호 및 환경 건전성(수질, 기후, 대기질, 소음 등)의 유지를 위한 기능

[참고] 에코톱

경관모자이크를 구성하는 단위요소로서 비오톱이 질적으로 균일한 생물서식공간이라고 한다면 에코톱은 비오톱과 상호작용하는 물리적 공간(physiotope)을 포함한 개념.

[2] 서식처

(1) 서식처 개념

생물은 개체군이 모여 패치를 이루거나 일정한 행동권을 형성하면서 종내 또는 다른 종이나 환경과 상호관계를 유지한다. 서식처(Habitat)는 에너지를 얻거나 번식과 월동 등의 생활을 하는 장소로서, 식물은 군락을 형성하는 고정된 생육공간이며 동물 서식공간은 휴식처, 먹이터, 번식처 등으로 이루어진 생활권을 중심으로 하는 행동권(home range)으로 구분한다(그림 350).

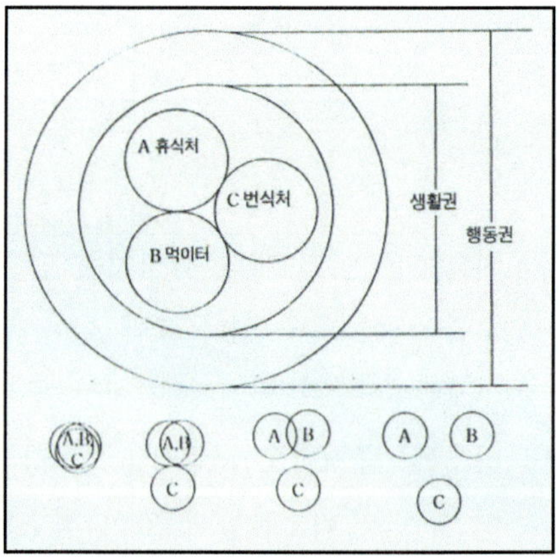

그림 350 서식처 구성

(2) 서식처 속성

1) 서식지 크기와 형태

면적의 증가에 대하여 종수는 초기에는 큰 증가를 보이나 나중에는 한계점에 도달하게 되며, 또한 조사구를 넓히더라도 종수의 증가는 거의 없게 된다. 이를 그래프로 나타내면 그림 351과 같이 종수-면적 곡선을 이룬다.

분절화(fragmentation)나 고립화 된 서식지에서는 종 수가 감소되는데, 이때 단편화 및 고립화 정도가

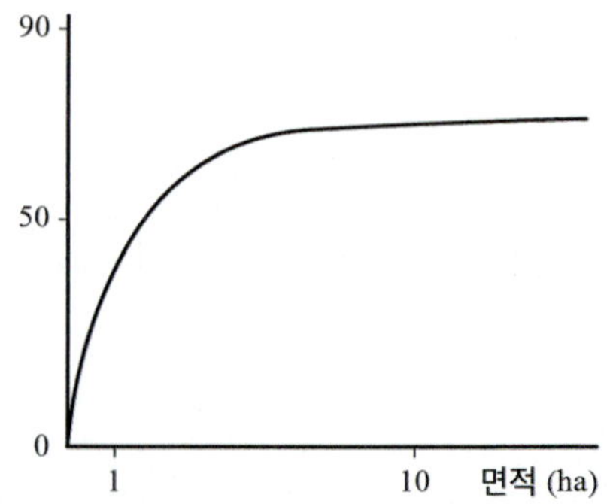

그림 351 종수-면적 곡선

클수록 그리고 주 서식지로부터 거리가 멀수록 멸종위기 높아진다. 또한 단편화와 고립화로 인해 내부(interior) 면적이 감소하고 가장자리(edge) 면적이 증가하게 되는데, 예를들면 분절화된 숲 생태계에서는 몸통군락이 감소하고 망토군락이 증가하게 된다. 망토군락은 숲의 가장자리로서 양지식물과 같은 가장자리 식생이 침입하여 우점하게 된다.

2. 비오톱 유형 및 평가

[1] 비오톱 유형

비오톱 유형이라 함은 기본 주제도를 통해 분석된 비오톱 공간의 구조적 · 생태적 특성을 체계적으로 분류한 것을 말하며 이를 지도화 한 것을 비오톱유형도라고 정의한다(자연환경보전법).

(1) 비오톱 유형분류

비오톱 속성정보, 기타 환경공간정보 등을 기반으로 분류위계, 분류항목, 분류지표, 분류기준을 설정하여 대분류, 중분류, 소분류 유형으로 구분하여 작성한다(그림 352).

1) 분류위계

비오톱 유형화 과정에서 분류위계는 분류의 단계를 의미하는 것으로 상위에서 하위로 갈수록 세분화된 비오톱 유형체계를 이루며 일반적으로 3단계의 대분류-중분류-소분류의 위계를 갖는다.

2) 분류항목

가. 비오톱 속성을 구분하기 위한 관점을 나타내는 포괄적 개념으로 일반적으로 비오톱의 자연적 발달상태를 의미하는 자연성, 비오톱의 면적과 출현빈도에 따른 희귀성, 해당 비오톱에 서식하는 생물요소에 영향을 주는 서식처기능성, 도시환경 개선기능성, 경관생태학적 측면의 가치 등을 사용하며, 지역의 특성에 맞게 선택하거나 다른 항목을 추가하여 사용할 수 있다.

나. 소분류 유형화를 위한 분류항목은 중분류 비오톱 유형의 특성을 고려하여 중분류 유형별로 적합한 분류항목을 설정하여 소분류 유형화에 활용한다.

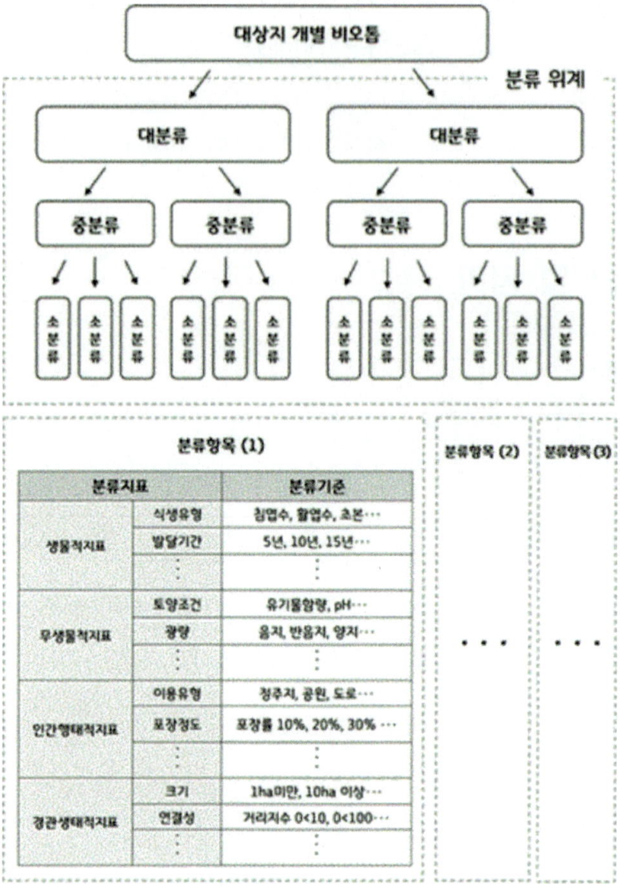

그림 352 비오톱 분류 위계, 항목, 지표 및 기준

3) 분류지표

가. 비오톱 유형화의 핵심과정으로 비오톱의 특성을 구분 짓고 유형의 한계를 규정하게 되므로 비오톱의 다양한 가치를 반영할 수 있도록 설정한다.

나. 분류지표는 생물적 요인 지표, 무생물적 요인 지표, 인간행태적 요인 지표, 경관생태적 요인 지표 등이 있으며, 비오톱의 다양한 가치가 잘 고려될 수 있도록 다양한 지표를 적절히 활용한다.

다. 비오톱 유형화 과정에 사용할 수 있는 분류지표 사례는 다음과 같으며, 대상지의 생태적 특성에 따라 적합한 분류지표를 추가하여 사용해야 하며, 도시생태현황지도의 활용성을 높이기 위해서는 단순한 지표 사용은 지양한다.

(2) 비오톱지도

비오톱지도는 환경정책이나 계획의 대상지 내에 분포하는 여러 가지 비오톱을 유형별로 구분하고 도면화한 것으로서 [자연환경보전법]에서는 비오톱지도를 '도시생태현황지도'라는 용어로 표현한다. 경관생태학적 관점에서 고유한 환경속성을 가지며 다른 환경과 구분될 수 있는 경계를 가지는 생물군집을 묶어내어 분류하는 작업을 말한다.

비오톱지도는 생태적 속성과 가치를 달리하는 비오톱을 구분하여 공간환경 정책이나 계획을 위한 기초자료로 이용할 수 있게 도면화 한 생태현황도를 의미한다. 각 비오톱의 생태적 특성을 나타내는 '기본 주제도'와 비오톱 유형화와 비오톱 평가 과정을 거쳐 각 비오톱(공간)의 생태적 특성과 등급화된 평가가치를 표현한 '비오톱유형도' 및 '비오톱평가도' 등을 포함한다.

[참고] 주제도

비오톱 유형과 평가를 위해 필요한 기초 도면으로서, 각 비오톱(공간)의 유형화와 평가를 위해 생태적 · 구조적 정보를 분석하고 다양한 도시생태계 정보의 표현과 도시생태현황지도의 효과적인 활용을 위해 조사 및 작성되는 지도를 말하며 비오톱 유형화에 사용되는 토지이용현황도, 토지피복현황도, 지형주제도, 식생도, 동 · 식물상주제도를 '기본 주제도'라고 한다.

[2] 비오톱 평가

비오톱 평가라 함은 비오톱 유형하를 통해 구분된 개별공간을 다양한 평가항목을 적용하여 그 가치를 등급화하는 과정을 말하며 등급을 지도화 한 것을 비오톱평가도라 한다.

(1) 비오톱 평가

비오톱의 가치 평가는 계획의 목적, 대상지의 특성, 연구자의 관점에 따라 다양한 방법으로 이루어질 수 있다. 비오톱 평가는 자연성, 다양성, 희귀성, 잠재성을 평가항목으로 하는 대분류 유형에 대한 평가와 같은 관점에서 소분류 비오톱에 대한 평가 결과를 종합하여 결정하는 것이 일반적이다.

비오톱유형 평가는 비오톱유형에서 분류한 비오톱유형별로 생태적 가치를 평가하여 등급화한 것이며, 개별 비오톱 평가는 크고 작은 모든 비오톱을 평가하여 개별 비오톱 단위로 등급화한 것이다. 개별 비오톱평가는 각각의 비오톱을 대상으로 평가한다는 점에서 매우 복잡하고 광범위하며 시간과 비용 측면에서 공간 범위의 제한을 받게 된다.

이 책에서는 비오톱유형 평가를 기준으로 설명하고자 한다.

비오톱 평가 등급은 5등급 체계를 원칙으로 하며, 1등급에 가까울수록 긍정적 가치가 높은 것으로 평가된다(표 55). 단, 시가화지역, 농촌지역, 자연지역 등 비오톱 유형 특성에 따라 별도의 평가방법 및 등급체계를 가진 평가를 수행할 수 있도록 허용하고 있다.

표 55 비오톱 유형 평가 등급

평가 등급	내용
I	- 인간 간섭이 없거나 장기간 안정되고 성숙한 비오톱 - 자연성이 높아 대체조성이 불가능하여 절대적인 보존이 필요한 비오톱
II	- 인간 간섭이 다소 있고 훼손에 대한 중간 정도 예민성을 가진 감소추세 비오톱 - 일정 수준 자연성이 있어 복원 후 생태적 가치 향상의 잠재성이 높으며 조건부 대체가 가능한 비오톱
III	- 인간 간섭이 높고 훼손에 대한 예민성이 낮으며 자연성이 낮아 중장기간 재생이 필요한 비오톱
IV	- 인간 간섭이 매우 높은 비오톱으로 자연으로의 재생 가능성이 낮은 비오톱
V	- 과도한 에너지 이용 및 순환체계가 단절된 비오톱으로 자연에 의한 재생가능성이 없는 비오톱

(2) 비오톱 평가도

비오톱평가도는 비오톱 평가 과정을 거쳐 각 비오톱(공간)의 생태적 특성과 등급화된 평가가치를 표현한 도면으로서, 비오톱 유형별 또는 개별 비오톱에 대한 생태적 가치를 평가하여 가치가 높은 공간과 낮은 공간으로 구분하여 나타낸다 (그림 355).

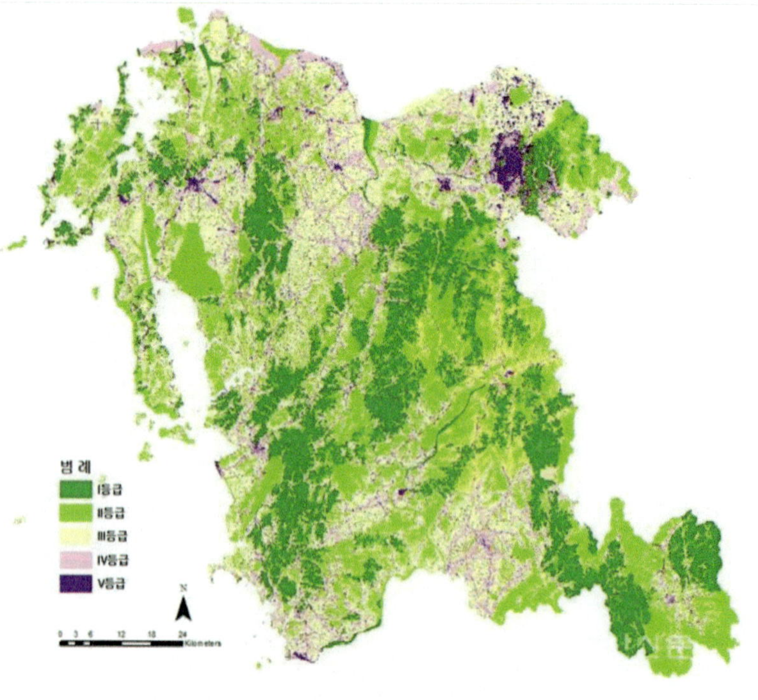

그림 355 충남도 비오톱유형 평가도
(자료: 충남도)

참고문헌

Aguirre, A.A. 2009. "Biodiversity and Human Health". EcoHealth. doi:10.1007/s10393-009-0242-0.

Aguirre, A.A. 2009. Biodiversity and Human Health. EcoHealth. doi:10.1007/s10393-009-0242-0.

Akasaka M, Tsuyuzaki S. 2005. Tree seedling performance on microhabitats along an elevational gradient on Mount Koma, Japan. Journal of Vegetation Science 16:647-654.

Alaniz, AJ, Pérez-Quezada, JF, Galleguillos, M, Vásquez, AE and Keith, DA. 2019. Operationalizing the IUCN Red List of Ecosystems in public policy, Conservation Letters, 12(5), e12665.

Allee, W.;Emerson, A. E., Park, O., Park, T., and Schmidt, K.P. 1949. Principles of Animal Ecology. W. B. Saunders Company.

Begon, M.;Townsend, C. R., Harper, J. L. 2006. Ecology:From individuals to ecosystems. (4th ed.). Blackwell.

Bland, LM, Keith, DA, Miller, RM, Murray, NJ and Rodríguez, JP. 2017. Guidelines for the application of IUCN Red List of Ecosystems Categories and Criteria, version 1.1., International Union for the Conservation of Nature, Gland, Switzerland. 99pp.

Carbon Trust. 2006. Carbon footprints in the supply chain:the next step for business. Report Number CTC616, November 2006, The Carbon Trust, London, UK.

Clausius, R. 1850. On the Motive Power of Heat, and on the Laws which can be deduced from it for the Theory of Heat. Poggendorff's Annalen der Physick.

Clausius, R. 1865. The Mechanical Theory of Heat - with its Applications to the Steam Engine and to Physical Properties of Bodies. London:John van Voorst.

Costanza, R., R. d'Arge, R. de Groot, S. Farber, M. Grasso, B. Hannon, K. Limburg, S. Naeem, R. V. O' Neill, J. Paruelo, R.G. Raskin, P. Sutton & M. van den Belt. 1997. The value of the World' s ecosystem services and natural capital. NATURE vol.387. pp. 253~260.

Costanza, R., R. d'Arge, R. de Groot, S. Farber, M. Grasso, B. Hannon, K. Limburg, S. Naeem, R. V. O' Neill, J. Paruelo, R.G. Raskin, P. Sutton & M. van den Belt. 1998. The Value of ecosystem services:putting the issues in perspective. Ecological Economics 25:67-72.

Cowles, H.C. 1911. The causes of vegetational cycles. Annals of the Association of

American Geographers 1 (1):3–20.

Clements, FE. 1916. Plant Succession:An Analysis of the Development of Vegetation. The Carnegie Institution of Washington.

da Fonseca, RMF. 2011. Curso em Biogeoquímica de Sedimentos Aquáticos, Geoquímica de Sedimentos Aquáticos. Departamento de Geociências.

da Fonseca, RMF. 2011. Curso em Biogeoquímica de Sedimentos Aquáticos, Geoquímica de Sedimentos Aquáticos. Departamento de Geociências.

Dendy, JS. 1948. Prediction Depth Distribution of Fish in Three TVA Storage–Type Reservoirs. Transactions of the American Fisheries Society 75(1) : 65–71.

Forman, R.T.T., Godron, M. 1986. Landscape Ecology. Wiley.

GFN. 2007. Ecological Footprint Glossary. Global Footprint Network, Oakland, CA, USA.

Goel, N.S. et al. 1971. On the Volterra and Other Non–Linear Models of Interacting Populations. Academic Press Inc.

Gomez–Baggerthun E, DN Barton. 2013. Classifying and valuing ecosystem services for urban planning. Ecological Economics vol.86. ELSEVIER:pp.235–245.

Gomez–Baggerthun E, A Gren, DN Barton, J. Langemeyer, T. McPhearson, P. O'Farrell, E. Andersson, Z. Hamstead and P. Kremer. 2013. Urban Ecosystem Services. in Urbanization, Biodiversity and Ecosystem Services:Challenges and Opportunities. Elmqvist et al.(ed.). Springer.

Grant, PR., Grant, BR. 2008. How and Why Species Multiply:The Radiation of Darwin's Finches. Princeton University Press.

Greiber, T., S. P. Moreno, M. Åhrén, J. N. Carrasco, E. C. Kamau, Jo. C. Medaglia, M.J. Oliva and F. Perron–Welch in cooperation with N. Ali and C. Williams. 2012. An Explanatory Guide to the Nagoya Protocol on Access and Benefit–sharing. IUCN Environmental Policy and Law Paper No. 83. IUCN.

Griffiths,H.J., Anker,P., Linse, K., Maxwell, J., Post, A.L., Stevens, C., Tulaczyk,S., Smith, J.A. 2021. Breaking All the Rules : The First Recorded Hard Substrate Sessile Benthic Community Far Beneath an Antarctic Ice Shelf. Frontiers in Marine Science vol. 8. https://doi.org/10.3389/fmars.2021.642040.

Grime JP. 1977. Evidence for the existence of three primary strategies in plants and its relevance to ecological and evolutionary theory. The American Naturalist 111:1169–1194.

Grime JP. 1979. Plant Strategies and Vegetation Processes. John Wiley & Sons.

Grime, JP. 2002. Plant Strategies, Vegetation Processes, and Ecosystem Properties(2nd, ed.). WILEY. 89.

Grime JP. and Pierce S. 2012. The Evolutionary Strategies that Shape Ecosystems. Wiley–Blackwell, Chichester, UK.

Hardin G. 1960. The Competitive Exclusion Principle. Science, New Series, Vol. 131,

No. 3409 (Apr. 29, 1960), pp. 1292–1297.

Hodgson JG, PJ Wilson, R Hunt, JP Grime and K Thomson. 1999. Allocating CSR plant functional types:a soft approach to a hard problem, OIKOS, 85:282–294.

Huffaker, C.B. (ed.). 1999. Ecological Entomology (2nd. ed.). John Wiley and Sons.

IAEA. 2007. IAEA Safety Glossary:Terminology Used in Nuclear Safety and Radiation Protection. Vienna:IAEA.

IPCC. 2007. Climate Change 2007:Synthesis Report. Contribution of Working Groups I, II and III to the Fourth Assessment Report of the Intergovernmental Panel on Climate Change [Core Writing Team, Pachauri, R.K and Reisinger, A.(eds.)]. IPCC, Geneva, Switzerland, 104 pp.

IUCN. 2021. Nature 2030 : One nature, One future. A Programme for the Union 2021–2024.

Johnson et al. 2003. Surface ocean–lower atmosphere interactions in the Northeast Pacific Ocean Gyre:Aerosols, iron, and the ecosystem response, Global Biogeochemical Cycles, 17 (2), 1063.

Keith, DA, Rodríguez, JP, Brooks, TM, Burgman, MA, Barrow, EG, Bland, L and Spalding, MD. 2015. The IUCN red list of ecosystems: Motivations, challenges, and applications, Conservation Letters, 8(3) : 214–226.

Levin, S. A. 1992. The problem of pattern and scale in ecology:the Robert H. MacArthur Award. Ecology 73 (6):1943-1967. http://biology.ucf.edu/~pascencio/classes/Spatial%20Ecology/Levin.pdf. Retrieved 2010–03–16.

Lotka, A.J. 1910. Contribution to the Theory of Periodic Reaction. J. Phys. Chem. 14 (3):271-274.

MacArthur, R.H. 1958. Population ecology of some warblers of northeastern coniferous forests. Ecology 39, 599–619.

Margalef, R. 1958. Temporal succession and spatial heterogeneity in phytoplankton. In :Perspectives in Marine biology, Buzzati–Traverso (ed.), Univ. Calif. Press, Berkeley, pp. 323–347.

Matsuo,T., Martinea–Tamos, M., Bongers, F., der Sande, M.T., Poorter, L. 2021. Forest structure drives changes in light heterogeneity duringtropical secondary forest succession. J. of Ecology 109(8) : 2801–3098.

McHarg, I. 1969. Design with Nature. MIT Press.

McVittie A., S.S. Hussain. 2013. The Economics of Ecosystems and Biodiversity – Valuation Database Manual. UNEP.

Merriam–Webster (http://www.merriam–webster.com).

Muenscher, W. C. 1944. Aquatic plants of the United States. p. 347. Comstock Publishing Company, Inc., Ithaca, N.Y.

Muraoka, H. and H. Koizumi, 2009. Satellite Ecology (SATECO)––linking ecology, remote sensing and micrometeorology, from plot to regional scale, for the study of ecosystem structure and function, Journal of Plant Research, 122(1): 3–20.

Nicholson, E, Andrade, A, Driver, A, Ferrer–Paris, JR, Keith, D, Sievers, M and Stevenson, S. 2023. Beyond the headline: roles of the Red List of Ecosystems in implementing the KunmingMontreal Global Biodiversity Framework, OSF Preprints.

NIE. 2023. Guidelines for the application of IUCN Red List of Ecosystems Categories and Criteria, Version 1.1. (Korean Version) National Institute of Ecology: NIE. 122pp.

Odum, E.P. 2005. Fundamentals of ecology. Thomson Brooks/Cole.

Oke, T.R. 1982. The energetic basis of the urban heat island. Quarterly Journal of the Royal Meteorological Society 108 (455):1-24.

Omerod, S.J., Pienkowski, M.W., Watkinson, A.R. 1999. Communicating the value of ecology. Journal of Applied Ecology 36:847-855.

Oxford Dictionaries. (http://www.oxforddictionaries.com).

Pearson Education Inc.

Phillipson, J., Lowe, P., Bullock, J.M. 2009. Navigating the social sciences: interdisciplinarity and ecology. Journal of Applied Ecology 46:261-264.

Pielou, E. C. 1966. The measurement of diversity in different types of biological collections. J. Theoret. Biol., 13:131–144.

Puglielli, G., Laanisto, L., Gori, A., Cardoso, A. 2023. Woody plant adaptations to multiple abiotic stressors: Where are we? Flora 299. 152221.

Raven, PH., DM. Hassenzahl, LR. Berg. 2012. Environment, 8th. Ed. Wiley.

Raunkiær. 1934. The Life Forms of Plants and Statistical Plant Geography. Oxford University Press.

Reader's Digest. 1985. Antarctica—Great Stories From the Frozen Continent. Reader' s Digest.

Rees, WE. 1992. Ecological footprints and appropriated carrying capacity:what urban economics leaves out. Environment and urbanisation 4(2):121.

Rees, WE., M. Wackernagel. 1994. Ecological footprints and appropriated carrying capacity:Measuring the natural capital requirements of the human economy, in Jansson, A. et al. Investing in Natural Capital:The Ecological Economics Approach to Sustainability. Island Press.

Rodriguea, J.P., Rodriguez–Clard,K.M., Keith,D., Barrow,E.G., Benson,J., Nicholson, E., Wit, P. 2012. IUCN Red List of Ecosystems. SAPIENS 5(2).

Rosenzweig, M.L. and MacArthur, R.H. 1963. Graphical representation and stability conditions of predator–prey interactions. The American Naturalist 97:209-223.

Sculthorpe, C. D. 1967. The biology of aquatic vascular plants. p. 610. Edward Arnold, London.

Shannon, C. E. and W. Wiener, 1949. The mathematical theory of communication. Urbana, University of Illinois Press, 177 p.

Shelford, V. E. 1931. Some Concepts of Bioecology. Ecology 12 (3):455-467.

Smith, R., R.M. Smith. 2000. Ecology and Field Biology. (6th ed.). Prentice Hall.

Stevens, M.H.H. 2009. A Primer of Ecology with R. Use R! Series. Springer.

Steward T.A.P., M.L. Cadenasso, J.M. Grove, P.M. Groffman, L.E. Band, C.G. Boone, W.R. Burch Jr., C.S.B. Grimmond, J. Hom, J.C. Jenkins, N.L. Law, C.H. Nilon, R.V. Pouyat, K. Szlavecz, P.S. Warren, M.A. Wilson. 2008. Beyond Urban Legends:An Emerging Framework of Urban Ecology, as Illustrated by the Baltimore Ecosystem Study. BioScience 58:139-150.

Sun, CQ., You H., Liu J., Li X., Gao J., Chen SS. 2014. Distribution, geochemistry and age of the Millennium eruptives of Changbaishan volcano, Northeast China-A review. Frontires of Earth Science 8(2):216-230.

Tansley, AG. 1935. The use and abuse of vegetational terms and concepts. Ecology 16 (3):284-307.

Tansley, AG. 1939. The British islands and their vegetation. Volume 1 of 2. Cambridge University Press, United. Kingdom. pp 484.

TEEB. 2009. The Economics of Ecosystems & Biodiversity Climate Issues Update sep, 2009. UNEP.

USDA. 1998. Stream Corridor Restoration: Principles, Processes and Practices.

U.S. Fish and Wildlife Service, 1988. National List of Plant Species That Occur in Wetlands : 1988 National Summary. Biological Report 88(24).

Volterra, V. 1926. Variazioni e fluttuazioni del numero d'individui in specie animali conviventi. Mem. Acad. Lincei Roma, 2:31-113.

Wang, G. 2010. "Mechanism and Force Driven Asian Dust Storm" . Institute of Geographical Science and Natural Resources Research, Chinese Academy of Sciences.

Wackernagel, M. 1994. Ecological Footprint and Appropriated Carrying Capacity : A Tool for Planning Toward Sustainability. Ph.D. thesis. School of Community and Regional Planning. The University of British Columbia.

Wackernagel, M. and W. Rees. 1996. Our Ecological Footprint:Reducing Human Impact on the Earth. Gabriola Island, BC:New Society Publishers.

Whittaker, R.H. 1975. Communities and Ecosystems. Macmillan.

Wiedmann, T. and J. Minx. 2008. A Definition of 'Carbon Footprint' . In:C. C. Pertsova, Ecological Economics Research Trends:Chapter 1, pp. 1-11, Nova Science Publishers, Hauppauge NY, USA.

http://www.atuaticbiologists.com

http://worldlywise.pbworks.com

Wikipedia (http://en.wikipedia.org/).

Wikispaces classroom (http://buffonescience9.wikispaces.com/).

Zonneveld,I.S. 1995. Land Ecology: An Introduction to Landscape Ecology as a Base for Land Evaluation, Land Management and Conservation. SPB Academic Publishing.

강수학, 김형국, 구본학. 2007. 청계천 복원 전후의 식생 변화 연구. 한국환경복원기술학회지 10(3) : 8-13.

구미현, 이동근, 정태용. 2012. 정책형성단계에서 생태계서비스에 관한 이론적 고찰, 한국환경복원기술학회지 15(5):85-102.

구본학. 2002. 습지유형분류 및 도면화 방법에 관한 연구. 서울대학교 대학원 박사학위논문.

구본학. 2019. 습지생태학(개정판). 조경.

구본학. 2022. 우리가 간직해야 할 한국의 아름다운 습지, 물길따라 흐르는 습지 이야기. 그린오피스.

구본학. 2023. 생태복원공학. 문운당.

구본학. 2024. 공간환경계획. 그린오피스.

국립산림과학원. 2010. 산림의 공익기능 계량화 연구.

국립환경과학원. 2012. DMZ 일원 생태계 조사:민통선이북지역 생태계조사. 환경부 .

국립환경과학원. 2010. DMZ 중부지역 생태계 조사 보고서. 환경부.

김형국, 구본학. 2010. 청계천 복원 후 3년간의 식생 변화. 한국환경복원기술학회지 13(6) : 107-115.

류대호, 이동근. 2013. 수도권 그린벨트 지역의 생태계서비스 가치평가 연구, 국토계획 48(3):279~292.

문석기 등. 2004. 생태공학. 보문당.

박미옥. 2024. 기후위기와 미래사회. 문운당.

박미옥, 김준연A, 김준연B, 구본학, 강수학. 2015. 기후변화와 녹색에너지. 문운당.

이란, 권효진, 김형국, 박미옥, 구본학, 최일기. 2013. 수환경 적응도에 따른 식물 목록 구축 및 도시 수공간에 적용 가능한 식물 분류 특성. 한국환경복원기술학회지 16(2) : 93-104.

이창복. 2006. 한국식물도감. 향문사.

환경부, 국립생물자원관. 2011. 나고야의정서 가이드라인. 환경부.

한상학, 강성룡. 2023. 국내 IUCN Red List of Ecosystem(생태계 적색목록) 평가를 위한 국제 사례 연구와 전략 제시. Journal of Wetlands Research, 25(4) : 408-416.

저자소개

경관환경생태학 저자 구본학은 현재 상명대학교 교수로 재직 중이며,
공간환경계획, 환경생태계획, 생태복원공학, 기후환경 분야에서
학문과 실무를 겸비한 scientist이면서 engineer이기도 하다.

1959년 대전에서 태어나 대전고등학교를 거쳐
1978년 서울대학교에 입학한 이후 석사, 박사 과정을 거쳐
서울대학교에서 습지생태연구로 공학박사 학위를 취득하였다.
생태연구의 국제적 흐름과 교류를 위해 2011년에는
Rutgers, the State University of New Jersey에서 연구하면서
미국을 비롯한 전 세계의 연구자들과 생태계 보전 복원을 위한 학술적 제도적 교류를 통해 접목하였다.

실무에서는 K-Water(한국수자원공사)에 근무하면서
생태적 형성과정에 기반을 둔 생태계 보전 복원 창출을 위한 학술적 기술적 노력을 기울였으며
기술사 자격도 취득하였다.
대학에서의 강의는 대전과학기술대학교을 거쳐 현재 상명대학교에 재직하면서
학부에서는 경관환경생태학, 공간환경분석, 공간환경계획, 생태복원공학, 기후변화와 생태학, 지속가능발전과 그린스마트도시, 공간환경관련 법령 등을 강의하고 있으며,
대학원에서는 습지생태학, 하천생태학, 생태복원특론, 생태문화, 전통생태학, 도시생태학, 회복탄력성과 생태계서비스, 경관분석평가 등을 강의하고 있다.

이 책을 통해 저자는 생태학 이론을 바탕으로 자연 및 사회 현상을 분석하고
생태적형성과정을 통한 생태계의 구조와 기능 및 변화를 해석하였으며
생태계서비스와 생물다양성, 기후변화 등 지구환경문제를 비롯하여
현 인류가 직면한 현실적 문제를 해결하기 위해
실무 적용을 위한 이론적 틀을 정립하였다.

경관환경생태학

초 판 인 쇄 | 2025년 5월 21일
초 판 발 행 | 2025년 5월 30일

저　　자 | 구본학
발 행 인 | 이성범
발 행 처 | 문운당
주　　소 | 서울시 종로구 혜화로5길 16 (명륜1가 45-3)
전　　화 | (02)762-6010
팩　　스 | 영업 (02)745-0265 / 편집 (02)762-8758
이 메 일 | 영업 munun2@daum.net
편집 munundang@naver.com
홈페이지 | http://munundang.co.kr

ISBN 979-11-5692-795-2 93530

정가 33,000원

1장

생태계와 환경요인

1절 생태계 구성요소와 속성

1. 생태학과 생태계

[1] 생태학

미국의 생태학자 Odum(1953)은 생태학(生態學, Ecology)을 '살아있는 세계를 구성하는 자연의 구조와 기능을 연구하는 학문'이라고 정의하였으며, 이책에서는 "생태계의 구조와 기능과 시간에 따른 변화를 연구하는 학문"이라고 정의한다.

구체적으로는 생물과 그 환경과의 관계, 생물과 생물 사이의 상호관계(interaction)를 연구하는 학문으로서, 지구상의 생물이 어떻게 서로 관계하고 주위의 물리적 환경 속에서 어떻게 살며 어떻게 거기에 대응하고 있는가 등을 연구하는 학문이라고 할 수 있다.

여기서 중요한 것은 생태학의 관심은 단순히 식물상이나 동물상이 아닌 유기체(생물) 사이의 관계, 생물과 환경(토양, 온도, 수분, 바람, …)과의 상호관계, 군집발달과 구조, 개체군 변동 등 수많은 상호작용에 대한 지식을 의미한다는 것이다.

생태학이라는 용어는 1866년 독일의 과학자 해켈(E.H. Haeckel, 1834~1919)에 의해 정립되었다. 그 어원은 고대 그리스어의 'Oikos(οῖκος ;집, 가정)' 및 'logos(λογία; 학문)'을 의미하는 합성어로서 'Oekologie' 라고 하며, 이를 영어로 'Ecology'라고 나타낸다. 즉 생태학의 'eco'는 'oikos(house)'에서 유래하는데 이는 경제적 의미를 내포하고 있어 어원으로는 생태학과 경제학이 일정 부분에서 공통의 관심을 갖고 있다고 볼 수 있다.

좀 더 역사를 거슬러 올라가면, 히포크라테스(Hippocrates), 아리스토텔레스(Aristotle) 등과 같은 고대 그리스 철학자들은 자연의 역사를 연구하는 과정에서 이미 '생태학'적 개념을 정립하였고, 19세기 후반부에 이르러 현대 생태학은 더욱 구체적이고 학술적 이론을 포함하는 과학으로 정립되었다.

[2] 생태계

생태계(Ecosystem)는 생물과 그를 둘러 싼 물리적 환경이 서로 상호작용으로 관계를 맺고 있는 하나의 계를 말하며, "어떤 지역의 모든 생물이 물리화학적 환경과 상호작용을 하여 에너지 흐름에 의해 뚜렷한 영양단계, 생물다양성 및 물질순환을 만들어 내는 하나의 시스템"이라고 정의할 수 있다.

1930년 클랩햄(Clapham)이 용어를 제안하였고 1935년 영국의 탠슬리(Tansley)에 의해 출판된 것으로 알려져 있다. 참고로 Tansley(1939)는 생태계의 공간적 범위를 일컫는 용어로 '에코톱(ecotope)'이라는 용어를 제안하였다.

이러한 생태계는 식물, 동물 및 미생물 등의 생물체 간의 상호작용 또는 생물체와 환경과의 상호작용이 지속적으로 유지되는 시스템이다. 즉, 생태계는 어느 일정한 지역에서 생활하는 모든 생물과 그 생활공간을 차지하고 있는 무기환경 사이에 형성되어 있는 하나의 계를 의미하며 생물적 환경과 무생물적 환경이 결합하여 하나의 기능을 가진 체계를 구성하게 된다.

초기의 생태계는 생물군집 사이의 상호관계라는 좁은 의미였으나, 현대적으로는 생태계는 자연현상을 물질순환이라는 커다란 전제 아래 해석하고 인간을 포함한 생물권 및 비생물적 물질(무기환경)의 총체적인 상호관계를 지닌다.

■ 생태계 유형

생태계는 자연생태계, 인공생태계, 그리고 일시적이거나 영구적인 생태계, 또는 수생태계와 육상생태계 등으로 구분된다.

자연생태계는 사람의 손이 닿지 않는 천연림, 자연초원 등에서 볼 수 있으며, 일반적인 생태계의 원리가 적용되는 순수한 의미의 생태계이다.

반자연생태계는 인공림, 농원, 과수원, 목장, 논, 밭 등 식량이나 목재 생산을 위해 인간의 행위가 개입된 생태계를 말한다. 인간의 개입은 자연생태계의 파괴를 초래하며, 이러한 반자연생태계는 비정상적 물질순환과 분해자의 작용이 정지되고 수확량 감소, 토양훼손, 침식 등을 통해 인공사막화가 진행되며 어느 정도의 물질순환은 유지된다. 아울러 소수의 종 구성으로 환경변화에 예민하게 되어 작은 영향에도 쉽게 훼손될 수 있다.

인공생태계는 도시의 건물, 도로, 차량, 각종 인공 구조물 등으로 구성된 생태계로서 대부분의 야생동물과 식물상 파괴, 인위적인 생태계 조성(공원, 녹지) 등의 현상이 나타나게 된다.

[3] 생물권과 생태계

생물권은 개체, 개체군, 군집, 생태계 등의 위계를 갖는다(그림 1).

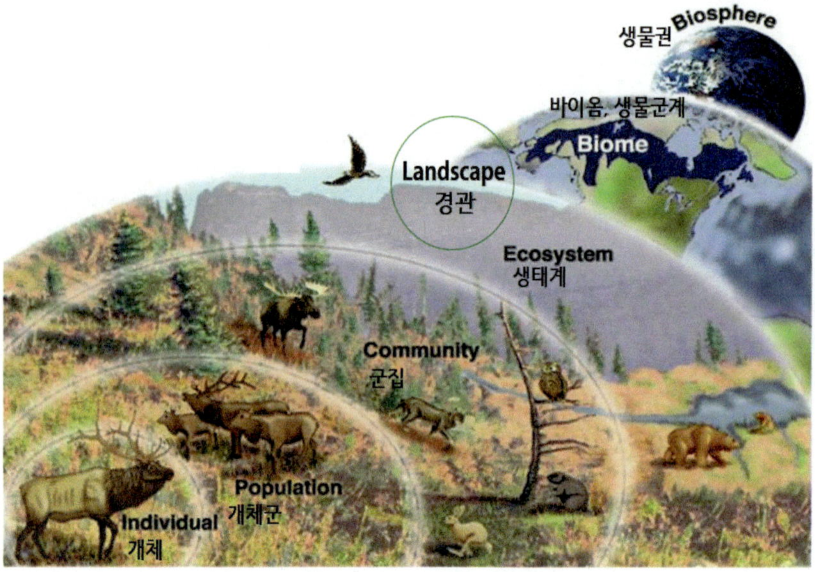

그림 1 생태계의 위계(생물과 생태계)
(자료:Raven et al.(2012) 및
Wikispaces(http://buffonescience9.wikispaces.com/)을 편집 수정)

① 개체(individual; 유기체, 생물체)

개체는 각 종별 각각의 생명체 즉 하나의 유기체를 말한다. 한 사람, 소나무 한 그루, 고라니 한 마리 등의 단위를 말한다.

② 개체군 (population)

개체군은 같은 시간대에 일정한 장소에서 사는 같은 종의 집단을 말한다. 즉, 특정 시간에 같은 지역 내에서 살며 군집의 일부분으로서 기능을 가지는 같은 종류의 생물 집단을 말한다. 이들은 개체가 서로 유전 정보를 교환할 수 있는 집단이다.

개체군 수준에서는 밀도, 출생률, 사망률, 연령분포, 번식능력, 분산, 생장형 등 특정 집단만의 통계적 수치로 나타내는 특성을 가진다. 개체군 내에서는 종내경쟁, 상호작용 등이 발생하며, 적응성, 생식적 적합성, 그리고 존속성(장기간에 걸쳐 자손을 존속시킬 확률) 등 유전적 특성이 있다.

③ 생물군집 (community)

군집이란 같은 시간대에 여러 종류의 개체군이 한 장소에 모여 사는 생물공동체를 말한다. 즉, 특정 시간대에 어떤 지역이나 서식처에서 생활하면서 상호작용 하는 여러 개체군들의 유기적 집합체를 의미하며, 각각 특이한 영양구조, 물질대사, 에너지흐름, 다양성, 층위구조, 먹이사슬 등 생태적 특성을 갖는다.

군집은 개체나 개체군에서는 볼 수 없는 새로운 속성을 갖춘다. 어떤 군집 내에서 군집을 구성하는 개체군은 시간적, 공간적으로 교체될 수 있으므로 기능적으로 같은 군집이라 하더라도 종구성이 다를 수 있다.

④ 생태계 (ecosystem)

생태계는 생물군집과 비생물 환경의 상호관계로 구성되는 시스템을 말한다. 군집과 그 서식지 및 무생물 환경을 포함하는 시스템을 말하며, 생물 뿐 아니라 물리적 환경을 포함한 넓은 의미의 총체적인 계를 의미한다.

생태계는 크게 생물(생물적 구성요소)과 비생물 환경(무생물적 구성요소)으로 이루어진다.

생물적 구성요소(Biotic components)는 생태계 내의 동물과 식물 등 생명체로서 각각 생산자, 소비자, 분해자로서 기능을 갖는다. 많은 생물 종들이 영양단계 내의 어느 한 단계에만 속하지 않는 경우가 많으며, 많은 종들이 그들의 일생 중에서 영양단계가 변할 수 있다.

무생물적 구성요소(Abiotic components 무기환경)는 생물을 둘러싸고 있는 생물을 제외한 환경요소를 의미한다. 이러한 무생물적 구성요소는 다음과 같이 무기질, 유기화합물, 기타 물리적 요소 등으로 구분할 수 있다.

- 물질 순환에 관여하는 C, N, CO_2, H_2O 등의 무기질
- 생물과 무생물을 연결하는 단백질, 탄수화물, 지방, 부식질(humic substance) 등의 유기화합물
- 공기, 온도, 습도, 기후 등의 물리적 요소

생물과 비생물 환경은 불가분의 관계를 가지고 끊임없이 작용, 반작용, 그리고 포식, 경쟁, 기생 등의 상호작용하며 이들 환경이 결합하여 하나의 기능을 가진 생태계를 구성한다. 건전한 생태계의 기본적 구조는 어떤 지역의 모든 생물이 물리적 환경과 상호관계를 가지며, 에너지흐름이 시스템 속에서 뚜렷한 영양구조를 형성, 생물다양성, 물질순환을 만들어 내고 있는 상태를 의미한다.

⑤ 경관(landscape)

경관은 시각적으로 보이는 여러 가지 형태와 크기의 생태계들의 모임이라고 할 수 있다. 각 생태계는 각각 다른 경관 단위가 되며 보는 위치에 따라 여러 생태계가 시각적으로 동질적으로 보이는 경우 하나의 경관 단위로 파악한다. (구체적인 내용은 이 책 '제8장 경관과 경관생태'에서 설명)

⑥ 생물군계(바이옴, biome)

생물군계은 사회적 단위를 이루며 자연적으로 생활하는 유기물 총체로서 넓은 지역에 조금씩 다른 경관이 모여 각각 특이한 식물상과 동물상을 가진다. 바이옴은 강수량이나 기온과 같은 기후대의 영향을 많이 받으며, 하나의 바이옴에서는 공통된 생활형이 형성된다.

⑦ 생물권 (biosphere)

생물권은 동식물, 미생물 등 생명이 존재하는 지구 표면의 장소 즉, 지구상의 모든 생태계를 통합한 의미로서(Suess, 1875), 지구 전체를 하나의 생물권으로 본다. 기후권(atmosphere), 수권(hydrosphere), 암권(lithosphere), 빙권(cryosphere) 등을 포함하여 성층권아래 대류권까지의 지구상에 분포하는 모든 생태계를 총괄하는 용어이다.

2. 생태계 속성

[1] 창발성 원리

창발성(emergent property)이란 생태계 구성 요소의 기능적 상호관계에 의해 새로 생기는 성질을 의미한다. 즉, '전체는 부분의 합보다 크다(1+1=2+a)'는 논리에서 출발한다.

예를 들어 '숲은 나무가 모인 것보다 짙다'는 원리에 의해, 숲을 이해하고 적절히 관리하기 위해서는 나무에 대한 지식과 아울러 전체로서 기능을 발휘하는 숲의 독특한 특징에 대한 이해가 필요하게 된다.

이러한 예로써 물은 수소와 산소로 구성되어 있으나 액체로서의 물은 그 원료가 되는 수소와 산소라는 기체를 물리적으로 합친 것과는 전혀 다른 성질을 나타내게 된다. 또 다른 예로써 뿌리에 공생하는 균근류(곰팡이)가 곰팡이-뿌리 공동체를 형성하여 효율적으로 영양물질을 흡수하게 된다.

[2] 항상성과 자기조절

(1) 항상성

자연생태계는 외부환경이 달라져도 생물체 내부의 환경을 일정하게 유지하는 경향이 있다. 생태계는 그것을 구성하는 개체군 또는 여러 생물 개체와 같이 자기보존이나 자기조절이 가능하다. 항상성(homeostasis)이란 이와 같이 생태계가 환경 변화에 저항하여 평형상태를 유지해 나가는 경향을 의미한다. 예를 들어 숲 전체에서는 개별 식물의 광합성 속도 변화에 비해 일정하게 유지된다.

(2) 자기조절

자기조절(self regulation)은 생태계 내에서 생물체가 환경에 적응하려는 현상을 말한다. 인구의 급속적인 증가에 생태계가 지탱하지 못하며 일시적으로 개간, 농약, 비료 등으로 생산성을 증대시킬 수 있으나, 이는 생태계의 자연적인 조절기능 역행하는 것으로서 생태계를 불안정하게 만들어 결국 생태계 파괴를 초래하게 된다(그림 2).

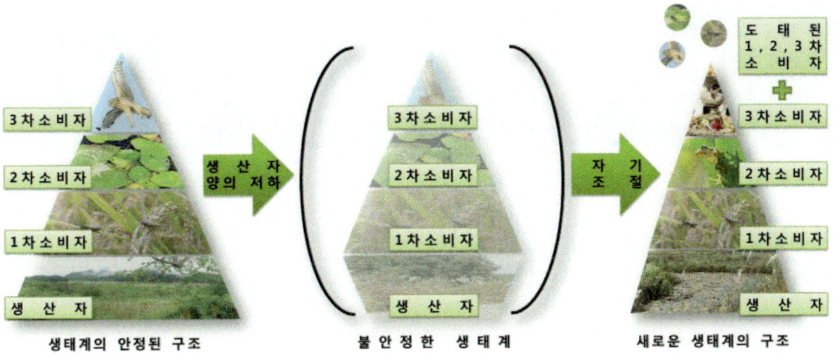

그림 2 생태계의 자기조절

일반적으로 생산자의 에너지가 가장 많고 1차소비자, 2차소비자, 3차소비자의 순서로서 피라밋형을 이루게 되는데, 어떤 외부 요인에 의해 생산자의 양이 줄면 자기조절현상으로 인해 1차, 2차, 3차 소비자가 연쇄적으로 감소되어 피라밋형으로 새로운 평형상태를 이룬다. 이러한 생태계의 자기조절 현상으로 인해 생태계는 생산자-소비자가 서로 도태와 증가를 반복하게 되고 안정적으로 평형을 이루게 된다.

2절 제한요인과 내성범위

1. 제한요인과 최소량의 법칙

[1] 제한요인

생물의 생육 및 분포에 영향을 끼치는 요인은 온도, 물, 빛, 바람, 토양, 지형 등으로서 이들 요소들에 의해 그곳에 사는 생물이 결정되며, 환경요인 가운데 다른 요인에 비해 너무 많거나 적거나 하여 생물의 생활을 제한하는 요인을 제한요인(limiting factor)이라고 말한다.

생물이 분포하고 번영하기 위하여 물, 흙, 공기, 햇빛 등 물리적 환경이 고루 갖추어져야 한다. 또한 생장이나 짝짓기와 같은 개체의 성장에 필요한 적합한 공간 확보, 산성이나 알칼리성에 치우치지 않는 중성의 물 등이 필요하게 된다. 그런데 이러한 물리화학적, 생물적 조건 등 생존에 필요한 물질이나 조건 중 갖춰지지 않은 것이 있을 때 생물의 성장은 제한되며 이렇게 생존을 지배하는 가장 부적합한 조건을 제한요인이라 한다.

■ 조절요인(regulatory factor)

생물성장을 지배하는 환경요인으로서 제한요인이 주로 해롭거나 부정적 요인을 설명한다면, 조절요인은 주로 이롭거나 긍정적 요인을 설명한다. 예를 들면 광주기, 수분의 양 등이 그것이다.

[2] 최소량의 법칙

"최소량의 법칙(law of minimum)"이란 식물의 성장은 생육에 필요한 여러 양분 중에서 필요량에 비해 상대적으로 공급량이 가장 부족한 양분에 의해 제한된다는 원리로서(그림 3), 1843년 독일의 리비히(Liebich)에 의해 제창되었다. 이때 최소량은 단순히 공급량이 적은 상태가 아니라 생육에 필요한 양에 비해 상대적으로 공급량이 가장 부족한 상태를 의미한다.

[3] 요인보상작용과 요인상호작용

최소량의 법칙은 원칙적으로 에너지와 물질의 유입, 유출이 균형된 안정 상태 또는 정상적 상태에서만 적용된다. 즉, 다른 물질이 안정될 때 소량의 물질에 의해 영향을 받게 되며, 실제로는 원소 간의 복합작용 등에 의해 예외 현상들이 나타나게 된다. 최소량의 법칙에도 불구하고 생물은 양분이 부족한 조건에서도 다음과 같이 적응하게 된다.

(1) 요인보상작용

생물이 부족한 환경에 대응하여 유전적, 생리적으로 자신을 환경에 적응시키며, 물리적 환경을 변화시키고, 온도, 빛, 물, 기타 생존에 필요한 여러 가지 요인의 제한효과를 약화시키는 능력이 있는데 이를 요인보상작용(factor compensation)이라 한다.

■ Bancroft의 법칙

열악한 조건에서는 생물이 스스로 환경에 맞게 조정 반응하여 생존한다. 예를 들면 물이 적은 곳의 식물은 많은 곳의 식물보다 뿌리가 많다.

그림 3 최소량의 법칙
(자료 : http://www.hantol.org/를 저자 편집)

(2) 요인상호작용

요인상호작용(factor interaction)은 가장 부족한 양분 대신 매우 유사한 물질을 대용할 수 있다는 것으로서 구체적으로 다음과 같은 예를 들 수 있다.

어떤 식물은 충분히 빛이 쪼이는 곳에서 생육할 때보다 그늘에서 생육하는 경우에 아연의 요구가 적다. 토양 속에 주어진 아연의 양은 양지에 있는 식물보다 음지에 있는 식물에 대해서 제한이 적다. 또한 스트론티움이 풍부한 장소에 사는 연체동물은 부분적으로 껍질 속의 칼슘 대신 스트론티움을 이용할 수 있다.

2. 내성범위와 최적범위

[1] 내성범위

내성범위(range of tolerance)는 생물이 살아갈 수 있는 환경요인의 최소치에서 최대치 사이를 의미하며, 이는 환경요인에 대한 특정 생물의 생존가능 범위라고 할 수 있다(그림 4). 생물은 환경요인의 일정 범위에서 번성하며 이 범위를 벗어나면 살아가지 못하고 점점 사라져 간다. 생태계에서 생물의 생육에 영향을 끼치는 요인이 매우 많기 때문에 최적의 범위를 밝혀내는 것은 매우 어렵지만 특정 요인에 대해서 일정한 범위를 산정할 수 있다.

생물은 어떤 요인에 대하여 내성의 범위가 넓으나 다른 요인에 대해서는 좁을 수 있다. 많은 요인에 대해 넓은 내성범위를 갖는 생물이 가장 넓게 분포하게 된다.

[참고] 지표종 (Indicatior)

내성범위가 좁은 생물은 작은 환경변화에도 민감하여 쉽게 사라지므로, 특정한 환경조건의 변화를 측정도구로 측정하지 않더라도 내성범위가 좁은 생물의 존재를 통해 변화를 판단할 수 있게 된다. 이를 지표종이라 한다.

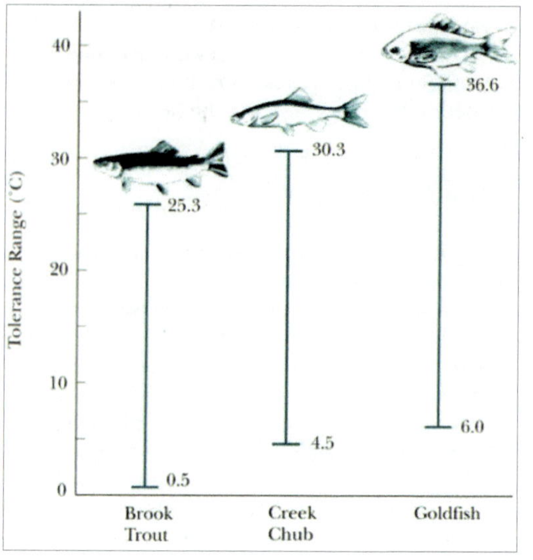

그림 4 내성범위
(자료:Brett, 1956)

[2] 최적범위

내성범위 중 생물이 가장 잘 자라는 범위를 최적범위(optimum range)라 한다(그림 5).

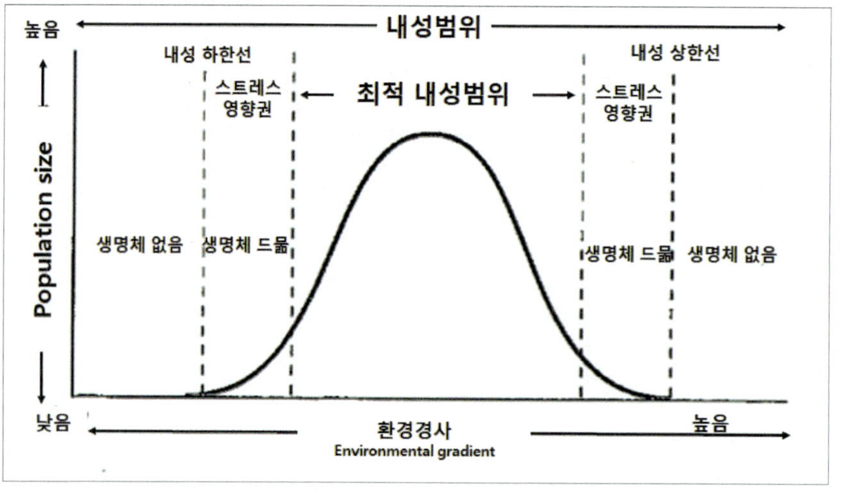

그림 5 내성범위와 최적범위
(자료: https://stemlyndalesc.weebly.com/를 저자 수정)

이때 둘 이상의 복합적 요인이 작용하는 경우 각 요인 사이의 간섭에 의해 최적범위가 달라지게 된다. 예를들면 그림 6에서 광합성의 최적온도는 약 30℃이지만 각 온도의 광합성량에서 호흡량을 뺀 순광합성량은 25℃에서 최대이다.

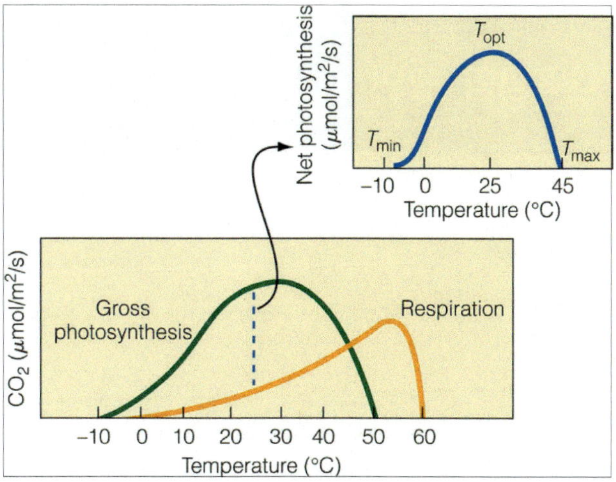

그림 6 온도에 따른 광합성 최적범위
(http://www.geography.hunter.cuny.edu/)

[3] 내성법칙

생물체는 고유의 환경요인이 있으며 적합한 범위 내에 있어야 정상적으로 생장할 수 있다. 내성의 범위가 넓은 종은 넓은 지역에 분포가 가능하며, 생물체는 자신을 환경에 적응시키거나(내성의 변화), 능동적으로 환경을 변화시킬 수 있다. 이를 셸포드의 내성의 법칙(Shelford's Law of Tolerance)이라고도 한다(Shelford, 1931).

3절 생육영향 요인

1. 기후

[1] 기후대

한반도는 쾨펜 기후분류(또는 쾨펜-가이거 기후분류)에 따라 한랭성 기후 및 온대성 기후의 2개 주요 기후구이고 4개의 하위기후에 속한다(그림 7). 대부분 대륙성 기후 특성을 나타내지만, 연안지역은 해양성 기후 특성을 지닌다. 쾨펜 기후분류에 의한 한국의 온대성 기후 지역은 북부의 함경남도 지방 일부와 남부의 연안 지역에 한정되고, 건조기의 유무에 따라 세부 지역으로 나뉜다. 위도에 따라 태양 복사에너지 양과 낮 길이의 차이로 남북간 온도의 차이가 크다.

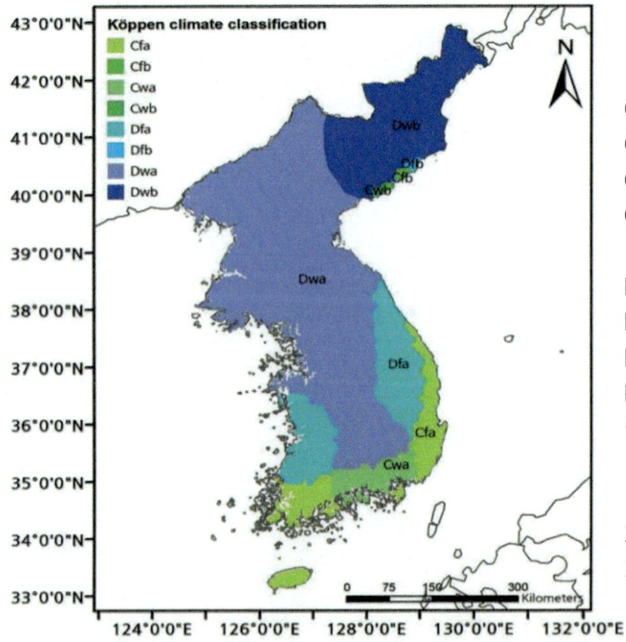

[범례]

Cfa : 온화–건조기 없음–더운여름
Cfb : 온화–건조기 없음–따뜻한 여름
Cwa : 온화–건조기 겨울–더운여름
Cwb : 온화–건조기 겨울–따뜻한 여름
Dfa : 한랭–건조기없음–더운여름
Dfb : 한랭–건조기 없음–따뜻한 여름
Dwa : 한랭–건조기 겨울–더운여름
Dwb : 한랭–건조기 겨울–따뜻한 여름

※한랭성 및 온대성의 2개 주요 기후 지역이 존재하며 대부분 한랭성 기후대에 포함

그림 7 개선된 쾨펜-가이거 세계 기후대에 의한 한국기후대
(출처: Peel et al., 2007; 국립수목원, 2021)

[2]천연분포와 식재분포

(1) 기온과 강수량에 따른 분포

우리나라는 아시아 계절풍지대로서 여름철에 전형적인 몬순기후로 고온다습하며 겨울철은 혹한 건조한 특성을 보이고 있다. 습윤기후구에 속하므로 연간 강수량이 많아 습도보다는 온도요인의 지배를 받는다.

식물의 천연분포는 기온에 의해 지배를 받는다. 식물 분포가 위도와 고도에 따라 띠모양으로 달라진다(그림 8).

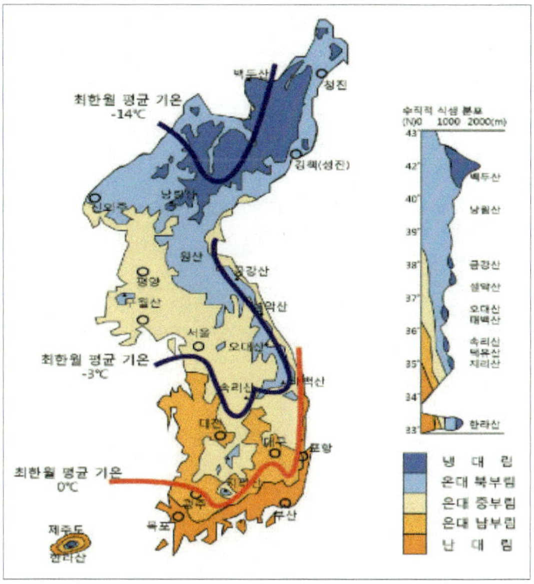

그림 8 우리나라의 식생 천연분포
(산림청 자료를 근거로 수정)

① 수평분포

위도에 따라 기온의 영향으로 서로 다른 식물이 분포한다. 우리나라의 경우 난대림, 온대남부, 온대중부, 온대북부로 구분되며, 수평분포에서는 냉대림은 분포하지 않으나 고산지대의 정상부 일대에 냉대림이 발달한다.

난대림은 제주도 저지대와 남해안 일대에 분포하며, 주로 상록활엽수가 우점한다.

온대림은 난대림 분포지역과 고산지대를 제외한 우리나라 전국에 분포하며 낙엽활엽수가 우점한다. 온대남부와 온대중부, 온대북부로 다시 구분하며, 온대남부는 주로 충청, 전라, 경상도의 평지에 분포하고, 온대중부는 주로 서울, 경기, 강원, 황해, 평안남도의 평지와 남부 산악지역에 분포한다. 온대북부는 나머지 전 국토의 평지에 분포한다.

② 수직분포

해발고도에 따라 기온이 저하되므로 수평적으로 같은 위도에서도 고도에 따라 다른 식물이 분포하게 된다. 백두산을 중심으로 개마고원 일대와 한라산, 지리산, 설악산 등의 고산지대 정상부에 냉대림이 발달하며, 주로 상록침엽수가 우점한다.

제주도 한라산의 경우 저지대는 난대림이 발달하며, 고도에 따라 온대남부, 온대중부, 온대북부 및 냉대림 등 수직적으로 분포하며, 우리나라의 모든 식생대를 포함한다.

(2) 온량지수에 따른 분포

국립수목원(2021)에서는 1980부터 2010까지의 30년간 기온 자료를 통해 온량지수(Warmth index, WI) 및 한랭지수 (Coldness index, CI)에 따라 아한대 식생 기후, 온대 북부 식생 기후, 온대 중부 식생 기후 및 온대 남부 식생 기후, 난대 식생 기후 등으로 구분하고 있다(표 1).

① 온대북부 식생기후의 침엽 · 낙엽활엽수 혼합림 (WI 〈 45)

한반도 고위도 또는 고고도 산지 정상부에 분포하는 아한대(subarctic zone)로서, 상록침엽수와 낙엽활엽수가 섞여 자라는 식생대이다. 온난지수 15에서 45사이의 공간으로 주요 수종은 분비나무류와 가문비나무이다.

② 온대북부 식생기후의 낙엽활엽수림 (WI 45 ~ 85)

한반도 고위도에서 중위도 지역의 중고도에서 고고도 지대 산지로서 침엽수와 낙엽활엽수 혼합림과 낙엽활엽수림이 분포한다.

③ 온대중부 식생기후의 낙엽활엽수림 (WI 85 ~ 100)

한반도 중위도에서 저위도 지역 중고도에서 저고도 산지의 온대중부 식생 기후대로서 낙엽활엽수 혼합림이 분포한다.

④ 온대남부 식생기후의 낙엽활엽수림 (WI 〉 100)

한반도 중위도에서 저위도 지역 저고도 산지와 구릉지의 온대남부 식생 기후대로서 낙엽활엽수림이 분포한다.

⑤ 온대남부 식생기후의 상록 · 낙엽활엽수 혼합림 (CI 〉 −10)

한반도 저위도, 저고도 산지와 구릉지 지역 온대남부 식생 기후대로서 상록활엽수와 낙엽활엽수 혼합림과 상록활엽수림이 존재한다.

(3) 식재분포

인위적 식재로 이루어지는 분포상태로서 일반적으로 천연분포보다 범위가 넓다. 예를 들어 난대림 북방한계선 또는 한대림 고온 생육 가능 한계선 등을 초과하여 식재 가능하다. 이는 어느 정도 성장한 수목을 식재하므로 환경적응성 크고, 인위적인 보호와 관리 이루어지기 때문에 천연분포에 비해 분포 범위가 넓게 형성될 수 있다.

표 1 온량지수에 따른 우리나라 식생기후 분포 특성
(출처 : 국립수목원, 2021)

구분	기후요인의 범위 및 식생		주요 교목 수종
온대북부 식생기후	WI<45	침엽·낙엽활엽수 혼합림	분비나무, 구상나무, 가문비나무, 잣나무, 사스래나무, 신갈나무, 벚나무류, 부게꽃나무, 산겨릅나무
	45<WI<85	낙엽활엽수림	신갈나무, 벚나무류, 서어나무, 피나무, 물푸레나무, 함박꽃나무, 쪽동백나무, 당단풍나무, 청시닥나무, 구상나무, 분비나무, 잣나무, 전나무, 소나무, 너도밤나무, 울릉솔송나무, 섬잣나무
온대중부 식생기후	85<WI<100		졸참나무, 신갈나무, 벚나무류, 물푸레나무, 서어나무, 함박꽃나무, 당단풍나무, 소나무, 곰솔, 전나무, 때죽나무
온대남부 식생기후	100<WI		졸참나무, 벚나무류, 물푸레나무, 서어나무, 개서어나무, 단풍나무, 대팻집나무, 때죽나무, 소나무, 곰솔, 굴거리나무, 동백나무
	CI>-10	상록·낙엽활엽수 혼합림	구실잣밤나무, 종가시나무, 붉가시나무, 굴거리나무, 사스레피나무, 동백나무, 졸참나무, 벚나무류, 개서어나무, 때죽나무

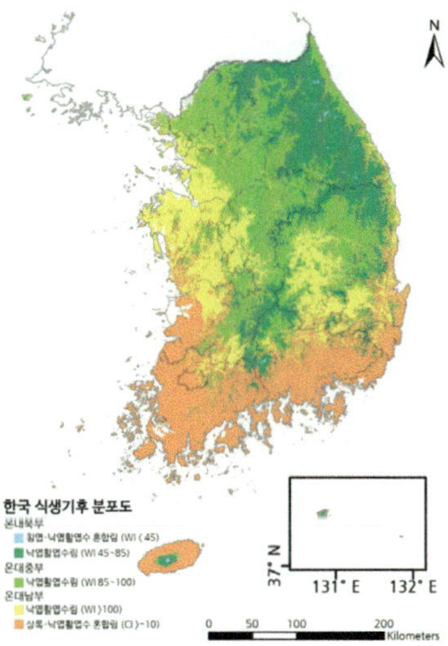

[3] 라운키에르 생활형

라운키에르(Raunkiær, 1934)에 의하면 식물은 겨울철이나 여름철 고온건조기와 같이 생육 부적합한 시기에는 겨울눈 형태로 생존을 하게 되는데 이때 겨울눈의 위치에 따른 식물 분류 방식을 제안하였다(그림9). 각 생활형별 식물은 기후대별로 분포 특성이 다르게 나타난다(표 2). 예를 들면, 열

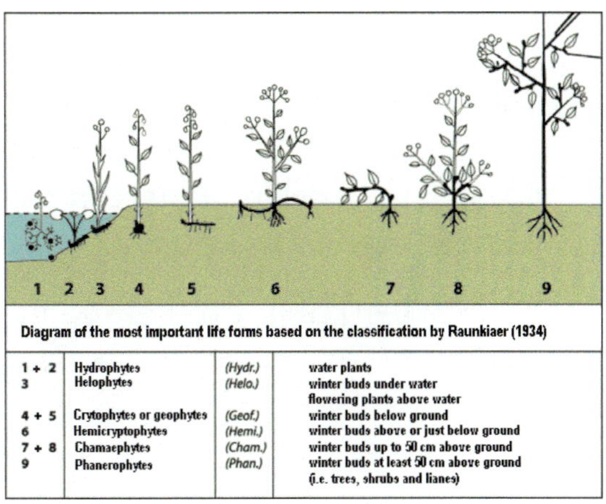

그림 9 라운키에르 생활형
(자료:Raunkiaer,1934)

대지방의 경우 상대적으로 대형지상식물의 분포가 많고, 아열대, 사막이나 건조기후대에서는 일년생식물의 분포가 많다. 우리나라와 같은 온대기후대에서는 지중식물 및 반지중식물에 해당되는 로제트형 식물(rosette plants)이나 구근(bulbs) 등을 갖는 식물 등의 분포가 상대적으로 많이 나타나고 있다. 한대 또는 아한대 기후대에서는 대부분 지표식물, 반지중식물 및 지중식물에 해당되어 분포가 95%에 이른다.

표 2 라운키에르 생활형(자료:Raunkiaer(1934)을 수정)

분류	생활형	비고
착생식물 Epiphytes	다른 식물에 부착하여 자라는 식물. Air plant라고도 불림	epi=above; phyton=plant
대형지상식물 Phanerophytes	생육 부적기에 겨울눈 등 생장점이 지상에서 50cm이상 높은 위치에 분포하는 식물 교목류, 관목류, 덩굴식물(trees, bushes, lianes)	phanero=visible
지표식물 Chamaephytes	생육 부적기에 겨울눈 등 생장점이 지상에서 50cm이내 범위에 분포하는 식물 다년생 초본류 등(perennial herbaceous plants)	chamai=close to the ground
반지중식물 Hemicryptophytes	생육 부적기에 겨울눈 등 생장점이 지면 바로 위나 지면 바로 아래에 분포하는 식물 로제트형 식물. 민들레, 질경이 등	hemi = half; crypto = hidden
일년생식물 Therophytes	생육 부적기에 종자로 지내는 식물	thero=summer, hot
지중식물 Cryptophytes or Geophytes	생육 부적기에 겨울눈 등 생장점이 땅 속에 분포하는 식물 크로커스, 산나리, 튤립 등	geo=earth
습생식물 Helophytes	뿌리 및 생장점은 물 속에 분포하며 꽃 눈은 물 위로 분포하는 식물(정수식물)	helos=marsh
수생식물 Hydrophytes	침수식물, 부유식물, 부엽식물	hydros=water

2. 빛

빛은 에너지의 원천이며 식물체의 엽록소가 탄소동화작용(광합성)을 하는 요인으로서 광도가 높아질수록 광합성이 활발해진다. 단, 원형질을 직접 빛에 노출시키면 죽음의 원인이 된다. 광선 요구도에 따라 양지, 음지성 식물로 구분하며, 이들은 숲의 다층구조 형성의 원인이 된다.

[1] 광포화점과 보상점

① 광포화점(light saturation point)

일반적으로 광합성은 빛의 강도와 비례하여 직선적으로 증가하나 일정 한도에 이르면 증가폭이 감소하며 마침내 더 이상 증가하지 않는다. 이와 같이 광선의 세기가 증가되어도 더 이상 광합성 속도가 증가되지 않는 점을 광포화점이라 한다(그림 10).

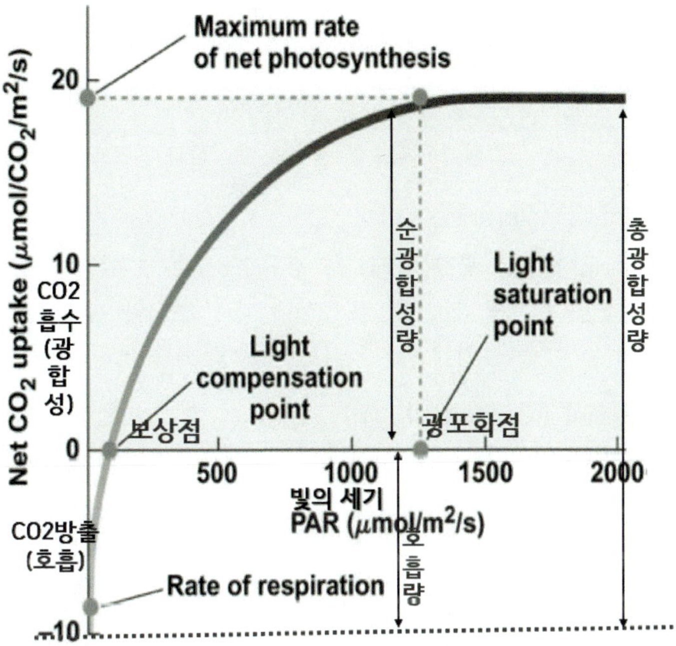

그림 10 광포화점과 보상점
(자료: https://www.studyblue.com/notes/을 저자 수정)

② 보상점(compensation point)

광합성에 의한 CO_2 흡수, 호흡에 의한 CO_2 방출이 같은 점을 말한다. 즉, 강도가 낮아 광합성량과 호흡량이 일치하여 순광합성량이 0이 되는 점을 의미한다(그림 10).

[2] 내음성

광포화점에 따라 구분된다. 양수는 광포화점이 높고 음수는 광포화점이 낮다(그림 11).

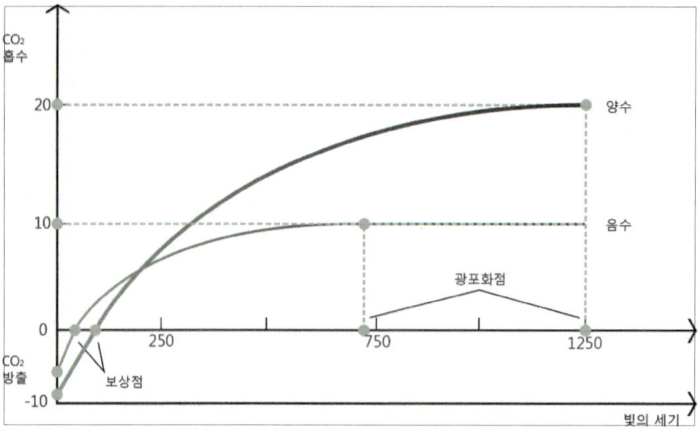

그림 11 양수와 음수의 보상점과 광포화점

① 내음성 (shade tolerance)

내음성은 식물이 적은 광량 아래서도 광합성을 할 수 있는 성질로서 음지에서 식물이 생존할 수 있는 능력을 말한다. 내음성에 따라 양수와 음수로 구분하며, 그늘에서 잘 자라지 못하는 수종을 양수, 잘 자라는 수종을 음수라고 한다.

② 양수(intolerant tree/sun grown)

양수는 광포화점이 높아 광도가 높은 환경에서는 햇빛을 효율적으로 활용하여 생육이 좋지만 보상점이 높아 적은 광량에서는 충분한 생육이 곤란하다. 일반적으로 전수광량 70%, 최소수광량 6.5%이다.

③ 음수(tolerant tree/shade grown)

음수는 광포화점이 낮아 적은 광량에서도 충분히 생육 가능하다. 빛을 비치는 시간이 짧고 낮은 광도에서도 기공 반응이 빠르고 광합성을 효율적으로 한다. 보상점이 낮으며 호흡량도 적기 때문에 그늘에서도 잘 자라며, 오히려 강한 햇빛에 계속 노출되면 생육이 좋지 않게 된다. 일반적으로 전수광량 50%, 최소수광량 5%이다.
음수라고 해도 대체로 성목이 되면 햇빛에서 더 잘 자라는 경향을 보인다.

[3] 광주기성(일장)

하루 중 낮과 밤의 길이가 반복되는 현상을 광주기성이라고 하며 일조시간의 길이에 따라 생물의 생활사에 영향을 끼친다. 예를 들면 새의 산란, 식물의 개화 등에 영향을 끼친다. 이때 빛의 세기와는 큰 관련 없이 낮과 밤의 길이에 의해 영향을 받게 된다.

① 장일식물

장일식물은 임계시간보다 낮의 길이가 길어야 개화되는 특성이 있다. 즉, 낮의 길이가 어느 정도 이상 길어지면 꽃눈이 발생한다.

② 단일식물

단일식물은 임계시간보다 낮의 길이가 짧아야 개화되는 특성이 있다. 즉, 낮의 길이가 어느 정도 이상 짧아지면 꽃눈이 발생한다.

③ 중일식물

일조시간에 관계없이 꽃을 피우는 식물이다.

3. 물

[1] 물과 습도

(1) 물의 기본 속성

물은 생명체의 존재에 필수적인 요소로서 강우, 습도, 대기의 증발력 등에 의해 제한요인으로 작용한다.

■ 강우

강우는 연간 강우량, 연간 분포, 유출량 등에 의해 제한요인으로 작용한다. 즉, 같은 양의 비가 내리더라도 연중 고르게 내리는 경우와 일정 기간에 집중하여 내리는 경우는 생태계에 미치는 영향이 매우 다르다. 우리나라의 경우 연평균 강우량이 1,200~1,600mm정도로서 비교적 많은 비가 내리는 지역에 속하나 6~8월의 장마기간에 집중되므로 효율적인 이용이 되지 않고 있으며, 그 결과 가용성 물이 부족한 지역에 속한다.

(2) 습도

대기 중 수증기의 총량을 말한다.

① 절대습도(absolute humidity)

대기 중의 실제 물의 양으로서 단위 공기량에 대한 물의 무게로 나타낸다(공기 1kg에 대한 물의 g.

② 상대습도

특정 장소의 온도-기압 조건에서 포화상태와 비교한 실제로 존재하는 수증기의 비율로서 %로 나타낸다. 포화상태의 수증기는 온도와 기압에 따라 변하게 되는데, 기온이 높을수록 공기 중 포화량이 증가되므로 같은 양의 수분이라도 기온이 상승할수록 상대습도는 낮아진다. 그림에서 절대습도는 기온과 관계없이 모두 같지만 기온이 상승할수록 상대습도는 낮아진다(그림 12).

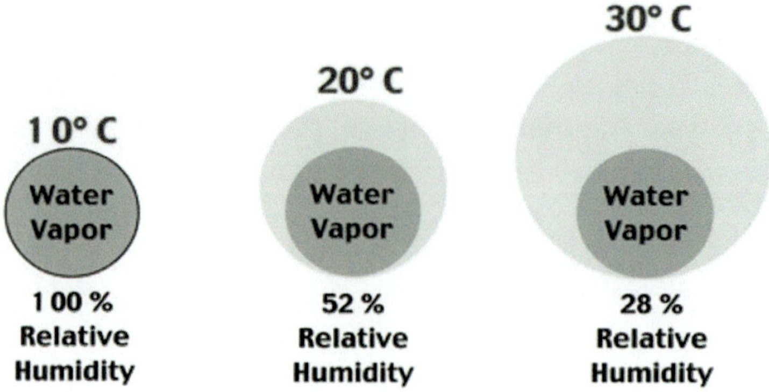

그림 12 습도의 개념
(절대습도는 같으며, 기온이 오를수록 상대습도는 낮아짐)
(출처: https://learn.weatherstem.com/modules/를 저자 수정)

[2] 물과 식물

(1) 수생식물

일반적으로 수생식물은 Muenscher(1944)과 Sculthorpe(1967)에 따라 정수식물(emergent hydrophyte), 부엽식물(floating-leaved hydro phytes), 부유식물(floating hydrophytes), 침수식물(submerged hydrophytes)로 구분될 수 있다.

(2) 수환경 적응도와 식물

수환경 적응도에 따라 식물 생육분포 특성을 구분할 수 있는데, 미국야생동물관리청(U.S. Fish and Wildlife Service, 1988) 및 구본학(2002)은 수환경적응도에 따라 식물을 5개 범주로 구분하였다(표 3).

절대습지식생(OBL)은 수생식물로서 99% 물이 있는 곳에서 생육하고 상대적 습지식생(FACW)은 습생식물로서 대부분(67-99%) 물이 있는 곳에서 생육한다. 중성식생(FAC)은 수역과 육지에서 모두 생육가능하며 습성내륙식생(FACU)은 대부분 육지에서 생육한다. 내륙식생(UPL)은 육상식물로서 육지 생육 가능성 99%이다.
이러한 특성으로 인해 수환경적응도에 따른 식물분류 지표는 습지인지 아닌지를 판별하는 지표로도 활용하는데(구본학, 2002;2009), 우점종의 50% 이상이 FAC이거나 그보다 습윤토양을 좋아하는 식물이 생육하는 지역을 습지로 판별한다. 이것으로 판별하기 어려울 때에는 FAC Neutral Test를 실시한다. FAC Neutral Test는 OBL+FACW 종이 FACU+ UPL 종보다 많은 경우 습지로 판정한다.

표 3 수환경 적응도에 따른 식생의 구분

(자료 : 미공병단(1987), Cylinder et al.(1995), Kent(2001), Kentula et al.(1993), Tiner (1999a) 등의 식생 분류를 구본학(2002) 편집)

구 분	특 성
절대습지식생(OBL) obligate wetland	• 습지환경에서만 생존하는 식생 • 자연상태의 습지조건에서 항상(99% 이상) 발생
상대적 습지식생 (FACW) facultative wetland	• 습지환경과 내륙환경 모두에서 생장이 가능한 식생 • 주로 습지환경에서 발생하며(67-99%), 습지가 아닌 지역에서도 때때로 발견
중성식생(FAC) facultative	• 습지나 건조상태에서도 비슷하게 발견됨(34-66%)
습성내륙식생(FACU) facultative upland	• 주로 습지가 아닌 지역에서 발생하며, 때로(1-33%) 습지에서도 발견
내륙식생(UPL) upland	• 침수조건에 내성이 거의 없으므로 내륙에서만 발생하는 식생(99% 이상)

4. 지형

[1] 지형이 미치는 영향

지형은 기후, 토양에 영향을 끼친다. 방위, 경사의 차이에 따라 수광량, 바람 차이가 있어 지온, 증산량, 지하수위, 척박도 등에 영향을 끼친다. 고도, 경사, 산맥의 방향 및 노출 등의 요인은 일광량, 강수량, 기온 등에 영향을 끼치고, 식생의 분포를 결정하게 된다.

산줄기의 경사 및 방향은 입사광, 강수량, 풍속 및 기온 등에 영향을 끼쳐 지역기후를 결정하게 된다. 대표적으로 우리나라 동해안 백두대간에서 볼 수 있는 높새바람과 같은 푀엔(foehn; föhn)현상에 영향을 주게 된다.

높새바람은 주로 늦봄에서 초여름에 결쳐 발생하는데 샛바람이라고도 부른다(그림 13).

[참고] 푀엔현상

습기를 함유한 비구름이 이동하다가 높은 산악지대에서 바닷쪽 사면에 비를 내리고, 반대쪽 사면에 이르러서는 따뜻하고 건조한 바람으로 바뀌게 된다. 이를 “rain shadow” 현상이라고도 부른다.

푄현상으로 인해 기온이 급격히 상승되어 눈이나 얼음을 빠른 속도로 녹는다는 의미에서 “snow- eaters”라고 부르기도 한다. 푄현상은 원래 알프스산맥에서 나타나는 현상을 지칭했으나 이제는 유사한 현상 전체를 푄현상으로 부른다.

[2] 산경도와 산경표

(1) 산경도와 산경표

산경도는 우리나라 고유의 지형관을 반영한 산줄기 체계를 말한다(그림 14). 지질학적 구조에 바탕을 둔 산맥 개념이 실제 지형의 특성과는 많은 차이를 나타내게 되는데, 산경도는 지형의 상태 즉 물과 산의 상태를 근거로 작성하였기 때문에 실제 지형 특성을 반영하고 있다.

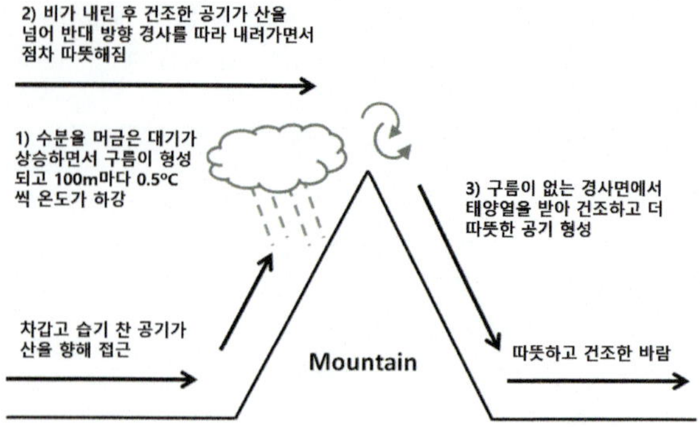

그림 13 푄현상

기존의 산맥체계가 지질구조를 기반으로 작성되었다면, 산경도는 우리 전통적인 지형학을 반영한 산경표에 근거한 백두대간 등의 산줄기는 지표 분수계를 중심으로 산의 흐름을 파악하고 인간의 생활권 형성에 미친 영향을 고려한 문화적 요인이 개입된 체계로서 인간과 자연이 조화를 이루는 우리 고유의 산지 인식 체계이다(표 4).

참고로 산맥 개념은 지형과는 별개로 지질학적 구조에 근거하여 산맥 체계로 나타낸다.

그림 14 산경도
(산경표에 의해 저자 작성)

표 4 산경도와 산맥체계의 구분

구분	산경도	산맥체계
성격	• 산과 강에 기초하여 산줄기를 형성 • 산줄기는 산에서 산으로만 이어짐 • 실제 지형과 일치하는 자연스러운 선	• 지하지질구조선에 근거하여 땅 위의 산을 분류 • 산맥선이 중간에 강에 의해 끊어짐 • 실제 지형과 불일치하는 가공된 지질선
장점	• 경관상 잘 보이는 무단절의 분수령을 중심으로 하천, 산줄기 등의 파악이 쉬움. • 산지이용계획과 실천에 편리함 • 풍수적 한국지형과 산줄기 이해에 편리	• 국제관행에 부합됨 • 산맥형성의 원인과 관련성이 높음

「산경표(山經表)」는 조선 영조 때 신경준의 「여지고(輿地考)」를 바탕으로 신경준 본인 또는 후대 사람이 기록한 것으로 추정되는데, 산경표의 기본 원리는 산자분수령(山自分水嶺), 즉 '산은 물을 가르고, 물은 산을 넘지 않는다'는 원리이다. 산과 물은 따로 분리하여 생각할 수 없으며 산과 강은 대립하는 것이 아니라 조화를 이루고 있다는 사상이다.

이와 같은 기본 인식아래 산줄기를 대간, 정간, 정맥을 구분하고 있다. 백두산에서 지리산까지 하나의 산줄기로 이어지며 이를 백두대간이라고 한다. 또한 백두대간으로부터 각 지역별로 정간, 정맥 등으로 산줄기가 갈라져 형성된다.

인문지리적인 측면은 백두대간·정간·정맥 모두를 연속된 산줄기로 인식하여 우리 국토에 대해 지리적으로 일체감을 갖게 하며, 유역을 가르는 분수계로서 국토 공간구조의 골격이자 생활영역과 문화양식의 기반이 되는 민족의 인문적 바탕을 이룬다.

산경표는

- 백두산을 국토의 중심 또는 출발점으로 인식
- 산과 산의 분포, 위치를 줄기 또는 맥으로 파악하여 끊어짐이 없이 이어지는 것으로 이해
- 산줄기의 맥락과 명칭을 체계화
- 위계에 따라 1개의 대간과 1개의 정간, 13개의 정맥으로 분류하여 위계성 부여

① 1 대간

- 백두대간
- 백두산에서 시작해 원산, 낭림산, 금강산을 거쳐 태백산까지 내려와 속리산과 소백산맥을 포함하면서 지리산까지 뻗은 제일 큰 핵심 산줄기

② 1 정간

- 장백정간
- 백두대간 장백산에서 갈라져 동쪽으로 뻗어 경성의 거문령, 경흥의 백악산을 지나 두만강 하구의 섬 녹둔도 앞에서 멈춘 산줄기

③ 13 정맥

백두대간으로부터 갈라져 나오는 13개 정맥의 산줄기 체계는 하천의 수계를 기준으로 남북으로 나누어 이름을 붙이며, 낙동정맥은 낙동강의 동쪽을 기준으로 이름 붙인다. 또한 해서정맥과 호남정맥 2개의 정맥은 하천이 아닌 지역 이름을 붙인다.

- **청북정맥**: 청천강 이북의 산세로서 백두대간의 낭림산에서 서쪽으로 뻗은 산줄기

- 청남정맥: 청천강 이남의 산줄기로서 낭림산에서 서남쪽으로 흘러 묘향산에 이른 후 계속 서남향으로 이어져 월봉산, 도회령을 거쳐 광량진의 봉수산까지 뻗은 산줄기
- 해서정맥: 호남정맥과 더불어 하천이 아닌 지역을 이름으로 붙인 정맥. 해서지방 즉 평안도 지역을 지나는 산줄기로서 백두대간의 두류산에서 시작하여 서남쪽 개연산에 이르러 다시 북상하여 언진상에서 남쪽으로 고정산, 멸악산을 지나 강령의 장산곶까지 뻗은 산줄기
- 임진북례성남정맥: 임진강 북쪽 및 예성강 남쪽을 지나는 산줄기로서 개연산에서 해서정맥 옆을 지나 남으로 학봉산, 수룡산, 성거산을 거쳐 개성의 송악산까지 이어지며, 개성유역의 산세
- 한북정맥: 한강 북쪽을 흐르는 산줄기로서 백두대간이 금강산을 향해 달리다가 분수령에서 서남쪽으로 꺾어져 금화 오갑산, 불정산, 도봉산, 삼각산(북악산)을 지난 후 교하까지 이어짐
- 한남금북정맥: 한강 남쪽 및 금강 북쪽을 지나는 산줄기로서 속리산 문장대에서 시작해 청주의 상당산성을 바라보며 동쪽으로 지나 북으로 올라가 죽산의 칠현산에서 두 개의 정맥으로 갈라져서 북으로는 한남정맥, 남으로는 금북정맥에 이어짐
- 한남정맥: 한남금북정맥의 칠현산에서 금북정맥과 갈라지는 산줄기로서, 북으로 용인의 보개산, 광주의 광교산을 지나 서쪽의 수리산, 소래산, 주안산에 이르고 인천의 문학산을 거쳐 북쪽의 김포평야 구릉지대를 지나 강화도 앞 문수산으로 이어짐
- 금북정맥: 한남금북정맥의 칠현산에서 한남정맥과 갈라지는 산줄기로서, 서남쪽으로 성거산, 태조산, 광덕산과 차령을 지나 남진하다가 성주산에서 북쪽 해미의 가야산을 거치고 다시 서쪽으로 태안반도로 건너가 안홍진까지 이어지는 금강 이북의 산세
- 금남호남정맥: 금강의 남쪽 및 호남지역 사이를 지나는 산줄기로서 백두대간이 지리산에 이르기 직전 영취산에서 갈라져 장수를 지나면서 주화산에서 금남정맥과 호남정맥으로 다시 갈라짐
- 금남정맥: 금남호남정맥에 갈라져 금강의 남쪽을 지나는 산줄기로서 전주 동쪽 마이산에서 북으로 향해 대둔산, 계룡산을 거친 후 서쪽으로 망월산을 지나 부여의 부소산과 조룡대로 이어지는 산줄기
- 호남정맥: 해서정맥과 더불어 하천이 아닌 지역을 이름으로 붙인 정맥. 금남

호남정맥에 갈라져 호남지역 즉 전라도 지역을 지나는 산줄기로서 전주 동쪽 곰재에서 남으로 갈라져 운주산, 내장산을 지나 광주의 무등산에서 보성의 사자산까지 남진하다가 다시 동북쪽으로 올라가 송광산, 조계산을 만나고 광양의 백운산까지 이어지는 산줄기

- 낙남정맥: 낙동강의 남쪽을 지나는 산줄기로서 백두대간의 끝 지리산에서 동남쪽으로 고성의 무량산, 진해의 여항산을 거쳐 김해의 분산까지 이어짐
- 낙동정맥: 낙동강의 동쪽을 지나는 산줄기로서 백두대간 태백산에서 갈라져 남쪽으로 이화령, 부성산, 가지산, 취서산, 금정산을 지나 부산 다대포 앞바다까지 이어지는 산줄기

(2) 백두대간

백두대간(白頭大幹)은 백두산에서 지리산에 이르는 한반도의 중심 산줄기이다. 한반도의 뼈대를 이루며 총길이 1,625km에 이르는 핵심생태계이다.

백두대간 개념이 최초로 나타난 문헌은 10세기 초의 고려 승려 도선이 지은 옥룡기(玉龍記)로서 "우리나라는 백두에서 일어나 지리에서 끝났으며 물의 근원, 나무 줄기의 땅이다."라고 표현되어 있다.

대간(大幹)이라는 용어를 최초로 사용한 문헌은 1751년 발간된 이중환의 「택리지」로서 "대간은 끊이지지 않고 옆으로 뻗었으며 남쪽으로 수천 리를 내려가 경상도 태백에 까지 통하여 하나의 맥령(脈嶺)을 이루었다."라고 표현되어 있다. 백두대간과 백두정간이라는 말을 처음 사용한 문헌은 1760년 이익의 「성호사설」로서, 백두산을 우리나라의 조종산이며 대간이 시작되는 산으로 보았고 '백두대간'이라는 용어를 사용하였다.

자연생태적 측면으로는 생물종이 다양하고 풍부한 한반도의 핵심 생태축으로 천연기념물이나 여러 보호 동·식물과 멸종위기 생물들이 살고 있으며, 또한 대륙의 야생 동·식물이 우리나라로 들어오는 이동통로이자 서식지이다. 주요 산들이 자리 잡은 한반도의 지붕인 백두대간은, 한강·금강·낙동강 등 4대 강을 포함한 하천의 발원지로서 생명력이 시작되고 이어지는 중심지이다.

5. 토양

[1] 토양의 속성

(1) 토양의 형성

토양의 '토(土)'는 흙을 의미한다. 또한 '양(壤)'은 식물이 자라기에 적합한 상태인 부드럽고 고

운 흙을 의미한다. 영어의 'soil'은 라틴어 'solum(床, 地面)'에서 유래된다.

토양은 식물 생장요인인 공기, 물, 온도, 광선, 양분 등을 직접 또는 간접으로 식물에게 제공하며, 뿌리가 뻗어 식물체의 지상부를 지지할 수 있는 기반이 된다. 그러므로, 토양의 성질과 상태에 의해 식물의 생장이 조절된다.

토양은 모재, 기후, 시간, 식생, 지형 및 인공적 요인의 영향으로 생성되어 그 지역의 환경조건에 적합한 평형상태를 이루며, 어떤 요인의 영향력에 따라 변화한다. 암석의 풍화산물인 모재가 유기물과 생화학적 반응을 일으키며 여러 인자가 종합적으로 작용하여 토양으로 발전하며, 이중에서 가장 영향이 많은 인자에 의해 토양의 종류 및 성질이 결정된다.

- 모재(母材): 암석의 풍화물인 작은 입자 광물질 주재료
- 구성: 지각의 지면부에 쌓이고 여기에 동식물에서 유래된 유기물 섞임
- 기능: 공기와 수분을 알맞게 함유하고 있을 때에는 식물을 기계적으로 지지하며, 식물에게 양분의 일부분을 저장, 공급하는 자연체로서, 식물의 뿌리가 뻗을 수 있는 기반으로서, 양분과 수분을 저장하였다가 뿌리를 통해 식물에게 공급
- 성질: 환경요인의 변화에 따라 그 성질과 상태가 변할 수 있음

(2) 토양의 3요소

토양은 고체 부분의 토양입자와 유기물, 토양입자 사이의 공극을 채우고 있는 공기와 물 등 3요소로 구성된다. 유기물을 따로 구분하여 4요소로 설명하기도 한다(그림 15).

① 고체부(고상)

고체상태의 토양입자와 각종 동식물의 잔해를 포함한 유기물 부분을 말한다. 암석의 조각과 광물로 구성되며 자갈, 모래, 미사질 모래, 점토 등으로 구성된다. 유기물은 부식물, 생물의 시체, 미생물에 의해 합성된 어두운 색의 교질물들을 포함한다.

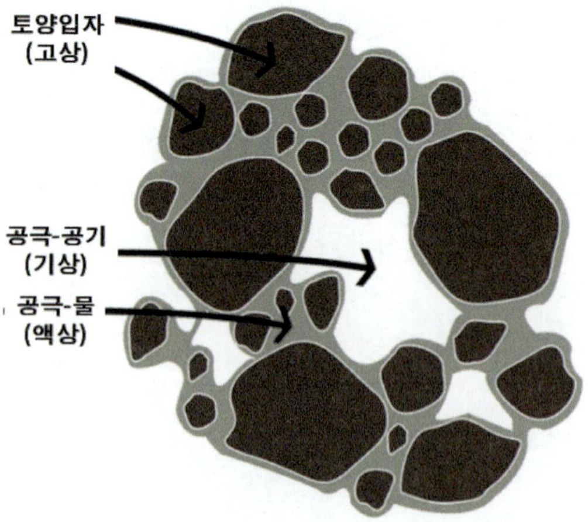

그림 15 토양 3요소

② 액체부(액상)

토양 입자 사이의 공극에 여러 가지 물질과 이온이 함유된 수분(토양수분)으로서, 여러 가지 무기물 및 유기물과 이온 함유되며 O_2와 같은 기체도 용해된 용액이다. 수분이 이동할 때는 토양

속에 녹아 있던 물질이 함께 따라 이동하여 용탈과 집적작용이 일어나며, 물질의 화학적 변화가 일어날 때에도 매개체가 된다.

토양수분은 토양과의 접촉압력에 따라 중력수, 모(세)관수, 흡습수(흡착수), 결합수 등으로 구분된다.

③ 기체부(기상)

토양입자 사이의 공극을 채우고 있는 공기 부분이다. 공기 중 O_2와 CO_2량은 토양의 유기물함량, 수분함량, 온도 및 토양반응에 따라 차이가 있다.

[2] 토양분류체계

토양분류체계(morphology, classification)는 1936년부터 미국 농무부의 Thorp 등이 처음 방법을 제안한 이후, 1949년에 Marbut, Smith 등이 수정하여 체계화시킨 것이 세계적으로 널리 사용되었고 우리나라도 이 기준에 따라 토양을 분류하였다. 이후 새로운 분류방법들이 제안되었으나 기존 분류체계와 다르고 명칭이 주로 라틴어와 희랍어로 만들어졌기 때문에 이해하기 어렵다는 단점이 있었다.

1975년에 신분류법(Soil Taxonomy)이 제안되었나(Soil Survey Staff, 1975). 분류체계는 등으로 구성되며 토양단면에 나타나는 층위 즉 감식층위(diagnostic horizon)의 수, 배열, 두께, 물리적 조성, 구조, 색, 유기물함량, 반응으로 결정된다. 토양생성 발달의 결과인 주요한 감식층위의 종류에 의하여 12개 목(order)으로 분류하고, 다시 아목(suborder)-대군(great group)-아군(subgroup)-과(family)-통(series) 등으로 세분류한다.

(1) 목

최상위 분류단계인 12목은 알피졸(Alfisols), 안디졸(Andisols), 아리디졸(Aridisols), 엔티졸(Entisols), 젤리졸(Gelisols), 히스토졸(Histosols), 인셉티졸(Inceptisol), 몰리졸(Mollisols), 옥시졸(Oxisols), 스포도졸(Spodosols), 울티졸(Ultisols), 버티졸(Vertisols) 등이다.

현재까지 밝혀진 우리나라 토양의 목은 엔티졸·인셉티졸·알피졸·몰리졸·울티졸·안디졸·히스토졸 등 7개 종류이다.

12목의 특징은 다음과 같다(그림 16).

① 알피졸(Alfisols)

- 점토집적층이 있으며, 염기포화도 35% 이상인 회갈색 토양
- "al"은 알루미늄을 의미, "f"는 철을 의미

- 영양물질 축적
- 몰리졸 다음으로 비옥한 토양

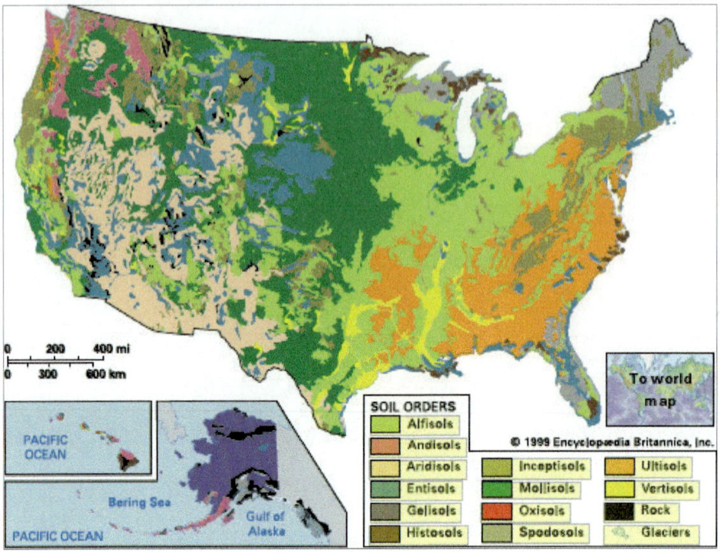

그림 16 미국의 토양 (12목 기준으로 분류)
(자료:USDA)

② 안디졸(Andisols)

- 화산회토
- “Andi”는 안데스산맥에서 유래.
- 화산재
- 온난기후대에서 발달

③ 아리디졸(Aridisols)

- 사막이나 건조지대의 염류 토양으로 토양발달 미약
- 라틴어로 “aridus”는 건조하다는 의미로서 건토토양을 의미
- 얇고 유기질 함량 낮음
- 용해성 무기질이 많음
- 수분이 부족하여 생산성 낮음

④ 엔티졸(Entisols)

- 토양생성 발달이 미약하여 층위의 분화가 없는 새로운 토양
- “ent”는 최근에 생성되었다는 의미
- 충적토, 암설토 등
- 토양층이 얇고 모래질 토양

- 영양분 적음

⑤ 젤리졸(Gelisols)

- 영구동결층을 가지고 있는 토양
- "Gelatio"는 동결을 의미
- 젊은 토양
- 북극권 및 아북극권

⑥ 히스토솔(Histosols)

- 물이 포화된 지역이나 늪지대에 분포하는 유기질 토양
- 그리스어 "Histos"는 생체조직 즉 유기질을 의미
- 빙하지대, 배수가 불량한 해안 등 물로 포화

⑦ 인셉티졸(Inceptisol)

- 토양의 층위가 발달하기 시작한 젊은 토양
- "Inceptum"은 라틴어로 시작, 젊음 등의 의미
- 툰드라, 갈색산지토양, 계곡의 바닥 등에 발달
- 감식층위의 수가 적음

⑧ 몰리졸(Mollisols)

- 초원지역의 유기물과 염기가 풍부한 비옥한 토양
- 라틴어로 "mollis"는 부드럽다는 의미
- 농업용 토양으로 최적합
- 밤색토, 체르노좀, 프레리 등
- 중부유라시아, 팜파, 북미 대평원 등에 발달

⑨ 옥시졸(Oxisols)

- A1과 Fe의 산화물이 풍부한 적색의 열대토양. 풍화가 가장 많이 진척된 토양
- "ox"는 산소가 매우 풍부함을 의미
- 심하게 용탈되어 생산성 낮음
- 열대 습윤토양
- 라테라이트화 작용

⑩ 스포도졸(Spodosols)

- 심하게 용탈된 회백색의 용탈층을 가지고 있는 토양
- 그리스어로 "spodos"는 목재의 재를 의미
- 용탈로 인해 밝은색을 띰
- 산성, 모래질 산림토양
- 생산성이 매우 낮음

⑪ 울티졸(Ultisols)

- 점토집적층이 있으며, 염기포화도가 35% 이하인 산성토양
- 라틴어로 "ultimus"는 마지막을 의미
- 영양물질이 용탈되어 영양분이 적음
- 전체적으로 붉은색을 띰

⑫ 버티졸(Vertisols)

- 팽창성 점토광물 함량이 높아 팽창과 수축이 심하게 발생
- 라틴어로 "verto"는 회전을 의미
- 열대흑색토
- 열대지방 습윤기후와 건조기후에 교대로 나타남
- 교반효과로 감식층 발달

(2) 통

토양의 기본 단위인 토양통은 같은 모재가 같은 생성작용을 받아 생성되며, 같은 통의 토양은 층위의 배열이나 토양 특성이 비슷하고 표토 외에는 차이가 거의 없다. 같은 토양이 먼저 발견된 지명을 따서 이름 붙이며, 우리나라에는 405개의 토양통이 있는 것으로 알려진다.

통(series)은 유사한 페돈(pedon)을 모은 최종 분류단위를 의미한다. 페돈은 토양기반으로부터 표면에 이르기까지의 단위 토양단면을 말하며, 페돈이 모여 폴리페돈(poly pedon)이 된다(그림 17).

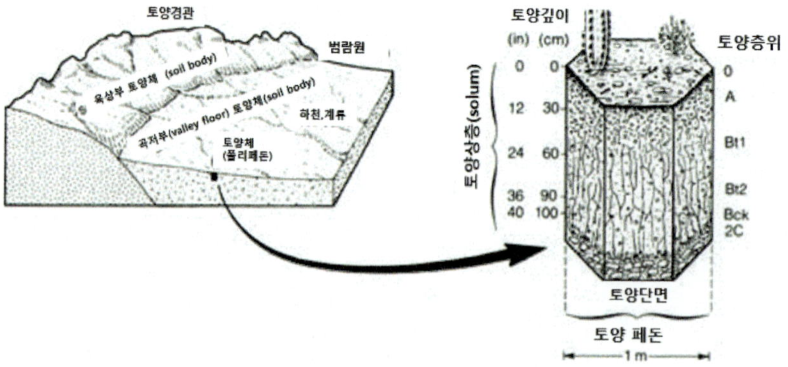

그림 17 페돈

(자료 : http://southwest.library.arizona.edu/azso/body.1_div.6.html을 저자 수정)

[3] 토양의 물리적 성질

(1) 토양단면

토양은 생성작용에 의해 수직적으로 층화된다. 토양단면(soil profile)을 잘라보면 맨 윗 층으로부터 유기물층(O), 용탈층(A), 집적층(B), 모재층(C), 모암(R) 등으로 나눌 수 있다.

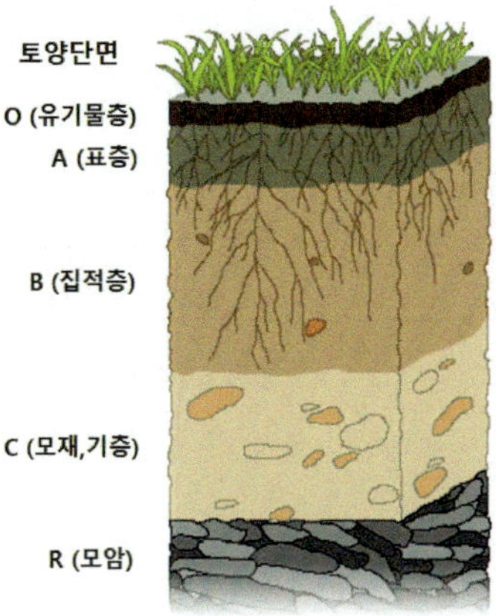

그림 18 토양단면
(자료 : 위키피디아를 수정)

① O:낙엽층(유기물층)

낙엽과 동식물 사체, 분해된 유기물 등으로 구성된다.
유기물 원형을 육안 식별 가능하면 O1, 식별이 안되면 O2로 구분한다.
또한 분해정도에 따라 위에서부터 낙엽층(L), 분해층(F), 부식층(H) 등으로 세분하기도 한다.

② A:표층(분해층, 용탈층, 부식질)

부식질이 풍부하게 함유된 광물질의 맨 윗부분으로서 유기물층인 O층과 함께 표토로 분류한다. 유기물량에 따라 A1, A2(옅은색) 등으로 구분한다. 부식질은 물과 양분 흡수 보유능력 많아 식물생육에 유익하다.

- A1: 부식화된 유기물과 광물질
- A2: 산화물이 용탈된 용탈층
- A3: B층에 이르는 전이층

③ B:집적층

부식의 양이 A층보다 적다. 공극이 적고 토양입자가 단단하며 갈색 또는 황갈색을 띠고 있다. A층에서 형성된 물질이 용탈되어 집적된다.
광물질 토양으로 구성되며, 유기화합물은 분해자에 의한 광물질화 과정에서 무기화합물로 변화되고 잘게 부서진 광물질과 혼합된다.

④ C:모재, 기층

토양의 발달은 식생의 종류, 모암의 종류 등에 따라 다르다. 변화를 받지 않은 원래의 모암이 그 자리에서 붕괴되거나 중력, 물, 빙하, 바람에 의해 다른 곳에서 운반된다.

(2) 토양입자와 구조

① 토양입도(soil grading)

흙의 역학적 성질은 흙을 구성하는 입자의 모양과 크기에 의해 많은 차이가 있다. 즉 흙입자의 크기, 입도 및 형상 등에 의해 영향을 받으며 특히 흙의 종류를 구분하는 기본적 요소로는 입경, 입도 등을 들 수 있다.

입경(粒徑)은 흙 입자의 크기를 말하며, 입도는 흙입자의 크기별 분포상태로서 직경이 서로 다른 토양이 섞여 있는 비율을 말한다.

토양 입자의 크기에 따라 모래(sand), 가루모래(silt), 찰흙(clay) 등으로 구분하며 이를 상세히 구분하면 다음 표 5와 같이 나눌 수 있다. 이때, 직경 2.0mm 이상은 자갈로 구분한다(그림 19).

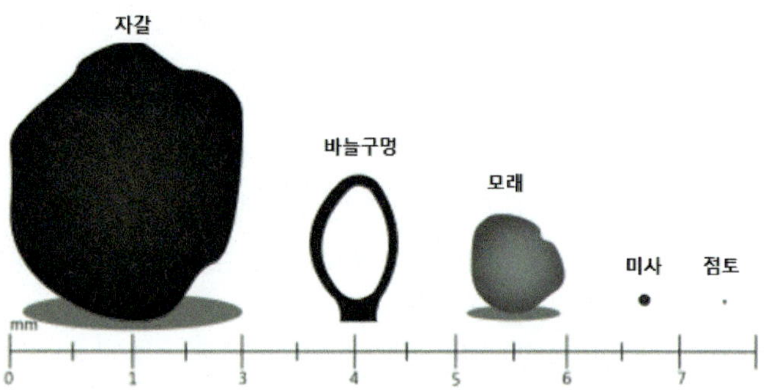

그림 19 토양입자의 상대적 크기

표 5 토양 입자 구분과 크기

구 분	국제토양학회	미국농무부
왕모래(極粗砂)		2.00~1.00mm
거친모래(粗砂)	2.00~0.20mm	1.00~0.50
중모래(中砂)		0.50~0.25
가는모래(細砂)	0.20~0.02	0.25~0.10
고운모래(極細砂)		0.10~0.05
가루모래(微砂) silt	0.02~0.002	0.05~0.002
찰흙(진흙 粘土) clay	0.002 이하	0.002 이하

*직경 2mm 이상은 자갈로 분류

② 토양공극

토양입자 사이의 공간으로서 물이나 공기의 유통, 저장, 통로이다. 공극량이 너무 작으면 통기성 불량으로 뿌리가 질식하게 되며, 너무 크면 보수력이 떨어지므로 가뭄피해 및 양분유실을 초래한다.

부식이 많은 토양, 입단구조의 토양, 양질토, 표토 등에서 공극량이 많다.

③토양의 구조

토양입자의 모양에 따라 판상, 주상, 괴상, 입상 등으로 구분한다.

- **판상(板狀)**: 얇은 판이 층모양으로 배열. 충적토 등에서 자주 나타나며 수직 배수 불량. 종이나 나뭇잎이 겹쳐진 모양.
- **주상(柱狀)**: 토양입자가 수직방향으로 배열. 찰흙이 많은 염류토 심토, 건조토 심토 등에서 발달하며, 모서리가 모난 기둥모양의 각주상과 모서리가 둥근 기둥모양의 원주상으로 구분.
- **괴상(塊狀)**: 심토에 많으며 대체로 큰 덩어리로 구성. 모서리가 모난 흙덩어리인 각괴와 모서리가 둥근 흙덩어리인 원괴로 구분.
- **입상(粒狀)**: 입자 모양이 둥글며 지름 1cm이하의 작은 입단이나 다공성의 쇄립(碎粒) 형태. 서로 겹치거나 쌓여도 공극이 발달되어 물을 충분히 저장 가능하여 식물생육에 유익. 주로 유기질토양, 경작토 등에서 발달하나 인위적 영향에 의해 쉽게 파괴.

(3) 토성

토성(soil class)이라 함은 토양입자 크기 및 배합에 따른 토양의 성질로서 토양의 물리적 성질을 지배하는 물리적 조성을 말한다.

점토 함량에 따라 사토, 사양토, 양토, 식양토, 식토로 구분된다.

① 사토

점토함량 12.5% 이하인 토양이다. 보수성 낮고 양분 흡착능이 약하므로 점토나 퇴비를 혼합하여 보수력, 보비력 높이거나, 스프링클러로 관수한다.

② 사양토

점토함량 12.5~25.0%인 사질양토이다. 일반적으로 우리나라의 토양은 주로 사양토에 속하며, 식물생육에 무난한 토양이다.

③ 양토

점토함량 25~37.5% 인 토양이다. 식물생장에 좋은 토양이며, 여러 크기의 입자를 고루 포함하고 있다. 보수능, 배수능, 통기성, 뿌리 생장 용이, 잠재비옥도 등이 양호하다.

④ 식양토

점토함량 37.5~50% 인 토양이다.

⑤ 식토

점토함량 50%이상인 토양이다. 점토함량 많아 토양입자의 응집력이 크며, 접성과 가영성이 크고 마를 때는 굳어져 갈아엎기가 곤란하다. 통기성이 나쁘고 배수가 잘 안된다. 깊이 갈아엎어 풍화시키고, 모래, 퇴비, 석회 등 혼합하여 입단화시키는 것이 필요하다.

■ 토성구분 삼각도

토성은 입도분석에 의해 나타난 토양입자를 기준으로 삼각도법(국제토양학회법, 미국 농무부법)에 의해 모래, 점토, 실트의 양적비율에 따라 결정한다(그림 20). 그런데 답사 등을 통해 야외에서 간단히 판단하기 위해서는 손으로 만져 촉감에 의해 판단하는 경우도 있다(그림 21).

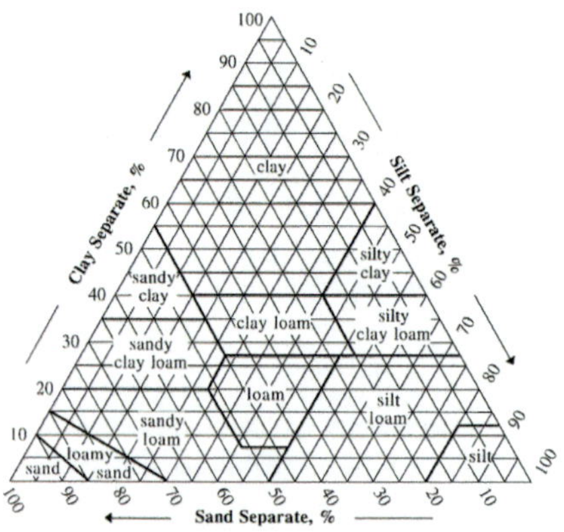

그림 20 토성3각도

(자료:USDA)

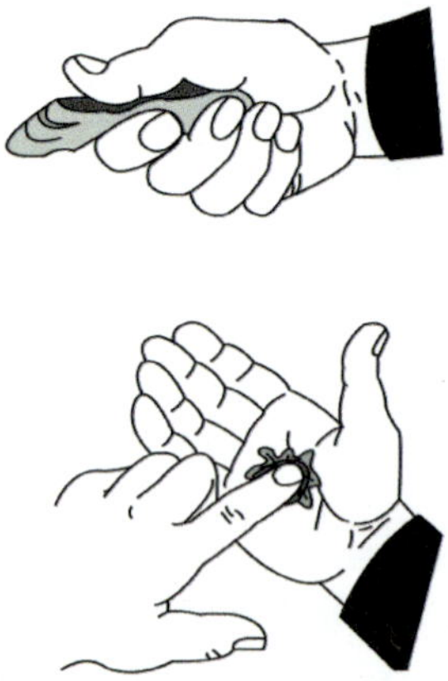

그림 21 촉감법

(자료:USDA)

(4) 토양경도

토양경도는 토양의 단단한 정도로서 토양 속에서 뿌리의 성장과 관련되며, 일반적으로 경도계로 측정한다.

산중식(山中式) 경도계의 경우 아래와 같이 판단한다.

- 단위: mm 또는 kg/cm^2
- 잔디: 18~24 :생장우수
  24~27 :생장장애
  18 이하 :빗물 침식 가능성

- **수목**: 23~25mm에서 우수

식재 구간에서 발생하는 하자 원인을 분석하면 많은 경우 토공사 과정에서 지나치게 토양이 다져지고 균일해져 경도가 증가하여 배수 불량하고 뿌리 성장이 억제되어 발생하는 경우가 많다. 그러므로 토양을 반입한 경우 토양 유기물 등 화학적 속성을 개선하고 더불어 물리적으로 지나치게 경도가 높지 않도록 주의할 필요가 있다.

(5) 토양수분

수목은 토양 중의 물을 흡수함과 동시에 물 속에 녹아 있는 식물에 필요한 영양분을 섭취한다. 물은 광합성에 필요한 수분의 원천이며 지표에서의 증발산에 의해 지온을 조절한다.

토양수분은 토양 중 물과 흙입자와의 결합력에 따라 결합수(결정수), 흡습수(흡착수), 모세관수(모관수), 중력수 등으로 구분한다.

① 결합수(결정수, combined water, water of crystallization)

흙내부에 화학적으로 결합되며 토양을 고온으로 가열해도 분리되지 않는다. 식물에 흡수되지 않으나 화합물의 성질에는 영향을 끼친다.

② 흡습수(hygroscopic water, 흡착수)

흙 입자 표면에 토양과 물의 분자 간 인력으로 흡착되어 얇은 막으로 부착한다. pF4.5~7 사이로서 흡착력이 상하여 뿌리도 흡수할 수 없어 식물에 이용되지 못한다. 자연건조로는 제거되지 않으며 용광로에서 105~110℃에서 8~10시간 가열하면 제거할 수 있다.

일반적으로 토양입자가 가늘수록, 유기물 함유량이 많을수록 흡습수량이 증가한다. 흙의 함수비를 측정할 때는 흡습수를 제거한 건조중량으로 측정한다.

③ 모(세)관수(capillary water)

흙의 작은 공극 사이에 물분자 간의 응집력 표면장력으로 유지되고 모세관현상에 의해 이동되는 물을 말한다. pF2.7~4.5로서 식물이 흡수 가능한 가장 유용한 물이기 때문에 유효수분이라고 부른다.

지하수와 연결되어 있는 좁은 의미의 모관수와 지하수와 연결되지 않고 공극에 유지되어 있는 부착수를 포함한다. 구성비는 토양조성, 구조, 유기물량, 용해 염류농도, 온도 등에 따라 다르다.

④ 중력수(gravitational water)

토양 공기가 채워져야 할 큰 공극을 일시적으로 채우고 있는 물로서, 빗물, 지표에 고여 있는 물, 흐르는 물 등이 중력의 작용을 받아 흙속으로 스며들어가 지하수를 이룬다.

토양 공극 중에 일시적으로 저장되어 있다가 중력에 의해 이동한다. pF 0~2.7 사이에 분포하며 과잉수분이며 지하수의 원천이 된다. 중력에 의해 이동할 때 토양에 녹아있는 영양분이 함께 유실된다.

중력수는 공기가 채워져야 할 부분을 채우고 있기 때문에 토양 통기성을 저해하여 뿌리 호흡을 저해하고 미생물 활동에 장해 요인이 된다. 식물에 거의 이용되지 않으며 중력으로 흘러내리는 동안 뿌리에 닿는 일부만 이용된다.

그 외 토양수분 주요 속성은 다음과 같다(그림 22).

① **토양수분장력(pF:Potential of Free Energy)**

토양수분장력은 토양수분을 흡인하는 힘(흡인압)으로서 흙입자와 물과의 결합력을 그에 상당하는 수주(물기둥)의 높이 h의 상용 log함수($\log h$)로 나타낸다.

즉, $h = 1000$일 때 pF=3, $h = 100$ → pF=2 등으로 나타낸다. pF가 높을수록 강하게 붙어 있다. 중력수는 낮고, 흡습수는 높다.

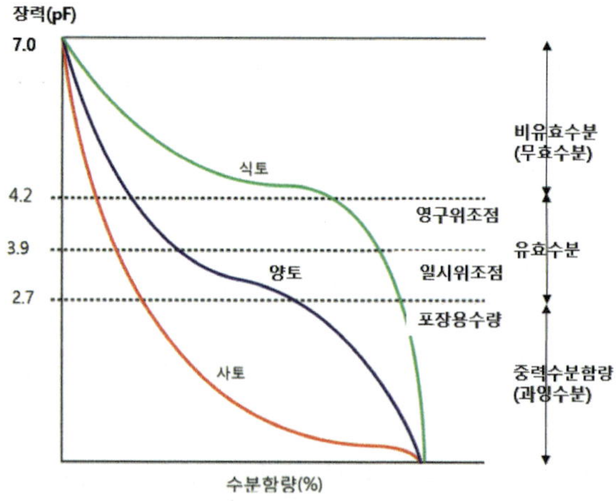

그림 22 토양수분 분포 곡선

② **흡습계수(hygroscopic coefficient)**

건조토양을 포화에 가까운 수증기를 함유한 공기 속에 둘 때 흡착하는 수분을 함수비로 나타내며 pF4.5이다.

③ **위조점(wilting point)**

토양 속 수분이 감소하면 식물이 시들게 되는데 이때의 수분함량을 위조점이라고 부르며 다음과 같이 구분된다.

- **초기위조(temporary wilting point)**: 최초로 위조 징후가 나타나는 수분함량으로써 습도 높은 대기 중에 놓아두면 회복된다. pF3.9로서 세포 내 팽압이 어느 정도 소실되었으나 외관상 위조 증세는 없다. 식물이 시들지만 수분을 공급하면 회복되기 때문에 관수 시작점이라고 할 수 있다.
- **일시적 위조**: 초기 위조 시 외관상 위조증세를 보이나 급수를 하면 곧 회복 가능하다.
- **영구 위조(permanent w.p.)**: 함수량 저하로 식물이 완전히 시들어 회복이 불가하다. pF 4.2로서 물을 주지 않을 경우 수증기 포화 상태에서도 회복되지 않는다. 이는 통도조직에서 물기둥이 단절되기 때문에 모세관현상에 의한 수분 상승이 불가능하기 때문이다.

④ **생장저해수분점(depletion of moisture content for optimum growth)**

토양수의 모관연결이 차단되어 뿌리권으로 물 이동이 불가능하여 식물 생육이 불량하다. pF3.0이다.

⑤ **포장용수량(Field Capacity;수분당량)**

중력에 의하여 과잉수(중력수)가 제거된 상태로서 pF 2.7이다. 배수가 양호하고 균일한 구조의 토양에 충분한 수분이 공급되고 2~3일 후 토양수분이 거의 하강되어 하강운동 비율이 아주 적어졌을 때 토양 중에 유지되는 수분이다.

⑥ **최대 용수량**

토양공극을 채우고 있는 최대 수분량을 건조 중에 대한 백분율로 나타내며, 모든 공극이 물로 포화된 상태이다.

(6) 투수계수

투수계수는 토양 속에서 물이 흐르는 속도를 의미한다. 투수계수와 물의 침투량은 정비례 관계로서 투수계수가 클수록 물의 침투량이 증가하게 된다. 토양 입자의 지름의 제곱에 비례하며, 모래의 투수계수가 크고 점토의 투수계수는 작다(그림 23).

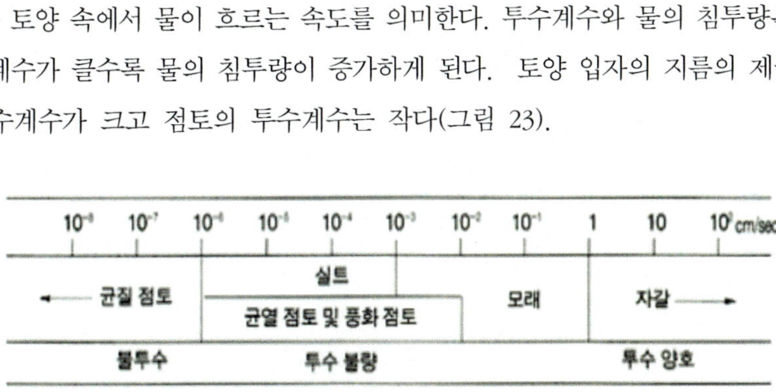

그림 23 토양 입자 크기에 따른 투수계수 범위

[4] 토양의 화학적 성질

토양 속에 포함된 유기탄소, 유기질, 인산, 전질소, 양이온(Ca, Mg, K, Na, 등), 양이온치환용량(CEC), pH, 염분 등을 말한다.

(1) 토양유기물과 유기탄소

토양탄소는 고체 또는 수용액 속에 유기물·무기물 형태로 토양에 저장되어 있는 탄소를 의미한다. 토양은 대기 중의 탄소 총량 (약 800 Gt)의 2.9배, 생물탄소 총량 (약 550 Gt)의 4.2배의 탄소를 저장하고 있다. 식물의 광합성작용으로 대기 중의 CO2를 흡수하여 토양유기물 형태로 토양에 저장되며, 토양 내 유기탄소는 질소, 인 등의 양분을 포함하고 있다.

토양은 대량의 탄소를 토양유기물의 형태로 저장하며, 저장하는 탄소의 양은 공기 중 이산화탄소의 2.3배, 그리고 지상 모든 식물이 저장한 양의 3.5배 수준에 이른다. 토양유기물(OM)은 양분공급원, 토양의 물리적 성질 개선, 비료성분 흡수 유지, 토양 완충작용(완충능 증대), 지온 상승 등의 효과와 더불어 중금속 이온에 의한 유해작용 억제, 인산 흡수력 감소, 미생물 활동 촉진 등의 역할을 한다. 특히 토양을 단립구조로 형성시키며 보수력과 공기 유통을 양호하게 한다.

토양유기물은 주로 탄소, 수소, 산소로 구성되어 있으며 일부 유기성 잔류물에 포함된 질소, 인, 황, 칼륨, 칼슘 및 마그네슘 등으로 구성되어 있다. 이들은 축적기간에 따라 몇분에서 며칠 정도의 단기간에 용해되었거나 몇 년동안 축적된 미립자 상태, 수십년 동안 축적된 부식(Humus), 수백년 이상 축적된 저항성 유기물(Resistant OM) 등의 형태로 존재하며, 대부분 오랜 기간 축적되어 죽어있는 상태이지만 일부 뿌리, 미생물 등 살아있는 물질이 10% 내외 포함된다.

토양유기탄소(SOC; Soil Organic Carbon)는 유기체가 분해된 후 토양에 남아있는 탄소로서 토양유기물 중 탄소성분만을 의미한다(그림 24). 토양 유기물에는 유기탄소가 약 58% 함유되어 있으며, SOC에서 탄소를 격리하는 것은 대기 중 이산화탄소를 감소시켜 기후 변화를 완화하는 유력한 수단이 된다. 농경지와 목축지의 매우 넓은 지역에서 SOC를 약간만 증가시키면 대기 중 이산화탄소를 크게 줄일 수 있게 된다.

(2) 필수원소

필수원소(essential elements)는 생물의 생장에 필요한 원소로서 탄소, 수소, 산소, 질소, 황, 인, 칼륨, 칼슘, 마그네슘, 철 등 총 17종류가 있다. 필수원소는 9개의 다량원소와 8개의 미량원소로 구성된다.

① 다량원소(macro(major) elements)

건조중량의 0.1%(1000ppm) 이상 함유된다. 이중에서 C, H, O 즉 탄소, 수소, 산소 등 3원소는 생육에 매우 중요하다. 이들 3요소는 물흡수, 광합성 등에 의해 공급된다. 또한 특히 질소, 인, 칼륨(N, P, K) 등 3원소는 토양 중에서 결핍되기 쉽기 때문에 인공적으로 공급하게 되는데 이를 비료의 3요소라고 한다. 그 외에도 황, 칼슘, 마그네슘(S, Ca, Mg) 등이 다량원소에 해당된다.

② 미량원소(micro(minor) elements)

건조중량의 0.1% 이하의 원소로서 Fe, Mn, B, Zn, Cu, Mo, Cl 등이다.

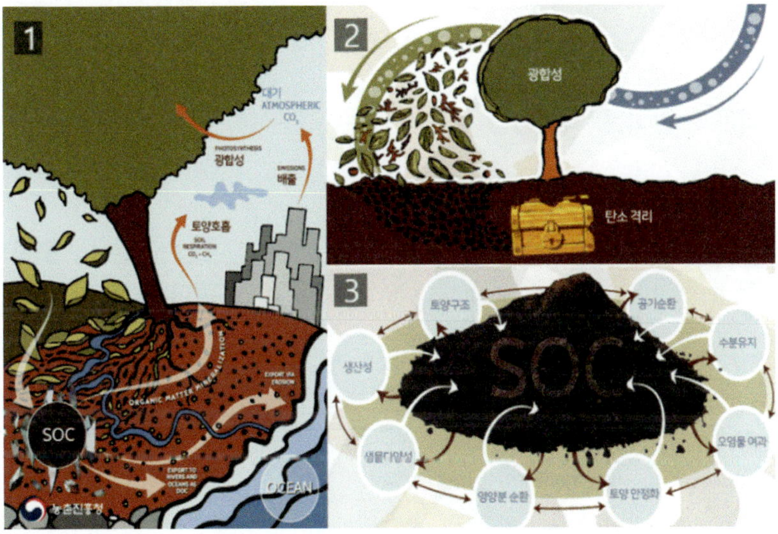

그림 24 토양유기탄소 개념
(자료: 농촌진흥청)
①탄소순환과 SOC, ②탄소저장고 토양, ③생물권과 SOC

■ 토양광물

토양을 구성하는 광물은 1차광물과 2차광물로 구분할 수 있다.

① 1차 광물(Primary minerals; 조암광물)

- 용암의 응결과정을 통하여 결정화된 이후 화학적으로 변화를 받지 않은 광물
- 6대 조암광물: 석영(quartz), 장석(feldsfar), 운모(micas), 휘석(pyroxenes), 각섬석(amphiboles), 감람석(olivines)
- 1차광물 풍화순서 : 감람석,휘석-〉각섬석-〉흑운모-〉장석-〉석영

② 2차 광물(secondary minerals)

- 1차 광물이 물리화학적 풍화작용을 통하여 다양한 형태의 새로운 광물들로 재결정되며 통상 점토광물(Clay mineral)이라 함
- 규산염 광물(silicate minerals), 금속산화물, 수산화물, 비결정형 광물(amorphous materials), 황산염/탄산염광물 등
- 토양의 화학적 특성을 지배
- 질석(Vermiculite), 불석(Zeolite), 진주암(Perlite), 화산회토(Allophane), 고령토(Kaolinite), 산성백토(Bentonite; Montmorillonite), Illite(수화운모), 녹점토(Smectite), 녹니석(Chlorite) 등

(3) 치환성 양이온과 양이온 치환용량

① 치환성 양이온(Exchangeable Cation)

토양 알갱이에 협착하여 있는 양이온으로서 토양 및 토양콜로이드 중에 있는 음이온(NO_3^-, SO_4^{--}, Cl^-)과 치환이 가능한 양이온을 말하며, 대표적으로 K^+, Ca^{++}, Mg^{++}, Na^+ 등이 있다. 치환성 염기라고도 한다(그림 25).

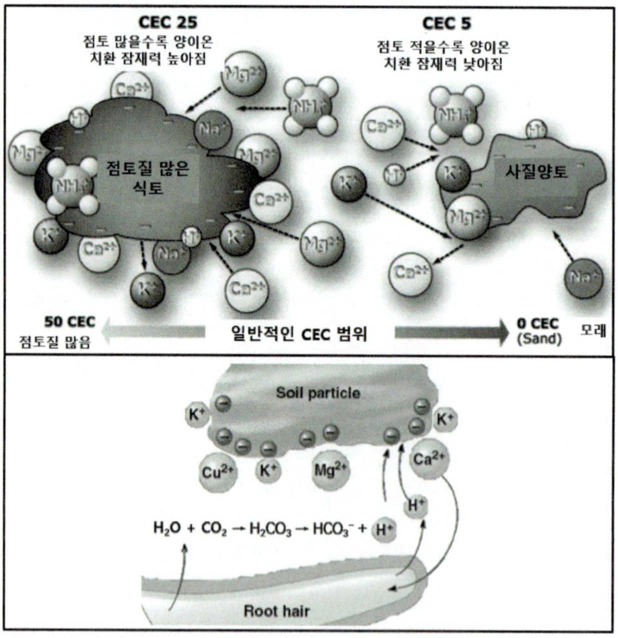

그림 25 치환성양이온과 양이온치환

■ 토양콜로이드(교질; 膠質)

토양 입자의 직경이 1ìm(0.001mm) 보다 작은(0.1 ~ 0.001μm) 상태로서 일반적으로 토양 내 있는 점토나 유기물은 대부분 크기가 이 범위 안에 있기 때문에 토양콜로이드라고 불린다. 우리나라 토양은 일반적으로 음전하를 띠고 있으나 콜로이드용액의 토양산도에 따라서 양전하를 띠기도 하며, 토양콜로이드(점토광물의 특성)에 따라 독특하게 나타난다. 토양콜로이드는 수분이나 이온을 다량 함유하며 물속에서 거의 가라앉지 않는다.

② 양이온 치환용량(CEC : Cation Exchange Capacity)

토양콜로이드가 양분을 흡착하는 용량을 말하며, 염기치환용량(Base Exchange Capacity:BEC)이라고도 한다. 토양콜로이드는 전기를 띠고 있으며 일반적으로 음전하를 띤다. 토양콜로이드 바깥쪽에 음전하에 대응하는 양이온을 흡착한다.

치환력은 H^{+} > Ca^{++} > Mg^{++} > K^{+} > Na^{+} 등의 순서이다.

단위는 토양 100g당 양분흡착량 밀리그램당량(me/100g)이며, 일반적으로 비옥한 토양일수록, pH가 높을수록 치환용량이 높게 나타난다.

CEC가 클수록 pH에 저항하는 완충능력이 크고 양분을 보유하는 보비력이 크므로 비옥한 토양이라고 할 수 있으며 작물을 안정적으로 재배 할 수 있다. 일반적으로 10~20me/100g 정도가 적합하다.

[참고] 치환성양이온 백분율 (ECP ; Exchangeable Cation Percent)

토양에서 양이온 치환용량에 대한 어느 특정 이온이 차지하는 비율을 의미한다.

$$ECP = \frac{\text{치환성양이온}\,(CmolKg-1\,soil)}{\text{양이온치환용량}\,(CmolKg-1soil)} \times 100$$

[참고] 염기포화도

CEC 중에서 치환성양이온(Ca+2 · Mg+2 · K+ · Na+ 등)이 차지하는 비율로서, 일반적으로 CEC 중 H+나 Al+3을 제외한 양이온의 비율을 말하기도 한다.

$$\text{염기포화도} = \frac{\text{치환성양이온}\,(H^{+}\text{와 }Al^{+3}\text{을 제외한 양이온})}{\text{양이온치환량}\,(CEC)} \times 100$$

(4) 토양산도

식물과 토양미생물은 물에 녹아 있는 양분을 흡수 이용하며 토양산도(pH)에 따라 영향을 받는다.

① 산성

토양 내 Ca^{++}, Na^{+}, K^{+}, Mg^{++} 등의 양이온이 식물에 흡수되거나 물에 녹아 유실되면 물

속의 수소이온이 토양입자와 결합되며, 수소이온은 점차 Al^- 이온과 치환되어 토양이 산성화되게 된다.

탄산석회, 소석회 등을 혼합하여 완충하게 된다.

② **알칼리성**

증발량이 강수량보다 많은 지역, 건조기후대, 간척지, 임해매립지, 석회암지대 등에 발달한다.

③ **완충능**

토양에 산, 알칼리 등이 첨가되었을 때 pH의 변화를 억제하는 성질, 즉, pH의 변화에 대항하려는 성질을 말하며, 토양교질(점토광물, 부식 등 양분의 저장, 공급원)이 많을수록 완충작용이 크다.

④ **토양산도와 식물**

일반적으로 식물은 약알칼리~중성에서 생육이 양호하며, 자연적중성치인 pH5.6이상이면 식물생육에 지장이 없다.

■ 자연적 중성치

특별히 오염되지 않은 자연상태 대기 중에서는 이산화탄소(CO_2)가 수증기와 화학평형을 이루고 있으며, 이때 빗물과 이산화탄소가 반응하여 pH5.6이 된다. 이렇게 자연상태에서 나타나는 빗물의 산도인 pH 5.6을 자연적 중성치라고 하는데 이보다 pH값이 낮은 빗물을 산성비라고 한다.

6. 기타 성질

[1] 염분 : 생리적 건조

염분이 식물에 부착될 때 염분결정체에 의해 기공이 차단되어 호흡에 영향을 끼치며, 부착 염분 용액이 체내에 침투하여 탈수현상에 의한 건조현상이 나타난다. 이와같이 염분에 의한 건조현상을 생리적 건조라고 한다.

이때 잎표면 등에 부착된 염분농도에 의한 삼투압 현상으로 식물체 내 수분이 배출되어 원형질 분리(plasmolysis) 현상이 발생한다. 원형질 분리란 반투성을 가진 원형질막을 세포벽에서 분리시켜내는 일을 말한다. 식물세포를 그 세포액보다 삼투압이 높은 고장액 속에 담가 두면 삼투압 현상으로 인해 세포 내부의 수분이 밖으로 빠져나오면서 세포벽에 붙어 있던 원형질이 수축하면서 원형질막이 벽에서 떨어지게 된다(그림 26).

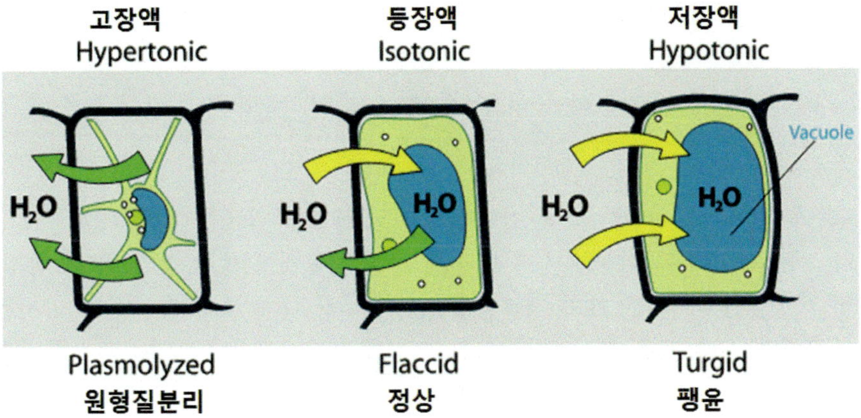

그림 26 식물세포에서의 원형질분리 현상
(자료: https://upload.wikimedia.org/)

원형질막은 죽은 세포에서는 볼 수 없기 때문에 원형질 분리는 식물 세포의 생사를 판단하는 기준이 되기도 한다. 한편, 동물 세포에는 세포벽이 없기 때문에 원형질 분리 현상이 일어나지 않는다.

■ 내염성과 식물

식물이 염분에 견디는 정도를 내염성(salt tolerance;salt resistance)이라 하며, 해안지대 자생식물은 일반적으로 내염성이 강한 수종으로서 해안지대는 내염성 수목으로 방풍/방조림 조성 후 일반 수목을 식재하게 된다.

- 식물의 염분 한계 : 수목 0.05%, 잔디 0.1%
- 내염성이 강한 식물 : 비자, 해송, 노간주, 눈향, 태산목, 아왜, 해당화, 사철, 동백, 회양목, 위성류, 유카, 잔디, 버뮤다그래스

[2] 산불

산불에 의한 생태계 피해는 매우 광범위하고 극단적이며 파괴적이다. 피해 지역 내 모든 생명체를 죽음에 이르게 하거나 생육에 결정적으로 불리한 영향을 끼치는 등 생태계 전반에 교란을 야기한다. 이러한 피해의 범위는 사람과 생물다양성으로 소중한 고유종, 희귀종, 멸종위기종 등 모든 생명체와 그 서식환경을 포함한다.

산불로 인한 피해를 받은 경우 생태적 형성과정에 의한 자연회복을 유도하는 것이 최선이나 단기적으로는 장마나 폭우에 의한 산사태와 수해 등의 재해에 노출되어 있고 외래종 등 생존력이 강한 종의 침입 경로가 될 수 있다는 점에서 인공적인 복구가 필요하다. 그러므로 산불피해에 대한 대책은 생태적 측면과 재해 등의 요인을 복합적으로 고려하는 것이 중요하다.

한편, 자연적인 화재는 이상 요인이 아니고 정상적인 기후 현상의 일부분으로 이해될 수 있으며, 때로는 산림의 관리수단으로 이용이 가능하다.
화재의 강도 및 피해 정도에 따라 다음과 같이 구분될 수 있다.

① 수관화재

수관화재(crown fire)는 가장 심한 수준의 산불로서 피해지역 내 식생을 대부분 파괴한다. 목본이 밀집된 식생에서 수관 밑에 가연성 물질이 많이 쌓일 때 잘 발생한다. 대부분의 생물을 제한함으로써 생물군집은 처음부터 다시 출발해야 하며 일정한 생산력을 가지려면 오랜 시간이 걸리게 된다.

② 지표화재

지표화재는 지상부만 제한적으로 피해를 끼친다. 지상에 쌓인 낙엽이나 초본식물을 신속히 태우며, 관목의 줄기를 죽이거나 교목의 밑둥 그을림 정도의 피해를 주며, 땅속 피해는 거의 없다. 선택효과가 있으며 특정 생물을 더욱 제한하고, 화재에 대해 높은 내성을 가진 식물로 대체되는 등 생태계의 자연적 변화를 유도하는 효과가 있다. 특히 질소고정능력이 있는 비료목들은 화재 후에 더 무성해지는 경향이 있다.
가벼운 지표화재는 박테리아가 식물체를 분해하고 새로운 식물의 생장에 이용할 수 있도록 무기영양소를 만드는 것을 도우며, 타기 쉬운 낙엽을 최소한으로 유지하게 함으로써 수관화재의 위험성을 감소시킨다.

③ 지면화재

지면화재(ground fire)는 지중화재로 부르기도 하는데 낙엽이 두텁게 쌓인 곳에서 발생하며, 불꽃이 일지 않으며 오랫동안 천천히 타며, 뜨거우므로 주변식물이 모두 죽게 된다.

2장

에너지흐름과 물질순환

1절 영양단계와 먹이연쇄

1. 영양단계와 생태계 피라밋

[1] 영양과 영양단계

생물은 상호작용에 따라 먹고 먹히는 먹이사슬(먹이연쇄, food chain)이 서로 연결되어 먹이그물(food web)을 형성한다. 먹이사슬의 각 단계를 영양단계(trophic level)라고 한다. 즉, 영양단계는 생태계 내 물질 순환 및 에너지 이동과 관련된 각각의 먹이연쇄 단계를 말한다.
각 생물이 먹이사슬에서 차지하는 위치 즉, 생산자(producer), 소비자(consumer)와 분해자(decomposer) 등을 영양단계라고 한다.
생산자는 광합성 작용을 통해 스스로 영양물질을 생성하므로 독립영양생물(autotrophs, autotrophic organism)이라 하고, 소비자와 분해자는 스스로 생성하지 못하고 다른 개체를 섭취하므로 종속영양생물(heterotrophs, heterotrophic organism)이라고 한다. 이는 종으로서의 분류가 아니라 생태적 기능에 의한 분류로서 어느 특정 종의 개체군은 현실적으로 동화된 에너지원에 의해 하나 또는 둘 이상의 영양단계를 점유하기도 한다(그림 27).

영양단계를 따라 먹이연쇄가 형성되며, 물질순환, 에너지 흐름 등이 발생한다. 생체량 또는 물질은 서식처에서 각 유기체들을 구성하는 유기물량으로서 먹이연쇄과정에서 에너지와 물질은 상위단계로 이동하지만, 물질이 순환하는 반면 에너지는 순환하지 못하고 단지 이동하게 된다. 이렇게 에너지가 상위단계로 이동되는 과정에서 상당부분 손실된다. 이때 하나의 영양단계를 통하는 에너지 흐름은 그 영양단계의 총 동화량과 같다. 즉, 전 생체량의 생산과 호흡의 합과 같게 된다(그림 28).

- 1차 영양단계(생산자): 녹색식물
- 2차 영양단계(1차소비자): 초식동물
- 3차 영양단계(2차 소비자): 초식동물을 먹는 육식동물
- 4차 영양단계(3차 이상 소비자): 최상위 포식자.

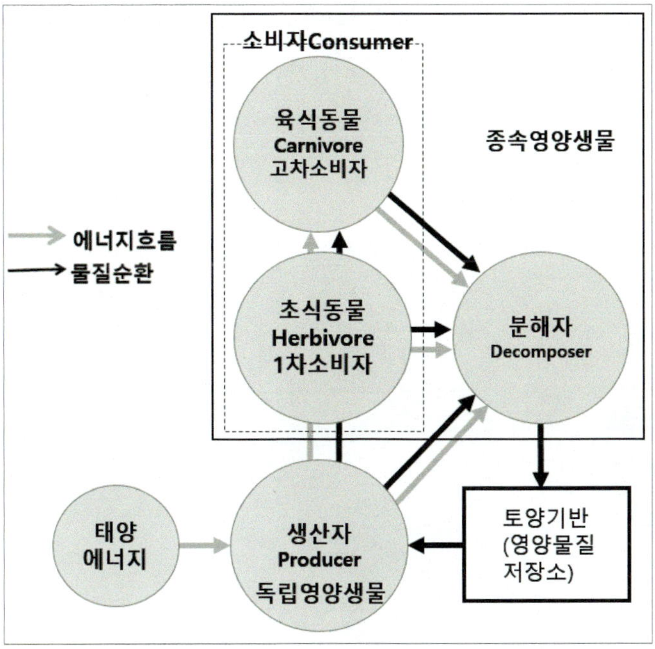

그림 27 영양단계에 따른 물질순환과 에너지흐름

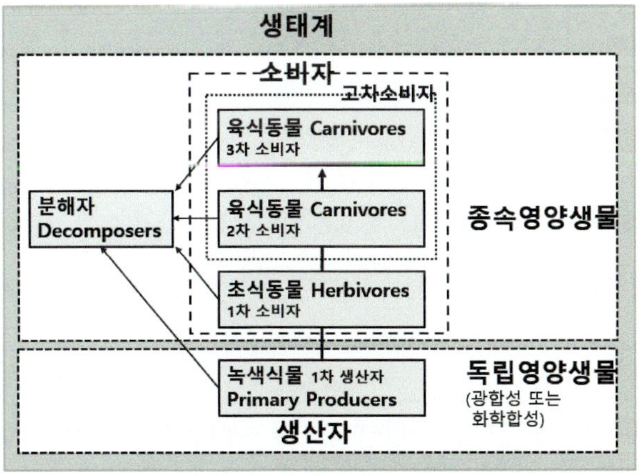

그림 28 생태계 영양단계

[2] 독립영양생물

빛 또는 화학에너지를 이용하여 대기나 물에 녹아 있는 CO_2 등의 무기물을 이용하여 유기물을 생성하는 생산기능을 하는 생물을 말하며, 생산자가 이에 속한다. 생산자는 광합성 등 탄소동화작용을 통해 에너지를 동화시켜 영양물질을 생산하는 기능을 담당하는 영양단계로서, 간단한 무기물을 이용하여 탄수화물, 지방, 단백질 등과 같은 복잡한 유기물을 만드는 생물을 말하며, 에너지전환자이며 영양소 제조공장이다.

생산기능은 주로 녹색식물이나 광합성박테리아 등에 의한 광합성 또는 화학합성 등의 작용에 의해 에너지를 고정하고 무기물을 물질(유기물)로 변환하는 기능을 하며, 독립영양생물은 에너지 전환자이면서 영양물질 생산기능을 하는 제조공장이다(그림 29). 이 책에서는 녹색식물에 의한 광합성을 중심으로 설명하고자 한다.

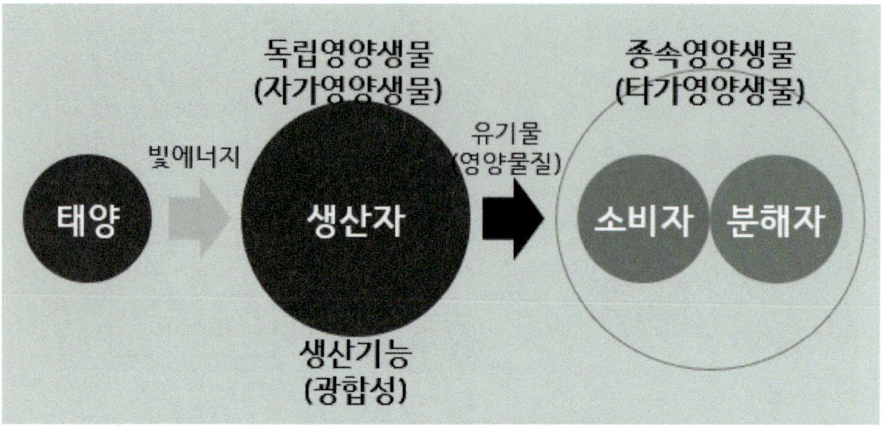

그림 29 독립영양생물과 종속영양생물

광합성 원리에 대한 자세한 설명은 '제2절 광합성과 생산량'에서 설명한다.

[3] 종속영양생물

종속영양생물은 태양에너지를 스스로 활용하지 못하고 독립영양생물에 의존하여 독립영양생물에 들어 있는 에너지를 간접적으로 이용하는 생물로서 소비자와 분해자가 이에 속한다.

(1) 소비자

소비자는 분해자와 함께 생산기능이 없어 무기물로부터 직접 유기물 즉 영양물질을 생산하지 못하고 생산자 또는 하위소비자 등 다른 개체를 포식하여 유기물을 섭취하고 활동에너지로 사용하는 생물로서, 호흡을 통해 CO_2를 방출한다. 즉, 생존, 성장, 번식 등을 위하여 필요한 에너지를 생산자가 만들어낸 유기물을 섭취해서 주된 영양원으로 생활하는 생물체를 말한다.
소비자는 생산자인 식물에서 직접 영양분을 섭취하는 1차소비자(초식동물, herbivores)와 하위소비자를 포식하여 영양분을 섭취하는 2차 이상의 고차소비자(육식동물, carnivores)로 각각 구분한다.

① 1차 소비자(초식동물:herbivores) = 2차 영양단계

식물에서 영양분을 섭취하는 초식동물이 이에 해당된다.

(생산자 = 1차 영양단계)

② 고차 소비자(육식동물:carnivores) = 3차 영양단계

1차소비자에서 영양분을 섭취하는 육식동물이 이에 해당되며, 생태계 내 먹이연쇄 등의 특성에 따라 2차 소비자, 3차 소비자 등으로 구분된다.

이때, 생산자, 1차 소비자, 2차 소비자 모두에게서 에너지원을 얻는 생물체를 잡식동물(omnivores)이라고 한다.

(2) 분해자

분해자는 생산기능이 없다는 점에서 소비자와 함께 종속영양생물에 해당되며, 생물체의 파편, 시체, 배설물 등의 잔해물을 자신의 에너지원으로 하는 생물로서, 효소를 분비하여 죽은 식물체와 동물체를 무기물로 분해하여 생태계로 환원하며 그 과정에서 영양을 흡수한다. 균류나 박테리아가 이에 해당된다.

[4] 생태계 피라밋

영양단계를 삼각형의 피라밋 형태로 나타내어 아래에서부터 생산자-1차 소비자-2차 소비자 등으로 표현한 것을 생태계 피라밋(ecological pyramid ; 영양구조)이라고 한다(그림 30).

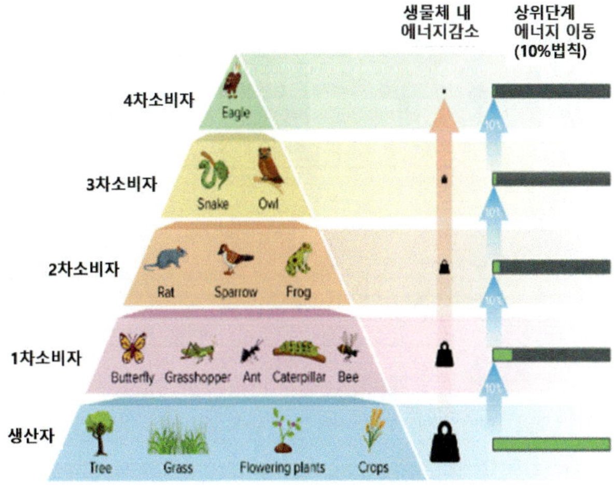

그림 30 생태계피라밋
(자료 : https://www.ck12.org/flexi/biology/trophic-level/how-does-energy-flow-occur-in-an-ecosystem/을 저자 수정)

생태계 피라밋은 생태계 내 영양단계를 간단한 구조로 나타내어 알기 쉽게 표현하여 이해하기 쉬운 장점이 있는 반면, 복잡한 먹이연쇄 과정을 모두 담지 못한다는 어려움이 있다.

그 외에도 다음 표 6과 같은 특징이 있다.

표 6 생태계 피라밋의 특징

구분	특 징
정의 및 개념	• 생태계의 영양단계를 개체수 또는 현존량 등을 기준으로 • 아래에서부터 위로 쌓아 올려 피라미드 형으로 도식화하여 나타낸 것 • 생태적 요소 간의 수량적 관계 표현
장단점	• 장점 ① 생물군집 구성요소 간 양적 관계 도식화 가능 ② 개략적 효율 식별 가능 • 단점 ① 먹이그물 표현 어려움 ② 다차원적 지위 분화 반영 어려움

생태계 피라밋에는 개체수 피라밋, 생체량(생물량) 피라밋, 에너지 피라밋 등이 있다(그림 31).

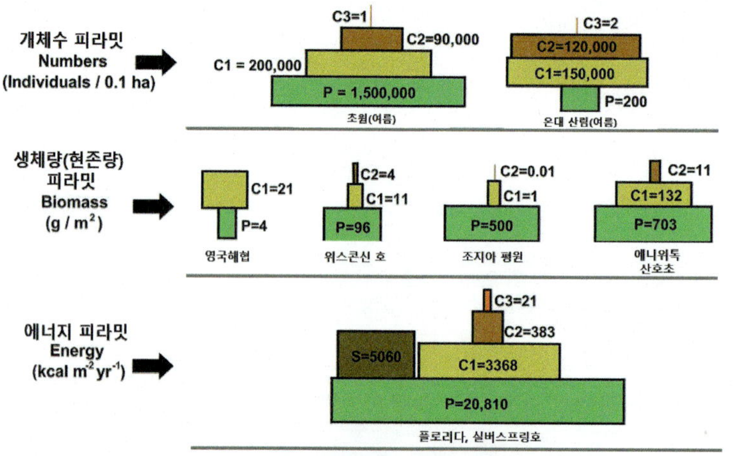

그림 31 생태계피라밋 유형

(자료 : http://en.wikipedia.org / wiki / Food_web을 저자 수정)

① 개체수 피라밋(pyramid of numbers)

각 영양단계별 생물의 개체수로 나타내는 가장 기본적인 피라밋으로서 가장 아래 단계인 생산자의 개체수가 가장 많고 상위 단계로 올라갈수록 개체수가 작아지는 일반적인 피라밋 구조를 나타낸다. 다만, 큰 수목에 살고 있는 벌레와 같이 생산자 크기가 크고 반면에 1차소비자 크기가 작고 많은 경우에는 상위단계인 1차소비자보다 하위 단계인 생산자 개체수가 더 적은 역위현상이 발생한다.

② 생체량(생물량) 피라밋(pyramid of biomass)

개체수 대신 생체량(건조중량)을 이용하여 역위현상을 해결한 피라밋이다. 총중량 등 생물의 총량에 기초를 두어 역위현상이 발생하지 않으나 극단적인 경우에는 역위현상이 나타나기도 한다. 현존량 피라밋이라고도 한다.

③ 에너지 피라밋(pyramid of energy)

각 영양단계의 에너지 유통량이나 생산력을 나타낸다. 각 영양단계의 생체량을 에너지로 환산하여 cal 단위로 표현하여 역위현상을 해소하였다.

에너지 피라밋은 한 영양단계에서 다음 영양단계까지의 에너지 흐름을 나타내고 그 전달 과정에서 일어나는 에너지 손실을 보여준다. 이때 형성되는 계단형 피라미드는 '에너지가 전달되는 과정에서 손실된다'는 열역학 제 2법칙에 의해 설명 가능하며, 한 영양단계에서 상위 영양단계로 전달되는 과정에서 약 10%(5~20%) 효율로 전달된다. 이를 10% 법칙이라고 한다. 이때 자연생태계에서 각 영양단계를 통한 에너지 효율 감소로 인해 생태계의 영양단계 수가 4~5단계 이내로 제한되는 경우가 많다(그림 32).

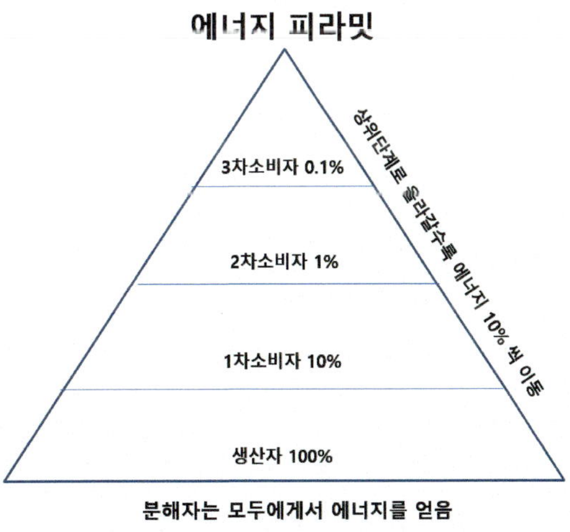

그림 32 에너지흐름(10%법칙)

2. 먹이연쇄와 생물학적 농축현상

[1] 먹이연쇄와 먹이그물

생산자가 동화작용을 통해 유기물로 고정한 에너지와 물질은 먹는 자(predator)와 먹히는 자(prey)의 관계를 통해 이동하며 이러한 관계를 먹이연쇄(food chain)라 한다. 먹이연쇄는 독립

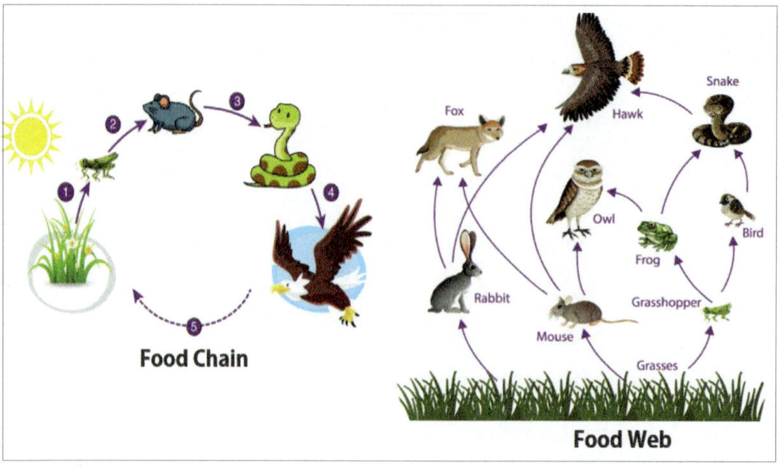

그림 33 Food Chain(왼쪽)과 Food Web (오른쪽)
(자료: https://byjus.com/biology/overview-of-food-chain/)

되어 있지 않고 서로 복잡하게 관련되어 생태계 전체는 한 복합체로 구성된다. 먹이연쇄가 그물망처럼 복잡하게 얽혀있는 것을 먹이그물(food web)이라고 한다(그림 33).

위와 같은 생태계의 기본 구성 요소 중 어느 한 고리가 단절되거나 기능을 상실하면 생태계의 평형을 잃고 교란이 일어나며 다른 요소에 영향을 끼치게 된다.

[2] 생물학적 농축현상

생물이 어떤 물질을 섭취한 후 쉽게 분해되거나 배출하지 않아서 체내에 오래 남으면, 먹이사슬의 영양단계에 따라 상위계층의 생물로 이동 집적되어 고농도로 응축된다. 이와같이 유기물을 비롯한 중금속 등이 물이나 먹이를 통하여 생물체 내로 유입된 후 분해되지 않고 잔류되어 먹이사슬을 통해 전달되면서 농도가 점점 높아지는 현상을 생물학적 농축현상(concentration)이라 한다(그림 34).

생물학적 농축에서 가장 큰 영향을 미치는 두 가지 물질이 중금속과 방향족 화학물질이다. 이 두 가지 물질은 자연 상태에서 잘 분해되지 않는다는 특징을 가지고 있으며 또한 몸에 한 번 들어오면 바깥으로 잘 빠져나가지 않는다.

대표적인 중금속으로는 수은과 카드뮴, 납, PCB,

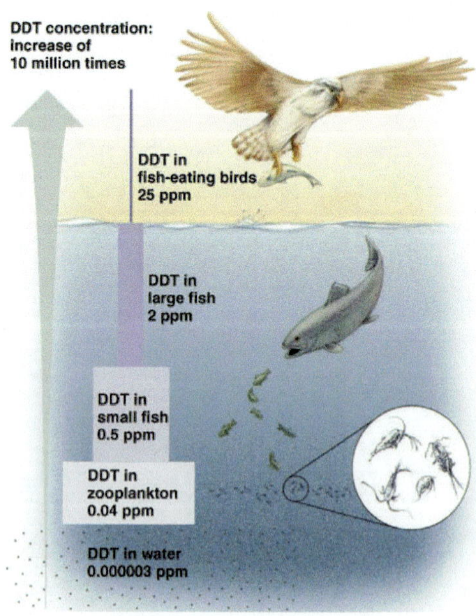

그림 34 DDT의 농축
(자료:Pearson Education)

DDT, 다이옥신 등이 있는데, 특히 수은의 생물농축으로 일어난 미나마타병, 카드뮴의 생물농축으로 일어난 이타이이타이병 같은 사건이 유명하다. DDT, 다이옥신 등 방향족 화학물질은 몸 속의 지방에 녹아서 축적되기 때문에 몸 밖으로 잘 배출되지 않는다.

■ 레이첼 카슨의 [침묵의 봄(Silent Spring)]

DDT 등 잔류성 살충제가 분해되지 않고 먹이연쇄에 따라 상위 영양단계에 점차 농축되어 마침내 봄이 왔어도 새가 울지 않는다는 우화적인 이야기를 통해 생물학적 농축 현상에 의한 생태환경 문제를 경고하고 있다.

[3] 에너지 흐름

모든 생물은 성장과 생식을 위해 일정한 에너지를 필요로 하며, 에너지는 태양으로부터 얻는다. 태양은 주요 구성물질인 수소(H_2)가 헬륨(He)으로 전환되는 과정에서 막대한 에너지를 방출한다. 태양에너지는 생산자인 육상식물 등의 광합성 작용을 위한 에너지 공급원이 된다. 일반적으로 지구상에 도달하는 에너지의 1% 미만이 광합성에 의해 고정되는 것으로 알려져 있다.

태양에너지는 자외선 10%, 가시광선 45%, 적외선 45%로 구성된다. 이 중에서 녹색식물은 주로 가시광선과 자외선을 이용하여 광합성을 하며, 특히 청색광, 적색광을 주로 흡수하고 녹색은 대부분 반사되어 적은 양만 흡수한다. 적외선은 거의 흡수되지 않고 열선으로서 반사되거나 증발되어 기온조절 기능을 한다. 녹색광과 적외선에 가까운 빛은 식생에 의해 반사되기 때문에 원격탐사에 이용된다.

생태계 내 물질이 순환하는 것과는 달리 에너지는 물질과 함께 이동하는 과정에서 순환하지 않고 한 방향으로 이동하는 특성이 있다. 녹색식물에 의해 생산된 화학에너지가 영양단계에 따라 흐르며, 이 과정에서 엔트로피의 법칙이 적용된다.

- 광합성으로 유기물에 저장된 에너지의 일부는 녹색식물의 생장과 유지를 위한 호흡으로 열로 소실
- 초식동물의 생식과 활동으로 대부분 소멸되고 일부만 저장
- 고사한 식물체나 초식동물이 소화할 수 없는 배설물의 에너지는 분해자가 이용
- 2차소비자는 세포와 조직생산, 생식 등의 활동으로 많은 에너지 소비
- 흩어진 에너지는 낭비과정이 아니며, 생물권 온도 유지와 물 순환을 유도하며 기후계에 에너지 제공

■ 생태효율

에너지가 먹이연쇄 과정을 따라 한 영양단계에서 다른 영양단계로 전이되는데 쓰이는 에너지

의 백분율 즉 에너지 유입에 대한 유출의 비율을 생태효율이라고 한다.

생태효율은 그 생물에 옮겨진 에너지량과 전 단계 생물이 지닌 에너지 량의 비를 백분율로 나타낸다. 실제 먹이연쇄 과정에서 에너지 획득은 적게 하지만 에너지 이용률은 영양단계가 높을수록 높아지는 경향이 있다(그림 35).

생태효율은 종의 종류, 생태계 유형 및 특징에 따라 5~20%에 불과하며 대체로 10% 내외로서 이를 10% 법칙(ten percent rule)이라고 한다.

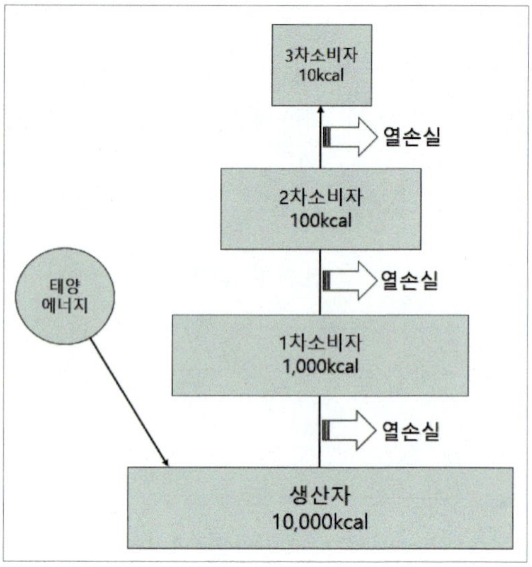

그림 35 영양단계별 에너지 흐름

2절 광합성과 생산량

1. 광합성과 호흡

[1] 광합성

광합성(photosythesis)은 생태계의 기능 유지를 위해 필수적인 기능이며, 태양에너지를 화학에너지 전환하여 영양물질을 생산하는 작용이다. 일반적으로 광합성은 이산화탄소(CO_2)를 탄수화물로 환원(고정)하는 과정으로서 그 과정에서 산소(O_2)를 방출하게 되며, 녹색식물에 의한 광합성은 다음과 같이 설명할 수 있다.

물, CO_2, 태양에너지 + 물 → 탄수화물, O_2

이를 구체적인 화학식으로 나타내면 다음 식과 같이 구성된다.

$$6CO_2 + \text{빛(태양에너지)} + 12H_2O \rightarrow \text{탄수화물}(C_6H_{12}O_6) + 6O_2 + 6H_2O$$

생산자는 태양에너지를 직접 이용하여 광합성 작용에 의해 고정 유기물(포도당)로 전환하게 된다(그림 36). 광합성을 하는 생산자는 대부분 녹색식물이며, 조류(藻類), 자색(紫色)박테리아 등도 이에 속한다.

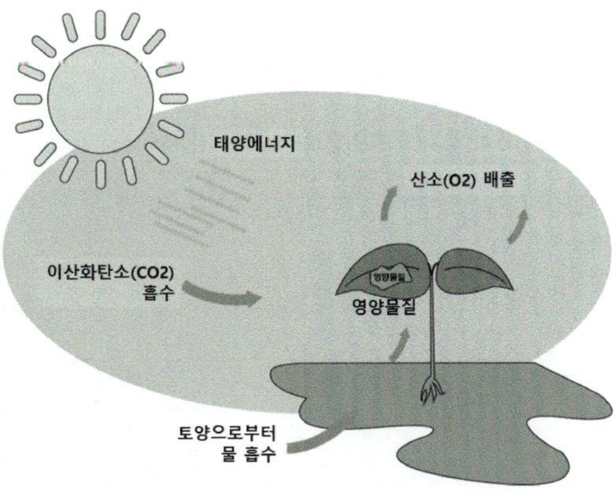

그림 36 광합성 작용

식물은 주로 녹색의 색소인 엽록소로 빛을 흡수하여 광합성을 진행한다. 카로티노이드(carotenoid)와 같은 보조 색소들은 엽록소가 흡수하지 못하는 파장의 빛을 흡수하여 엽록소의 기능을 보조하거나 과도한 빛으로부터 엽록소를 보호한다.

광합성은 태양에너지가 특정 분자들의 결합에 의해 포도당의 생성에 이용되는 과정으로서, 반응물은 CO_2와 H_2O이며, 생성물은 포도당($C_6H_{12}O_6$, 글루코스), H_2O, O_2 등이다. 포도당을 포함한 6탄당(Hexose sugar)과 전분이 만들어지는데 주로 포도당이 생성된다. 탄수화물은 셀룰로스, 지질(lipid), 아미노산의 전구물질로 사용되기도 하고 세포호흡(cellular respiration)의 연료로도 사용된다. 식물에 저장된 에너지는 먹이사슬을 통하여 상위 영양단계로 이동한다.

■ 화학합성

대부분의 탄소동화작용이 광합성에 의해 이루어지지만 특별한 경우 화학합성이 발생한다. 화학합성은 무기화합물을 산화하여 얻어지는 에너지 이용하여 이산화탄소 동화작용을 하는 기능으로서 화학합성박테리아에 의해 이루어진다. 이러한 화학합성은 영양물질의 순환에 매우 중요한 역할을 하게 되는데, 무기화합물을 산화하여 얻어지는 에너지 이용하여 이산화탄소를 동화한다.

[2] 호흡

호흡작용(respiration)은 탄수화물, 지질, 단백질 등의 유기분자가 분해되어 에너지를 생성하는 과정을 의미하며, 광합성과는 반대로 산소를 소비하고 이산화탄소를 배출한다(표 7; 그림 37). 호흡은 살아 있는 식물의 세포 조직의 주요 활동 과정으로서 영양물질과 수분을 분해해서 에너지로 삼는다. 호흡작용은 주위 환경에서 저장된 물질과 산소를 이용해서 이산화탄소를 배출하는 복잡한 과정으로 생명을 유지시키는데 필수적이다.

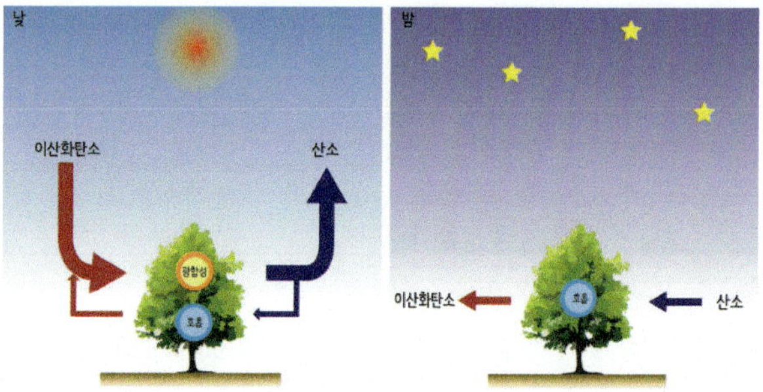

그림 37 광합성과 호흡

표 7 광합성과 호흡의 비교

	광 합 성	호 흡
일어나는 장소	녹색식물의 엽록체	살아있는 세포 속
일어나는 시간	햇빛이 비치는 낮(밤)	밤낮 언제나
공기의 출입	CO_2 흡수, O_2 방출	O_2 흡수, CO_2 방출
물질의 변화	무기물 ⇒ 유기물	유기물 ⇒ 무기물
에너지의 출입	에너지 저장	에너지 방출

■ 산소호흡과 무산소호흡

- 산소호흡(호기성 호흡 aerobic respiration): 산소를 산화제로 이용하여 유기물을 분해하여 에너지를 얻는다. 즉, 유기분자가 산소와 결합하여 분해되며 이 과정에서 이산화탄소와 물이 배출된다.
  $C_6H_{12}O_6 + 6O_2 + 6H_2O \rightarrow 6CO_2 + 12H_2O$

- 무산소호흡(혐기성 호흡 anaerobic respiration): 주로 미생물 등 무기영양생물에서 나타나며, 산소가 없는 상태에서 유기물을 산화시켜 이산화탄소와 알콜을 배출한다. 효모와 유산균과 같이 산소가 없는 상태에서 유기물을 분해하여 에너지를 얻는 발효나 부패 등이 무산소호흡의 한 종류이다.

2. 명반응과 암반응

[1] 명반응 암반응

광합성이 진행되기 위해서는 햇빛을 필요로 하지만, 이를 다시 세분하면 빛을 필요로 하는 명반응(Light Reactions)과 빛과 무관한 암반응(Dark Reaction)으로 나눌 수 있다(그림 38).

명반응은 에너지를 전환하는 과정으로서 햇빛이 반드시 필요하며 광반응, 광의존적 반응, 광인산화반응 등으로 불린다. 암반응은 캘빈회로(Calvin Cycle)로 대표되는데 포도당 합성과정으로서 햇빛과 무관하게 진행되며 광비의존적 반응으로 불린다(표 8). 암반응은 빛과 무관하게 진행되므로 밤에도 진행될 수 있으나 암반응이 일어나려면 명반응의 산물인 ATP와 NADPH가 필요하므로 암반응도 대부분 낮 동안 진행된다.

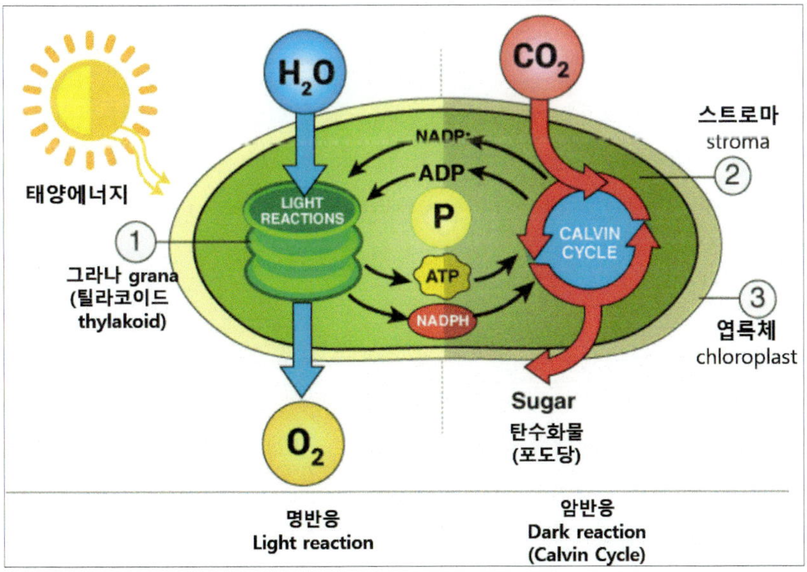

그림 38 광합성 명반응과 암반응 기본 구조

(자료: https://byjus.com/biology/light-reaction-vs-dark-reaction/를 저자 수정)

표 8 광합성 명반응과 암반응

구 분	명반응 light dependent reaction	암반응 light nondependent reaction
빛	• 빛에너지를 이용 • 광화학반응 • 광의존적 반응 • 광인산화반응 • 에너지전환	• 빛과는 독립적으로 일어나는 반응 • 광비의존적 반응 • 틸라코이드막에서 일어남 • ATP, $NADPH_2$가 생성 • 빛에너지가 화학에너지로 전환 • 물의 광분해로 산소 방출
발생장소	그라나	스트로마
특 징	물과 빛을 이용해서 에너지와 $NADPH_2$라는 물질을 만들어 내는 반응. 산소 발생 • 열화학반응 • 캘빈-벤슨회로 • 탄소고정	명반응에서 만들어진 ATP와 $NADPH_2$를 이용해서 포도당(탄수화물)을 만들어내는 반응. 이산화탄소 흡수 • 광의존적 반응에서 형성된 화학에너지(ATP, $NADPH_2$)가 탄소고정에 사용 • 탄소고정과 환원으로 포도당 생성 • 무기물인 이산화탄소가 유기물로 전환

[2] 명반응

명반응은 광인산화반응(광반응, 광의존적반응)으로도 불리는데, 엽록체의 그라나를 구성하는 틸라코이드에서 일어나는 반응으로서 빛 에너지에 의해 진행된다.

빛을 이용하여 물을 광분해하여 $NADPH_2$를 생성하고 산소를 발생한다. 또한 광인산화 반응을 통해 ATP를 생성한다. 이렇게 생성된 ATP와 $NADPH_2$는 뒤에 설명하는 암반응에 필요한 중간 물질이다.

이를 간단히 요약하면 다음과 같다.

$$12H_2O + 12NADP + 18ADP + 18pi + 빛E \rightarrow 6O_2 + 12NADPH_2 + 18ATP$$

■ 명반응과 광인산화 반응

명반응은 그라나를 이루는 틸라코이드의 엽록소에 의해 흡수된 빛 에너지가 화학에너지로 전환되는 과정이라고 요약할 수 있다. 명반응은 제2광계(최대흡수파장 680nm)와 제1광계(최대흡수파장 700nm)으로 이루어져 있다.

빛에너지를 이용해 ADP(아데노신 2인산)와 무기인산(Pi)으로부터 ATP(아데노신 3인산)를 생성하는 반응으로서 순환적 광인산화 반응과 비순환적 광인산화 반응이 있다. 순환적 광인산화 반응에서는 ATP가 생성되고 비순환적 광인산화 반응에서는 ATP와 NADPH가 모두 생성된다.

■ 물의 광분해 / 힐반응

물(H_2O)이 빛에너지를 받아 수소이온과 수산화이온으로 분해되는 과정으로서 일종의 광합성 준비단계이다. 발견자 힐의 업적을 따 '힐반응'이라고도 한다.

물이 분해되면서 수산화이온은 전자를 잃고 OH^-가 되는데 2분자의 OH^-가 결합해 산소(O_2)를 배출한다. 물이 분해되어 나온 수소이온은 수소 수용체인 $NADP^+$에 결합되어 $NADPH_2$가 된다. $NADPH_2$는 광합성의 또 다른 과정인 암반응에서 수소공급원으로서 중요한 기능을 하며 암반응을 거쳐 수소를 돌려주고 NADP가 되어 명반응으로 다시 돌아오게 된다.

[3] 암반응

암반응은 포도당을 합성하는 과정으로서 엽록체 내부 스트로마에서 반응이 일어나며, 빛과는 독립적으로 일어나는 반응이므로 광비의존성 반응이라고 부른다.

기공을 통해 흡수한 이산화탄소와 앞에서 설명한 명반응에서 만들어진 NADPH와 ATP를 이용하여 포도당을 합성한다.

$$6CO_2 + 12NADPH + 18ATP$$
$$\rightarrow \text{포도당}(C_6H_{12}O_6) + 12NADP^+ + 18ADP(+18PO_4^-)$$

■ 캘빈회로(Kelvin cycle)

암반응 과정을 밝힌 사람인 멜빈 캘빈의 이름을 따서 캘빈회로(Kelvin cycle)라고 하며, 공동연구자인 벤슨(Benson)의 이름을 함께 캘빈-벤슨회로(Kelvin-Benson cycle), PCR cycle(photosynthetic carbon reduction cycle) 또는 C3 Pathway라고도 부른다(그림 39).

캘빈회로는 크게 이산화탄소 고정(fixation), 탄소환원(reduction), RuBP 재생(regeneration) 등의 과정으로 세분할 수 있다(그림 39).

- 이산화탄소 고정은 루비스코라는 효소가 관여하여 PGA를 생산
- 탄소환원은 ATP, NADPH2를 이용하여 PGAL 생성
- RuBP 재생은 RuBP를 재생하며 RuBP는 다시 이산화탄소 고정에 사용

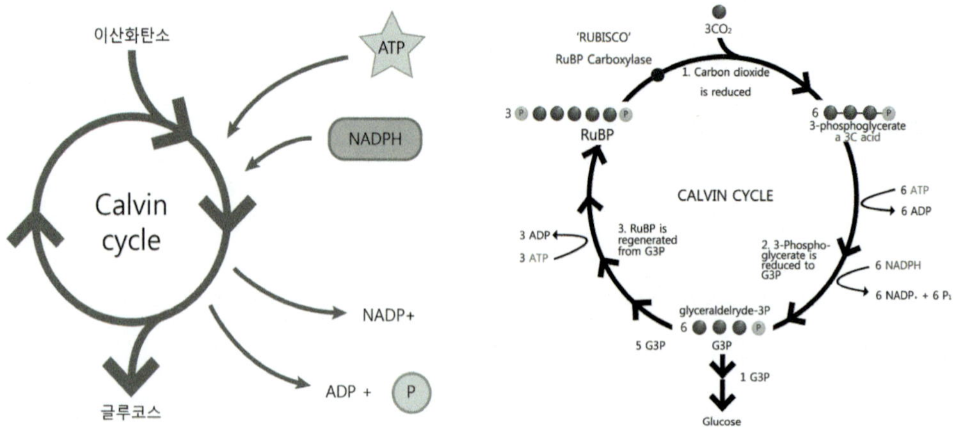

그림 39 캘빈회로. (왼쪽)캘빈회로 개념, (오른쪽)캘빈회로 구조
http://legacy.hopkinsville.kctcs.edu/에서 수정

■ 블랙만 실험 / 벤슨 실험

① 블랙만(Frederick Frost Blackman)의 실험

광합성에는 빛의 세기에 영향을 받는 명반응과 온도에 영향을 받는 암반응이 있다는 사실 밝힘.

② 벤슨의 실험

광합성에는 빛에너지에 의해서 진행되는 명반응과 그 반응에 이어서 이산화탄소를 흡수하여 이용하는 암반응으로 되어 있음을 밝힘(그림 40).

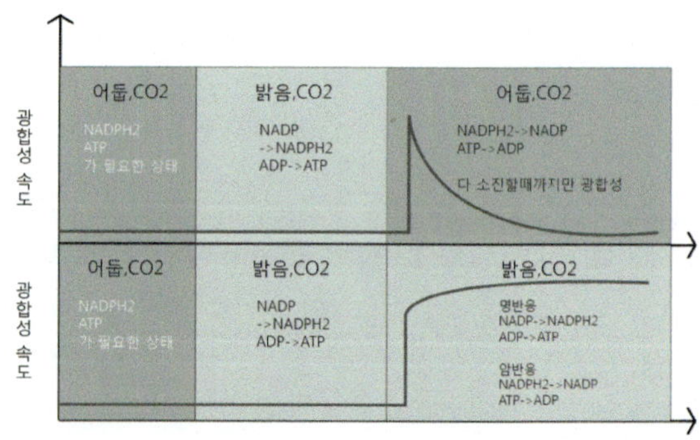

그림 40 벤슨의 실험

1. 어두운 상태에서 CO_2 공급:반응 없음. 명반응이 일어나지 않았으므로 암반응 진행 안 됨
2. 밝은 상태에서 CO_2 공급 중단:반응 없음
   - 내부적으로 명반응 진행됨
   - 빛에너지가 어떤 형태로인가 저장됨을 알 수 있음
3. 한쪽에만 어둡게 하고 CO_2 공급:암반응 진행
   - 어두운 쪽은 광합성 진행되다가 급격히 감소:명반응 산물인 $NADPH_2$, ATP 소진
   - 밝은 쪽은 광합성 꾸준히 진행:명반응 계속 진행되면서 $NADPH_2$, ATP 공급

3. C3/C4/CAM식물

식물은 광합성 암반응(캘빈회로)에 따라 C3, C4, CAM 식물로 구분된다. 즉, 암반응 과정에서 CO_2를 포도당으로 바꾸는 경로에 따라 생성되는 탄소화합물(유기물질) 및 환경(빛, 온도, 물)에 대한 반응의 형태에 의해 구분된다. 주로 온대식물에서 나타나는 C3식물, 열대식물에 해당되는 C4식물, 선인장과 같은 고온건조지역에 사는 식물에 해당되는 CAM식물 등으로 나눌 수 있다.

[1] C3식물

C3식물은 가장 일반적인 켈빈회로에 의한 암반응이 진행된다. 초기 탄소고정 과정이 루비스코(Rubisco)에 의해 일어나며 첫 유기산물로서 3가의 탄소화합물인 3-인산글리세르산(3-phosphoglycerate)이 생성된다. 즉, 일반적으로 식물들은 광합성 암반응 과정에서 캘빈 회로를 통해 CO_2를 고정시키고 3가의 탄소를 가진 화합물이 생성된다.

온대 초본, 교목 등 우리 주변의 대부분의 식물이 C3식물로서 지구상의 식물 생체량의 약 95%에 이르며, 고생대에서 중생대 사이에 출현하였으며 중생대 후기에 일부가 C4식물로 분화되었다. C3식물들은 빛이 너무 강하지 않은 중간 정도의 광도(50% 내외)와 20℃ 내외의 온난한 기후, 이산화탄소 농도 약 200ppm 이상이고 지하수가 충분한 곳에서 높은 효율을 나타내며, 세계 일차생산(NPP)의 대부분을 차지한다.

캘빈회로에서 CO_2를 고정하는 기능을 갖는 루비스코는 CO_2와 산소 모두와 결합할 수 있어 환원제와 산화제의 기능을 모두 갖는다. 높은 산소와 낮은 CO_2 농도에서 루비스코는 산화효소(oxygenase)로 작용하게 되어 CO_2를 고정하지 않고 오히려 산소와 반응하여 산소를 소모하게 되는 광호흡(photorespiration)이 발생하며 이로 인해 C4식물에 비해 광합성 효율이 낮다.

또한 C3 식물은 건조환경이나 고온 조건에서 수분 증발을 막기 위해 일부 기공이 닫히게 되면서 잎 내부 CO2가 감소해 생산량이 감소된다.

■ 광호흡

캘빈회로에서 이산화탄소를 고정하는 기능을 갖는 루비스코(Rubisco)는 이산화탄소와 산소 모두와 결합할 수 있어 환원제와 산화제의 기능을 동시에 할 수 있다. 산소 농도가 높거나 이산화탄소 농도가 낮은 조건에서 루비스코는 산화효소(oxygenase)로 작용하게 된다.

강한 빛 조건에서 이산화탄소 농도가 낮고 상대적으로 산소농도가 높을 때 식물은 건조 상태에서 수분손실을 막기 위해 기공을 닫게 되어 잎 내부의 산소농도가 높아져 루비스코가 이산화탄소가 아닌 산소와 결합하여 오히려 산소를 소모하는 광호흡을 발생하게 된다. 즉 덥고 건조한 날에는 기공이 폐쇄되어 CO_2를 흡수하지 못하고 광합성 결과 잎의 내부 이산화탄소 농도가 감소하고 산소 농도가 증가되면서 루비스코가 오히려 산소와 결합하게 된다(그림 41).

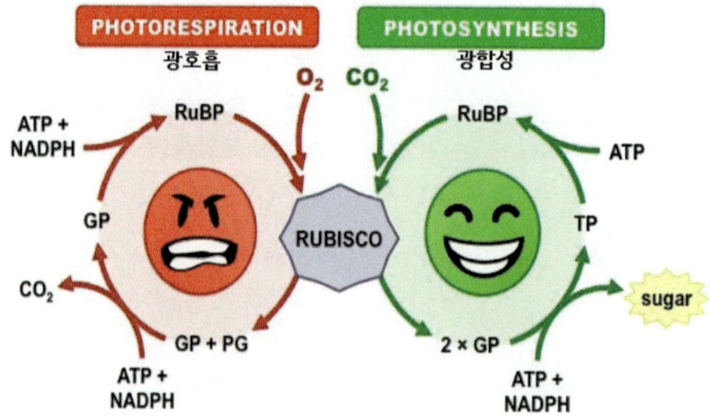

그림 41 광호흡과 광합성
https://www.slideshare.net/slideshow/differences-between-c3-c4-and-cam-cycles-by-salman-saeed/253034555을 저자 수정

이러한 광호흡은 광합성 효율을 떨어뜨리는 원인이 되고 있는데, C3식물에서 주로 나타나고 있다. C4 식물과 CAM식물은 이산화탄소를 농축하는 C4회로가 별도로 있어 광호흡을 방지할 수 있다.

일부 학자들의 견해에 의하면 최초의 식물이 출현할 당시 대기의 상태는 산소가 희박했기 때문에 루비스코의 기능은 이산화탄소 고정으로 한정되어 있었지만, 점차 대기 중의 산소농도가 높아지면서 루비스코의 예기치 않은 기능인 광호흡이 나타나게 되었을 것으로 추정되고 있다. 이러한 루비스코에 의한 광호흡을 막기 위하여 새로운 대사 과정인 C4회로를 별도로 추가하고 식물체 내부구조를 변형시켜 C3식물에서 C4식물, CAM식물이 진화 과정에서 등장한 것으로 보고 있다.

[2] C4식물

C3식물에서 CO2가 부족한 상황에서 광호흡이 발생되는 것을 해결하기 위해 C4식물은 캘빈회로 앞 단계에 4탄당 화합물을 포함하는 별도의 추가 회로(C4회로; Hatch & Slack 회로)를 작동하여 CO_2가 부족한 환경에서도 루비스코보다 강력한 CO2 고정효소인 PEPC(Phosphoenolryruvate Carboxylase)와 반응하여 암반응을 계속한다. C3식물은 고온 건조, CO_2 농도 낮고 O2농도 높은 경우, 질소가 부족한 토양 등의 조건에서는 광호흡이 쉽게 일어나 CO_2를 고정하기 어렵지만, C4식물은 C4회로로 불리는 별도의 경로를 마련함으로써 CO_2 고정을 효과적으로 수행할 수 있게 되었다(표 9). 이때 4탄당인 옥살산이 최초의 탄소고정 산물이기 때문에 "C4"회로라고 이름 지어졌으며 1966년에 호주의 과학자 Hatch & Slack이 밝혀내었기 때문에 'Hatch-Slack

회로'라고도 불린다. C4 회로는 4탄당인 옥살산이 최초의 탄소고정 산물이다. C4식물은 대부분 강한 빛과 높은 온도에 적응되어 사막, 아열대, 온대 초원군집을 이루게 되며, 주로 옥수수, 수수, 사탕수수, 버뮤다잔디, 기타 열대초본이 이에 속한다.

표 9 C3, C4식물 비교

구 분	C3식물	C4식물
광호흡	심함	거의 없음
1차 이산화탄소 수용물	RuBP	PEP
이산화탄소 고정 효소	Rubisco	PEP carboxylase
효소의 이산화탄소 친화도	보통	높음
잎의 광합성 세포	엽육세포	엽육세포의 유관속초 세포
엽록체 종류	하나	둘
캘빈-벤슨 회로 실행	실행	실행

C4 식물은 CO2를 고정하는 곳과 캘빈 회로가 일어나는 곳을 공간적으로 분리했기 때문에 덥고 건조한 환경에서 C3 식물보다 생산성이 높다.

C4식물은 더 건조하고 온도가 높으며 질소원이 부족한 상태에서도 효과적으로 광합성을 할 수 있다. 열대지방처럼 기온이 높고 광선의 강도가 강한 조건에서 체내 수분 유지를 위하여 기공이 어느 정도 닫혀 있는 상황에서 생육하려고 이산화탄소의 고정계를 효율적으로 변화시킨 식물로서, 일반적으로 C4식물이 C3식물보다 광포화점과 보상점이 높으므로 생산성이 높다(그림 42).

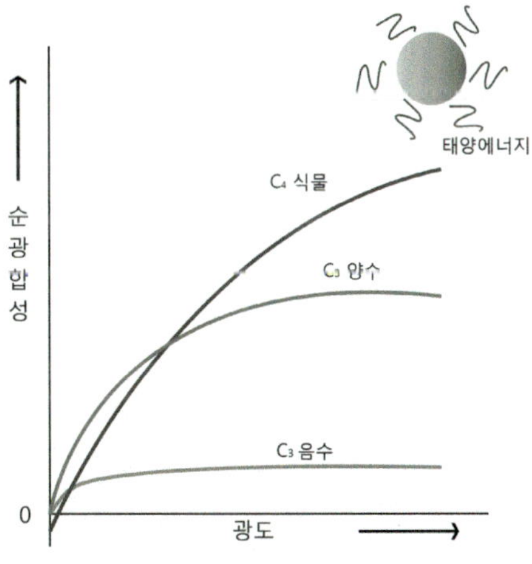

그림 42 C3식물과 C4식물의 광합성

그러나, C4식물은 3단계에서 ATP를 소비하므로 C3 식물에서 광호흡이 일어나지 않는다면 C3 식물 생산성이 높다.

우리나라와 같은 농경문화권에서 주 농산물인 벼는 C3 식물이며, 벼와 비슷한 피는 C4식물에 속한다. 벼가 가장 잘 자라는 여름에 벼보다 피가 더 잘 자라고 양분을 더 잘 흡수하기 때문에 논농사에서는 피를 제거 대상으로 여기며, C3식물인 벼를 C4식물로 바꾸려는 연구도 진행되고 있다. 벼와 유전적으로 가까운 종에는 조나 기장 등 C4식물이 많아 옥수수처럼 건조에 강하고 생산성이 높은 벼가 탄생할 수 있으며, 벼의 수확량을 50% 늘이면서도 벼 재배에 필요한 물의 양도 줄일 수 있어서 쌀의 생산에 획기적 혁신이 일어날 수 있다.

■ C4식물 원리

PEPC (PEP 카르복실화 효소)는 루비스코에 비해 CO2 친화도가 높으며 O2 친화도는 없기 때문에 광호흡이 일어나지 않는다. PEP 카르복실화 효소를 이용해 CO2를 첨가하여 4탄소 산물인 옥살로아세트산(oxaloacetate) 생성하고, 옥살로아세트산은 최종적으로 4탄소 산물인 말산(malate)으로 전환된다.

PEP 카르복실화 효소는 엽육세포에만 존재하므로 C4회로 과정은 엽육세포에서만 발생된다. 엽육세포는 세포벽의 물질이동 통로인 원형질연락사(plasmodesma)를 통해 말산을 유관속초세포로 보내고, 유관속초세포에서는 엽육세포에서 받은 말산에서 CO2를 꺼내서 캘빈회로에 넣어 탄수화물을 생산한다. 엽육세포에서는 ATP를 사용해 피루브산을 PEP로 만들어 반응이 계속 반복된다.

[3] CAM식물

CAM(crassulacean acid metabolism, 돌나물형 유기산 대사)은 광합성 중 탄소고정 과정의 한 종류로서 사막 등의 건조환경에서 생활하는 선인장과 같은 다육식물이나 수분 스트레스가 큰 환경에 사는 착생식물에 많이 볼 수 있는 광합성의 한 형태이다.

CAM식물은 돌나물과(Crassulaceae)로부터 유래하며, 선인장, 파인애플, 돌나물 등과 같이 고온건조한 환경에 최적화된 구조를 지닌 식물로서, 삭막과 같은 무덥고 건조한 환경에서 밤에 기공을 열어 CO_2를 흡수하고 유기산으로 저장하였다가 낮에 고정하여 포도당을 만들어내는 특징을 가지고 있다. 즉, 밤에 이산화탄소를 흡수하여 말산형태로 액포에 저장했다가 낮에 탈탄산반응으로 CO_2를 유리시키고 탄산이온을 얻어 당을 합성하는 광합성 형태를 가진 식물을 말한다. CAM식물은 유기산을 합성하는 과정에서 ATP를 소모하게 되어 성장이 굉장히 느리지만, C3 식물이나 C4 식물은 건조로 인해 죽기 때문에 CAM 식물이 유리하다. CAM식물의 생존전략은 생육환경에 따라 건기에는 CAM 대사를 했다가 우기에는 C3로 전환하거나, CAM과 C4대사를 모두 사용하는 경우도 있다. 이와같이 CAM식물은 이산화탄소 고정과 광합성의 시간을 분리해 수분 손실에 저항하는 구조로서 낮 시간에 기공을 닫음으로써 수분의 손실을 최소한으로 줄이면서 CO_2 농도를 높여 광호흡도 저하시키고 있다.

주로 건조한 기후에서 진화한 생물들이 선택한 방법으로, 부피에 비해 표면적이 적고 낮은 증산율을 갖는 두터운 다육성 잎을 가지거나 세포질이 얇은데 비해 특이하게 큰 액포를 가진 식물들이 속한다. 사막에서 나타나는 높은 광수준 이외에도 차가운 밤 기후 및 건조토양을 갖는 더운 날씨일 때도 CAM식물이 발생한다.

■ 건생식물(xerophyte)

건조 기후에 적응한 식물을 건생식물이라 하는데 건조한 시기에 잎을 떨어뜨려 내는 종류가 있는 반면 선인장으로 대표되는 다육식물처럼 줄기나 잎에 수분을 저장하는 종류도 있다. CAM식물은 건생식물 중 뒤에 설명한 것에 속하는 것으로 수분 손실을 막기 위해 큐티클층이 두껍고 다육질이면서 표면적이 작은 잎을 가지고 있다.

[4] C3, C4. CAM식물 비교

식물은 암반응과정에서 생성되는 탄소화합물(유기물질) 및 환경(빛, 온도, 물)에 대한 반응의 형태에 의해 C3, C4, CAM 식물로 분류한다. 가장 보편적인 C3식물은 광합성 암반응 과정에서 일반적으로 CO2를 5탄당인 RuPB와 결합 후 6탄당을 거쳐 2개의 3탄당(3-PGA)이 된다. C3, CAM 식물은 3탄당 대신 4탄당이 생성된다.

C4형 광합성이 CO_2의 고정, 환원과정을 공간적 장소(엽육 세포, 유관속초 세포)로 나누는데 비해, CAM형 광합성은 시간적(밤, 낮)으로 나누어진다(그림 43).

C4식물은 C3식물과는 다른 방법으로 이산화탄소를 고정하게 되는데 4가의 탄소 산물로 고정시키는 별도의 회로를 통해 CO_2를 농축시켜서 효율적으로 캘빈회로로 진행하기 때문에 에너지 측면에서 낭비가 적다. 반면에 C3식물은 CO_2가 부족한 조건에서는 광호흡이 진행되어 에너지 낭비가 있다.

CAM형 광합성은 사막이나 수분이 부족한 곳, 밤낮의 온도차가 큰 환경에 적응한 식물이다. CAM식물이 있는 건조기후대나 사막 등의 환경조건에서는 광합성 과정에서 고온 건조한 낮에 기공을 열면 식물체 내의 수분이 기공을 통해 증발하게 된다. 따라서 뜨거운 낮에 기공을 닫고 기온이 내려간 밤에 기공을 열어 O2를 배출하고 CO_2를 흡수한 후 낮에 기공을 닫은 채로 캘빈회로를 통해 고정함으로써 수분의 손실을 최소한으로 억제할 수가 있다.

CAM형 광합성은 식물의 수분 손실을 억제할 수 있지만 CO_2를 임시 저장할 수 있는 유기산의 양이 한정되어 있기 때문에 낮에 합성할 수 있는 당분의 양이 정해져있다. 따라서 CO_2를 낮 동안 지속적으로 받아들일 수 있는 C3, C4식물보다 생장이 느리다. C4식물은 유관속 주변을 둘러싸고 있는 유관속초를 가지고 있지만 CAM식물은 가지고 있지 않으며 C4의 이산화탄소 고정 과정이 연속적인 데에 비하여 CAM 과정은 밤에만 일어난다.

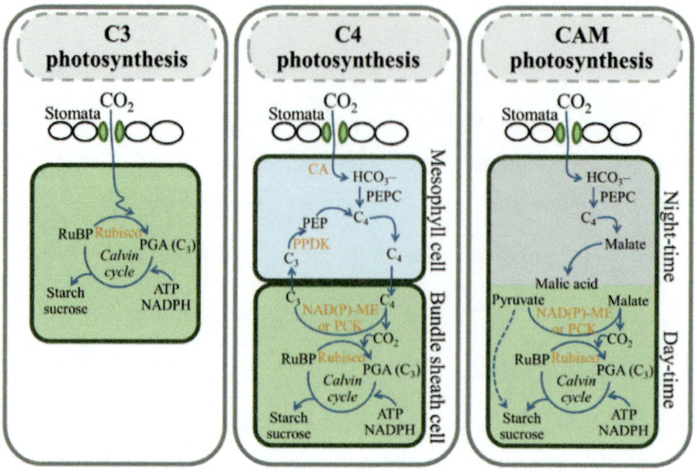

그림 43 C3, C4, CAM 식물의 광합성
https://www.researchgate.net/figure/Carbon-pathway-in-the-photosynthetic-metabolism-of-C3-C4-and-CAM-plants-crassulacean_fig6_362722030에서 수정

4. 생산과 생산량

[1] 물질과 생산

생산자가 광합성 등 생산작용을 통해 생산하는 유기물의 총량을 총생산량이라 하며, 생존을 위한 호흡량을 제외하면 순생산량이 된다. 순생산량은 현재의 생장량 외에 1차소비자(초식동물)에게 먹힌 피식량과 말라 죽거나 낙엽 등으로 소실되는 고사량 등을 포함한다.

천이가 진행 중인 군집은 생물량이 적고 생산량이 크며, 극상에 도달한 군집은 생물량이 많고 상대적으로 생산량은 적다.

(1) 생물량(생체량; biomass)

어떤 시점에서 각 영양단계에 저장된 에너지량으로서 현존량(standing crop)이라고도 부른다. 식물군집이 가지고 있는 현재 유기물의 총량이라고 할 수 있다.

(2) 생산량(생산성, 생산력, productivity)

생산량은 일정한 기간 동안 일정 면적에서 독립영양생물들에 의해 고정되는 유기물의 생산량을 말한다. 근본적으로 1차생산자가 광합성을 하는데 필요한 태양복사량과 생산자가 에너지를 이용가능한 형태로 바꾸는 능력에 의해 결정된다.

생산량은 에너지 단위나 무게 단위로 표시하는데, 무게 단위로 표시하는 경우에는 살아있는 식물체는 수분함량이 다르기 때문에 건중량을 사용한다. 에너지 단위로 표시하는 경우에는 열량계에서 태워 방출되는 열량으로 나타낸다.

[2] 1차생산량

1차생산량(primary productivity)은 생산자가 광합성 작용에 의해 생산하는 동화량 즉 에너지 총량을 말하며, 호흡을 고려하지 않은 광합성 총량을 총1차생산량(1차총생산량; Gross Primary Productivity:GPP)이라고 하고, 호흡을 고려하여 총1차생산량에서 호흡량을 제외한 생산량을 순1차생산량(1차순생산량; Net Primary Productivity:NPP)으로 구분한다(그림 44).

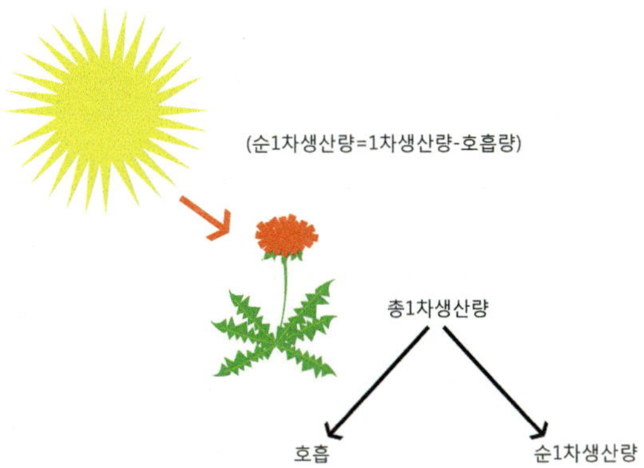

그림 44 총1차생산량과 순1차생산량 개념도

식물의 생장은 생산량에 의해 결정되는데, 총생산량에서 호흡량을 뺀 나머지가 순생산량이며, 순생산량에서 고사량과 피식량, 낙엽량을 제외한 나머지를 생장량이라고 한다(그림 45).

피식량은 1차소비자인 초식동물의 호흡량과 피식량, 자연사, 배설 및 생장량 등을 포함한다.

(1) 총1차생산량

총1차생산량(Gross Primary Productivity; GPP)은 일정기간 중 광합성에 의해 생산된 총량, 즉 식물에 의한 광합성 작용으로부터 CO2를 흡수하여 생산하는 유기물 총량을 의미한다.

호흡을 고려하지 않고 1차생산자가 광합성을 통해 생산하는 에너지의 총량으로서 총광합성량, 총동화(total assimilation)이라고도 부른다.

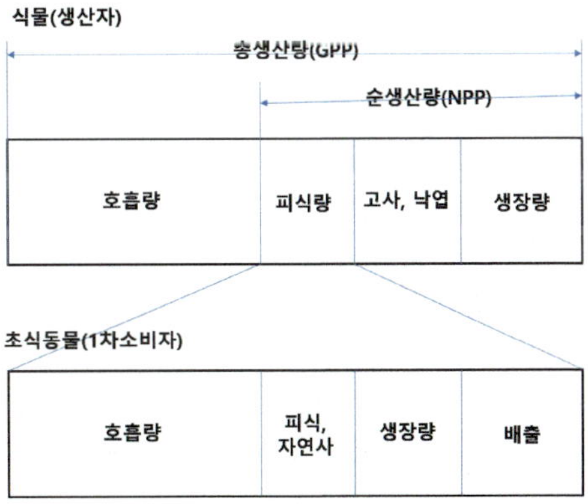

그림 45 생산량과 생장량

(2) 순1차생산량

총1차생산량(GPP)에서 식물 호흡에 의한 유기물 소비를 차감한 것을 순1차생산량 (NPP, net primary production)이라 한다. 즉, 순1차생산량은 1차 총생산량에서 호흡에 사용되고 남은 양을 말하며, 측정기간 동안 호흡량을 초과하여 식물조직 내에 저장된 유기물 양을 산출하여 측정한다(그림 44). 순광합성, 순동화량 등과 같은 의미이다.

$$NPP = GPP - respiration = GPP-(Ra+Rb)\ [by\ plants]$$

식물은 광합성 과정을 통해 합성한 유기물의 일부를 호흡에 의해 소모하고 나머지는 조직의 합성이나 생식에 사용한다.

식물은 광합성에 의하여 대기 중 CO2를 흡수함과 동시에 지상부 (Ra, aboveground plant respiration)와 지하부(Rb, belowground plant respiration)의 뿌리호흡(Rr, root respiration)에 의하여 그 일부를 다시 대기 중으로 배출하는 양방향 탄소플럭스(carbon flux) 가진다.

■ 현존량(생물량)과 순1차생산량

일정한 면적에 포함되어 있는 식물을 수확하여 무게를 측정할 때 얻는 현존량(Standing crop)을 순1차생산량 개념으로 적용하는 경우도 있다. 다만, 현존량에는 초식동물이 소비한 양이 포함되어 있지 않기 때문에 실제로는 순1차생산량과는 약간 차이가 있을 수 있다.

(3) 1차생산량의 측정

이상적인 방법은 생태계를 통하는 에너지 흐름을 측정하는 것으로 직접 측정은 곤란하므로 대부분의 측정은 생산된 물질의 양, 이용된 원료의 양 등 간접적인 양에 관련된다.

① 수확법(harvest method)

초본군락에서 흔히 사용하는 방법으로서 방형구(1m x 1m) 내 지상부와 지하부 및 낙엽을 채취하여 생체량을 측정한 후 건조기에서 건조시켜 건중량(kg/ha)을 측정하여 초본류의 탄소량으로 정한다.

초식동물이 적으며 안정 상태에 도달하지 않은 경우의 군집순생산량을 측정한다. 1년생 초본, 농작물 등에 적용되며, 자연군집과 같이 생산과 소비가 동시에 진행되는 곳은 적용 곤란하다.

[참고] 상대생장식에 의한 탄소량

교목류는 수목의 흉고직경과 가지, 줄기 등 각 부위별 건중량 사이의 회귀식을 구하여 상대생장식을 산정한다(그림 46).

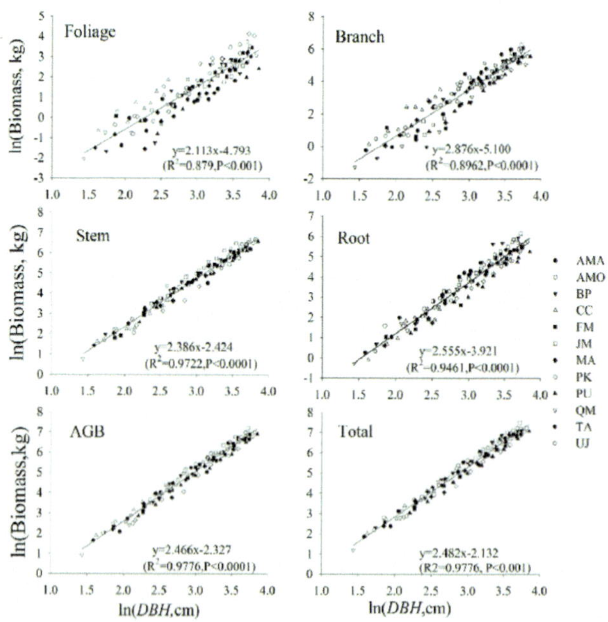

그림 46 수목의 생체량과 부위별 상대생장식
(자료: He et al., 2018)

② **산소측정법(Oxygen measurement)**

해양 및 담수역에서 O2와 생산된 먹이 사이 상관관계로서 산소 방출량으로 결정된다.

③ **명암병법(明暗瓶法)**

밝은 병의 산소생산량과 어두운 병의 산소소비량의 합계를 cal로 환산한다.

④ **이산화탄소법**

육상에서 CO_2 소비량으로 측정한다. 투명한 용기에 군집 전체를 넣어 밀폐시키고 이산화탄소의 소비량 측정하여 생산성을 측정한다.

⑤ **엽록소법(Chlorophyll method)**

군집전체의 엽록소 함유량은 개체의 엽록소 함유량보다 균일하며, 이것이 군집의 항상성이다. 황색의 카로티노이드(carotinoid)와 녹색의 엽록소의 비율은 군집 전체의 종속영양대사와 독립영양대사의 비율의 지표로서의 의미가 있다.

광합성 > 호흡 - 엽록소 우세 … 어린 숲 선명한 녹색(성장 왕성)

광합성 < 호흡 - 카로티노이드 우세 … 성숙한 숲 황록색

⑥ **방사성물질 이용법**

방사성탄소(C14) 등 이미 알려진 양의 방사성 지표 물질의 감소 속도를 측정한다.

⑦ **pH법**

실험실 내 미소생태계에서 광합성에 의해 pH상승하며, CO_2 용해량과 밀접한 관계가 있다

광합성 : CO_2 흡수 - pH 감소

호 흡 : CO_2 유리 - pH 증가

⑧ **소실법(Disappearance of raw materials)**

무기염의 소실 속도를 기준으로 한다. 주로 질소, 인 등 광합성에 이용되는 원소의 소비량을 측정한다.

[3] 순군집생산량 / 2차생산량

(1) 순군집생산량

순군집생산량(net community p.;NCP)은 순일차생산량(NPP)에서 종속영양생물의 호흡량을 제외한 생산량 의미하며, 일정 기간 동안 독립영양생물과 종속영양생물들이 필요한 영양물질을 모두 취하고 남은 유기물의 축적량을 말한다. 안정상태에서는 NCP = 0이 된다.

순군집생산량 = 순1차생산(GPP−호흡량) − 종속영양자 호흡

(2) 순생태계생산량

순생태계 생산량(NEP: Net Ecosystem Production)은 식물군락에 의한 CO_2 흡수량(NPP)과 토양 종속영양생물의 호흡에 의한 CO_2 배출량의 차이, 즉 순생산량과 토양호흡량의 차이를 의미한다. 일정한 기간 동안 생산된 생물량에서 일차소비자의 호흡으로 사용된 양을 제외하여 산출한다.

생산자의 순생산량에 의해 소비자와 분해자는 생존하고 성장하며, 생산자의 성장도 순생산량에 의해 결정된다. 종속영양생물에게 이용되지 않는 줄기, 가지, 낙엽, 부엽 등 유기물의 축적량, 즉 군집의 호흡량을 초과하여 축적되는 생산량을 의미한다.

대기로부터 탄소흡수와 토양으로부터 방출 결과를 함께 고려하여 정량화한 탄소의 순 획득 또는 순 손실량으로서, 순일차생산량(NPP) 중에서 독립영양생물 호흡과 종속영양생물 호흡으로 사용되고 남은 부분으로 순수하게 생태계에 저장되는 탄소의 양을 말한다. 생태계 내 각 탄소 저장고에서의 탄소저장 변화량의 합으로서 상층식생 생물량(Coverstory), 하층식생 생물량(Cunderstory), 고사목(Cdeadwood), 임상 유기물층(Clitter), 토양층(Csoil) 등에 함유된 탄소량이다(그림 47).

순생태계생산량을 통해 생태계의 탄소흡수량과 탄소배출량을 추정할 수 있으며 생태계의 탄소순환과 탄소수지를 평가할 수 있다.

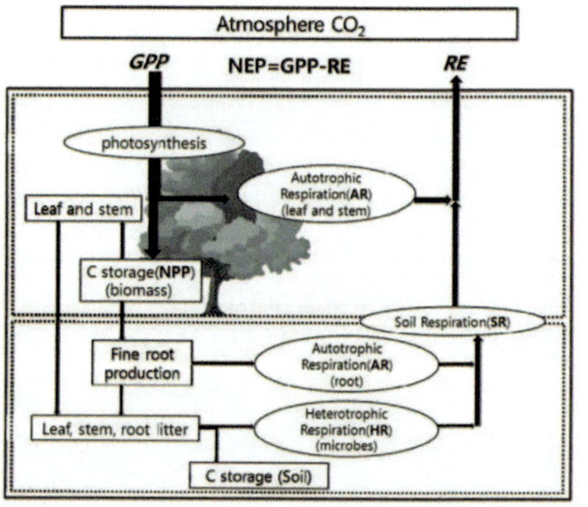

그림 47 순생태계생산량(NEP) 개념
(자료: Muraoka and Koizumi, 2009

NPP가 식물 생산자에 의한 실질적인 탄소 고정량이 되는 것이지만 그 전체가 식물 바이오매스의 증가로서 생태계 내에 축적되지는 않는다. 예를 들면 낙엽수는 잎 전체가 매년 새롭게 만들어지므로 그 해에 생산된 잎(NPP의 일부분)은 탈락되어 임상에 낙엽으로 축적된다. 또한 지하부에서도 뿌리의 고사나 비교적 저분자의 유기물질의 배출 등이 있어 이러한 유기물의 공급을 RD(rhizodeposition)라 한다. 특히 육상에서는 임상에 떨어지지 않고 그대로 말라 죽는 대형유기물(CWD, coarse woody debris)이 존재하므로 NPP의 일부는 장기적으로 고사된 식물체에 축적된다.

생태계 내 고정 유기물은 부식연쇄(detritus food chain)와 초식연쇄(grazing food chain)를 통

하여 종속영양생물의 호흡(Rh, heterotrophic respiration)에 의해 분해되어 CO_2 형태로 방출한다. 부식연쇄는 주로 리터생산량이나 균근에 의해 토양에 공급된 유기물(SOC, soil organic carbon)을 토양 미생물이나 소동물이 분해하는 과정이며, 초식연쇄는 곤충이나 초식동물에 의해 살아있는 식물체가 피식되어 분해되는 과정을 의미한다. 그런데 초식연쇄에 의한 유기물의 분해량은 통상 일반적으로 육상에서는 극히 소량으로 무시되어지는 경우가 많게 된다.

생태계 탄소수지는 식생 군락에 의한 실질적인 CO_2 흡수량(NPP)과 종속영양생물의 호흡에 의한 CO_2 배출량(Rh)과의 차에 의해 결정되고 이것을 생태계순생산량 (net ecosystem production, NEP)이라 한다.

다양한 토양생물의 호흡작용에 의하여 토양표면으로부터 배출되는 CO_2 flux를 토양호흡(Rs, soil respiration)이라 하며, 주로 토양 중 종속영양생물의 호흡과 식물의 뿌리호흡(Rr, root respiration)에 의한 것으로 초식연쇄에 의한 CO_2 flux를 무시할 수 있다면 토양 중의 종속양양 생물의 호흡이 생태계 전체의 Rh의 CO_2 대부분을 차지하므로, Rs과 Rr의 차이를 Rh로 간주하게 된다. 따라서 순생태계생산량(net ecosystem production, NEP)의 추정에는 통상 다음의 식이 적용된다.

NEP=NPP-(Rs+Rr)　　여기서, Rs : 토양호흡

Rr : 뿌리호흡

(3) 2차생산량

2차생산량(secondary p.)은 종속영양생물에 전이되어 일정기간 중 체조직 및 생식조직에 축적된 양으로서 소비자단계에서의 에너지 축적량을 말하며 먹이를 섭취하여 새로운 조직이나 개체를 생산하는 유기물의 전환을 의미한다. 호흡을 제외하고 남은 에너지 저장량이며, 생물량의 증가 요인이 된다.

외부로부터의 에너지 유입이 있을 때 높아진다. 즉, 비, 바람, 조수(潮水), 화학연료 등이 공급될 때 높아지게 된다.

시간의 단위로 표시하며, 1일 또는 1년에 생산되는 양(cal/m^2/연)으로 나타낸다.

3절 물질순환

1. 생물지구화학적 순환

생물의 필수 원소는 생물권 내에서 환경과 생물 사이를 일정한 경로를 거쳐 순환하며, 대표적인 순환물질은 N, P, C, H_2O, S, … 등이 있다. 지구 전체로 볼 때 탄소(C), 수소(H_2) 산소(O_2) 질소(N_2) 인(P) 등의 필수원소 또는 탄수화물, 단백질, 지방 등의 유기화합물 및 수분은 생물과 생물, 무생물 사이에 끊임없이 이동하는데 이를 물질순환(nutrient cycle) 또는 생물지구화학적 순환(Biogeochemical cycle)이라 한다(그림 48).

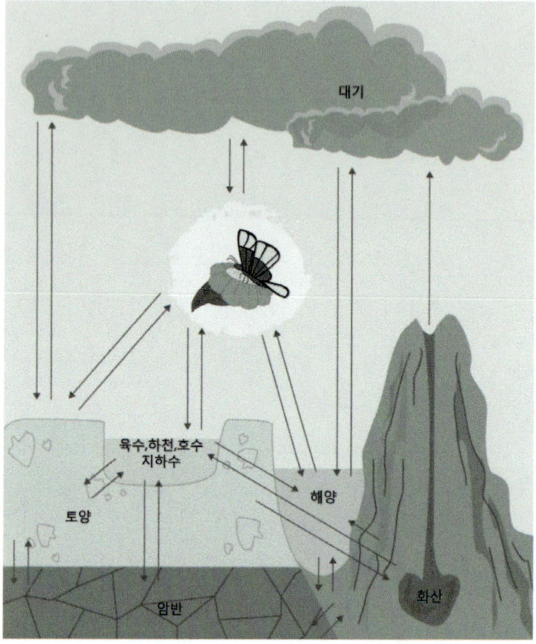

그림 48 생물지구화학적 순환 모식도
(http://www.eoearth.org/에서 수정)

자연계를 구성하는 물질은 여러가지 형태로 전환되어 필요한 부분으로 이동하는 경향이 있다. 이때 에너지 흐름은 한 쪽 방향으로 진행되나 물질은 생물계와 비생물계를 순환하는 특성이 있다. 물질순환은 생태계의 균형 유지를 위해 각 영양단계(nutrition level)를 따라 영양물질(유기물)이 옮겨가는 현상으로서 최종적으로 물질은 분해자에 의해 무기물로 분해되어 재순환된다. 이 과정에서 에너지는 상위단계로 오를 때마다 5~25%씩 이동되며(10%법칙) 최종적으로 순환하지 못하고 소멸된다.

한편, 원소는 무기이온이 되어야 이용 가능하며, 분해자 및 부식자에 의해 이온 및 무기염 저장소가 유지된다. 분해자 및 부식자는 소비자에서 나온 찌꺼기를 이용하여 무기염을 만들어 낸다. 이때 생물 상호작용에 따라 무기염 및 이온 저장소가 고갈되거나 채워질 수 있다.

■ 저장소/교환소

생물지구화학적 순환을 위해 저장소(reservoir pool)와 교환소(exchange pool) 또는 순환소(cycling pool) 등을 포함한다.

- **저장소**: 규모가 크고 서서히 이동하며 일반적으로 비생물적 요소.

• **교환소**: 규모가 작고 생물과 환경 사이에서 물질교환이 활발히 이루어지는 활동적인 부분.

물질순환은 주된 저장소에 따라 기체형과 침적형(퇴적형)으로 구분된다.

① **기체형(gaseous type)**

대기와 물에 커다란 저장소를 가지며, 주로 탄소와 산소, 질소같이 대기의 상당 부분을 구성하는 기체상 원소로서 지구 전역으로 이동 경로 파악이 용이하다. 신속히 자가 조절되는 특징이 있다.

② **침적(퇴적)형(sedimentary type)**

지각의 토양과 침적토에 저장소를 가지며 대부분의 원소와 화합물이 이에 해당된다. 인이나 황, 칼슘과 같이 기체상에 존재하지 않는 원소로서 이동 파악이 곤란하다. 자가 조절이 어렵고, 지역적 교란에 의해 쉽게 변동된다.

2. 물순환과 산소순환

[1] 물순환

물순환(수문학적 순환, Hydrologic cycle, Water cycle)은 지구 표면 위아래에 존재하는 물이 다양한 형태로 변하며 지속적으로 움직이는 과정이다. 물순환은 날씨와 기후에 영향을 받으며 대기 중의 물은 소량으로서 회전율이 빠르고 체재시간이 짧다. 바다에서는 강우에 의해 공급되는 것보다 많이 증발되며, 육지에서는 반대이다.

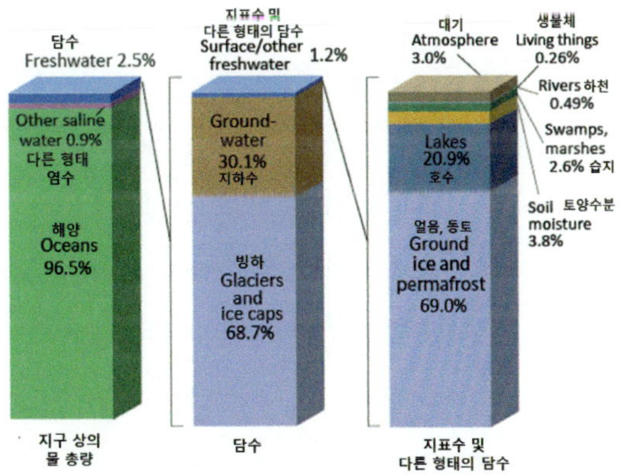

그림 49 저장형태별 저장량

지구상의 물은 바다와 염수 상태로 약 97.5% 내외이며 담수 2.5%에 이른다. 담수는 대부분 고체상태인 빙하와 만년설에 약69%, 지하수 형태로 약30%이며 호수나 하천, 토양, 흙, 생물권 등에는 극히 일부인 1.2%가 저장되어 있다(그림 49).

물순환 형태별 반응시간은 물분자가 각 저수영역에 머무르는 시간을 의미하는데, 바다의 경우 3,200년, 빙하 20-100년, 토양수분 1-2개월, 얕은 지하수 100-200년, 깊은 지하수 1만년, 하천 2-6개월 등이며, 대기 중의 물은 약 9일 내외로 알려져 있다.

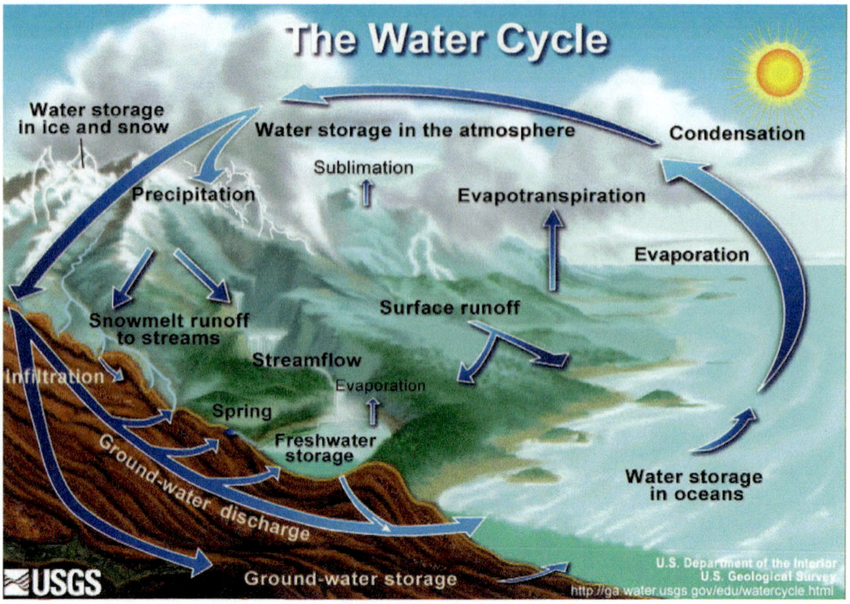

그림 50 물순환 기본 모델
(자료:USGS)

물순환은 다음 각 요소들에 의해 결정된다(그림 50).

- 집수역(watershed):물이 모이는 범위. 영양물질도 함께 모여 축적됨.
- 표면유출수(runoff)
- 토양 침투수(infiltration)
- 지하수면(water table)
- 대수층(aquifer)
- 증발산(evapotranspiration)

[2] 산소순환

산소순환(oxygen cycle)은 기체형 순환으로서, 산소는 대기 중에 약 20% 내외 존재하며 물에도 녹아 있다. 대기 중에서 결합하지 않은 단일 원소로는 질소 다음으로 많다. 산소는 생명 유지를 위한 필수적 요소로서, 동식물은 호흡과정을 통해 산소를 들이마시고 물과 공기 중으로 이산화탄소(CO_2)를 내보낸다. 배출된 CO_2는 수생태계 내 조류(藻類)와 육상의 녹색식물에 의해 흡수되어 광합성을 통해 탄수화물로 전환되고 부산물로 산소가 생성되어 배출된다(그림 51).

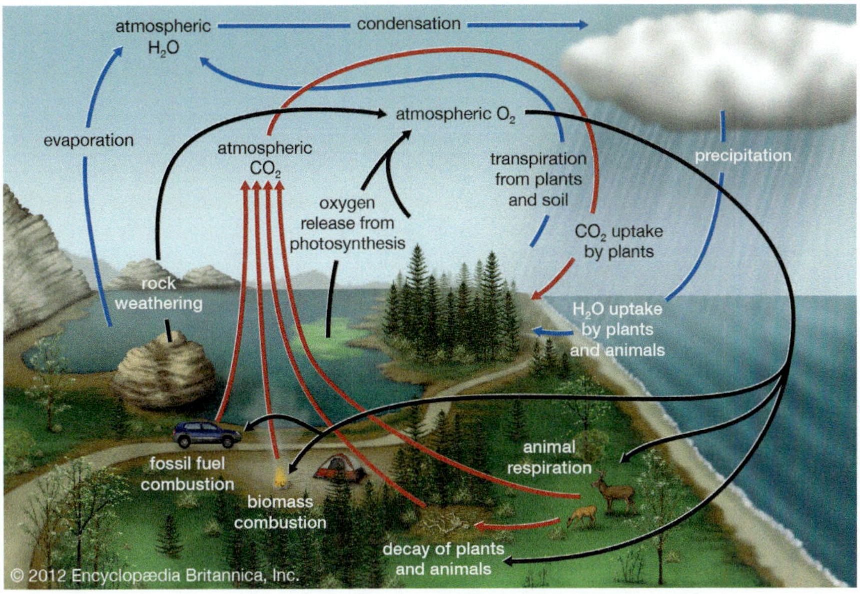

그림 51 산소순환 모델
(자료: http://www.britannica.com/)

산소의 약 99.5%는 지각과 맨틀의 규산염과 산화 광물 안에 들어 있으며 극히 일부만이 자유 산소로서 생물권과 대기로 방출된다. 대기권 산소의 주 원천은 광합성이며 이산화탄소와 물로부터 당분과 산소를 만든다.

산소는 생물권과 암석권 사이에서 순환하기도 한다. 생물권의 해양생물은 산소가 풍부한 탄산칼슘($CaCO_3$)을 만들어낸다. 생물이 죽으면 껍질은 깊은 해저 위에 분해되어 오랜 시간 묻혀 석회암이 생성된다. 산소 소비라는 관점에서 동물과 박테리아는 산소를 소비하고 이산화탄소를 내보낸다. 그 외에도 암권 광물이 노출되어 풍화를 일으켜 산소를 소비할 수도 있다.

3. 탄소순환

[1] 탄소와 탄소순환

(1) 탄소

탄소는 대기 중에 CO_2 형태로 존재하며, 물과 함께 광합성의 원료가 되며, 생물체를 구성하는 기본 물질이다. 자연에서는 흑연, 다이아몬드, 이산화탄소 형태로 존재하며, 서로 또는 타 원소들과 잘 결합이 되는 특성이 있다,

탄소의 저장소는 대기와 물로서, 대기 중 CO_2는 0.03~0.04% 내외로 존재하며, 물속에도 일부 용해되어 있다. 대기 또는 수중 용해된 이산화탄소가 식물에 흡수되어 광합성 작용을 통해 대

부분의 탄소가 식물체 내에 유기물질로 저장된다. 식물체 내 유기물질은 초식동물, 육식동물의 먹이연쇄를 따라 탄소가 이동되며, 분해자는 동식물의 사체를 분해하여 탄소를 섭취한다.

(2) 탄소순환

탄소순환(Carbon Cycle)은 생물의 광합성과 호흡, 화석연료의 연소, 화산폭발 등의 현상에 의해 그림 52와 같이 대기로부터 생물을 거쳐 대기로 되돌아가는 순환 시스템을 이룬다. 즉, 탄소순환은 자연계에서 다양한 형태로 존재하는 탄소의 순환시스템으로서 탄소가 형태를 바꾸면서 기후시스템 내의 지권, 대기권, 수권, 생물권 사이를 이동하며 순환하는 것이다.

독립영양생물(생산자)인 식물은 광합성 작용을 통해 탄소를 영양물질(포도당)로 전환하기 위해 대기 중 CO_2를 흡수한다. 녹색식물의 광합성 작용에 의해 생성된 영양물질은 먹이연쇄 과정을 따라 종속영양생물인 소비자와 분해자로 이동하며, 다시 분해자에 의해 분해되어 토양 중 저장되거나 식물에 의해 흡수되어 탄소순환계로 다시 유입되어 순환계를 이룬다.

이 과정에서 독립영양생물과 종속영양생물을 포함한 모든 생명체는 호흡활동을 통해 산소로부터 고정한 탄소를 CO_2의 형태로 대기 중에 되돌려 준다. 분해자에 의한 근본적인 환원은 죽은 생산자나 소비자 또는 부산물에 붙어서 작용하는 분해자의 호흡활동에 따라 이루어지며, 부가적인 환원은 생산자, 소비자, 분해자의 연소에 의해 이루어진다.

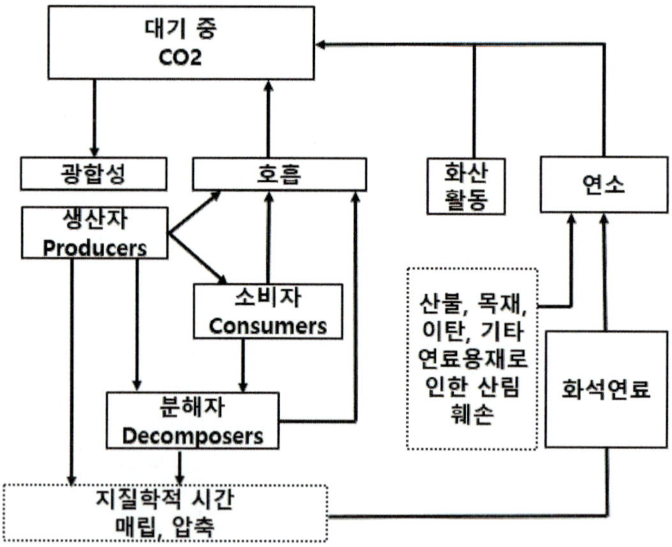

그림 52 탄소순환 모델

토양에 매장된 탄소화합물은 화산활동과 같은 자연현상에 의해 CO_2 형태로 대기 중으로 방출되며, 특히 석탄이나 석유, 가스와 같은 화석연료 형태로 연소되어 대기 중으로 방출된다.

(2) 화석연료와 온실효과

탄소는 죽은 생명체가 분해되지 않고 지질시대를 통해 토양 중에 축적되어 석탄이나 석유 등 화석연료 상태의 탄소가 형성되며, 이탄, 석탄, 석유, 석회석 등이 이에 해당된다. 이렇게 토양 중에 저장된 탄소는 풍화작용, 화산활동을 통해 대기 중으로 방출된다. 이렇게 대기 중으로 방출된 CO_2 등의 기체에 의해 온실효과(greenhouse effect)가 발생하여 지구의 기온을 일정하게 유지시킴으로써 지구 생태계를 유지하게 된다.

온실효과는 온실의 유리와 같이 태양빛은 통과시키며 지구에서 반사되어 나오는 긴 파장의 방사열은 통과되지 않고 반사시켜 대기권 온도를 상승시키는 현상을 말한다. CO_2는 온실효과의 원인이 되는 대표적인 기체이다.

지구생태계는 지질시대를 통해 온실효과에 의해 일정한 온도를 유지해 올 수 있었으나, 토양 중 저장되었던 화석연료 상태의 탄소화합물을 채취하여 산업시설이나 교통시설 등을 위해 연소시킴으로써 과량의 탄소가 대기 중으로 방출되어 지구가 자연적으로 유지해 왔던 온실효과가 훨씬 강화되었고 대기권 내 기온이 상승되는 지구온난화의 원인이 되고 있다.

[2] 탄소흡수원

생태계 내에는 다양한 종류의 탄소 배출원과 흡수원(NbS)이 존재한다. 탄소 배출원은 저효율 공업단지, 오염된 하천수, 노후 주거단지, 발전소, 냉난방 시설 등이 있으며, 탄소 흡수원은 산림, 습지, 초지, 농경지, 하천생태계, 해양생태계, 하천수 수열에너지, 지열에너지 등이 있다. 습지는 탄소흡수원이면서 물순환시스템, 수질정화, 생물서식처, 종다양성 등 생태적 기능은 물론 마을주민과 탐방객에게 친수환경과 힐링공간 제공 등 문화적 경제적 이익도 제공하는 등 생태적으로나 경제적으로 중요한 생태계이다. 특히 묵논습지는 생산공간이며 논습지로서도 중요하여 묵논습지의 탄소축적은 자연습지와 유사한 수준까지 증가한다.

[참고] 그린인프라

- 녹지 및 소생태계 조성
- 빗물 재이용 등 물순환체계 구축 (LID)
- 흡수원별 흡수 기능 및 지표산정
- 자연기반 탄소격리량 산정 모델
- 재정 및 기술지원 파트너쉽
- 탄소흡수 이해당사자 참여 모델
- 자연기반형 탄소중립 선도사업
- 탄소중립 교육 및 컨텐츠 개발

4. 질소순환

[1] 질소와 질소순환

질소순환(Nitrogen cycle)은 복잡한 기체형 순환으로서, 대기 중 약 70~80% 정도가 질소(N_2)로 구성되어 있다. 생물체에서 단백질과 화합물을 합성하는데 사용되는 질소는 대기라는 큰 저장소를 갖고 있는 비교적 완전한 자기조절 순환계이다.

질소순환은 대기 중의 질소를 식물이 이용할 수 있는 형태로 변환시켜 질소동화에 필요한 유기질소화합물로 만드는 질소고정작용 과정과, 단백질의 기본 성분인 아미노산을 합성하는 질소동화작용 과정이 있다(그림 53).

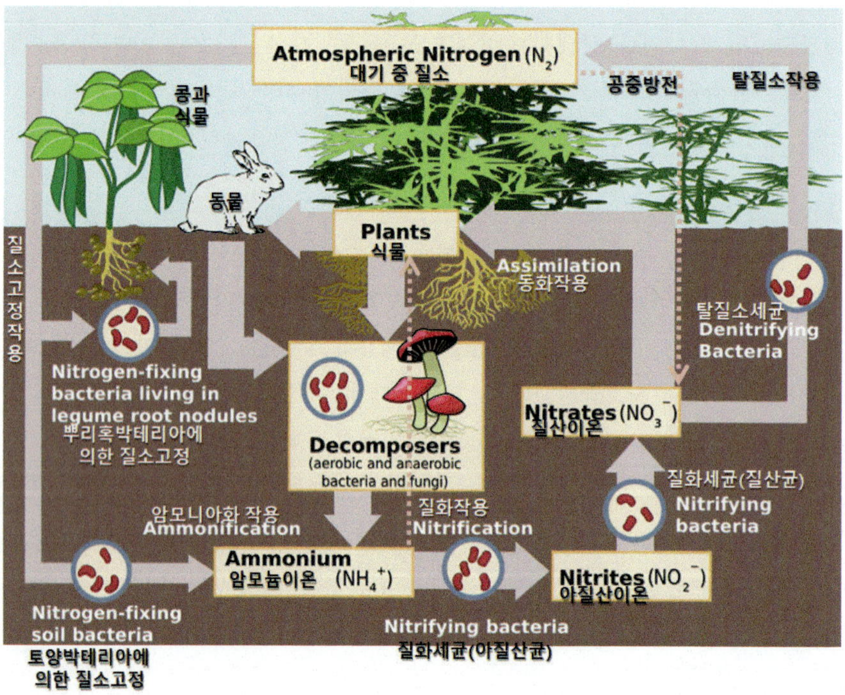

그림 53 질소순환 모델

(자료: USGS의 자료를 저자 수정)

질소는 생물체 내의 단백질이나 핵산, 그 밖에 인지질이나 뉴클레오티드 등의 중요한 구성 원소이다. 질소는 대기 중에서는 N_2 상태로 존재하기 때문에 질소고정 박테리아를 제외한 모든 생물은 대기 속의 질소를 직접 이용할 수 없고 토양에서도 가장 부족한 상태가 된다. 따라서 분해자에 의해 대기 중 질소가 질산염(NO_3^-)과 같은 적절한 질소화합물로 변환되어야 비로소 식물이 이용할 수 있게 된다.

식물은 이러한 질산염의 형태로 질소 성분을 흡수하며, 일반적으로 사용되는 질소비료는 질산암모늄($NH_4^+NO_3^-$) 형태의 질산염이다. 또한 토양 속 질산이온의 일부는 탈질소 박테리아의 탈질작용에 의해 질소기체로 되어 대기 중으로 돌아간다.

[2] 질소고정과 질화작용

(1) 질소고정

독립영양생물(생산자)에 의해서 직접 이용될 수 없는 기체상태의 질소 분자가 식물체에 흡수 이용되려면 분자결합이 단절되는 질소고정(nitrogen fixation) 작용을 거치게 된다. 즉 식물이 질소를 흡수하기 위해서는 질산염이온(NO_3^-) 형태로 존재하여야 하며, 질산염이온은 질(산)화작용(nitrification)과 질소고정에 의해 형성된다.

- 질소고정은 질소고정세균에 의해 대기 중의 분자결합을 단절하여 암모늄이온(NH_4^+)으로 변환하는 과정.
- 질(산)화작용은 질화세균인 아질산균이나 질산균에 의해 암모늄이온을 아질산이온(NO_2^-), 질산이온(NO_3^-)으로 변환하는 과정.

$$\text{암모늄이온}NH_4^+ \xrightarrow[\text{(아질산균)}]{} \text{아질산이온}NO_2^- \xrightarrow[\text{(질산균)}]{} \text{질산이온}NO_3^-$$

(2) 공생적 질소고정과 질소고정 생물

질소고정 기능을 하는 생물을 질소고정 생물이라 하며, 질소고정 생물은 분자 상 질소를 암모니아로 전환하는 기능을 한다(그림 54). 이러한 질소고정 생물로는 호기성 박테리아인 Azotobacter, 혐기성의 Clostridium 등이 있고, 콩과식물과 공생하는 뿌리혹박테리아인 Rhizobium, 남조류인 Anabaena, Nostoc, 홍조세균인 Rhodospirillium, 공생박테리아의 도움으로 질소고정 기능을 하는 콩과식물과 다른 과의 식물인 Alnus, Casuarina, Ceonothus, Ginkgo, Elaegnus 등이 있다.

■ 비료목

뿌리에서 식물과 공생관계를 유지하는 질소고정박테리아에 의한 공중질소고정 작용으로 질소를 다량 함유한 낙엽이나 나뭇가지를 토양에 환원시켜 토양의 물리적 조건, 화학적 조건과 미생물적 조건을 개선한다. 그 결과로 토양 질소가 증가되고 부식(humus)을 생성한다.

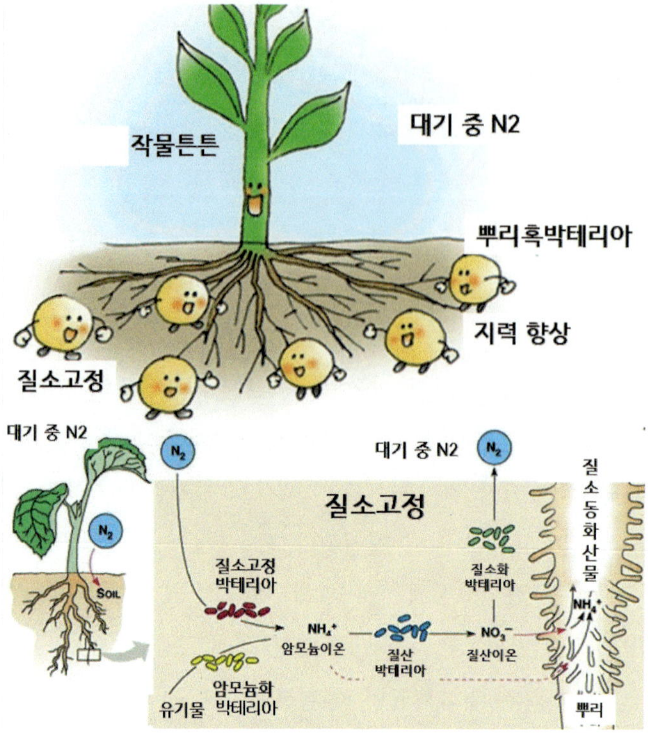

그림 54 비료목과 질소고정작용
(자료: (위)농촌진흥청, (아래)Pearson education(2011)을 각각 저자 수정)

비료목은 지력이 낮은 척박지에 지력을 높이기 위한 수단으로 식재된다. 비료목은 주로 콩과식물에 많으며 일반적으로 많이 알려진 비료목은 다음과 같다.

- **콩과식물**: 자귀, 아까시, 싸리, 족제비싸리, 칡, 자운영 등
- **자작과**: 오리, 산오리, 사방오리, 물갬
- **기타**: 보리수, 소귀나무

① 콩과식물과 뿌리혹박테리아(Rhizobium속)

콩과식물은 뿌리혹박테리아로부터 많은 양의 암모니아를 공급받아 단백질 합성에 이용하며 박테리아는 광합성 산물과 서식지를 제공받는다.

② 비콩과식물(오리나무 등)

콩과식물 외에도 방선균에 의해 뿌리혹이 형성되는 Alnus, Casuarina, Cariaria, Ceonothus, Myrica, Araucaria, Ginkgo, Elaegnus 속 등은 공생하는 박테리아의 도움에 의해서 질소고정 기능을 한다. 또한 일부 지의류도 남조류와의 공생으로 질소고정이 가능하다.

이와같이 질소고정작용에 의해 지력을 회복하고 식물체 내 영양물질이 축적되는 기능을 가진 수종을 비료목이라고 한다.

(3) 비공생적 질소고정

토양이나 물속에서 자유생활을 하거나 다른 식물체에 착생하는 남조류, 세균 등에 의해 이루어진다. 호기성 조건에서 토양이나 수중에 있는 아질산세균이 암모니아를 아질산염으로 전환시키고, 질산세균은 아질산염을 질산염으로 전환하게 되며 이 과정에서 에너지가 생성된다.
질산염은 수용성으로서 토양에서 쉽게 용탈되나 식물의 신속한 흡수작용으로 생태계 내에 잘 보존될 수 있는데, 식물체 내의 죽어가는 조직에 있는 질소는 뿌리나 기타 살아있는 부분으로 이동되어 잔류하게 된다.

(4) 인공 질소고정

인공적으로 공기 중의 질소를 고정하여 질소순환계에 포함된다.

- 하버법(harber): 공업적으로 질소비료를 만들어 공급

[3] 탈질작용

질소순환 과정에서 토양 속 질산이온(NO_3^-)의 일부는 탈질소 세균에 의해 질소 기체로 되어 대기 중으로 돌아간다. 질산염을 분자상 질소(N_2)로 전환시켜 대기 중으로 보내는 과정을 탈질화 또는 탈질작용(denitrification)이라고 한다. 주로 호소와 하구의 하상이나 습지와 같이 혐기적인 조건에서 일어나며, 호흡과정에서 산소 대신 질산염을 전자공여체로 사용한다. 식물이 이용할 수 있는 질산염을 불활성인 질소분자로 전환시키기 때문에 직접적으로는 이롭지 못하나 분자상 질소를 대기 중으로 환원시키는 중요한 과정으로서 대기 중의 질소유지에 중요하다. 탈질작용이 없다면 대기 중의 질소는 감소되어 대부분의 질소가 질산염 형태로 해양에 축적된다.

탈질화 박테리아(Pseudomonas denitrificans)

→ 질소원 손실(아질산염, 질산염→질소산화물, 질소 가스)

한편, 화산활동에 의해 토양 중의 질소 성분이 공기 중으로 분출되어 대기 중에 유입된다.

[4] 질소동화작용

외부로부터 섭취한 물질을 화학적으로 변화시켜 특징적인 고분자 물질을 만드는 과정을 '동화작용(assimilation)'이라고 한다. 식물체 내에서 일어나는 중요한 동화작용으로는 탄소동화와

질소동화가 있다. 식물이 토양 속의 무기질소화합물을 흡수하여 단백질, 핵산, 인지질 등의 유기질소화합물을 만드는 작용을 질소동화작용(nitrogen assimilation)이라고 한다. 식물은 뿌리를 통해 토양 속의 질소를 암모늄이온이나 질산이온의 형태로 흡수하며, 질소동화작용을 통해 생명체 유지에 필요한 핵산, 단백질과 같은 유기질소화합물을 합성한다. 이와 같이 필수원소나 무기질소화합물을 이용하여 생물체 내에서 유기질소화합물을 만드는 작용을 '질소동화'라고 한다. 아미노산이나 단백질 형태의 유기질소 화합물을 흡수하는 동물과는 달리 식물은 주로 암모늄이온(NH_4^+)이나 질산이온(NO_3^-)과 같은 무기질소 형태로 흡수한다. 암모늄이온은 질소가 환원된 형태이며 질산이온은 가장 산화된 형태로서, 습지와 같이 물의 영향을 받아 산소가 부족한 곳에서는 주로 암모늄이온의 형태로 존재하지만 산소가 충분한 육상 환경에서는 주로 질산이온의 형태로 존재한다.

식물 중에는 질산이온보다 암모늄이온이 공급될 때 더 잘 자라는 '호암모니아성 식물(주로 습지식물)'과 질산이온에서 더 잘 자라는 '호질산성 식물(대부분 내륙식물)' 및 두 이온이 적당히 공존할 경우에 잘 자라는 식물 등으로 구분할 수 있다.

질소고정 및 질화작용, 질소동화작용 등 순환과정을 좀 더 자세히 살펴보면 다음 그림 55와 같이 나타낼 수 있다.

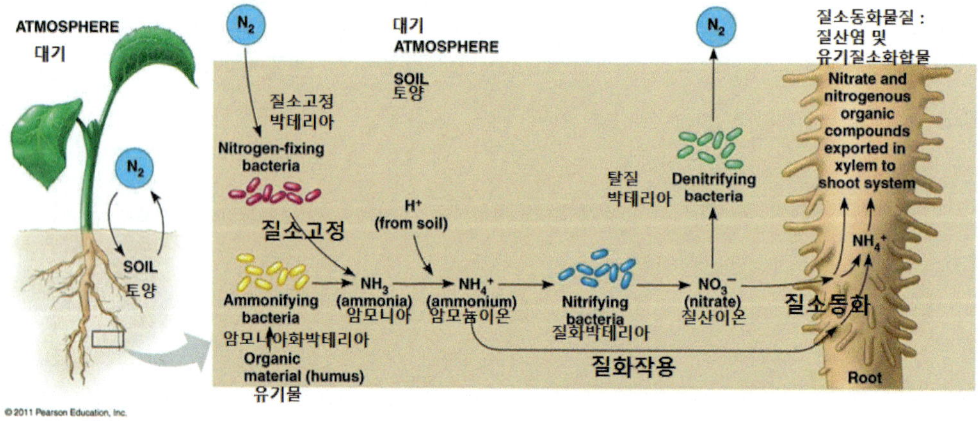

그림 55 질소고정, 질화작용, 질소동화, 탈질작용
(자료:Pearson education(2011)을 저자 수정)

5. 인순환과 황순환

[1] 인순환

인 순환은 비교적 단순하고 순환이 빠른 불완전한 침적형 순환으로서 육지에서 바다로 이동하여 퇴적된 후 다시 육지로 되돌아간다. 인은 모든 생물에게 필수 원소로서 원형질을 구성하며 생물체 내 희소 원소로서 질소의 5% 수준이다. DNA, RNA 등 생명체의 주요 구성 성분으로서 원형질(생명체)과 물질을 구분하는 에너지 전환에 필요불가결한 원소이다.

토양 속의 인은 주로 불용성인 상태로 존재하므로 식물생장의 제한요인으로 작용하게 된다. 인을 포함하고 있는 유기화합물은 식물에 의해 다시 이용될 수 있는 인산염($H_2PO_4^-$)으로 분해되며, 인산염의 형태로 식물에 흡수되며 흡수되지 않는 부분은 무기화학 반응을 거쳐 불용성 화합물이 된다.

- pH5.5 이하에서는 알루미늄과 반응하여 불용성 화합물 형성
- pH7 이상에서는 $CaHPO_4$와 같은 비가용성 물질 형성

독립영양생물이 인을 흡수하면 먹이연쇄에 따라 동물이 인을 획득하게 되며, 초식 및 육식 동물 모두가 배설물로 인을 토양에 분비하면 식물이 다시 흡수한다. 식물에 의해 배출되는 가용성 인은 식물에 흡수되어 재순환된다(그림 56).

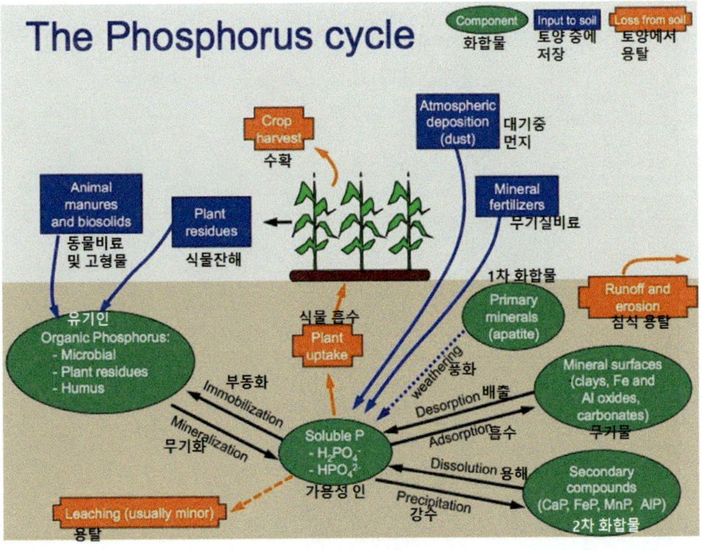

그림 56 인순환 모식도

(자료 : 위키피디아 자료를 저자 수정)

주 저장소는 지각으로서 지질시대에 조성된 암석이나 퇴적물에 저장되며, 순환은 저장소인 침적토에서 서서히 침식과 퇴적에 의해 바다로 이동하고, 바다 융기, 암석 풍화, 화산 가스, 바람에 의한 바닷물의 용승(upwelling), 구아노 채취 등 영양염류를 상승시키는 과정에 의해 육지로 돌아온다.

인순환의 특징 중의 하나로서 구아노가 있다. 바닷새의 분비물인 구아노에는 식물에 필요한 영양염류가 적당한 비율과 가용성 형태로 함유되어 비료로 활용된다. 암석이나 퇴적물이 침식되어 생태계에 인산염을 제공하지만 다량의 인산염이 바다로 들어가서 일부는 얕은 바다의 침적물 중에 침전되고, 일부는 깊은 바다의 퇴적물로 소실된다.

자연계에서 진행되는 인의 순환은 오랜 기간의 풍화과정을 거쳐 토양으로 이동되고 세탈과정을 거쳐 담수와 해양에 이르지만, 인위적 영향으로 이 기간이 단축되고 있다. 즉, 사람들이 농업적 목적이나 생활 목적으로 인산염을 함유하고 있는 암석을 채굴하여 비료나 세제로 사용함으로써 기간을 단축시키고 있으며, 이러한 간섭의 결과로 호수의 부영양화가 발생한다.

호수에 인산염을 첨가하면 조류의 생산이 급증하지만 인산염 공급이 중단되면 수중의 인이 퇴적물로 소실되어 짧은 기간에 호수의 생산성이 급격히 저하된다.

■ 황순환

침적토에 큰 저장소가, 대기에 작은 저장소가 있으며, 아미노산의 형태로 섭취된다. 침적토에서 황화철이 형성될 때 물에 잘 녹지 않는 인이 물에 잘 녹는 인의 형태로 변환되어 살아 있는 유기체에 이용될 수 있는 집적소로 들어간다.

깊은 침전물 속에서 느린 속도로 순환되는 저장소가 있으며, 물이나 얕은 침전물 중에서 급속히 순환하여 생물이 이용할 수 있는 저장소가 있다.

화석연료의 불완전연소에 의해 일부 유기황이 아황산가스 형태로 대기 중에 투입되며 이는 대기오염의 주요 원인이 된다. 무기성 황은 황산염(SO_4)의 형태로 분리, 용해되어 생산자에 의해 이용된다.

3장

개체군과 군집

1절 개체군과 성장

1. 개체와 개체군

개체(individual)란 특정 시간에 특정 공간을 차지하고 있어 공간적으로 단일하며 생활하기 위해 필요한 충분한 구조와 기능을 갖추고 있는 특정 생물 종을 의미한다. 한 사람, 소나무 한 그루, 사슴 한 마리 등 구체적으로 존재하는 개별 생명체를 말한다.

[1] 개체

(1) 변이

개체는 선척적인 유전자적 영향만이 아닌 후천적인 환경의 영향으로 형태적, 생리적 변화를 일으킨다. 이러한 속성을 변이(variation)라고 부른다. 변이는 개체 간에 볼 수 있는 차이를 나타내며, 크기, 형태, 능력 등이 이에 속한다.

이러한 변이는 선천적 유전변이와 비유전적 환경변이로 구분할 수 있다.

- 선천적 유전변이 - 유전자에 의한 변이
- 비유전적 환경변이 - 환경에 의한 변이

(2) 순화

생명체는 환경의 변화에 따른 생리적 조절을 하며, 이에 따라 내성의 범위가 달라진다. 예를 들면 실외에서 자생한 식물을 실내에 도입할 때는 온실 등 일정한 환경적응이 필요하다. 본래의 서식장소로부터 환경이 다른 곳으로 이동할 때 급격한 환경변화에 의해 쇠약해지거나 고사하는 일이 없도록 중간적인 환경 조건 아래에서 어느 정도의 시간동안 적응시키는 과정이 중요하다. 이러한 환경적응 조치를 순화(acclimation)라고 하며, 순화는 생물의 지속적인 생존에 중요한 요인이 된다. 예를 들어, 실내로 수목을 도입할 때 미리 차광시켜 약한 빛에서도 광합성 작용이 가능하도록 적응과정을 거치게 하면 실내 환경에서도 정상적인 생육이 가능하다.

(3) 유성생식과 무성생식

① 유성생식(sexual reproduction)

암수의 성이 분화하여 각각의 암수 생식세포가 생기고 양친의 유전자 교배, 즉 수정(fertilization)에 의하여 새로운 개체가 형성되는 생식 활동을 말한다(그림 57D).

이 과정에서 유전정보가 포함되어 있는 염색체의 일부가 서로 교환되며, 유성생식의 결과 동일한 부모에서 다양한 형질의 자식이 발현된다. 이렇게 유성생식에 의해 탄생된 자녀세대는 환경에 대한 적응력이 높다.

유성생식의 생식활동은 타가수정과 자가수정으로 구분할 수 있다.

- 타가수정(cross fertilization): 서로 다른 개체끼리의 교배
- 자가수정(self fertilization): 동일 개체의 교배

② 무성생식(asexual reproduction)

모체의 일부가 분리하여 모체와 동일한 유전정보를 갖는 새로운 개체가 형성되는 생식 활동을 무성생식이라고 한다. 무성생식은 암수의 성과 관계없이 다음 세대를 남기는 방법으로서 유전정보는 부모와 동일하나 환경적응력이 낮다.

예를들면, 단세포기관인 이메바(세포분열), 히드라(몸의 일부에서 개체가 출아) 등이 무성생식에 해당되며, 식물의 구근에 의한 번식도 무성생식의 하나이다(그림 57 A,B,C).

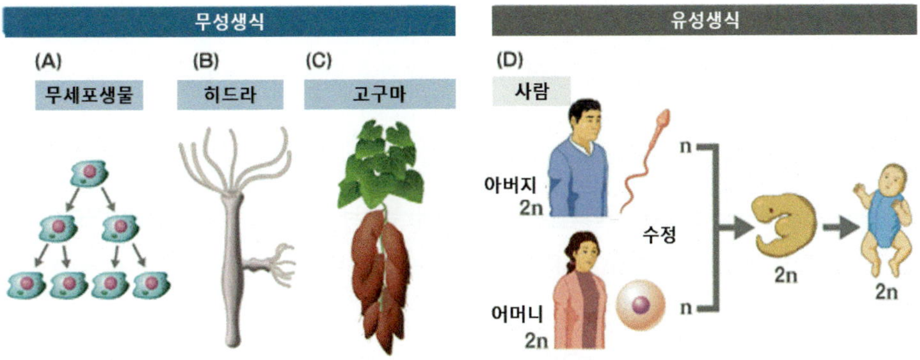

그림 57 무성생식과 유성생식
(자료 : CSLS를 바탕으로 저자 수정)

(4) 종자번식과 영양번식

생식에 의한 개체수 증가 현상을 번식(breeding ; reproduction)이라고 부른다. 번식방법에 따라 종자번식과 영양번식으로 구분할 수 있다.

① 종자번식

유전자 융합이나 교환이 이루어지는 유성생식으로 암수 유전정보가 전해지며 개체변이와 유전적 다양성을 유지한다. 수분에 의한 교배, 종자산포, 종자 발아 및 정착 등이 필요하게 된다. 이때 종자를 산포하므로 떨어진 장소로의 확산에 효율적이며 유전자 이동이 가능하게 된다.

이동 후 새로운 장소가 발아 성장에 적합하지 못할 경우에는 생존률이 하락하게 된다. 종자번식이 가능한 식물의 증식이나 유전적 다양성을 확보할 수 있으며, 성장 초기 영양물질 등이 적으므로 성장이 느리다.

② 영양번식

무성생식으로 모체와 동일한 유전정보를 갖게 되므로 유전적 다양성이 없다. 삽목, 접목, 조직배양, 포기나누기 등이 이에 해당된다.

모체에 붙어있으므로 확산에 비효율적이며 유전자 이동이 미약하다. 독립할 때까지 모체로부터 영양분을 흡수하므로 생존률이 양호하다. 바람, 물, 동물을 매개로 이동한다. 종자로 증식이 곤란할 때 유전적 조직구성을 유지한 가운데 증식하며, 많은 과실, 큰 꽃, 아름다운 색, 내한, 내건성 등 유익한 형질을 지닌 식물의 유전적 조직구성을 변경하지 않고 증식한다. 대체로 성장이 빠르다.

[2] 개체군

개체군(Population)이란 특정 시간에 특정 공간 내에 존재하는 같은 종의 생물군을 의미한다. 즉, 한 지역에 살며 군집의 일부분으로서 기능을 가지는 같은 종류의 생물집단을 말한다. 개체군은 동일한 적소(niche)와 서식처에서 살아가고 상호작용하는 동일종의 개체로 구성되며, 각 개체가 서로 유전 정보를 교환할 수 있다.

개체군 수준에서는 각 개체에서 볼 수 없던 독특한 성질인 밀도, 출생률, 사망률, 연령분포, 생물잠재력, 분산 등의 특징이 나타난다. 개체군의 특성을 결정하는 3대 요인으로는 크기(size), 밀도(density), 분포(dispersion) 등을 들 수 있다. 여기서 개체군의 크기는 일정 공간 내 총 개체의 수를 말한다.

개체군 밀도와 성장률에 영향을 끼치는 요인으로는 출생률, 사망률, 생물적 조건, 생활공간 등을 들 수 있다

■ 개체군 성장지표

어떤 개체군이 얼마나 빨리 성장하는지를 나타내며, 다음 지표의 영향을 받는다.(그림 58).

- 출생률(birth)
- 사망률(death)

- 유출(emigration; 개체군으로부터 외부로 이동하는 개체수)
- 유입(immigration; 개체군으로 이동해 들어오는 개체수)

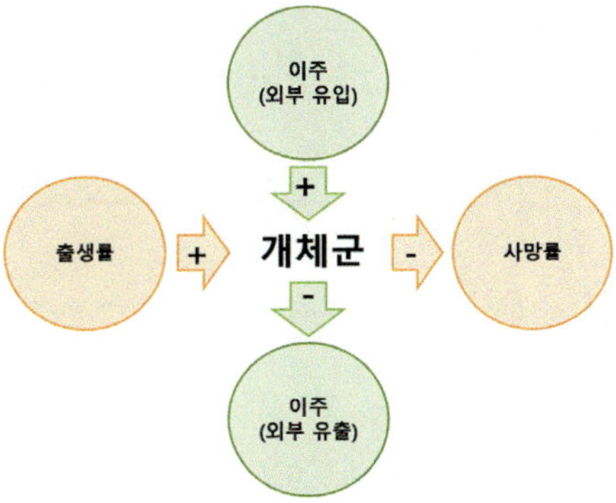

그림 58 개체군 성장 지표

(1) 출생률

① **출생률(birth rate, natality)**
단위 시간당 생식활동에 의해서 새로운 개체들이 더해지는 숫자로서 새로운 개체가 생식에 의해 개체군에 추가되는 비율을 말한다.

② **최대출생률(maxim natality)**
절대 출생률 또는 생리적 출생률로서 생태적 제한 요인이 없이 오직 번식을 위한 생리적 요인에 의해서만 제한되는 이상적인 조건 아래에서 이론적으로 최다수의 각 개체군에서 새로운 개체를 낳는 능력을 말한다.

③ **생태적 출생률(ecological natality)**
실제적 또는 특정한 환경 조건 아래에서 개체군 증가율 즉 현실 출생률을 말한다.

(2) 사망률

① **사망률(death rate, mortality)**
단위 시간당 사망개체수의 총개체수에 대한 비율을 말한다.

② **생태적 사망률, 현실사망률**
어떤 환경조건 아래에서 개체의 사망은 개체군과 환경조건에 의해 변화하게 된다.

③ **최소 사망률(minimum motality)**
개체군에 의해 일정하며 이상적이고 제한 요인이 작용하지 않는 조건아래에서의 사망률을 말한다.

④ **생명표**
개체군에서의 사망률을 나타내며 인구통계, 생명보험 등에서 활용한다.

(3) 전출입률(dispersal)

단위 시간당 개체들이 개체군으로 이주해 들어오거나 이주해 나가는 숫자를 비율로 나타낸 것이다.

2. 밀도와 Allee효과

[1] 개체군 밀도

(1) 밀도와 단위

개체군을 형성하는 개체수를 개체군의 크기라고 하며, 단위면적당 개체군의 크기 즉 개체수를 개체군 밀도(density)라고 한다. 밀도는 단위면적이나 체적에서의 개체수와 생체량의 비율로서 단위 면적 또는 단위 체적 내 개체군의 크기, 단위면적, 체적당 개체수 또는 개체군 생체량(population biomass)으로 분석한다(그림 59).

밀도의 단위는 '수량/단위량', '중량/단위량' 등으로 나타낸다. 예를 들면, 1ha당 인구 1천명, 수목 10,000그루, 1 m^3당 물고기 1,000마리 등이다.

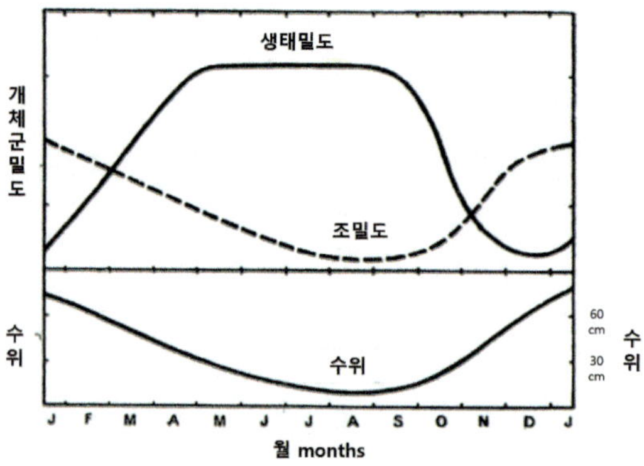

그림 59 조밀도와 생태밀도

① 조밀도(crude density)

- 단위 총 공간당 개체수(생체량)
- 일정한 지역(전체)에 서식하는 생물의 수

② 생태밀도(ecological d.)

단위 생활공간 당 개체수를 말하며 고유밀도라고 한다. 조밀도가 서식가능 여부와 관계없이 공간 전체에 대한 개체군의 비율이라고 한다면, 생태밀도는 서식지 즉 실제 생물이 거주하는 지역에 대한 개체군의 밀도이다. 개체군이 현실적으로 생활할 수 있는 이용 가능한 면적 또는 체적을 기준으로 산정된다.

예) 1ha 당 10마리의 새와 1 m^2 당 2만 마리의 토양 절지동물이 존재할 수는 있어도 1 m^2 당 2만 마리의 새가 서식할 수 없음.

⇒ 자연계에서 관찰되는 개체군이나 이론적으로 어떤 일정기간에 존재할 수 있는 종 개체군의 크기에는 뚜렷한 상한과 하한.

밀도의 상한은 생태계 내의 에너지 이동(생산량)과 그 생물이 속하는 영양단계 그리고 생물의 크기와 속도에 의해 결정된다. 하한에 대해서는 상한처럼 분명하게 결정되어 있지는 않으나, 안정된 생태계에서는 보통종 또는 우점종의 밀도를 어느 정도 한계 내로 고정시켜 놓도록 작용된다.

③ **상대밀도**(relative abundance)

개체수의 변화에 대한 밀도를 의미한다. 즉, 1시간당 조류의 수, 어떤 종의 식물에 의해 점유된 구획의 백분률 등의 개념이다.

(2) 밀도 측정법

① **총계법**

개체군의 총 개체수를 말하며, 인구통계와 같이 전수조사(total count)를 통해 단위면적당 전체 개체수로 나타낸다.

② **표본법**(sampling method)

대표성이 있는 일부 구간을 선정하여 표본으로 하여 계수한 후 전체를 추정한다.

③ **방형구법**(quadrat sampling)

일정 크기의 방형구 안에 있는 개체수나 무게를 기준으로 전체를 추정한다. 즉, 1 m^2에 10마리의 곤충을 발견했다면 100 m^2에서는 1,000마리가 있을 것으로 추정한다. 그러므로 방형구 설치 시 전체를 대표할 수 있도록 적절히 설치하는 것이 중요하다.

④ **포획-재포획법**

개체군의 일정 수를 포획하여 표시한 후 놓아 주고 일정 기간 후 다시 같은 수를 포획하여 표시된 수 확인하여 전체 개체수를 추정한다. 표지법 (marking-recapture method)이라고도 한다.

예를 들어, 동물 100마리에게 표시한 후 일정 기간 경과 후 다시 100마리를 포획했을 경우 표시된 개체수가 10마리였다면 전체 동물 수는 1,000마리로 추정할 수 있다.

⑤ **제거법**(removal sampling)

어떤 지역으로부터 연속하여 시료를 채취하여 누적 개체수를 그래프의 X축으로 삼고, 각 회마다 제거한 새 포획 개체수를 Y축에 점으로 그린다.

⑥ **비구획법**(plotless)

일련의 무작위(random) 상태에 기점을 취하고 그곳을 중심으로 4지역을 분할한 다음 각 지역 내에서 가까운 개체의 거리 측정한다.

[2] 집단화와 Allee 효과

(1) 집단화

동일종의 개체는 유성생식을 위해 자손을 남길 때 상대를 필요로 하기 때문에 집단생활이 유리하다. 개체군은 집단화로 인해 개체와는 다른 다음과 같은 특성을 지닌다.

- 개체군은 일정한 구성을 가지며 시간의 경과에 따라 변화
- 개체군은 성장 분화 분업. 일정한 평형을 유지하지만 그 후 노쇠하고 사망하며, 사망이 다수가 되면 절멸.
- 개체군은 하나의 유전적 조성.
- 개체군은 유전적 요인과 생태적 요인이 독립적으로 작용해서 통합.
- 개체군은 환경으로부터 여러 가지 작용을 받아서 그 형태나 기능이 변화하는 동시에 환경에도 영향을 미쳐 환경을 변화

(2) 앨리효과(Allee effect)

생물이 환경적응도를 향상시키기 위해 집단화함으로써 집단화로 인해 개체군 수준에서 나타날 수 있는 특징의 하나로서 Allee효과(Allee's effect) 즉 집단화의 원리를 들 수 있다(그림 60). 개체군은 출생률과 사망률에 따라 크기가 달라질 뿐 소멸되지 않고 오래 동안 존재하며, 크기가 지나치게 크거나 작으면 기능이 약화된다. 즉, 최적의 개체군 생장과 생존을 가져오는 밀도가 있으며 지나치게 작거나 큰 경우 제한요인이 된다.

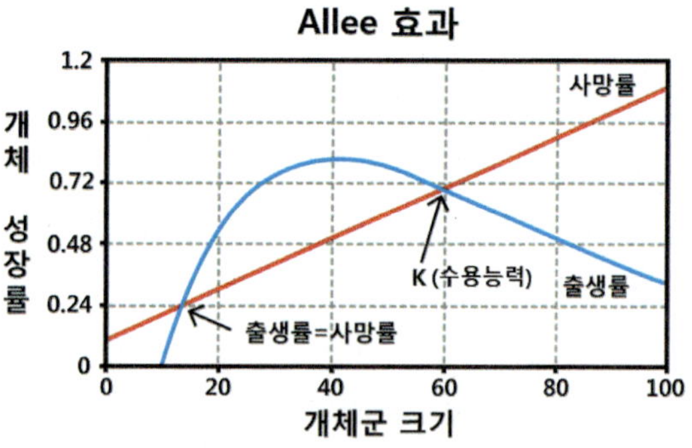

그림 60 Allee 효과 개념

어떤 개체군의 경우 생장률이나 생존률은 개체군의 크기가 작을 때 최대가 되지만 종내 협동이 이루어지고 있는 대부분의 개체군에서는 크기가 중간 정도에서 가장 유리하다.

따라서 과소(過疎)가 과밀(過密)과 마찬가지로 해롭게 된다. 즉, 개체군의 크기가 기준 이하로 작아지면 환경변화에 대한 적응력이 떨어지고 짝을 만나기가 힘들며, 서식환경을 공유하는 다른 종과의 경쟁에 불리하여 다른 종이 자신의 생태적 지위를 차지하여 생존 혹은 이동 분산에 불리하다.

예를 들어 작은 개체군의 경우 유전적으로 문제가 되는데 대표적으로 근친교배가 이에 해당한다. 이러한 원리를 발전시켜 Allee(1931, 1949)는 작은 개체군은 환경수용능력에 관계없이 멸종가능성이 높다는 것을 제창하였다.

(3) 생존가능 최소 개체수

생존가능 최소 개체수(존속가능 최소 개체수; MVP;Minimum Viable Population)는 국지개체군이 생존하기 위해 필요한 최소한의 개체군의 크기를 의미한다. 즉, 특정 개체군이 오랫동안 절멸하지 않고 생존하려면 초기 개체군 크기가 일정 규모 이상으로 커야 하며 만일 개체수가 적은 경우에는 초기 증식사업을 통해 개체수를 확보해야 한다.

MVP는 생물종이 자연적 재해로부터 멸종되지 않고 생존할 수 있는 최소한의 가능한 개체군 크기 또는 인구통계학적, 환경적, 유전적 확률을 의미한다.

■ 개체군 계층구조

개체군은 분포 범위, 유전정보 교류 등에 따라 국지개체군, 지역개체군, 메타개체군 등으로 구분할 수 있다.

- 국지개체군(local population):지역 내에 동일하지 않고 국지적으로 뭉쳐 분포하는 개체군.
- 지역개체군(regional population):국지개체군끼리 유전적 교류가 예상되는 국지개체군 집합.
- 메타개체군(meta population):지역개체군간의 낮은 빈도 교류가 예상되는 지역개체군 집합(그림 61). 개체군의 개체군(population of poplation). 다양한 서식환경을 포함하고 있으며 연결성이 있어 종의 이동과 유전자 교류가 가능한 최상위 개체군(Ricklefs and Miller 2000). 메타개체군 사이에는 유전자 구성이 다르기 때문에 같은 종이라 하더라도 유의하여야 함.
- 서브개체군(subpopulation):최상위 개체군 밑의 하위개체군 (국지, 지역)

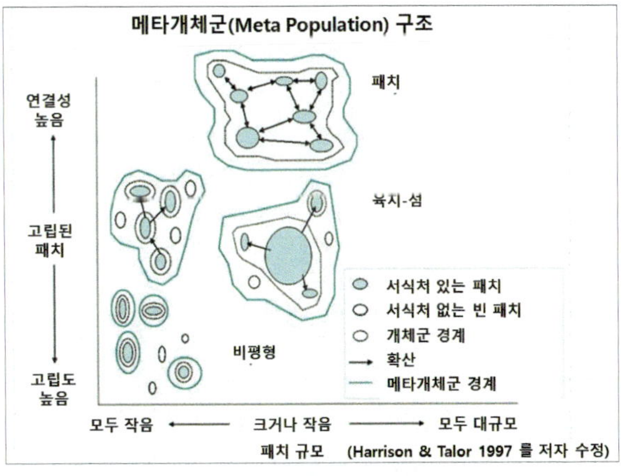

그림 61 메타개체군 구조

3. 개체군 성장

[1] 성장 특성

개체군생태학(Population ecology)은 종별 개체군의 동태와 각 개체군이 어떻게 주변 환경과 상호작용하는지를 연구한다. 개체군생태학의 중요한 법칙으로 맬더스 성장모형(Malthusian growth model)을 들 수 있다. 이 모델은

"개체군 내 모든 개체들이 경험하는 환경이 평형을 유지하는 동안 개체군은 기하급수적으로 증가(혹은 감소)한다"
는 원리를 설명하고 있다.

생물들이 크기와 모양을 바꾸는 것뿐만 아니라 생활 시기와 각각의 활동, 예를 들면 먹이 섭취, 성장, 번식 등에 들이는 에너지량을 조절해서도 환경에 적응하고 있다. 환경이 무제한이면, 즉 서식 공간, 먹이 등이 풍부하며 다른 생물에 의한 제한이 없으면, 현재의 미기후 조건에서 최대의 개체군 생장률이 일정하게 유지된다.
이런 완전한 조건에서는 비 생장률(specific growth rate:개체 당 개체군 생장률)은 개체군의 연령구조의 특징을 결정하며, 그 개체군의 생장에 대한 유전적 능력을 가리키는 지수가 된다.

(1) 연령피라밋 (그림 62)

① 피라밋형(발전형)

연령층이 어린 아랫단의 폭이 넓은 피라밋으로서 어린 개체의 수가 많은 집단 개체수가 급격히 증가하는 형이다. 유년개체의 비율이 높아 장기적으로 인구 증가하는 발전형이다.

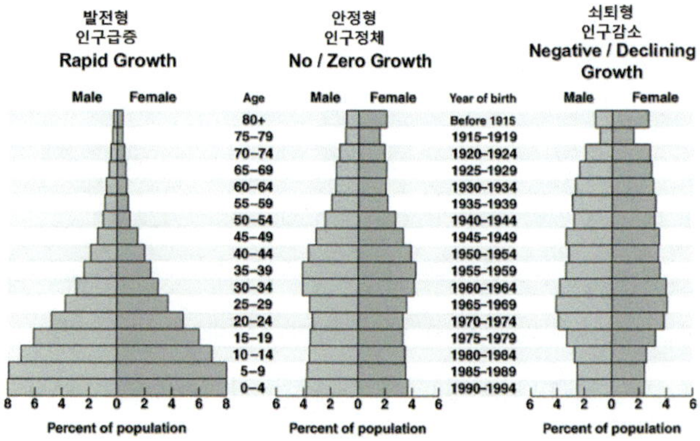

그림 62 인구피라밋 유형.
왼쪽부터 발전형, 안정형, 쇠퇴형
(자료: UN,1994를 저자 수정)

② 종형(안정형)

유년개체로부터 노년개체까지 알맞는 비율로 존재하는 안정형 인구구조이다. 각 연령층이 일정한 비율로 구성된 집단으로서 인구가 안정되었다.

③ 항아리형(쇠퇴형)

어린 개체의 수가 적은 집단 장차 쇠퇴할 형이다. 유년개체가 점유하는 비율이 낮으므로 노쇠 또는 쇠퇴해가는 개체군이다.

(2) 생존곡선

동시에 출생한 개체들이 시간에 따라 생존하는 개체수를 나타낸 그래프를 생존곡선이라고 하며, 사망률과 출생률에 따라 다음과 같이 사람형(Type I), 다람쥐형(Type II), 굴형(Type III) 등의 유형으로 구분된다(그림 63).

① 사람형(Type Ⅰ curve)

출생 수는 적으나 어렸을 때 보호를 받으므로 사망률이 낮은 생존곡선을 말한다. 주로 사람과 같은 포유류가 이에 속한다.

② 다람쥐형(Type Ⅱ curve)

각 연령의 단계에서 사망률이 일정한 생존형으로서 히드라형이라고도 한다. 히드라, 야생조류, 다람쥐 등이 이에 속한다.

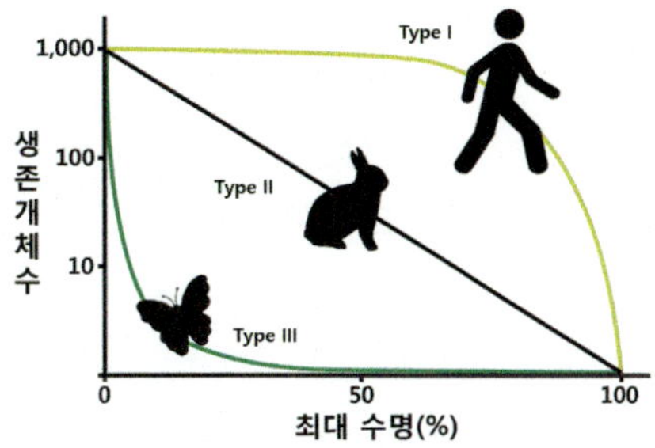

그림 63 생존곡선 유형

③ 굴형(Type Ⅲ curve)

출생수가 많으나 유생 때 많이 죽고 극히 소수가 살아남아 수명을 다하는 생존형을 말하며, 굴이나 어류 등이 이에 속한다.

(3) 성장곡선

개체군의 크기는 일반적으로 생물 침입 초기 개체수는 기하급수적 증가하며(내적증가율:r), 환경수용력(K)에 가까워지면 증가속도가 크게 저하되는 경향이 있다. 이를 각각 지수함수형, 시그모이드형 성장이라고 한다.

① 지수함수형 성장 (J형 성장)

초기 개체수는 기하급수적으로 증가하며, 이때 기울기 정도를 내적증가율: r)이라고 한다. 일시적으로 무제한 증가하여 지수함수형(J형) 성장곡선을 나타낸다(그림 64). 한계에 부딪힐 때까지 기하급수적으로 증가하게 되며, 외부요인에 의해 조절되어야 안정된다. 이를 지수함수형 성장이라 하며, 이때 성장의 정도를 나타내는 내적성장률(내적증가율)을 'r'로 나타낸다.

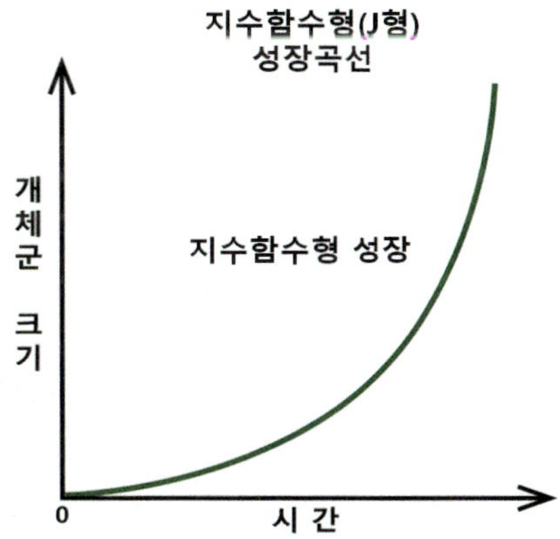

그림 64 지수함수형 성장곡선

$N = N_0 \times e^{rt}$

여기서, r : 내적성장률, t : 시간, N : 초기 개체군 크기

무제한의 환경에서 개체군의 생장률은 각 연령 집단의 생식 때문에 연령 구조와 비생장률에 의하여 결정된다(그림 65).

연령 구조가 안정되어 있을 때에 비생장률을 자연 증가의 고유 변화율(rmax : intrinsic

rate of natural increase)이라 한다. rmax는 흔히 생물 잠재력(biotic potential), 혹은 생식 잠재력(reproductive potential)이라 불리기도 한다.

실험실이나 야외에서 개체군의 실제 생장률과의 차이는 환경 저항(environmental resistance)의 척도이다. 여기서 환경저항이란 생물 잠재력이 현실화되지 못하게 방해하는 환경 제한 요인의 총합을 말한다.

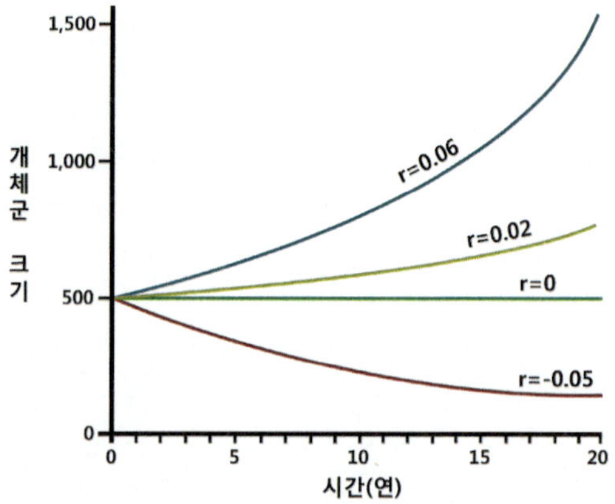

그림 65 내적성장률(r)과 개체군 크기

② **시그모이드형 성장 (S형 성장)**

초기에는 J형 성장 패턴을 보이다 점차 성장률이 저하되고, 환경수용력(K)에 가까워지면 증가속도 크게 저하되어 성장이 멈추게 된다.

내부 및 외부 요인의 영향을 받아 자체 제한적 성장을 의미하며, 밀도의 증가에 따라 제한 요인의 작용으로 성장률이 감소하게 된다(그림 66).

이때 성장이 멈추는 곡선 상부의 상한치를 일반적으로 수용력(carrying capacity)의 개념으로 나타내며, 기호 'K'로 표기한다. 수용능력은 먹이, 공간, 온도, 수분, 토양 등의 요인에 의해 지배된다.

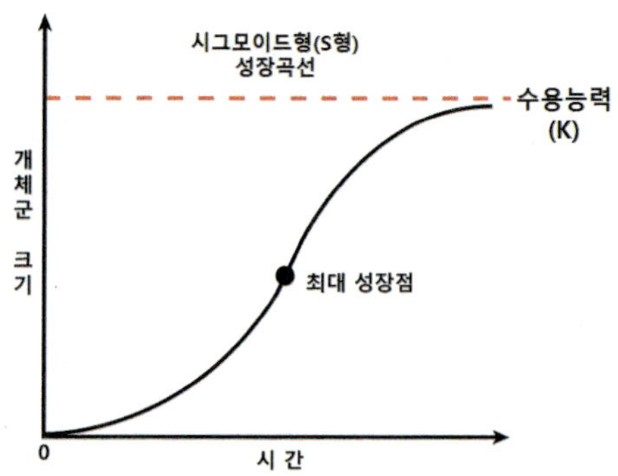

그림 66 시그모이드형 성장곡선

$$dN/dt = rN(K - N)/K$$

$$N = K/(1 + ea^{rt})$$

여기서, K : 수용능력, r : 내적성장률, t : 시간

[2] r-K 모델

맥아더(MacArthur)와 윌슨(Wilson)에 따르면 생물이 살아가는 동안 환경조건에 따라 성장 패턴이 다르며, J형 성장을 따르는 r 선택(r-selection)과 S형 성장을 따르는 K 선택(K-selection)으로 나타낸다.

① r-선택 (r-selection, r-strategists)

J형 성장특성을 따르며 일시적이며 불안정하고 변동하기 쉬운 서식지에서 나타난다.

즉, 천이초기 군집, 새로 형성된 사주, 개방된 삼림, 초기 연못 등에서 일시적으로 환경 조건이 좋을 때 최대번식능력(r)로 증가한다.

성장률 = 생식률(r)×개체수(N)

여기서, r:환경조건이 제한받지 않을 때의 개체군 성장률.
(고유생장률, 내적증가율)

r-선택종은 대체로 생애주기가 짧고 몸체가 작은 종이 이에 해당하며, 빠른 재생산으로 어린 개체수가 매우 많으며 부모개체에 의한 양육이 적다. 개척종으로 적합하며 단기간에 번식능력이 증가한다. 또한 수명이 짧고 번식력이 높다. 여기에 속하는 종은 대체로 보편종으로서 환경적응력 높다. r 선택종으로는 바퀴벌레류, 갈대, 박테리아 등이 있다.

② K–선택(K–selection, K–Strategists)

S형 성장특성을 따르며 안정한 서식지의 개체군에서 나타난다. 주로 극상림, 안정한 동굴, 심해 등에서 환경수용능력(K)에 가깝게 성장하게 된다.

성장률 = 생식률(r)×개체수(N)×사제제한요인($(K-N)/N$)

여기서, K:수용능력 carrying capacity

K-선택종은 재생산 속도가 늦고 어린개체가 적으며 부모세대에 의한 양육에 의존한다. 생식능력이 있는 성체로 성장하기 까지 시간이 늦고 수명이 길며 번식력 약하다. 또한 K 선택종은 특이종으로서 특정 환경과 선호하는 먹이가 한정된다. 생애주기가 길고 몸체가 대형인 종이 많다. 주로 인류, 코끼리 등이 이에 해당한다.

환경 스트레스가 많은 지역에서는 초기에는 경쟁이 없기 때문에 서식처에 r-분포형태를 나타내는 기회종 생물이 우점하게 되고 서서히 환경이 안정되게 되면 K- 분포 형태의 안정종 생물이 우점하게 되어 서로의 서식처를 분할하여 살아가게 된다.

r-선택종과 K-선택종의 특성을 비교하면 표 10과 같이 설명할 수 있다.

표 10 r-선택종과 K-선택종 비교

r-선택 생물	K-선택 생물
일찍 성숙하여 r을 높임	늦게 성숙
몸집이 작은 다수의 자손 생산	몸집이 큰 소수의 자손 생산
짧은 생활사	긴 생활사
1년생	다년생
부모로부터의 자원의 분배 적음 (시간/에너지 부족)	부모로부터의 자원의 분배 많음 (어린 생물의 생존율 높음)
낮은 경쟁력	높은 경쟁력
부적합 환경에 유리하도록 산포력 매우 큼	경쟁/근친교배 피하도록 산포력 좋음

[3] CSR 모델

C-S-R 모델 또는 삼각형 이론(Grime's Triangle theory)은 r-K 선택 모델의 단순성을 보완하기 위해 제기된 이론으로서 경쟁형(C), 스트레스내성형(S), 교란형(개척형, R) 등으로 구분한다(Grime, 1977) (그림 67).

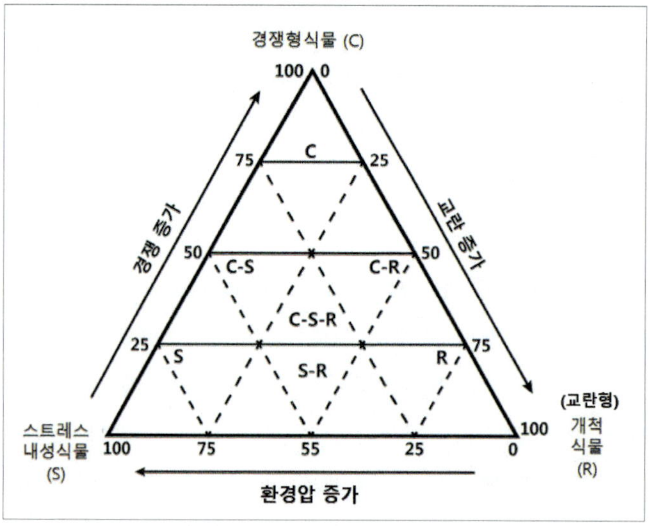

그림 67 CSR삼각형이론
(Grime(1979)을 수정)

낮은 온도, 수분 부족, 영양염류 부족 등과 같이 생산력을 제한하는 환경요인을 스트레스라 하며 스트레스가 식물의 생활사에 미치는 영향은 종에 따라 다르다. 스트레스의 강도와 적응도에 따라 C, S, R 종으로 각각 구분한다(표 11).

표 11 CSR전략 식물의 교란과 생산성

		생산성	
		낮 음	높 음
교란	높음		R(교란형 식물)
	낮음	S(스트레스내성형 식물)	C(경쟁형 식물)

① 경쟁형 식물

경쟁형 식물(Competitors;C)은 스트레스와 교란이 적은 곳에 나타나며 생물학적 경쟁이 가속된다. 식물은 스트레스나 교란이 적을 때 경쟁력이 높다. 경쟁력이 높다는 것은 빠른 성장률과 높은 생산성으로 평가할 수 있다.

스트레스나 교란이 작은 생육지에 나타나며, K-선택종처럼 몸집이 크며 오래 사는 식물이다. 빠르고 크게 생장하며 대체로 수명이 길고, 상대적으로 늦은 생식, 생식에 투자가 적은 특징이 있다.

② 스트레스 내성형 식물

스트레스 내성형 식물(stress tolerator;S)은 스트레스를 받는 생육지에서 느리게 생장하고 오래 살며, 조건이 좋을 때 생식한다. 지의류, 초본, 관목, 교목 등 다양하며, 상록성으로서 매우 느리게 생장한다. 스트레스가 심하고 교란이 낮은 환경에 적응하여 성장률이 낮고 상록성 잎에 영양물질의 저장률이 높은 식물이다. 고산지대, 건조지역, 그늘, 영양이 빈약한 토양, pH부적합 지역 등에 적응한다.

③ 교란형 식물 (개척종)

교란형 식물(ruderal;R)은 교란이 심하고 스트레스가 약한 환경에서 잘 적응된 개척식물이다. 이들은 성장속도가 매우 빠르고 생활주기가 짧으며, 종자생산량이 많다. 교란이 빈번한 생육지에서 잘 살며 r-선택종처럼 빨리 자라는 1년생 초본으로서, 교란된 생태계에 초기에 침입한다.

④ r-K 모델과 Grime′s model 비교

r-K 모델과 Grime′s model을 비교하면 다음과 같다(그림 68).

교란형 식물(Ruderal)은 r선택종과 유사하다.

스트레스내성형 식물(Stress tolerant)은 K선택종과 관련된다.

경쟁형 식물(Competitive)은 r-K 연속체의 중간에 위치한다.

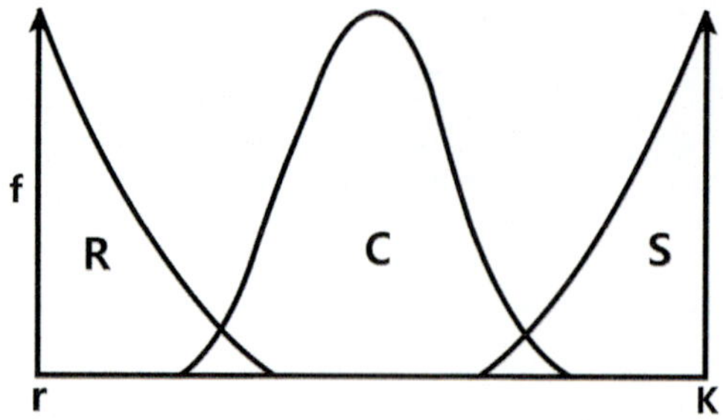

그림 68 r-K모델과 CSR모델 관계 개념

■ 보편종과 특이종

- 특이종specialist species: 환경 내성 범위가 좁은 종-멸종하기 쉬움
- 보편종generalist s.: 환경 내성 범위가 넓은 종-적응력이 높아 멸종 위험 적음

■ 절멸의 소용돌이(Extinction vortex)

개체군의 크기가 작아지면 그 영향이 크게 작용하고 증폭되어 국지개체군 절멸한다(그림 69).
여러 원인으로 개체군 크기 점차 작아지면 유전적 손실이 발생하고 개체 및 개체군의 적응능력이 감소되며, 생식능력이 저감되면서 사망률이 증가되고 개체군의 크기가 급감하면서 멸종위기가 증가하고 결국 절멸에 이르게 된다.

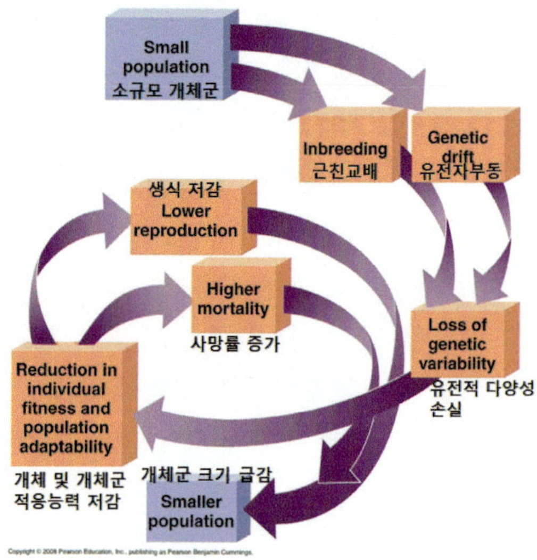

그림 69 절멸의 소용돌이
(Pearson Education을 수정)

4. 개체군 분포

[1] 서식지 선택과 분산

(1) 서식지 선택

서식지 선택(habitat selection)이란 생물이 생존과 종족 보존을 위해 환경이 좋은 곳으로 이동하는 과정으로서 일반적으로 원인과 근인의 두단계를 거치게 된다. 원인은 생존과 번영에 필요한 것을 얻기 위해 서식지 선택이 이루어지며, 번식, 은신처, 먹이 등 대체로 선천적 활동에 속한다. 근인은 생태적 계기, 화학적 요인에 의해 이루어지며 대체로 후천적 요인이다.
일반적으로 환경적 특징으로 1차 선택 후 경험이나 생태형 등에 의해 2차 선택이 진행된다.

(2) 산포와 Kettle 곡선

① 산포

산포(dispersal)란 점유지역 안에서 개체가 본래 있던 곳을 떠나 다른 장소로 이주하는 현상으로서 개체군의 크기를 조절하는 중요한 요인이 된다. 산포의 장점은 다음과 같다.

- 밀집의 회피:밀도 및 개체군의 크기 조절
- 친척과의 경쟁 회피
- 유전적으로 불리한 근친교배의 회피

산포거리를 늘리기 위해서는 개체수를 증가시키거나 산포능력을 증대시킨다. 개체수 증가는 에너지 소비가 많아 비효율적이며 단지 일정 거리에 도달되는 숫자가 늘어난다.

② Kettle 곡선

생물의 산포도를 나타낸 곡선으로서 거리가 멀어질수록 급격히 기하급수적으로 감소한다(그림 70). Kettle 곡선은 수동적으로 산포하는 생물에 잘 맞는다. 경우에 따라 가까운 곳과 먼 곳으로 산포한 어린새는 Kettle 곡선보다 많고 중간거리에 산포한 새는 적게 분포하는 경향이 있다.

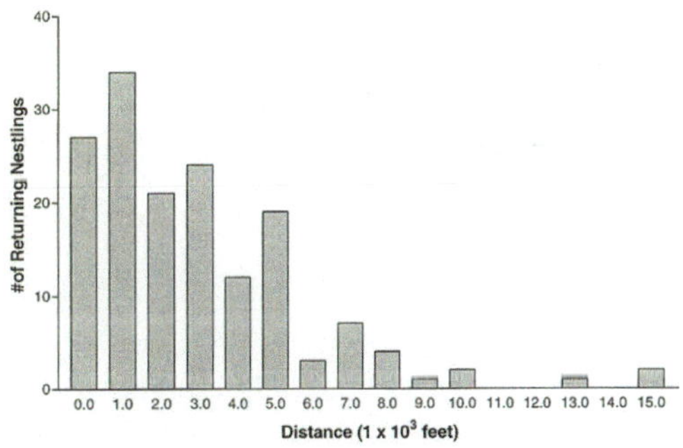

그림 70 거리에 따른 분포특성
(자료: Kendeigh, 1941)

(3) 영역확장

점유지역이 아닌 곳으로 분포범위를 넓히는 것을 영역확장(range expansion)이라 하며, 다음과 같은 요인에 의해 발생된다.

- 산포를 저해하던 요인의 제거
- 이전에는 부적당하던 요인이 적당하게 변함(환경의 변화)
- 종의 진화로 부적당 요인이 적당하게 됨(종의 변화)

[2] 분포와 변동

(1) 분포

개체들이 공간에 분포(dispersion)되는 유형은 균일분포(Uniform), 군집분포(Clumped) 및 임의분포(Random) 등이 있다(그림 71).

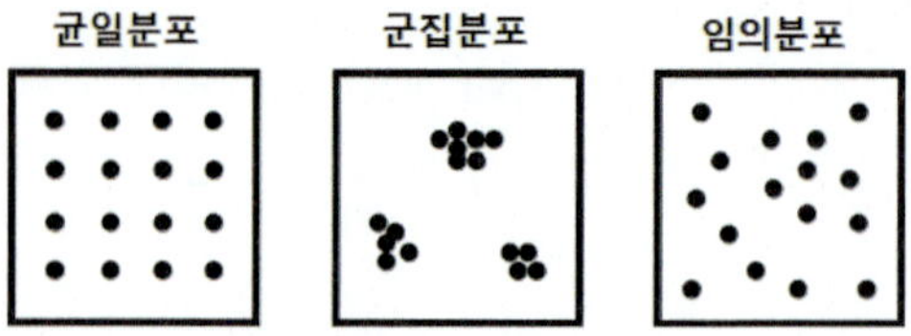

그림 71 분포 유형

① 임의분포(random)

한 지점에서 어떤 개체가 나타날 확률이 다른 지점에서 일어날 확률과 동일한 분포를 의미한다.

② 균일분포, 규칙분포(uniform)

개체들이 규칙적으로 나타나는 분포를 말한다. 과수원, 벌집의 꿀벌 유충에서 볼 수 있다.

새의 세력권, 숲 속 나무 사이의 경쟁 등 개체 사이의 경쟁에 의해 자연 형성된다.

③ 덤불분포, 군생분포, 집중분포(clumped)

불규칙한 분포 패턴을 보이며 자연계에서 일반적으로 볼 수 있다. 습도, 먹이, 그늘과 같은 환경요인, 종자의 전파, 무성생식 등에 의해 발생된다.

④ 생태분포(ecological d.)

환경에 의해 지배되는 생물의 분포를 말한다.

분포를 한정시키는 요인으로는 무기적 환경과 생물적 환경이 있다. 무기적 환경은 식물이나 이동력 작은 동물에 주로 영향을 주며, 생물적환경은 대형 포유류, 조류 등 이동력 큰 동물에 주로 영향을 미친다.

종간의 경쟁관계로 인해 종 본래의 생리적 분포 가능 구역보다 좁게 나타나는 경향이 있다.

(2) 변동

개체군은 종내 또는 종간 상호작용에 의해 단기적이거나 장기적으로 변동한다.

① 단기적 변동

계절적 변동과 같이 짧은 기간동안 발생하는 변동현상을 말한다. 예를 들어 호수생태계에서 영양염류와 빛의 세기, 수온 등의 요인에 의해 규조류가 번성했다가 감소하는 현상이 1년을 주기로 반복되는 현상이 대표적이다(그림 72).

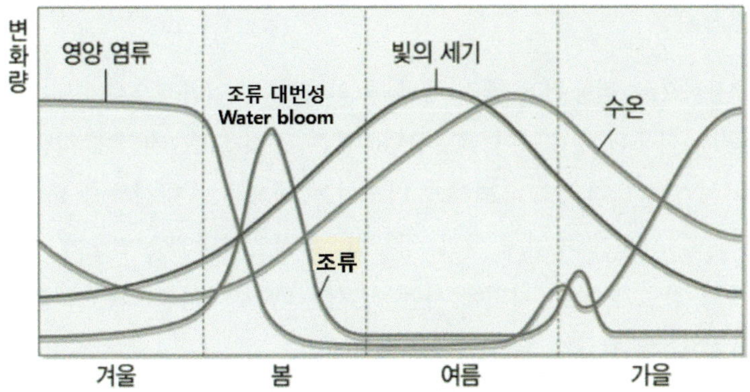

그림 72 단기적 변동

② 장기적 변동

장기적인 기후 변동이나 생물 상호 간의 피식과 포식 관계의 먹이 연쇄에 따라 개체군의 크기가 변동하는 현상이다. 예를들면 피식자-포식자 모델이 있다(그림 73).

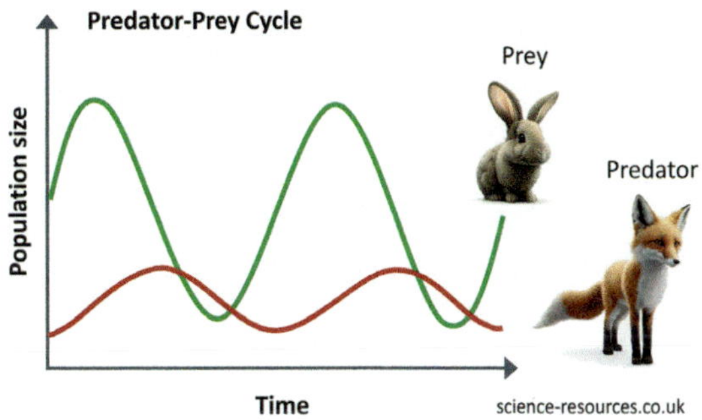

그림 73 장기적 변동 (포식자-피식자 변동)
(자료: Science Resources.co.uk)

■ 로트카 볼테라 피식자-포식자 모델 (Lotka-Volterra predator-prey model)

조건이 충족된 상태에서 피식자의 수는 일정하게 증가하게 되며 이를 먹이로 생활하는 포식자의 수도 증가한다는 원리로서, 1910년 Alfred J. Lotka에 의해 처음 제기되어 1926년 Vito Volterra에 의해 완성되었다. 포식자가 성공적 생식을 위해 먹이를 에너지로 전환하는데 소요되는 시간 때문에 급격하게 증가하지 않는 경향이 있으며, 포식자가 증가하기 시작하면 피식자에 대한 포식 압력 증가하고 피식자의 급속한 감소를 초래한다. 피식자의 감소는 다시 포식자의 먹이 감소와 기아 등에 따른 실패에 의해 포식자가 감소하게 되고, 포식자가 감소하면서 다시 피식자 개체군 크기가 증가한다.

■ 생태육종(ecological breeding)

특정지역에 생태적으로 적응한 품종 육성을 말한다. 같은 종이라도 지역의 환경조건에 따라 적응성이 다르게 되는데 이는 유전자와 환경의 상호작용에 의해서 나타난다. 이렇게 환경조건의 차이에 기준하여 여러 생태구로 구분하며 각 생태구마다 육종목표를 선정하게 된다.

■ 생태형(ecotype)

생태형이란 국지적으로 적응된 유전적 종족을 의미한다. 일반적으로 지리적 분포가 넓은 종은 대체로 각 지역에 적응된 생태형이 발달한다. 같은 종이 다른 지역에 적응하여 생활하면서 생긴 유전적인 차이가 생태적으로 유의하게 나타나는 개체군을 형성하게 되며, 같은 종이라도 요인보상작용에 의해 적응된 지역에 따라 성장형, 최적조건, 내성 밀도가 다르다.
예를들면, 광선의 강도가 낮은 지역에 사는 식물은 다른 지역에 사는 같은 종보다 더 낮은 광도에서 광합성 속도가 최고가 된다.

5. 상호작용

개체군은 종간 및 종내 구성원 사이에 일정한 영향을 끼치게 되며 이를 상호작용이라고 부른다. 영양상의 상호작용은 한 종이 다른 종을 먹이로 이용하는 생물사이의 섭식관계를 말한다. 이러한 상호작용은 이종간의 상호작용과 동종간의 상호작용으로 구분할 수 있다.
두 종으로 구성된 개체군은 0, +, -의 결합 즉 00, +-, ++, --, -+, +0, -0, 0-, 0+ 등으로 대응하는 기본적인 방법으로 서로 관계하고 있다(표 12; 표 13). 중립(neutralism)은 어느 쪽도 이익이나 손해가 아닌 불편관계로서 어느 개체군도 다른 개체군과의 공동생활로 영향을 받지 않는다(0 0). 경쟁을 피해 서식지를 옮기는 것을 분서라고 한다.

표 12 이종 간의 개체군 상호관계

구분		약한 종에 미치는 영향		
		-	0	+
강한 종에 미치는 영향	-	경쟁 competition	편해공생	기생 parasitism
	0	편해공생 amensalism	중립(불편) neutralism	편리공생 comensalism
	+	포식predation 피식prey	편리공생 commensalism	상리공생mutualism 원시협동(상조공생) protocooperation(synergism)

+:생장, 생존, 기타 개체군에 이익 유지,
-:개체군의 속성 억제(장해요인),
0:뚜렷한 상호관계 없음

표 13 상호관계 유형

상호관계 유형		내 용
중립관계(neutralism)		상호관계의 영향을 받지 않는다. 분서 : 경쟁을 피함
경쟁(competition)		생태적 지위가 같은 생물 사이에 먹이, 공간을 놓고 다투는 것
	상호억제 경쟁형 (mutual inhibition competition)	• 일반적 자원을 공통적으로 요구 • 서로 활발히 억제
	자원이용 경쟁형 (competition resource type)	• 적은 자원을 두고 적대적으로 영향 • 높은 생장률 및 환경적응력 높은 종이 유리
편해공생(amensalism)		• 한편의 개체군만이 다른 것을 억제하고 다른 한쪽은 영향 받지 않음. ex)타감작용 allelopathy
기생(parasitism)		• 숙주(host) ↔ 기생체(parasite) • 한 생물이 다른 생물(숙주)의 몸에 붙어서 영양분을 빨아먹고 숙주(host)에게 손해를 끼치는 것 • 기생체가 숙주의 세포물질을 이용해 생장. • 숙주의 밀도와 생장은 기생체에 의해 결정.
초식, 포식 및 피식 (predation)		포식자(predator) ↔ 피식자(prey) * 위장, 방위, 의태, 집단행동, 회피 • 한 편의 개체군(포식자)은 다른 것(피식자)을 직접 공격하여 섭취 • 피식자의 밀도는 포식자에 의해 조절. 주기적 변화.
편리공생 (commensalism)		• 하나의 생물이 다른 생물의 관심 없는 먹이를 먹는 공생관계 • 한쪽은 이익을 받으나 다른 한쪽은 영향받지 않음.
원시협동(protocooperation) 또는 상조공생(synergism)		• 쌍방의 개체군 성장이나 생존에 이익은 있으나 그 관계는 구속성이 없음
상리공생(mutualism)		• 서로 다른 생물들끼리 서로 이익을 주고 받는 공생관계 • 개체군 간에 서로 이익을 주고 받음. 쌍방의 개체군 생장이나 생존에 이익이 있으며 상대방이 없으면 자연 상태에서 생존하지 못함

그런데, 상호관계는 명확하게 구분 정의할 수 없는 경우가 많다. 즉, 같은 생물 조합이라 하더라도 그들의 이해관계가 시간적으로 변화하거나 또는 환경 요인적 영향 관계가 바뀌기도 한다. 또한 같은 현상도 보는 시각에 따라 이익 또는 손해로 다르게 보는 경우도 있다.

[1] 경쟁

경쟁(Competition)은 두 개체군이 서로를 억제하거나 어떤 종류의 부정적인 영향을 끼침으로서 상호작용의 결과 두 개체군이 모두 손해를 보게 된다(--). 개체군 수준에서 개체군의 밀도/

성장률이 감소 또는 억제되며, 유기체의 수와 종류를 결정하는 주요 요소로 작용한다.

경쟁은 일반적으로 동일 대상을 갖기 위해 다투게 되는데, 생태적 수준에서 공급이 부족한 어떤 것을 갖기 위해 두 유기체들이 다툼을 벌인다. 예를 들면, 숲속에서 햇빛과 영양소를 차지하기 위한 식물간의 다툼이 그것이다.

종내경쟁은 동일한 생물종 안에서 일어나는 경쟁관계이다. 자기조절적 개체군(S형 성장)이나 세력권 확보를 하는 개체군에게 더 중요하다.

반면에 같은 자원을 필요로 하는 다른 생물종들 사이에서 제한된 자원을 사이에 두고 일어나는 경쟁을 종간경쟁(Interspecific competition)이라고 말한다. 종간경쟁은 생장 및 생존에 불리한 영향을 끼치는 두가지 또는 그 이상의 개체군 사이에 나타나는 상호관계로서 직접간섭형 및 자원이용형 등으로 구분된다.

- 상호억제경쟁(mutual inhibition competition)은 쌍방의 개체군이 서로 상대방에 대해 적극적으로 방해를 하며 억제를 한다.
- 자원이용경쟁(competition resource)은 개개의 개체군이 적은 자원을 둘러싸고 서로 적대적으로 영향을 미친다.

(1) 경쟁배타(principle of competitive exclusion)

1960년 생태학자 하딘(Garret Hardin)은 "complete competitors cannot coexist(완전한 경쟁자들은 공존할 수 없다)"라고 두운법에 따라 간결하게 요약한 문구로 경쟁배타의 원리를 주장하였다. 같은 자원을 필요로 하는 두 개의 종은 자원이 제한된 조건에서 같은 장소에서 무기한 공존할 수 없고, 같은 방식으로 환경과 상호작용 할 수 없다는 원리이다. 한 생태계 내에서 같은 생태적 지위를 차지하는 둘 이상의 종이 살아가고 있을 때, 치열한 경쟁을 통해 적응성이 높은 우수한 종이 다른 종을 몰아내고 장소를 독점하게 된다.

경쟁배타는 상리공생적으로 연결될 필요가 없는 생물집단 사이에서 일어나는 자연선택(natural selection)이라고 할 수 있다. 즉, 전체 개체군과 군집에게는 유리한 방향으로 작용하나 개체군 내의 개체에게는 선택적으로 불리하게 작용한다는 것으로서, 궁극적으로 생물 공동체에 긍정적인 영향을 가지는 유기체들만이 살아남으며 소수의 부적합한 개체들은 배제 또는 위축된다는 원리이다. 참고로, 경쟁배타와는 달리 공존은 평형상태에서 자원을 공유함으로써 감소된 밀도로 함께 살아가는 것을 의미한다.

■ 가우스의 실험(G.F. Gause, 1934)

20세기 초, A.J. Lotka 와 V. Volterra는 개체군 성장과 경쟁의 결과 예측 모델을 구축하였다. 이 모델을 통해 두 종은 오랫동안 같은 자원을 놓고 경쟁할 수 없으며 조금이라도 재생산이 높은 종이 다른 종을 대체한다고 주장하면서 이를 경쟁배타 원리라고 제안하였다.

러시아의 생태학자 G.F. Gause는 짚신벌레속(Paramecium)의 두 종(P. aurelia & P. caudatum)을 대상으로 실험하여 경쟁배타의 원리를 검증하였다. 실험결과 각자 다른 실험구에서는 두 종 모두 S형 성장곡선을 이루며 잘 자라지만 같은 실험구에서 함께 배양하면 P. aurelia가 P. caudatum을 억제하고 독점하여 잘 자란다는 것을 밝혔다(그림 74).

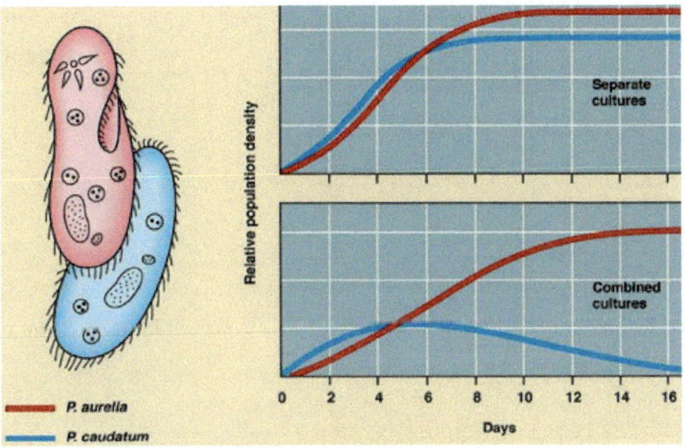

그림 74 가우스의 실험.
짚신벌레속(Paramecium) 두 종.
(그림 자료:http://krupp.wcc.hawaii.edu/)

가우스는 짚신벌레 외에도 두 종의 효모(Saccharomyces cerevisiae 및 Schizosaccharomyces kefir)를 대상으로 에틸알콜의 추출 생산량을 실험한 결과 Schizosaccharomyces kefir가 더 효율적임을 밝혔다.

(2) 플랑크톤의 역설과 가위바위보 생태학

반대의 결과를 보여주는 사례로서 '플랑크톤의 역설(paradox of the plankton)'(그림 75)과 '가위바위보 생태학(The rock-paper-scissors game and coexistence)'(그림 76) 을 들 수 있다. 수생태계 내에서 햇빛이나 용존 영양염류 등 자원이 제한된 상태에서도 오히려 여러 종이 공존하여 경쟁배타의 원리에 대치되는 결과를 보여주고 있다.

그림 75 플랑크톤의 역설
https://elifesciences.org/digests/93115/tackling-the-paradox-of-the-plankton을 저자 수정

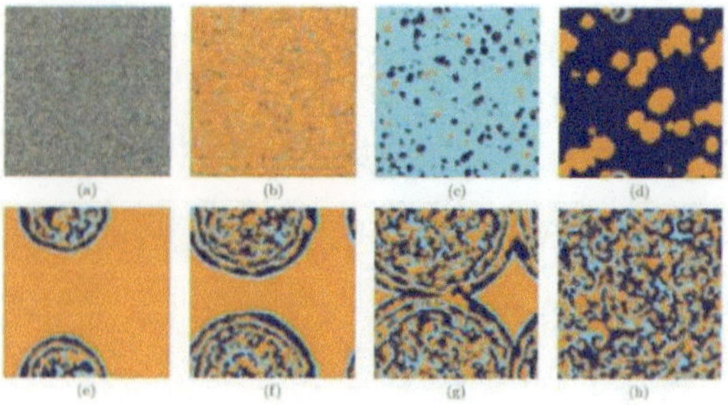

그림 76 가위바위보 생태학
https://phys.org/news/2019-07-rock-paper-scissors-game-coexistence.html을 저자 수정

(3) 맥아더의 자원분할 이론(Resource Partitioning)

맥아더(R. H. MacArthur)에 의하면 같은 서식환경에서 여러 종의 경쟁은 서식처의 분할을 촉진시키고 각 종은 최적 서식처에서 살게 된다(그림 77). 이를 니치분할(Niche Partitioning) 또는 자원분할(Resource Partitioning) 이론이라고 한다. 예를 들어, 북미산 휘파람새(warblers) 다섯 종은 모두 가문비나무를 은신처와 섭식장소로 사용하지만 실제적으로 동일한 생태적 지위를 차지하지 않고 먹이와 둥지를 짓는 습성이 다르기 때문에 격렬한 경쟁을 피할 수 있다.

그림 77 자원분할
(biology-forums을 저자 수정)

(4) 서식지 분산(Habitat Zonation; 분서)

Joseph Connell(1961)은 바닷가에 서식하며 생태적 적지가 겹치는 따개비류의 종 간 경쟁에 의해 최적 서식지가 분산되는 분서 현상을 관찰하였다. 따개비류는 만조위에서 간조위 사이의 조간대(intertidal zone)에 서식하지만 이들이 함께 사는 경우 분포가 제한됨을 밝혔다(그림 78). 따개비A(Chthamalus)는 조간대 전체, 따개비B(Balanus)는 따개비B에 비해서는 상대적으로 중간 이하의 조간대에 서식하지만, 이들의 서식처가 겹치는 경우 따개비A는 만조선에 가까운 구간에만 서식하게 된다.

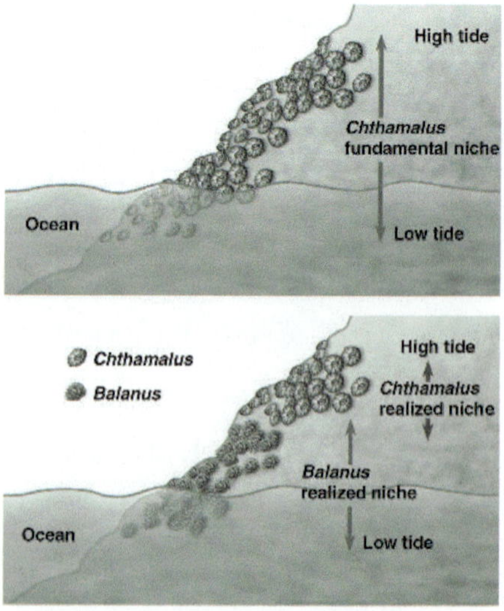

그림 78 서식지 분산
(자료: Joseph Connell, 1961)

(5) 중간교란설

중간교란설(intermediate disturbance hypothesis)에 의하면 중간수준의 교란을 받은 지역은 교란이 약하거나 심한 지역에서 보다 많은 종을 갖는다(그림 79). 대부분의 종을 죽일 정도로 강하지 않으며 우점종의 경쟁적 영향을 감소하기에 충분한 중간수준의 교란에서만 내성이 없는 종과 내성이 강한 종뿐만 아니라 경쟁적으로 열등한 종과 우수한 종들이 모두 살아갈 수 있기 때문에 종의 수가 최대가 된다.

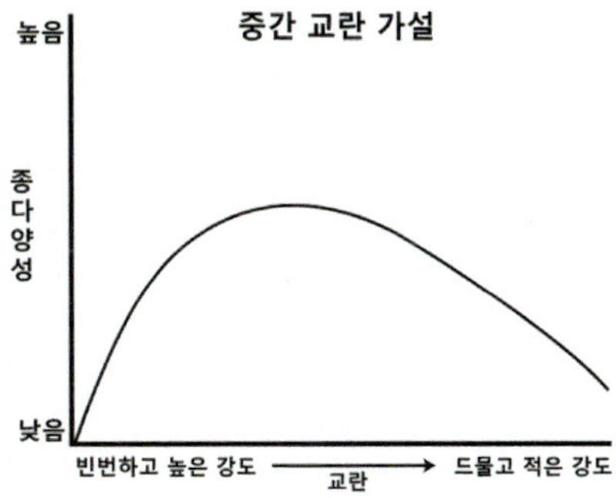

그림 79 중간교란가설

- 교란이 약한 경우: 경쟁이 심하고 이에 따른 결과로 몇 종만 생존
- 교란이 심한 경우: 일부 압력 내성이 강한 종만 생존

[2] 포식과 피식

(1) 초식

1차 소비자인 초식동물(herbivore)이 생산자인 식물을 먹는다.

① 방목(grazing)/새싹먹기(browsing)

풀과 작은 나무, 물속의 조류를 뜯어 먹음(소, 메뚜기, …)
새싹먹기(browsing):어린 싹이나 가지 등 특수한 부분 먹음

② 과실먹기(frugivory)

신선한 과일만을 먹음-영양분이 풍부한 과피를 먹음

③ 종자먹기(seed predation)

싹트기 전의 종자를 먹음-씨 속의 배와 배유를 먹음
종자생산량의 변화(예:해거리)는 동물의 밀도 조절에 역할

④ 초식에 대한 식물의 방어

가시, 독성 물질 등으로 방어

- 형태적 방어: 가시, 털
- 화학적 방어: 물질 분비, 화합물을 생성하여 맛을 없게 하거나 소화가 안되도록 함

(2) 포식과 피식

포식(predation)은 2차 이상의 고차소비자인 포식자(predator)가 피식자(prey)의 신체 전부나 그 일부를 먹어 영양물질을 섭취한다. 피식자의 개체수가 증가하면 포식자의 개체수가 증가하고 피식자의 개체수가 감소하면 포식자의 개체수도 감소하여 포식자에게는 긍정적이고 먹이(피식자)에게는 부정적이다(+-).

포식자는 자신의 생명유지를 위해 필연적으로 피식자를 찾아야 하며 피식자는 이에 적절한 방어책을 강구한다. 피식자 개체군의 과다한 크기를 예방하는 효과가 있으며, 과도한 포식으로 피식자 개체군 전멸 또는 극도로 감소되는 원인이 되기도 한다.

① 로트카 볼테라 모델

로트카 볼테라 모델(Lotka-Volterra predator-prey model)은 모든 조건이 충족된 상태에서 피식자의 수는 일정하게 증가하게 되며, 이를 먹이로 생활하는 포식자의 수도 증가한다는 이론으로서 Lotka(1910)에 의해 처음 제기되어 이후 지수함수 등으로 표현하는 과정을 거쳐 Volterra (1926)에 의해 통계학적 분석을 통해 완성되었다(그림 80).

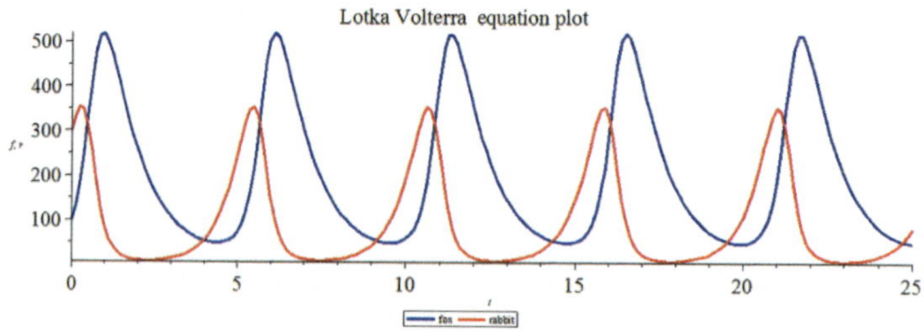

그림 80 Lotka-Volterra predator-prey model
(자료 : https://commons.wikimedia.org)

포식자가 증가하기 시작하면 피식자에 대한 포식 압력 증가하고 피식자의 감소를 초래하며, 피식자의 감소는 다시 포식자의 먹이 감소와 기아, 이에 따른 실패에 의해 포식자 감소를 초래한다. 포식자가 감소하면서 다시 피식자의 수적 증가가 시작된다. 이때 포식자가 성공적 생식을 위해 먹이를 에너지로 전환하는데 소요되는 시간 때문에 급격하게 증가하지 않는 경향이 있다.

② Rosenzweig-MacArthur의 포식자-피식자 모델

L-V모델을 기초로 환경 수용능력(K)과 Allee효과를 적용한 실제적 모델로서 피식자가 효과

적으로 회피할 때 밀도 변화 안정된다. 다음 그림 81에서 피식자와 포식자의 밀도와 회피 여부에 따라 피식자와 포식자의 개체군 크기 변동을 보여준다. (a)높은 밀도의 피식자가 효과적으로 포식을 회피하는 경우, (b)포식자와 피식자가 균형을 이루는 경우, (c)포식자 개체군이 피식자를 효율적으로 잡아 먹는 경우 변동의 폭이 매우 크게 나타나고 있다. 포식자의 dN/dt=0선은 피식자 곡선 정점을 기준으로 (a)에서는 오른쪽에 있고 (b)는 같은 위치, (c)에서는 왼쪽에 있다.

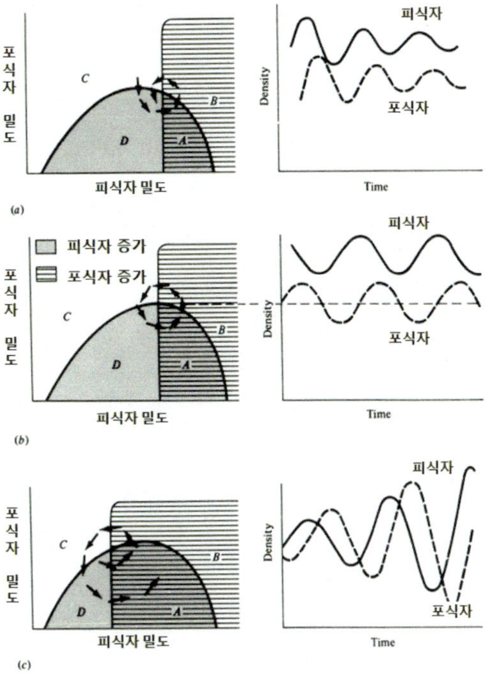

그림 81 Rosenzweig-MacArthur의 포식자-피식자 모델

[2] 기생과 공생

기생(Parasitism)이란 기생생물(Parasite)과 숙주(Host) 사이의 관계를 말한다. 공생(Symbiosis)은 두 종이 같은 공간에서 같은 영양물질을 공유하며 같이 살아가는 것을 의미하며, 편리공생(Commensalism), 원시협동 또는 상조공생(protocooperation, synergism), 상리공생(Mutualism) 등이 있다.

기생도 공생관계의 한 유형으로 보는 견해도 있다.

(1) 기생

숙주(host)에게는 부정적이고 기생체(parasite)에게는 이익이 된다(-+).

에너지원과 서식지가 되는 숙주에 영양관계로 의존하여 살고 있는 유기체의 관계를 말하며, 한 개체군이 다른 것을 직접 공격하면서도 그것에 의존하며 생활한다. 포식과는 달리 기생성 유기체가 피식자(숙주)보다 일반적으로 생식률이 높으며, 대체로 특수한 종의 숙주에만 기생한다. 이를 숙주특이성이라 한다.

특수한 내부환경과 다른 개체로 옮겨 살기 위해 전문화된 구조와 물질대사과정, 빈번한 생활사를 갖는다. 영양을 얻는 대상에 따라 활물기생과 사물기생으로 구분한다.

겨우살이와 같이 기본적으로 숙주에 기생하되 일부 광합성을 통한 생산기능이 있는 경우 반기생으로 구분하기도 한다.

■ 면역

기생생물에 대한 숙주의 반응을 말한다. 이러한 면역체계가 단절되는 현상인 후천성면역결핍증(AIDS)은 병원체인 바이러스가 인간의 면역체계를 파괴하여 나타난다.

■ 부생(saprobism)

죽었거나 죽어가는 생물로부터 에너지를 얻는 상호작용을 말하며, 분해작용을 통해 유기물질을 무기화합물로 생성하게 된다.

동물시체, 분변, 고사목, 낙엽, 낙지 등이 부생 작용의 대상이 되며 이들은 분해되어 수분을 보존하는 능력을 높이고 무기영양소의 순환에 중요한 역할을 하며 토양 소동물의 서식지가 된다.

(2) 편리공생

편리공생(commensalism)은 한 종에게는 이익이 되나 다른 종에게는 아무런 이익이나 해를 끼치지 않는 관계를 말한다. 서로 작용하는 두 개체군 사이에 한 종에게는 이익이 되고 다른 종에게는 영향이 없다(+ 0).

편리공생이라는 용어는 라틴어의 'cummensa(음식을 나눔)'에서 유래된다. 본래의 의미는 먹다 남은 음식을 다른 동물들에게 나누어주는 것을 의미하며, 예를 들면, 포식자가 사냥한 먹잇감을 먹고 배를 채우기를 기다렸다가 죽은 사체를 먹어치우는 청소동물들의 행태 등을 말한다. 그런데, 편리공생과 기생사이의 구별이 모호하고 시간의 흐름에 따라 가변적이다. 예를 들어 대합-속살이게는 일반적으로 편리공생 관계이나 때로 게가 숙주의 속살을 먹어버리는 기생 관계가 성립되기도 한다(표 14).

표 14 공생의 유형 및 이해관계

Type of relationship	Species harmed	Species benefits	Species neutral
Commensalism		●	●
Parasitism	●	●	
Mutualism		●●	

① 착생식물(Epiphytes)

열대지방에서 자라는 난, 파인애플 등은 다른 식물체에 부착해서 자라는데, 기생과 다른 점은 이들은 다른 식물체에 의존하여 성장할 뿐 그 식물체의 영양분을 흡수하여 해를 끼치는 기생-숙주 관계가 없다는 것이다. 건생식물(xerophyte) 또는 공기식물(air plant)로 표현하기도 한다.

② **북극곰과 시아노박테리아(polar bears and cyanobacteria)**

시아노박테리아는 북극곰의 털 속에 의존하여 살지만 북극곰으로부터 영양분을 흡입하지는 않으므로 북극곰에게 어떠한 이익이나 해를 끼치지 않는다.

③ **해삼과 숨이고기**

숨이고기는 해삼의 항문 속에 숨어 사는데, 숨이고기는 해삼의 체내로 물과 함께 들어오는 미소한 먹이를 먹지만 해삼은 숨이고기로부터 아무런 이익도 받지 않고 해를 입지도 않는다.

(3) 원시협동(상조공생)

원시협동(protocooeration)은 다음에 설명할 상리공생과 함께 상호작용 결과 서로 이익을 얻게 되는 관계로서 상조공생(synergism)이라고도 한다. 상호작용으로 이익을 가진다(+ +)
원시협동은 상리공생과는 달리 상호작용의 구속성이 없는 관계로서, 쌍방의 개체군 성장이나 생존에 이익이 있으나 상호의존 관계가 절대적인 것은 아니어서 두 생물이 혼자서도 살 수 있다. 즉, 협동작용을 통해 서로 이익을 얻겠지만 협동작용이 없어도 단독생활이 가능한 관계이다. 게와 강장동물, 소와 소 등에 앉아서 진드기를 쪼아 먹는 새 등의 관계가 원시협동에 해당된다.

(4) 상리공생

상리공생(mutualism)은 앞에서 설명한 원시협동과 함께 상호작용 결과 서로 이익을 얻게 되는 관계이다. 상호작용으로 이익을 가진다(+ +)
그런데, 각자 독립적으로도 생존 가능한 원시협동 관계와는 달리 두 종의 협동이 각각 생존에 필수적인 관계이다, 즉, 공생관계를 이루는 각 개체군 생장이나 생존에 이익이 있을 뿐만 아니라, 서로 상대방이 없으면 자연 상태에서는 생존하지 못하게 된다. 즉, 두 종의 생존에 절대적으로 필요한 관계이다. 이러한 상리공생은 지구 생태계 기능에서 가장 중요한 필수적인 관계이다.

① **질소고정 박테리아**

- 콩과식물과 질소고정 박테리아
- 반추동물과 위 속에 사는 박테리아

② **흰개미와 내장에 사는 편모충**

원생동물(편모충)이 흰개미가 먹는 섬유질을 소화시켜주고 흰개미에게서 먹이와 집을 얻는다. 이 관계에서 편모충류는 셀룰로스를 분해하여 흰개미에게 양분을 공급한다. 즉, 흰개미는 스스로 셀룰로스를 분해할 수 없으나 셀룰로스 분해 능력이 있는 편모충류의 도움으로 식물 섬유를 먹이로 하여 살아갈 수 있게 된다.

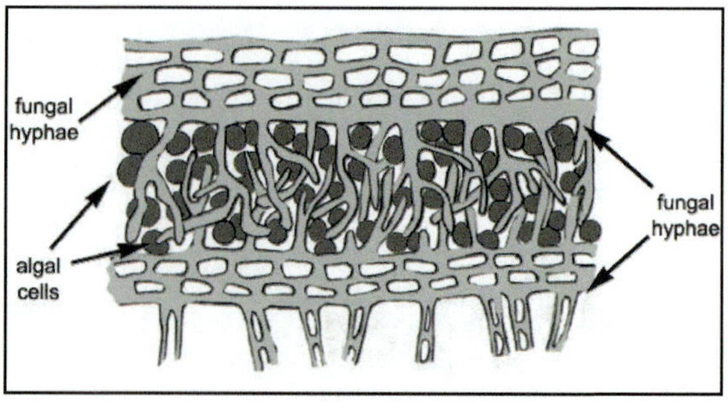

그림 82 지의류
(자료: www.suboptimist.wordpress.com)

③ 지의류(조류와 균류의 공생체)

지의류(Lichen)는 조류(Algae)와 균류(Fungi)가 하나의 종으로 볼 수 있을 정도로 밀접하게 연합(association)되어 단일 종처럼 보이며, 떨어져 있으며 살지 못하는 절대적 상리공생 관계이다. 여기서 조류는 생산자 기능을 하며, 균류는 수분공급자 기능을 한다(그림 82, 83)

그림 83 지의류

④ 균근(mycorrhizae)

균근은 식물의 뿌리와 곰팡이류 균사의 결합으로 상리공생체를 형성한다(그림 84). 1885년 프랭크(A. B. Frank)에 의해 처음 발견되었으며, '균근'이라는 용어는 곰팡이와 뿌리를 의미하는 그리스어에서 나왔다. 70% 이상의 육상식물의 뿌리에 균근균이 공생하고 있으며, 식물은 무기화합물과 미량원소를 균근균에서 받는 한편, 균근균은 식물에서 광합성 산물을 받고 있다.

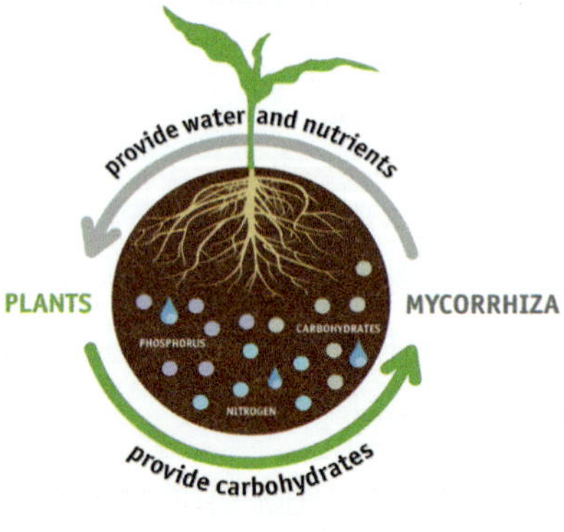

그림 84 균근 개념
(자료: hechenbichler, 2023)

- 외생균근 (ectomycorrhiza): 균사가 뿌리 세포의 표층 사이에 분포하며, 곰팡이가 만든 기관으로 식물이 토양으로부터 무기영양소를 추출하는 능력이 향상된다. 균사가 뿌리로부터 수m까지 뻗어 토양의 용적 증가로 뿌리의 흡수능이 활성화된다. 외생균근류가 부족한 토양은 식물의 분포가 제한된다.
- 내생균근 (endomycorrhiza): 균사가 뿌리 세포 속에 분포한다. 진달래과 내

생균근, 난초과 내생균근 등이 대표적이다. 외생균근은 식물 세포벽 주변에서 자라지만 식물 세포벽 안으로 들어가지는 않는 반면, 내생균근은 식물 세포로 자라서 수지상체를 형성한다.

(4) 편해공생

편해공생(amensalism)은 상호작용의 결과 한 종이 해를 입고 다른 종은 아무런 영향을 받지 않는다(0-).

편리공생의 한 유형인 착생식물의 경우 착생식물은 단지 나무에 의존하여 붙어 생활하는 것으로서 두 종 사이에 어떤 영양관계도 없어 편리공생 관계이나, 경우에 따라서는 숙주나무가 착생식물의 잎으로 덮여 광합성을 방해받는 경우가 있다. 이러한 경우 착생 식물은 그들이 의존하고 있는 나무의 영양분을 간접적으로 제한하게 되므로 이 관계는 편해공생이라고 할 수 있다. 또한 파리에 붙어 이동하는 진드기에 의해 파리가 비행하는데 여분의 에너지가 더 소비되는 경우 편해공생의 일종으로 볼 수 있다.

[4] 화학적 상호작용

(1) 타감작용/상호억제작용(allelopathy)

타감작용은 어떤 종에서 배출하는 화합물이 다른 종에 영향을 주는 작용을 말한다. 특히 식물에 의한 화학적 억제를 주로 의미하는데, 식물이 자기보호 본능으로 다른 식물이 잘 자라지 못하게 하는 화학물질을 주변 환경 방출하여 자신은 아무런 영향을 받지 않은 채 다른 식물에 해를 끼친다.

- **기피제**: 독성 분비물, 스컹크 분비물
- **탈출제**: 물표면 곤충이 탈출할 때 표면장력을 줄이기 위해 뿌리는 계면활성제
- **억제제**: 차파렐(지중해성 관목림) 등. 주위에 분포하는 초본 생육 억제 물질 배출. 균류의 항생제(경쟁자의 성장 억제제 - 인류의 약제로 활용)
- **자가독소(autotoxin)**: 억제제가 그것을 분비한 종에게 해를 끼침
- **항생(antibiosis)**: 개체군이 경쟁상대에 대하여 유해한 화학물질을 분비 수종별로 몇 수종은 타감작용을 통해 다른 종의 성장과 침입을 억제한다.
- **소나무**: 페놀성 물질을 배출하여 소나무숲에서는 다른 식물이 잘 자라지 못함. 다만, 철쭉, 옻나무 등은 소나무와 성질이 비슷하여 큰 영향 없음

- 호두나무: 뿌리에서 배출되는 쥬글론(juglone)이라는 상극물질. 다른 식물의 발아와 생장 억제
- 산림욕: 숲에서 배출되는 피톤치드의 일종인 테르펜유가 산림욕에 이용

(2) 페로몬(pheromone)

같은 종 사이에 영향을 주는 일종의 화학물질이다. 나방의 수컷이 암컷을 유인하거나 개나 짐승들이 오줌으로 세력권을 나타내기도 한다. 꿀벌 유충이 일벌이나 여왕벌로 발달하게 하는 로얄젤리도 이에 해당한다.

한편, 천남성과 같은 식물은 약제로도 쓰이며 사약재료로도 이용되었다.

유칼립투스에는 독성이 있어 다른 동물들이 먹지 못하나 코알라는 장 속의 미생물 작용으로 인해 유칼립투스에서 서식이 가능하다.

- 유인제: 식충식물의 곤충 유인제. 사람 피부의 낙산으로 모기 유인

[5] 동종간의 상호작용

(1) 텃세권(=세력권)

텃세권 즉 세력권이란 특정 개체가 텃세로 차지한 공간, 그 체제를 말한다. 텃세란 개체가 일정한 공간을 점유하고 다른 개체의 침입을 막는 현상을 말하며, 텃세권은 생활공간 확보, 먹이 획득, 배우자 독점 등을 목적으로 형성된다.

(2) 순위제와 리더제

① 순위제

개체간의 힘의 강약에 따라 일련의 순위가 형성되는 개체간의 서열관계를 말한다. 예를 들면 닭의 먹이 쪼는 순위와 같은 개체군 내의 서열관계이다.

② 리더제

동물 개체 중 한 개체(리더)가 전체의 행동을 유도하는 체제로서 예를들면 얼룩말, 기러기, 원숭이 등 개체군에서 리더의 행동과 지시에 따라 개체군이 같은 행동패턴을 나타낸다.

③ 가족생활

일생동안 암수가 새끼를 기르며 사는 생활을 말하며, 사람이나 고릴라, 번식기의 호랑이 등에서 볼 수 있는 현상이다.

④ **사회생활**

집짓기, 집지키기, 먹이 얻기, 새끼돌보기 등의 분업적 활동을 말하며, 꿀벌, 개미 등의 집단생활에서 분업적 사회생활을 볼 수 있다.

2절 군집

군집(community)이란 특정한 시간에 특정한 지역에서 생활하는 다양한 개체군들이 모여 상호작용하는 유기적 단위를 말한다. 특히 식물 개체군의 모임을 군락(association)이라고 부르기도 한다.

군집은 일정한 물리적 서식지에서 상호진화에 의하여 대사가 변형되어 온 종합적인 단위체로서 개체군들의 집합이며, 일정 지역의 서식처를 공유하면서 직접 또는 간접적으로 상호작용을 하는 생물의 집단을 포함한다.

군집단위에서 각각 특이한 영양구조, 물질대사, 에너지흐름, 다양성, 층위구조, 먹이사슬 등 생태적 특성을 갖는다.

군집 내에서도 일부 생물종들이 비슷한 기능을 수행하거나 혹은 같은 자원을 이용하는 경우 길드(guilds)라고 한다. 예를 들어 주로 곤충을 잡아먹는 새들을 곤충 채식 길드(insect-feeding guild)라고 한다.

1. 군집의 유형과 구조

[1] 군집 유형

(1) 독립성에 따른 유형

① 고차군집(major c.)

대규모이며 높은 독립성을 갖는 고도로 조직화된 완전한 군집으로서 외부 군집의 도움 없이 태양광선 만으로 유지되고 성립된다.

② 저차군집(minor c.)

주변의 다른 군집에 의존한다.

(2) 서식환경에 따른 유형

군집은 다음 기준에 따라 구분할 수 있다.

- 우점종, 생활형(life form), 지표종 등 구조상의 주요 특색
- 군집의 물리적 서식처의 특징

- 군집의 대사형과 같은 기능적 특징

(3) 군집 명명

군집에 관한 명명법은 생물 또는 뚜렷하고 안정된 그 무엇인가의 특징을 찾아서 명칭으로 하는 것이 일반적이다. 육상군집에서는 대형 식물이 우점종이 되지만, 수중에서는 생활 장소의 물리적 특징이 명칭이 되는 경우가 많다. 예를 들면, 여울군집(stream-rapids community), 갯벌군집(mudflat commuity), 해변군집(sand-beach community) 등이다.

① 육상 군집

우점종이 1~2개로 적으므로 우점종의 명칭으로 정한다. 예를 들면 소나무-상수리나무 군집(군락)이라 명명한다. 이동성이 높은 동물보다는 대형식물이 뚜렷하고 안정적이므로 군집 명칭을 우점종 식물로 정하며, 동물의 개념을 포함하는 경우도 있다.

② 수중 군집

대체로 우점종이 시간의 흐름에 따라 연속적으로 변화하므로 서식처의 물리적 특징으로 정한다. 예를 들면 여울군집, 개펄군집, 모래톱군집 등이다.

[2] 군집 구조

(1) 기본 구조

군집구조에 대한 상호작용의 역할에 대해 여러가지 의견이 있으나 대체로 상호작용 특히 경쟁이 군집구조에 중요한 역할을 하고 있다고 알려져 있으며, 경쟁이 군집구조에 영향을 미치는 방법은 다음과 같은 방법들이 있다.

- 경쟁배타의 원리에 의해 일부의 종이 배제됨
- 현재의 경쟁에 의해 종이 생태적으로 제약
- 과거의 경쟁으로 종이 형태적/행동적으로 분화되어 경쟁이 약화되어 공존 가능

■ 패턴과 형성과정(Pattern vs. Process)

패턴(Pattern)은 시각적으로 쉽게 지각할 수 있는 상태를 말하며, 식생의 대상 분포, 종목록, 계절적 분포, 특정 종과의 군집 형성 등을 말한다.

형성과정(Process)은 패턴이 변화하는 것을 의미하며, 초식, 경쟁, 피식 위험, 가용 영

양물질, 방해의 유형, 에너지 흐름, 역사, 진화 등을 말한다.

(2) 군집의 출현 속성

① 규모

규모는 군집의 크기를 의미한다.

② 공간과 시간 구조

공간 구조는 각 종들이 상호관계를 통해 분포 결과 나타나는 것이다. 어떤 종들은 다른 종에게 적합한 서식처를 제공해주기도 한다.

예를 들어, 열대우림대의 나무들은 수관층과 하층, 지피 및 근권 등 여러 층위로 나뉘게 된다. 각 층은 그 환경에 적합한 종의 서식처가 되며, 나뭇가지가 갈리지는 기부에 고인 물은 특정 군집에 적합한 서식환경을 제공하기도 한다. 시간적 구조는 시간에 따른 종의 출현과 행동 양상을 말한다.

2. 우점도와 다양도

[1] 우점종과 우점도

(1) 우점종

우점종(dominant species)은 군집 내에서 가장 종풍부도가 높거나 개체군 총생산량이 가장 많은 종을 의미한다. 그렇기 때문에 군집 내에서 우점종을 제거하는 경우 전체 군집 구성이 바뀔 수 있다. 군집 전체의 성질이나 기능을 정하는데 그 군집내의 생물이 모두 같은 정도로 중요한 것은 아니다. 한 군집에 존재하는 많은 생물들이 개체수, 몸의 크기, 생산력, 그 밖의 활동력으로 지배적 영향력을 나타내는 종이나 집단은 소수이다.

각 군집 내에서 에너지의 흐름이 생활환경을 크게 변화시키는 종 또는 종의 집단을 생태적 우점종이라 하며 한 종이나 여러 종에 대한 우점 집중도를 우점도 지수로 표시할 수 있다. 이는 전체 군집에서 각 종이 분담하고 있는 중요도의 총합이다. 일반적으로 군집은 다수의 희소종과 소수의 보통종으로 구성되나, 외부압력이 가해지면 희소종의 종수가 감소되고 소수의 우점종의 중요성이 높아진다. 즉, 우점종의 집중화가 일어난다.

우점종은 다음과 같은 특성을 지닌다.

- 일정한 지역의 군집 내에서 중요한 기능을 수행하고, 다른 종에 영향을 크게 미치는 종:(고차)군집내에서 에너지흐름이나 물질순환을 주도하는 종, 집단. 생태적 우점종(ecological dominants)
- 많은 종으로 구성된 군집 내에서 개체수, 몸의 크기, 생산력 및 기타 활동력으로 보아 지배적 영향력이 있는 소수의 종이나 집단
- 소속되어 있는 영양집단 중에서 최대의 생산력을 가짐:제거되었을 때 군집 및 환경에 중대한 영향
- 종과 환경사이의 반작용과 상호작용을 통해서 이루어짐:어느 지역에 특정 종이 생육하기 적합한 미기후가 형성되면 특정 종이 우점하여 군집구조 결정
- 일반적으로 육상군집에서는 종자식물(우리나라 중부:소나무, 상수리나무, 신갈나무 등)
- 극한 환경일수록 우점종의 수가 적음-사막, 툰트라 등
- 열대보다 한대로 갈수록 우점종의 수가 적으며, 1~2종의 수목이 전체의 90% 이상을 차지할 수도 있음

(2) 핵심종

핵심종(keystone species)은 군집 내에서 다른 종에게 중요한 영향을 끼치는 종을 말한다. 즉, 어떤 종류의 지배적 영향력을 발휘하고 있는 생물종을 말하며, 우점도와 관계없이 기능에 중점을 두고 판단한다.

핵심종은 종다양도를 유지하는데 일정한 영향을 끼친다. 핵심종을 제거할 경우 군집 구조는 심각하게 영향을 받게 되는데, 일반적으로 핵심종이 제거되는 경우 다른 많은 종의 생태적 적소(niche)가 제거되는 경향이 많다.

어떤 경우에는 핵심종이 환경을 변화시켜 다른 종이 살 수 있도록 하기도 하고, 특정 영양단계에서 다양성을 유지하는 포식자가 되기도 한다.

■ 희소종(rare species)

멸종위기종과 같이 야생 상태에서 살아 있는 개체수가 특히 적은 생물종으로서 군집에서 중요도가 가장 낮은 종

■ 표징종(characteristic species)

어떤 군집에는 많고 다른 군집에는 거의 없는 종

■ 우산종(umbrella species)

호랑이처럼 활동반경이 넓고 생태계 정점에 있는 종.
우산종이 존재함으로써 전체 생태계를 건강하게 유지.

■ 깃대종(flagship species)

지역의 상징이 되고 중요하다고 생각하는 종

(3) 우점도

우점도란 군집 내 우점종의 집중도를 말한다.
우점도는 일반적으로 우점도 지수(index of dominance)로 나타내며 대표적인 우점도 지수로는 Simpson 지수(1949)를 들 수 있다.

$$D = -\Sigma(ni/N)^2$$

여기서, ni : 개체군집의 중요도(개체수, 생체량, 생산량 등)
N : 각 중요도의 합

이때 종수(s)와 개체수(N)뿐만 아니라 종 개체수에 대한 각 종이 차지하는 비율을 고려하게 된다. Simpson 지수는 무작위로 선택된 두 개체가 동일한 종에 속할 확률을 정량화하여 군집 내 종 우점도를 측정한다. 지수가 높을수록 소수 종이 매우 풍부하여 우점도가 높으며, 지수가 낮을수록 여러 종의 분포가 고르고 다양도 높음을 의미한다.

[2] 다양도

다양도(diversity)는 생태계를 구성하는 종의 수 및 군집구조의 복잡한 정도를 말하며, 단조로울수록 환경변화에 민감하게 된다. 그러므로 생태계의 건전성을 위해서는 다양도를 유지하는 것이 필수적인 고려사항으로서 생태계복원의 궁극적인 목표라고 할 수 있다. 다양도는 물리적으로 지배(물리적, 화학적, 제한요인)된 생태계에서는 낮으며, 생물적으로 지배(생산자, 소비자, 분해자)된 생태계에서는 높게 나타난다.

다양도가 낮을 때 환경의 변화에 손상입기 쉬우며, 그렇기 때문에 농작물을 재배할 때 많은 수확을 얻기 위해 농업의 집약성을 높이는 것은 이로움보다 해로움이 많게 된다. 오히려 혼합재배가 곤충의 서식지를 제공하고 토양조건을 개선하며, 단위면적당 더 많은 식량과 다른 산물 생산할 수 있게 된다. 한편, 잡초 등 인위적 경관에서 쓸모없는 요소들이 자연계에서는 중요한 기능을 하며 경관요소로도 작용하게 된다.

이와 같이 다양도는 군집 내에서 종이 얼마나 다양한 특성을 지니고 있는지를 나타내는 개념이며, 종풍부도, 종다양도, 종균등도 등으로 나타낼 수 있다.

(1) 종다양도(Diversity)

종다양도는 종다양성의 수학적 표현 즉 일정한 군락 내에서 종이 다양한 정도를 수학적 지수로 나타낸 것으로서 군집 내 종 수를 포함한 상대적 풍부도를 말한다. 종풍부도와 균등도(species evenness)를 동시에 나타내는 척도이며 개체의 중요도(개체수, 생체량, 생산력 등)와 종 수의 비율로 나타낸다.

① Shannon지수(Shannon–Wiener지수)

정보이론에서 도출된 지수로서 연속된 두 개체가 같은 종일 확률을 의미한다. 일반적으로 Shannon & Wiener(1949)지수를 이용한다.

$$\overline{H} = -\Sigma\left(\frac{n_i}{N}\right) \times \log\left(\frac{n_i}{N}\right) = -\Sigma P_i \times \log(P_i)$$

여기서, $P_i = n_i/N$:각 종의 중요도 분담율,

n_i:각 구성요소의 수 또는 중요가,

N:중요가의 총량

- 참고 : 하천 오염평가
- 다양성지수가 높으면 오염도가 낮고, 지수가 낮을수록 오염도 높다
- H′가 1이하이면 오염 심함, 3이상이면 깨끗한 것으로 판정.

② Simpson 지수 (Simpson′s diversity index)

0과 1사이의 값으로 계산되며 균등도가 고려된 다양성 지수를 측정할 때 무난하다. 무작위로 두 개체를 뽑을 경우 두 개체가 같은 종에 포함될 확률을 의미한다.

지수가 높을수록 소수 종이 매우 풍부하여 우점도가 높으며, 지수가 낮을수록 여러 종의 분포가 고르고 다양도가 높다.

$$D = 1 - \Sigma P_i^2$$

여기서, $P_i = n_i / N$: 각 종의 중요도 분담율

[예시] 다음 군집에 대한 Simpson 종다양도 지수는 다음 표 15와 같이 산출한다.

표 15 Simpson 종다양도 지수 사례

	Number of Individuals
Species A	104
Species B	71
Species C	19
Species D	5
Species E	3

총 개체수 $= (104 + 19 + 71 + 5 + 3) = 202$

$PA = 104/202 = .51 \quad PB = 19/202 = .09 \quad PC = 71/202 = .35$

$PD = 5/202 = .03 \quad PE = 3/202 = .02$

다양도 지수 $D = 1 - (.51)^2 + (.09)^2 + (.35)^2 + (.03)^2 + (.02)^2$

$= 1 - .40 = .60$

(2) 연속비교지수

연속비교지수(SCI;sequential comparison index)는 표본에 출현한 종 수를 출현 개체수로 나눈 값이며, 야외에서 간단히 산출가능한 지표이다.

SCI = 출현종수(S)/출현 개체수(N)

여기서, S :종수, N :개체수

(3) 종풍부도

종풍부도(Richness Index;RI)는 단위면적 내에 서식하는 생물종의 수를 계량화한 것으로서 군집 내에서 일정 면적에 있는 종의 수 및 일정한 표본지역의 종 수를 세어 한 지역의 종 풍부도를 추정할 수 있다. 지수값이 높을수록 종 조성이 균형을 이루고 환경상태가 양호하다고

할 수 있다.

종풍부도의 측정은 관찰의 기본이며 위도가 낮아짐에 따라 다양도는 증가한다. 즉 열대지역은 온대지역보다 종이 더 풍부하다.

일반적으로 Margalef(1958)의 방식을 이용한다.

$$d1 = \frac{S-1}{\log N},\quad d2 = \frac{S}{\sqrt{N}},\quad d3 = 1{,}000\text{개체당}S$$

여기서, S :종수. N :개체수

(4) 균등도(equitability)=상대우점도

균등도(equitability)는 각 종이 속하는 개체수가 얼마나 고르게 분포하는 가를 나타내는 척도로서 '상대우점도'라고도 한다. 한 군집 내에서 다수의 종들이 비슷한 개체로 나타나면 종다양도는 높고 반대로 소수의 종이나 소수의 종이 상대적으로 많은 개체수를 차지하면 다양도는 낮고 우점도가 높다. 종다양도가 높은 군집은 군집 내 먹이사슬 내의 포식, 경쟁과 생태적 지위를 달리함으로서 상호관계 작용이 복잡하고 다양함을 나타낸다.

일반적으로 Pielou(1966)이 제안한 지수를 이용한다.

$$\text{균등도지수}\ e = \frac{\overline{H}}{\log S}$$

여기서, $\overline{H}$: Shannon-Wiener지수, S :종 수

(5) 유사도(similarity index)

유사도는 서로 다른 2개체에서의 종다양성 비교 지표이다.

$$S = \frac{2C}{A+B}$$

여기서, A:표본 A에 포함되는 종 수

B:표본 B에 포함되는 종 수

C:표본 A와 B에 공통으로 포함되는 종 수

$$\text{비유사도 지수} = 1 - S$$

(6) αβγ 다양도

Whittaker(1972)는 공간상의 맥락에서 특정 지역(서식처, 군락) 내의 일반적인 종다양성을 의미하는 α diversity, 생태단위(서식처 등) 사이의 종구성의 변화와 차이를 나타내는 β diversity, 넓은 지역의 종합적인 다양도를 의미하는 γ diversity로 구분하여 설명하였다. γ diversity는 α diversity와 β diversity에 의해 결정된다(그림 85; 그림 86).

이와 관련하여 Hunter(2002)는 gamma-diversity를 지역 규모의 종다양도(geographic-scale species diversity)라고 정의한 바 있다.

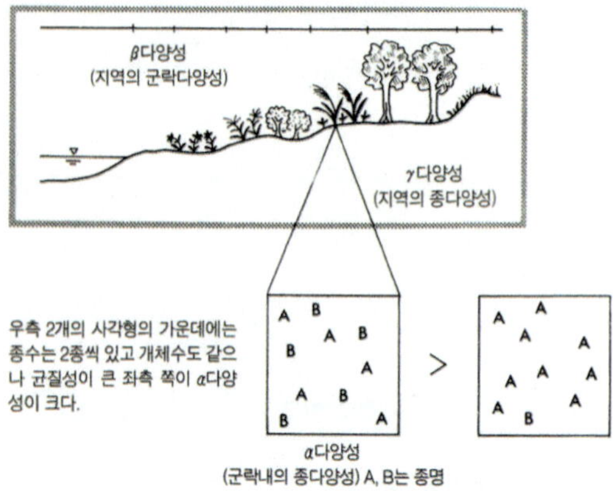

그림 85 α β γ 다양도

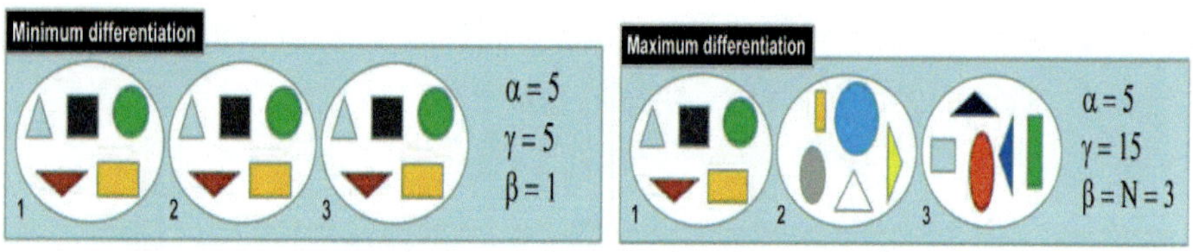

그림 86 α β γ 다양도 개념

αβγ 다양도 산출 사례는 다음 표 16과 같다.

표 16 α diversity, β diversity, γ diversity 사례

(Meffe et al., 2002)

Hypothetical species	Woodland habitat	Hedgerow habitat	Open field habitat
A	X		
B	X		
C	X		
D	X		
E	X		
F	X	X	
G	X	X	
H	X	X	
I	X	X	
J	X	X	
K		X	
L		X	X
M			X
N			X
Alpha diversity	10	7	3
Beta diversity	Woodland vs. hedgerow:7	Hedgerow vs. open field:8	Woodland vs. open field:13
Gamma diversity	14		

3. 층위와 생태적 지위

한정된 공간에 생태적 지위(ecological niche)를 달리하는 많은 개체군을 수용할 수 있도록 자연선택(natural selection) 작용된다.

이동성이 큰 동물의 경우에도 특정 층 중심으로 층위를 형성하게 되는데, 주로 서식처, 먹이 등에 따라 특정층에 제한된다. 이는 종 별로 집과 먹이 구역이 수직적으로 분포하거나 수평적으로 매우 좁은 구역에 한정하게 된다.

[1] 층위(Stratification)

(1) 호수

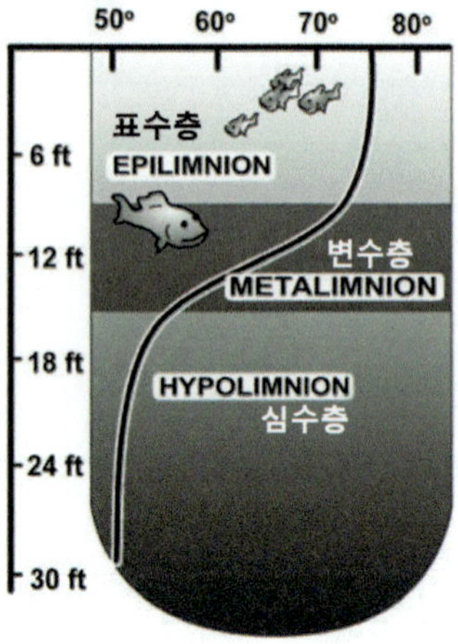

그림 87 호수의 층위
(자료 : da Fonseca, 2011을 수정)

여름철 호수는 냉수층(심수층)과 온수층(표수층) 및 열경사층으로 나뉜다(그림 87). 심수층은 햇빛이 도달하지 못하여 산소가 부족하고 물순환이 이루어지지 않으며 표수층은 햇빛이 도달하고 산소가 풍부하며 물순환이 이루어진다. 열경사층은 표수층과 심수층 사이의 중간층으로서 수온이 급격히 저하된다.

※호수의 층위현상은 이 책 '제4장 여러 가지 생태계, 2절 담수생태계, 2. 정수생태계'에 자세히 설명하였다.

또한 호수의 용존산소와 수온에 따라 어류 층위현상이 나타나는데 해양의 플랑크톤이나 어류 등에서 현저하게 나타난다. 예를 들어, TVA에서 Douglas, Cherokee, Norris 등 3개의 인공호수에서 조사한 바에 따르면 수심에 따라 수온과 용존산소가 감소하였고 특히 열경사층에서 급격히 감소하였으며, 수온과 용존산소에 따라 Bass, Walleye, Sauger 등 물고기 분포가 달라진 것으로 나타났다(Dendy, 1948).

(2) 토양 층화

토양 단면의 발달로서 O층(유기물층)-A층-B층-모재층 등으로 구성된다.

※토양층화에 대한 자세한 설명은 이 책 '제1장. 생태계와 환경요인, 3절. 생육영향요인, 5. 토양'에 상세히 제시하였다.

(3) 식생층화-다층구조

육상식물은 햇빛 등에 의해 다층구조가 형성되며, 이때 다층구조 형성은 산림유형에 따라 크게 다르게 나타난다.
일반적으로 지피류(groundcover)-초본층(herb layer)-관목층(shrub layer)-아교목층(understory tree layer)-교목층(overstory tree layer) 등으로 형성된다(그림 88).

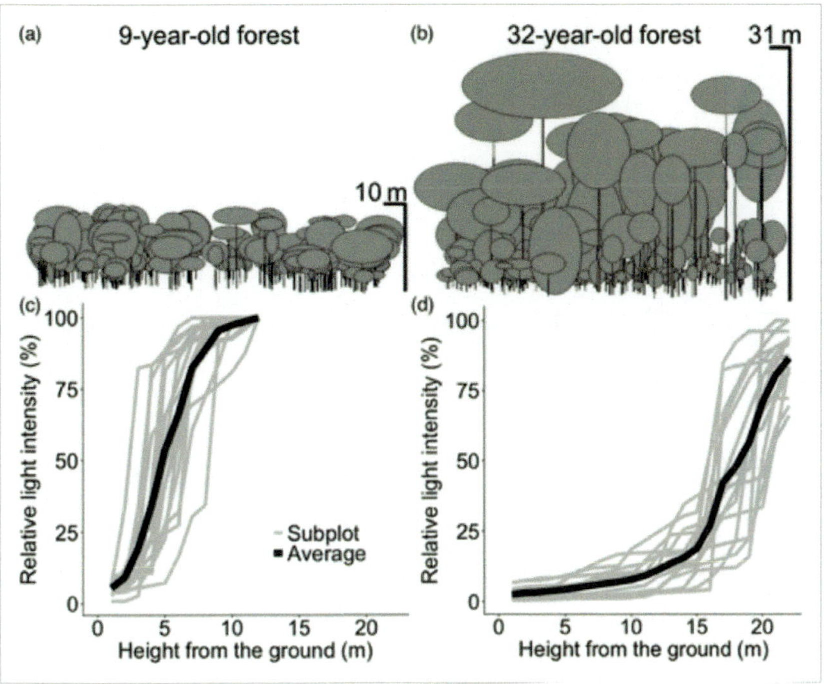

그림 88 식생의 층위와 빛의 세기
(자료: Matsuo et al. 2021)

[2] 생태적 지위와 에코톤

(1) 생태적 지위

생태적 지위(ecological niche)는 생물이 생태계에서 차지하는 위치와 신분 곧 생태계 기능상 위치를 말하는데, 이는 다른 말로 하면 유기체가 환경 안에서 생물적 무생물적 자원을 이용하기 위한 일정한 역할을 의미한다. 즉 생물이 차지하는 물리적 공간, 기능, 온도, 습도, pH, 토양 등 여러가지 환경경사 내에 있는 생물의 위치를 나타낸다.

생물의 구조적 적응, 생리적 반응 및 종의 행동결과로 나타나는 군집이나 생태계 내에서 각 종이 차지하는 위치와 신분을 말하며, 생활장소 즉 서식지가 생물의 주소를 의미한다면 생태적 지위는 직업 또는 신분이라고 볼 수 있다. 앞에서 설명한 경쟁배타의 원리는 생태적 지위가 같은 두 종이 한 군집 내에서 공존할 수 없음을 의미한다.

어떤 종의 생태적 지위는 다음과 같은 속성을 지닌다.

- 생태계 내의 역할: 초식, 육식, 생산자 등

- **환경인자에 대한 내성 한계**: 토양 pH, 수분 등
- 생애주기를 통해 주거, 번식 등을 위해 필요한 공간 등

일반적으로 적응력이 높은 일반종은 광범위한 생태적 지위를 지니며 특수종은 좁은 생태적 지위를 갖게 된다.

(2) 서식지(생활장소)

서식지(Habitat)는 생명체의 번식 등 서식에 적합한 환경으로서 생물이 생활하고 있는 장소, 즉 그 생물을 발견할 수 있는 장소를 의미하며, 먹이와 피난처, 적절한 기온과 습도 등 유기체가 생존하는데 필요한 조건을 제공한다.

- **생태적 지위**: 특정 종이 군집 내에서 차지하는 지위. 생명체의 내성한계 및 제한요인에 의해 결정
- **서식지**: 유기체가 살아가는 장소

■ 길드(Guild)

군집 내에서 개체군이 동일한 자원을 유사한 방법으로 이용하는 생물종의 집단을 말한다. 길드는 같은 지역에 사는 같은 먹이자원을 나누는 채이길드, 같은 서식지를 나누는 영소길드, 번식을 위한 번식길드 등으로 세분될 수 있다.

(3) 에코톤(생태적 전이)

생태적 전이지대(에코톤, ecotone)는 둘 이상의 이질적 군집 또는 생태계 사이의 이행대를 의미하며 추이대라고도 한다(그림 89). 인접한 각 생태계의 특성을 공유하면서도 에코톤 고유의 특성을 포함하고 있어 생태적으로 매우 중요한 공간이다.
예를 들면 숲과 초원, 해양-육상, 댐저수지 수위변동구간, 해변조간대, 하천의 하구, 석호, 초원과 삼림이 만나는 부분, 숲의 가장자리 등을 들 수 있다.

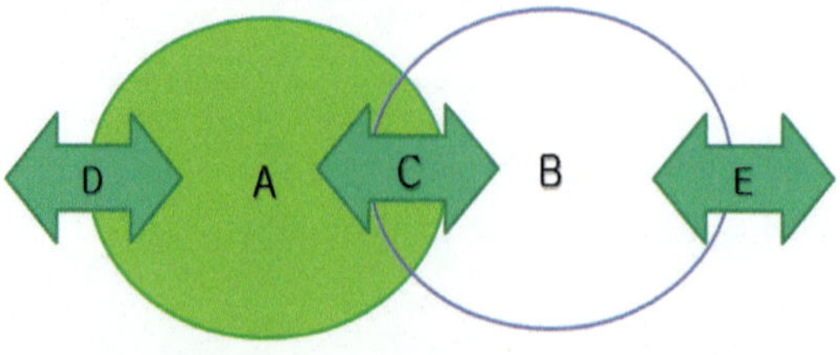

그림 89 생태적 전이지대 개념. C,D,E를 포함

(4) 가장자리효과

주연부효과, 주변효과(edge effect)라고도 한다. 생태계의 가장자리(edge)는 전이지대(ecotone)으로서의 기능을 하게 되며 개체군의 밀도나 종다양성이 매우 높아지게 된다. 즉, 양 인접 생태계의 생물을 모두 포함하면서도 전이지대 자체의 고유종이 살게 되어 종 수나 밀도가 인접 생태계보다 높아지게 된다.

전이지대의 군집은 중첩되는 각각의 군집에 사는 생물 다수를 포용하게 되며 때로는 이 곳에만 사는 고유의 종이 있어 생태적으로 중요하다. 종수와 개체군 밀도는 서로 인접하는 군집보다 전이지대에서 높은 경우가 있는데, 이와 같이 군집의 경계부에서 종수나 밀도가 높아지는 경향을 가장자리 효과라고 말한다.

참고로, 경관의 구조에서는 하나의 경관단위(패치)에서 가장자리(edge)와 내부(interior)로 구분한다.

■ 가장자리종

이렇게 전이지대 특유의 종, 전이지대에 가장 많이 출현하는 종, 전이지대에서 가장 많은 시간을 보내는 종을 주연종(주변종, 가장자리종:edge species)이라고 한다. 일반적인 종(generalist species), 다양한 서식환경을 요구하는 종(multihabitat) 등을 포함한다.

반면에, 내부에서 주로 서식하는 종을 내부종(interior species)이라고 한다.

5. 군집변화

군집은 시간의 흐름에 따라 변화하며 크게 방향성 변화와 비방향성 변화로 구분한다.

방향성 변화(directional change)는 군집을 일정한 방향으로 영구적으로 변화시킨다. 장기적인 기후변화의 결과 군집의 구조와 기능이 변화되는 것으로서 빙하의 변화에 따른 생물의 변화, 진화, 천이 등이 이에 해당한다.

- 천이는 짧은 기간(1000년 이하) 동안의 생물군집의 발전
- 진화는 지질학적 기간(수백만년) 동안 일어나는 변화

비방향성 변화(nondirectional change)는 군집을 어떤 일정한 방향으로 영구적으로 변화시키지는 못한다.

[1]생태적 천이

(1) 천이와 천이계열

천이(succession)는 생물군집의 시간적 변화 과정 즉, 생태계의 발달 과정을 말한다. 즉, 시간이 지남에 따라 한 지역에서 기후 풍토에 따라 다른 군집이 연속적으로 대치, 변화되는 과정을 의미한다. 일정한 생태계 내 군집의 구조(structure)와 기능(function)은 시간 경과에 따라 일정한 방향성을 가지고 변화가 누적되어 천이가 일어난다.

여기에서 시간에 따라 변천하는 군집계열 전체, 즉 나지에서 극상에 이르는 전 과정을 천이계열(sere)이라 한다. 초기단계인 시상 또는 선구상(Pioneer species)으로부터 몇몇 단계를 거쳐 마지막 단계에서는 해당 지역의 풍토에 가장 적합한 구조로서 종 조성이나 군락구조가 크게 변화하지 않는 극상(climax)에 이른다(그림 90).

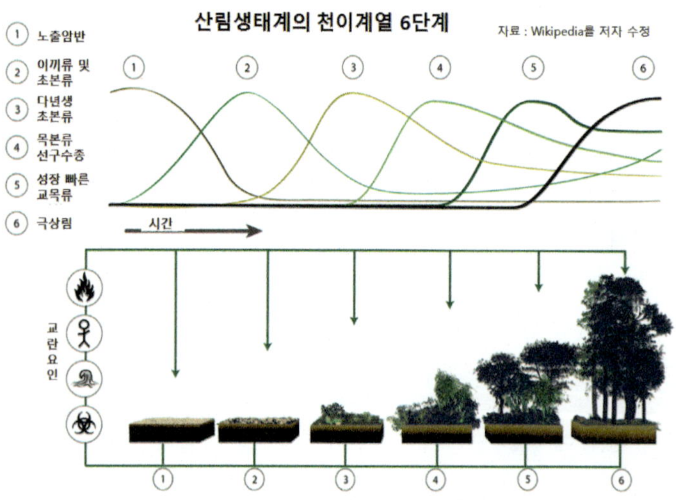

그림 90 산림생태계의 천이계열 6단계
(자료:wikipedia를 저자 수정)

(2) 선구상(pioneer)

천이의 시작단계로서 기존 식생이 파괴되었거나 맨 땅에 처음 침입한 개척군집(r선택종)을 시상 또는 선구상이라 하며, 지형변화로 식생이 정착하지 못한 나지, 새로 형성된 사구나 용암지대 등에는 주변의 생물들이 침입하여 개척군집(선구상)이 형성된다.

군집은 시간의 흐름에 따라 생태적 구조와 기능이 동적으로 변화한다. 천이의 초기단계인 개척군집(pioneer community)은 새로 형성된 사주나 노천채광으로 형성된 나지와 같이 식물이 없는 지역에 처음으로 형성되는 군집을 말하며, 구성종의 수가 적다. 주로 질산염이 적은 척박지에서 잘 자라는 콩과식물이 대표적인데 이들은 질소고정세균(뿌리혹박테리아)과 공생관계로서 공중질소 고정작용을 통해 질소를 흡수하며 토양을 개량한다.

초기 1~2년은 일년생 초본이 나타나며, 매년 종자가 발아하여 생장 시작하기 때문에 공간경쟁에 불리하다. 생산량이 호흡량보다 많아 순생산량이 많다. 먹이연쇄가 짧고, 생물의 종수가 적으며, 영양물질의 순환이 개방적이고 에너지의 대부분이 생산에 사용된다.

(3) 극상(climax)

개척군집은 천이계열을 따라 군집이 바뀌어 간다. 천이의 마지막 단계로서 그 지역의 기후와 토양 등 환경조건에 적합한 가장 안정된 군락(K선택종)을 극상이라 하며, 이렇게 지역의 풍토에 적합한 가장 안정된 극상군집(climax community)이라 한다. 극상군집 내에서는 작은 변화가 끊임없이 일어나지만 전체적인 상관이 크게 변화하지 않는 안정 상태를 유지한다.

개체군은 생물적 조건과 비생물적 조건 사이에 평형이 이루어지기까지 다른 개체군에 유리한 조건을 형성하면서 물리적 환경을 변경시키는 경향이 있기 때문에 천이계열 내에서 종의 대체가 발생한다. 초기의 개척군집 이후 단계로 다년생 초본과 관목, 양수 교목, 내음성 수목 등으로 진행된다. 양수 교목의 경우 관목과 비슷한 시기에 침입하지만 초기에는 관목보다 열세에 놓여 있다가 몇 년 후 관목보다 우세하는 경향이 있다. 내음성 수종은 상층에는 양수가 중하층에는 음수가 자리잡게 되며, 이후 극상에 이르게 되면 전반적으로 내음성 수종이 우점한다.

극상군집 종은 대부분 K-선택종으로서 생장이 느리고 수명이 길며, 생식에 배분되는 에너지가 적고 광합성 효율이 낮으며, 종자는 무겁고 동물에 의해 산포된다. 이때 부분적으로 r-선택종이 존재하는데, 이들은 주로 수관층이 뚫린 숲 틈을 점유하여 살아간다.

(4) 천이의 특성

천이의 초기 단계일수록 순생산량 많고, 생물 종 수가 적으며, 먹이연쇄가 짧고, 영양염류의 순환이 개방적이며 안전성이 결여되어 있다(표 17).

천이가 진행될수록 암석이 풍화되고, 토양에 유기물과 수분 함유량이 증가하며, 숲이 형성되면 지표면의 수광량이 줄고 습도가 높아진다. 천이의 후기단계로 갈수록 생산량이 호흡량과 유사해져 순생산량이 낮아진다.

표 17 생태적 천이에서 기대되는 특성 (Odum, 1969)

군집의 속성	발전단계	성숙단계
1. 군집에너지		
1. 총생산량/군집호흡량(P/R)	>1 또는 <1	1 에 가깝다
2. 총생상량/현존생산량(P/B)	높다	낮다
3. 유지생체량/단위에너지흐름(B/E)	낮다	높다
4. 순군집생산량(수확량)	높다	낮다
5. 먹이연쇄	직선적이고, 채식연쇄가 우접	그물망모양이고, 잔재연쇄가 우점
2. 군집구조		
6. 전유기물	적다	많다
7. 무기영양염	생체 외	생체 내
8. 종의 다양성 - 다양성 요소	낮다	높다
9. 종의 다양성 - 불편성의 요소	낮다	높다
10. 생화학적 다양성	낮다	높다
11. 층위형성과 공간적 이질성	조직화 불충분	조직화 충분
3. 생활사		
12. 생태적 지위의 특수화	넓다	좁다
13. 생물체의 크기	작다	크다
14. 생활사이클	짧고 단순하다	길고 복잡하다
4. 영양물의 순환		
15. 영양염류의 순환	개방	폐쇄
16. 생물과 환경 간의 영양물 교환속도	빠르다	느리다
17. 영양물 재생에서의 잔재의 구실	중요하지 않다	중요하다
5. 도태압		
18. 생장형	r선택	K선택
19. 생산	양	질
6. 총제적 항상성		
20. 내적 공생	미발달	발달
21. 영양물의 보존	불충분하다	충분하다
22. 안정성	불충분하다	충분하다
23. 엔트로피(entropy)	높다	낮다
24. 정보	낮다	높다

■ 환경형성작용

식물군락이 환경을 바꾸어 가는 작용을 말한다. 식물군락의 여러 속성은 천이에 따라서 변화하는데, 특히 군락 내의 환경(빛·습도·바람 등)이 크게 변화하면 그것이 천이의 직접적인 원인이 된다. 천이에 따라 생태계 자체가 변화해 가는 것이기도 하다. 천이는 식생에만 해당하는 것이 아니라 환경의 변화와 상관되는 것은 물론, 그 환경과 식생의 천이와 불가분의 관계에 있는 동물군집과도 서로 영향을 주고 받으며 복잡한 양상으로 변화한다.

①1차천이

어떤 곳에 선구식물이 들어와 점차 비교적 안정된 식물사회로 변화하는 일반적인 천이를 1차천이(자발적 천이;primary s.)라 한다.

- 군집으로 점령되지 않았던 곳(바위, 백사장, 용암류)에서 시작되며 1,000년 이상의 기간 소요
- 화산 · 매립지 등의 신생지에서 이전에 식물이 전혀 생육한 적이 없는 나지에서 시작하는 천이로서 식물의 종자, 포자, 기타 번식자를 전혀 포함하지 않은 상태
- 새로 생긴 섬, 새로운 축적지, 퇴적물(화산용암), 심하게 침식된 장소에서 시작되는 천이
- 선태류 등이 개척군집

② 2차천이

기존의 식생이 파괴되고 토양이나 그 속에서 볼 수 있는 매토종자와 식물의 그루터기 등이 남아 있는 땅에서 시작된다. 화재. 폭풍. 병충해. 벌채 등으로 말미암아 식물군집의 형태가 급변하여, 이것을 그대로 두면 극상생태계로 변화한다. 이는 그곳에 남아있는 식물의 개체에 의하여 도중기부터 극상으로 변화하는 것으로서 이러한 천이를 2차천이(타발적 천이;secondary s.)라 한다.

- 기존 군집이 제거된 곳(경작지, 벌목지, 산불)에서 나타나며 천이기간은 150~200년 정도의 시간
- 지금까지 존재하던 식물군락이 불, 병충해, 풍해, 홍수, 화산폭발, 또는 인간의 간섭 등으로 말미암아 제거된 장소에서 볼 수 있는 천이
- 기존 식생의 종자, 뿌리 등이 땅속에서 잔존되어 있고, 토양조건도 좋아서 진행속도

빠름

- 개척군집은 주로 망초, 개망초, 차풀 등 1년생 초본류

1차천이와 2차천이의 특징을 비교하면 다음 그림 91과 같이 나타낼 수 있다.

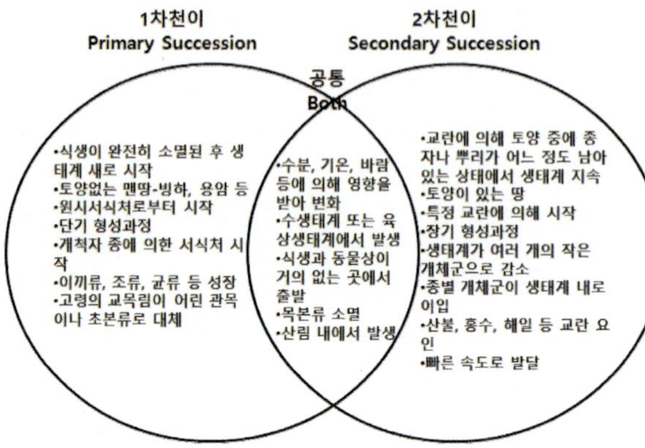

그림 91 일차천이와 이차천이

③전진적 천이 및 후퇴적 천이

낮은 단계의 식물군락이 점차로 높은 단계의 군락으로 변화하는 것을 말한다. 해충 또는 인위적 요인 때문에 후퇴적 천이가 나타나나, 이것을 자연상태로 그대로 두면 전진적 천이의 과정을 거친다.

- 전진적 천이(진행천이): **천이의 진행에 따라,** 키가 크고 수명이 긴 식물로 바뀌며 성긴 데서 빽빽한 군락으로 발전.
- 후퇴적 천이(퇴행천이): **키가 큰 군락에서** 키가 작은 군락으로 바뀌거나 식물이 자라지 않게 되어 가는 것.

④수생(습생)천이

수생천이(hydrosere)는 못 또는 호수 등 수환경에서부터 시작되는 천이를 말하며, 호수에 토사나 유기질이 퇴적하여 육지화 하는 장소, 강 가운데 축적물이 솟은 곳 등에서 시작한다. 대상 공간에 수분이 많으므로 물의 움직임과 수분에 대한 반응에 따라 초기 개척식물이 결정된다. 육지화된 이후는 건생천이 과정에 따라 진행된다.

⑤건생천이

건생천이(xerosere)는 수환경이 아닌 육지환경에서 시작되는 천이로서, 암반, 용암류,

자갈밭, 나지토양, 건조한 사구 등과 같이 건조한 곳에서 진행되는 천이를 말한다. 초기 조건에서는 보수능이 매우 나빠 초기 침입 선구종은 건조에 대한 강한 저항력이 있는 내건성 식물과 같은 r선택종이 주로 침입한다. 지의류, 선태류 등이 초기에 침입하는 선구종이다. 우리나라와 같은 온대낙엽수림대에서 일반적으로 발생되는 육상 천이 계열은 다음과 같다.

나지(불모지)-〉지의류, 선태류-〉1~2년생의 초본류-〉다년생초본류-〉관목-〉교목(양수)-〉교목(음수, 극상림;서어나무, 까치박달나무 등)

■ 편향천이

사람의 영향 등으로 천이의 방향이 변화하여, 정상계열에서는 나타나지 않는 특수한 군락이 출현한다.

[2] 극상

극상(climax)은 천이과정에서 최후로 나타나는 가장 안정된 군집으로서 자기영속적이며 물리적 환경과 평형상태에 이른다. 즉, 군집 내부에서 소규모의 변화가 끊임없이 일어나지만 군집의 구조나 기능에는 영향을 미치지 못한다. 생산량과 호흡량이 거의 일치하여 순생산량은 적다. 에너지의 대부분이 생태계 유지에 사용된다.

극상군집은 특정 천이에서 영구적인 최종 단계로서, 이전의 다른 천이단계가 매우 역동적으로 변화하는데 비해 상대적으로 변화가 적다. 이러한 극상에 이르기까지의 천이는 오랜 시간에 걸쳐 발생한다. 예를 들어 묵논에서 발생되는 천이는 대략 100~3000년 정도의 기간이 소요되는데 이 과정에서 자연적이거나 인위적인 교란이 발생하는 경우 천이의 진행이 방해되거나 억제될 수 있으며 훨씬 더 많은 시간이 필요하게 되거나 아예 극상에 이르지 못하는 경우도 발생한다.

- 기후극상(climatic climax): 일반적인 기후와 평형상태
- 토양극상(edaphic climax): 입지의 국지적 조건에 따라 변화한다.
- 지형극상(physiographic c.): 지형에 의해 지역적으로 기후가 다르기 때문에 극상이 다르게 형성된다.

(1) 단극상설(monoclimax theory)

토양보다는 기후가 그 식생에 우세한 영향을 미친다. Clements(1916)에 의해 제기되었으며 지역의 기후에 대응한 군락만을 극상(기후 극상)으로 인정하고 있다. 이때 초기조건은 바위·모래처럼 건성이거나, 습지인 습성계열이어도 궁극적으로는 중성 입지에서 성립하는 단일의 극상

으로 발전하게 된다.

Cowles(1911)는 사구식생의 천이 연구를 진행하면서, 천이과정을 초기과정(initiating process), 지속과정(continuing process), 안정과정(stabiliting process)로 구분하였다. 이들 과정은 대기후에 의해 극상에 도달하며 지형적, 토양적, 생물적 요인은 기후극상을 향한 천이를 늦추기는 하지만 결국 기후의 지배를 받는다고 하였다. 모든 군집은 입지나 위치와 관계없이 발달과정에서 향하고 있는 하나의 극상이 있으며, 이때 극상은 기후에 의해 결정된다는 이론이다. 그러나 실제로 자연계에서는 이보다 복잡한 발달과정으로 진행되는 천이가 많은 것으로 알려져 있다.

(2) 다극상설(poly climax theory)

동일 기후구 안에 몇 개의 극상이 발달, 안정될 수 있다. 기후보다는 토지적 인자의 영향을 받는다. Tansley(1935)에 의해 제기되었으며, 어느 기후대에서는 기후에 의한 기후극상이 나타날 수 있지만, 토양조건이 나쁜 곳에서는 이에 적응된 식생이 형성되어 비교적 장기간 존속된다는 토양극상에 기반을 둔다. 특정 기후대의 모든 군집이 물리적 환경조건이 균일하지 않은 경우에 항상 같은 극상에 도달하지는 않는다.

(3) 극상패턴설

Whittake(1975)에 의해 제기되었으며, 지역의 환경경사에 따라 군락이 보여주는 패턴이 곧 극상라는 견해이다.

(4) 아극상

극상에 도달하기 직전의 식생 천이계열이 여러가지 원인 때문에 극상에 이르지 못한 상태로 오랫동안 계속되는 경우로, 계속적으로 발생하는 산불 등의 원인에 의하여 발생한다. 극한 환경조건에 의해 오랫동안 정체된 식물군락이 이에 해당되며, 예를 들면 해안지대는 토양염분과 조풍, 모래의 이동, 모래 속의 수분 수지 불량, 인간의 방해 등으로 천이의 진행이 정지되어 흑송림이 형성된다.

(5) 방해극상

일단 극상에 도달한 삼림 생태계가 새로운 수종으로 대치되고 이것이 역시 극상으로 되는 경우로, 주로 사람의 힘으로 새로운 수종이 도입되어 우점종의 위치를 차지할 경우에 해당한다. 또한 방화, 방목, 벌채 등 인위적인 방해에 의해 정지되거나 대체되는 경우이다. 산불은 대규모로 숲을 파괴하고 초원으로 변하게 되는 계기가 되어 목본이 제거되고 초본으로 대체된다.

교란은 홍수, 산불, 가뭄, 과도한 경작, 기타 인간 활동 등에 의해 발생되어 군집을 훼손시키고 군집을 구성하는 유기체를 감소시키며 변화를 초래한다.

[3] 진화와 종분화

진화(evolution)는 지질학적, 기후적 힘과 같은 타발적인 힘과 그 속에 살아가는 생명체의 자발적 과정의 활동의 복합체인 자생적 과정들의 상호작용으로 발생하며, 개체군 수준에서는 자연선택(natural selection)이 이루어진다.

(1) 종분화

종분화(speciation)는 새로운 생물 종이 만들어지는 진화의 과정으로서 새로운 종의 생성과 종 다양성의 발달 과정을 포함한다.

① 이소적 종분화

이소적 종분화(allopatric speciation)는 지리적 격리의 결과로 종 분화가 일어나는 것을 말한다. 자유롭게 교배하는 같은 조상의 개체군들이 지리적 격리(섬, 산맥 등)를 통해 고립되어 분화되며, 새로운 한 종이 나타나는 일차적 기작이다(그림 92).

그림 92 그랜드캐년의 이소적 종분화
(자료:http://www.zo.utexas.edu/)

종분화 과정은 두 개체군 사이에서 유전자 교류가 다소 중단될 때 시작될 수 있다. 시간이 경과하면 격리되어 있는 동안 충분한 유전적 차이가 축적되어 나중에 합쳐질 때 유전자 교환을 할 수 없는 생태적 지위 형성하게 된다. 유전자 교류가 제한되거나 중단되어 2개의 개체군이 각각 서로 다른 다양한 국지적 조건에 적응하게 하거나 유전적 부동을 일으켜 유전적으로 분화가 일어나게 한다.

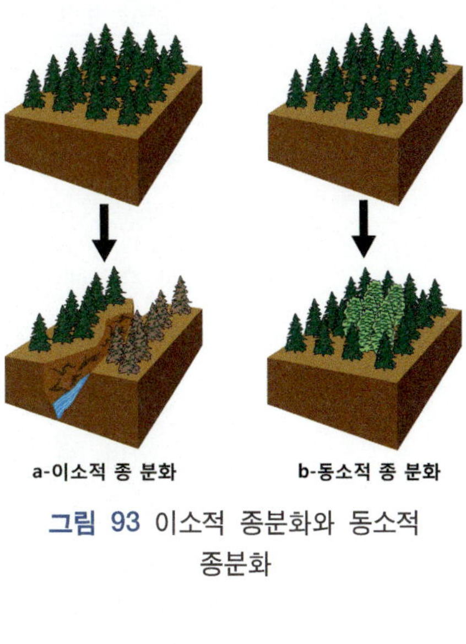

그림 93 이소적 종분화와 동소적 종분화

② 동소적 종분화

동소적 종분화(sympatric speciation)는 지리적

으로 격리되지 않은 같은 장소에서 생태적, 유전적 방법을 통해 고립되어 분화된다. 지리적 격리가 일어나지 않고, 같은 영역 또는 서식지에서 자연적으로 교배하는 개체군들 사이에 종 분화가 일어나는 것을 의미한다(그림 93).

(2) 적자생존과 자연선택

환경 및 경쟁하고 있는 생물의 압력으로 생기는 자연선택(natural selection)이 유기체와 종의 변화 원인이 된다. 즉 대상지의 환경에 가장 잘 적응한 생물이 멸종에서 벗어날 수 있게 되며 이를 적자생존(survival of the fittest)이라고 한다. 어느 한 종의 유전형질이 해당 생물이 살아가는 환경에 가장 잘 적합하다면 그 종이 생존할 확률과 확산될 확률이 높아진다(그림 94).

그림 94 다윈의 자연선택
(자료:http://commons.wikimedia.org/).

적자생존에 의해 어떤 특수한 환경조건에 잘 적응하여 가장 잘 살아남아 가장 많은 자손을 생산할 수 있는 개체들이 자연형성과정에 의해 선택된다. 즉, 특수한 환경에서 생존에 적합한 형질을 지닌 종이, 그 환경에서 생존에 비적합한 형질을 지닌 종에 비해 생존과 번식에서 이익을 보게 되며 가장 적합한 형질을 지닌 종이 남아 재생산된다.

■ 인공선택

유전공학, 순치, 길들이기 등 인위적인 변화를 통해 종분화를 일으킨다.

(3) 돌연변이와 유전자 부동

①돌연변이 (recurrent mutation)

개체의 유전자에서 일어나는 변화로서 자손에게 전달되는 세포 유전물질의 변화를 말한다. 유전정보가 기록된 DNA분자가 전자기파, 방사선, 화학물질, 외부/내부 유전자 등 여러가지 요인에 의하여 원래의 정보와 달라지는 것을 말한다. 돌연변이가 일어나면 그 유전자에 의해 생산되는 단백질에 변화가 생기고, 그 결과 유전형질의 변화를 불러오게 된다. 이러한 돌연변이가 축적되어 유전자 집단 안에 다양한 유전적 변이를 축적시키게 되며, 유전적 변이는 자연선택에 의해 진화하게 된다.

② 유전자 부동 (genetic drift)

유전자 부동(genetic drift)은 대립유전자 부동(allelic drift) 또는 라이트 효과(Wright effect)라고도 하며, 집단 내 특정 유전자의 대립유전자 빈도가 무작위로 변하는 현상을 말한다. 이는 자연선택을 포함한 진화의 기본 메커니즘 중 하나입니다. 자연선택과는 달리, 유전자 부동은 대립유전자의 이로운 영향이나 해로운 영향에 의존하지 않습니다. 우연한 사건이 더 큰 영향을 미치는 소규모 집단에 큰 영향을 미칠 수 있습니다. 유전자 부동은 개체군 크기가 작은 집단에 어떤 사건으로 인해 특정 대립 유전자의 빈도가 급격하게 증가하거나 감소하는 현상을 말다. 유전자 부동의 결과 자식 세대는 무작위적으로 선택된 부모 세대의 유전형질을 물려받으며 새롭게 발현된 유전형질은 생존과 재생산을 할 수 있는 새로운 기회를 얻게 된다.

자연선택은 환경 적응에 유리한 유전형질만이 선택되나, 유전자 부동은 재생산 과정 자체에서 발현되는 것으로서 그 결과가 생물에게 유리하거나 또는 불리할 수 있는 가치중립적이다. 집단의 크기가 작을수록 유전자 부동이 주는 영향이 커진다.

■ 유전자 부동

부모 세대의 대립유전자를 추출하는 과정에서 다음 세대의 대립유전자 빈도가 우연히 증가하거나 감소하는 현상을 유전적 부동이라고 한다. 돌연변이가 일어나 새로 등장한 대립유전자의 빈도는 유전적 부동에 의해 우연히 증가할 수도 있다.

소집단에서 세대에 따른 유전적 부동은 해당집단의 유전변이를 감소시키고 결국은 대립유전자의 소실을 초래한다. 돌연변이, 자연도태 그리고 이주 등에 따라 생기는 체계적인 변화가 아닌 확률적 변화로 유전자 표류라고도 한다.

유전적 부동은 개체군 크기가 작은 집단에서 특정 유전자가 우연하게 증가하거나 감소하는 현상으로서, 개체군의 유전적 다양성을 감소시키고 특정 유전자의 빈도를 변화시켜 진화에 영향을 줄 수 있다. 대표적인 사례로는 병목 효과와 창시자 효과가 있다.

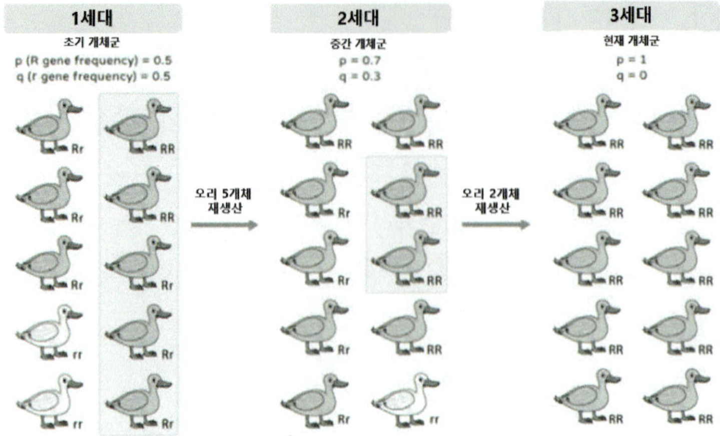

그림 95 유전자부동
(자료: https://www.sciencefacts.net/wp-content/uploads/2024/01/
에서 저자 수정)

(4) 병목효과와 창시자효과

국지개체군 유전자 구성의 다양성은 개체군 크기 변동의 역사의 영향을 받는다. 유전적 다양성은 현재의 개체군 크기보다 과거의 교란에 의한 파괴 작용이 결과로 감소한 시기의 영향을 받는다.

- 병목효과 (bottleneck effect): 유전적 다양성이 시간적 연속성 안에서 특정 사건으로 인해 개체군 크기가 급격히 줄어들고, 남은 개체군에서 특정 유전자의 빈도가 높아지는 현상을 말한다. 예를들면 특정 지역에 홍수나 질병으로 인해 개체군이 줄어들고 남은 개체군에서 어떤 유전자가 우연히 더 많아져서 다음 세대에 유전된다. (그림 96, 97).

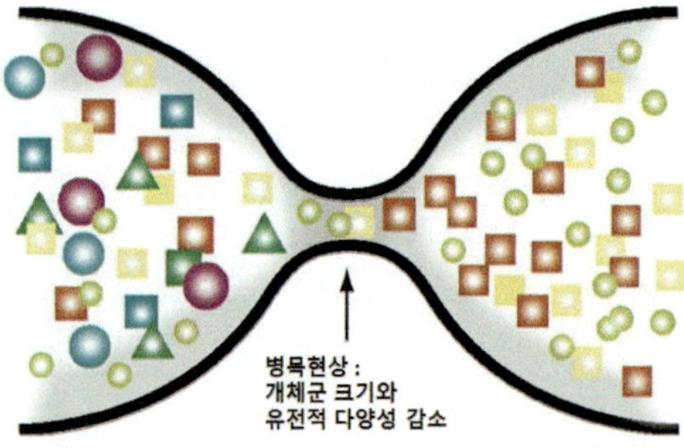

그림 96 병목효과의 개념
(자료:biology-forums.com을 저자 수정)

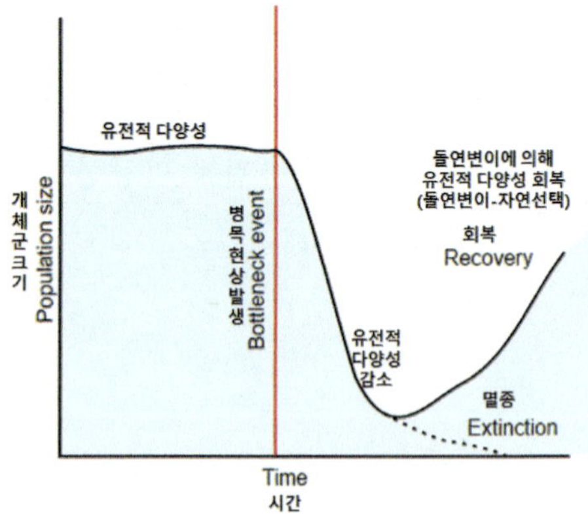

그림 97 병목효과
(자료:위키피디아의 그림 위에 저자 수정)

• **창시자 효과 (founder effect)**: 한 지역에서 새로운 개체군이 형성될 때, 초기 개체군에 우연히 특정 유전자가 많을 경우, 다음 세대에 그 유전자의 빈도가 높아지는 현상을 말한다. 예를들어, 어떤 종의 한 개체가 다른 지역으로 이주하여 새로운 개체군을 형성하고 그 개체가 우연히 특정 유전자를 갖고 있다면, 새로운 개체군에서 그 유전자의 빈도가 높아지게 된다. 즉, 초기의 개체군 크기가 적은 경우 병목효과와 같이 유전적 다양성이 단순해지는 현상이 발생된다. (그림 98).

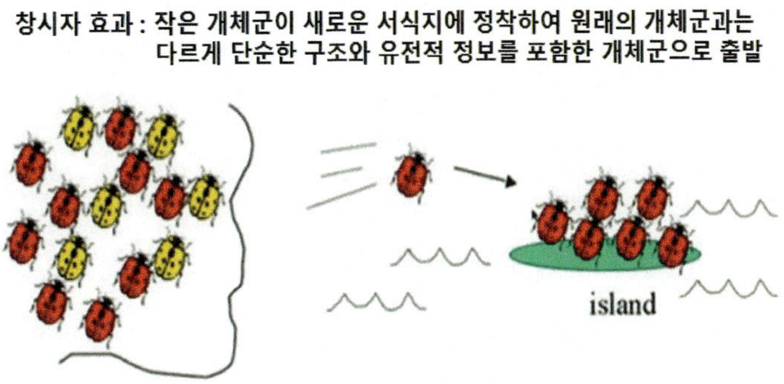

그림 98 창시자 효과
(자료:slideshare 그림 위에 저자 수정)

■ 단속평형 (punctuated equilibrium)

단속평형은 오랜동안 변하지 않는 진화적 평형상태가 어떤 원인에 의해 한 개체가 떨어져나가 중간 형태를 남기지 않을 정도로 완전히 다른 개체로 빠르게 진화한다. 단속평형이론과는 반대로 종의 진화가 오랜 기간 동안 점진적으로 이루어진다는 이론을 계통점진이론(Phyletic Gradualism)이라 한다.

(5) 공진화(상호진화)와 집단선택

① 공진화(coevolution)

둘 이상의 종이 유전적 정보 교환없이(상호교배 없이) 상호작용하여 일어나는 진화를 공진화라고 한다. 즉, 상호의존하고 있는 독립영영자나 종속영양자간에 교대로 되풀이 되는 진화과정으로서 두 종 모두 일어나는 변화를 말한다. 한 종이 진화할 때, 이 종과 상호작용 관계에 있는 다른 종에게 끊임없는 영향을 끼치게 되어 그 종의 진화에 영향을 준다.

예를 들면 피식자는 포식자로부터 달아나기 위해 빨리 뛰고 잘 숨는 방향으로 진화하며, 상호관계에 의해 포식자는 피식자를 잘 잡아 먹을 수 있도록 날카로운 눈과 예민한 코가 발달하는 방향으로 진화한다.

② 피식자–포식자 및 기생–숙주 관계에 있는 종들의 공진화

서로 피식-포식 관계에 있거나 기생-숙주 관계에 있는 종들은 장기적으로 공진화하게 된다. 기생(또는 포식자)은 그 숙주 또는 피식자를 공격하기에 유리한 형질로 진화한다. 그 다음에는 자연선택에 의해 숙주는 그 새로운 형질에 대응하여 방어에 유리한 형질로 변화한다.

- 개미와 아카시아: 가시 속에 개미가 살면서 새끼를 기르고 꿀과 생산물질 섭취한다. 개미는 식물을 갉아 먹으려는 곤충이나 다른 동물을 쫓아냄
- 박쥐와 나방: 나방의 발달된 청각으로 멀리서 박쥐소리를 듣고 피하거나, 날개를 접거나 불규칙한 운동 등 다양한 행동으로 박쥐의 공격을 피함

③ 군도태 / 집단선택 (group selection)

군도태 또는 집단선택은 상리공생적으로 연결될 필요가 없는 생물집단 사이에서 일어나는 자연선택으로서 일반적으로 전체 개체군과 군집에게는 유리한 방향으로 그러나 개체군 내의 개체에게는 선택적으로 불리하게 작용한다.

즉, 공동체에 긍정적인 영향을 가지는 유기체들만이 살아남으며 소수의 부적합한 개체들은 배제 또는 위축된다.

■ 개체선택(유전자선택)과 이기적 유전자

① 개체선택설(유전자선택설)

한 개체 내의 유전자들의 운명 그 개체의 생존과 번식에 달려 있다.

② 이기적 유전자(selfish gene)

리처드 도킨스에 의하면 생물 진화의 주체는 유전자이며, 생물들은 모두 유전자의 자가복제 속에서 만들어진 메커니즘적 존재로서 진화의 진정한 단위는 개체 즉 개체에 딸린 유전자이며, 유전자는 자기 복제에 유리한 특성을 지닌 이기적 존재라고 할 수 있다.

[4] 비방향성 변화

(1) 일변화와 계절변화

낮과 밤, 계절에 따라 생물군집이 변화하는 현상이다.

① 일변화

활동의 주기가 하루 단위로서 주행성(diurnal), 야행성(nocturnal), 황혼성(crepuscular) 등의 변화를 포함한다.

- 조류: 일반적으로 주행성
- 포유류: 60~70%가 야행성
- 식물: 밤에는 광합성을 하지 않으며 호흡작용과 잎에서 생산된 영양물질을 뿌리로 이동. 일부 식물은 밤에는 잎을 접음.

■ 생물학적 시계(biological clock)

생물이 온도와 빛, 광주기의 변화에 대해 특수한 기작을 통해 환경의 변화를 예측, 감지하고 반응한다. 이때 매몰현장과 같이 주야의 변동이 없는 환경에서는 하루의 크기가 24시간과 덜 라질 수 있다.

② 계절변화(seasonal periodicities)

온도, 광주기, 강우량 등 환경요인의 계절변화에 따라 구조와 기능이 달라진다.

- 초봄경관(prevernal aspect): 신록, 초봄식물 개화,…
- 늦봄경관(vernal a.): 개화, 개엽, 조류의 이동, 둥지, 동면에서 깨어남, 호수의 춘계 역전(spring overturn)
- 여름경관(aestival a.): 녹음, 조류 부화, 나방, 모기, 교목 개화,
- 늦여름경관(serotinal a.): 단풍 시작, 매미, 거미, 두꺼비 활동 증가
- 가을경관(autimnal a.): 국화과 개화, 열매, 단풍, 철새 이동, 곤충 겨울 준비. 호수의 추계 역전(fall overturn)
- 겨울경관(hiemal a.): 낙엽, 식물 휴면, 동면, 겨울 철새 이동

(2) 교체 및 변동

① 교체변화(replacement change)

군집 전체로는 큰 변화가 없는 것처럼 보이지만 군집의 내부에서는 경쟁 등 상호작용에 의해 개체의 변화, 대체 등에 의해 많은 변화가 있으며, 이 변화에 의해 군집이 유지된다.

② 변동(fluctuation)

서식지 환경요인의 급격한 변화로 군집구조나 종조성이 변화된다. 예를 들어 연못에서 습지로 변화하는 지역에서 각 서식지 환경조건의 변화에 따라 조건에 맞는 몇 종만 존재하며, 다른 종은 적당한 조건이 회복될 때까지 표면에 나타나지 않고 종자, 지하부 기관 등을 통해 불리한 조건에 적응하거나 견딘다.

(3) 주기성

생물의 특유의 기능이 환경의 주기적 변화와 관련되거나 연결되어 생물의 생리와 행동이 환경주기에 대응하여 나타난다.

예를들면, 광주기의 변화에 따라 개화와 결실이 발생한다. 식물들은 식물체 내의 파이토크롬(pytochrome)이라는 광흡수 색소 단백질의 작용으로 밤과 낮의 길이를 인지하여 식물이 흡수한 빛의 파장에 따라 상호 전환한다.

(4) 분서현상

생태적 지위나 서식환경에 따라 최적의 서식지로 나뉘어 살게 된다. 식물의 경우 수종이 같은 나무끼리 군락을 이뤄 독립적으로 자란다. 예를 들어 능선부에서는 소나무가, 계곡부나 완만한 산비탈에서는 낙엽활엽수가 군락을 이룬다.

4장

여러가지 생태계

1절 생물권과 생태계

1. 생물권과 생태권역

[1] 생물권

(1) 생물권

생물권(biosphere)은 동식물과 미생물 등 지구상의 모든 생명체가 살아가는 영역을 의미하는 공간적 범위이며, 성층권 아래 대류권까지의 지구상에 분포하는 모든 생태계를 총괄하는 용어로서(Suess, 1875), 기후권(atmosphere), 수권(hydrosphere), 암권(lithosphere), 빙권(cryosphere) 등을 포함하여 지구 전체를 하나의 생물권으로 본다.

- **외권** : 지구를 둘러 싸고있는 기권 밖의 우주 공간.
- **밴앨런대** : 지구 자기장에 의해 생성되는 영역으로 우주에서 지구로 들어오는 유해 우주선이나 태양풍의 고에너지 입자를 차단하여 생명체를 보호. 외대와 내대가 있으며, 외대에는 전자가 내대에는 양성자가 분포.

생물권은 지구상에서 생명체가 존재하는 부분으로 이루어져 있다. 생명체는 지상이나 공기, 물속 등 어디에나 존재하기 때문에 생물권은 이 모든 영역을 포함한다. 생물권은 지구 표면의 얇은 층을 이루며, 물이 액체 상태로 존재하고 광합성이 가능하고 광합성 산물이 이동 가능한 공간으로서 모든 생물과 그 서식처를 포함한다.

지구의 단단한 표면층은 암석권을 이루며, 암석권 위로 공기가 펼쳐져 있는 대기층이 형성된다. 또한 지표면, 땅, 공기 중의 지구의 물이 수권을 구성한다.

나무의 가장 깊은 뿌리계에서부터 바다 심해 해구(trench)의 어두운 환경, 울창한 열대우림과 높은 산꼭대기까지 분포하며, 토양 속 미생물이 생물의 사체나 배설물을 분해하는 과정에서 토양의 성분을 변화시킨다.

생물권은 그 전체가 하나의 거대한 생태계로서, 생물과 무생물이 하나의 단위로 기능하는 복잡한 공동체이며 수많은 생태계를 포함하고 있다.

생물권은 지구 탄생 초기부터 약 35억년 동안 존재해 왔는데, 원핵생물이라고 불리는 생물권의 초기 생명체는 산소 없는 환경에서 살아남았다.

생물권에 산소가 추가되면서 더 복잡한 생명체가 진화할 수 있었는데, 수백만 종의 다양한 식물과 다른 광합성 종으로 구성된 생산자가 발달했고, 이들을 섭취하는 1차, 2차 소비자들이 발달했다. 또한 박테리아와 다른 유기체들은 죽은 동물과 식물을 분해하도록 진화하였다.

(2) 인간과 생물권 계획 (MAB)

유엔은 1970년대 초, 유네스코(UNESCO)에 지속가능한 발전을 촉진하는 인간과 생물권 계획(MAB) 프로젝트를 설립하고 생물권보전지역을 지정하였다. 최초의 생물권 보전지역은 1976년 콩고민주공화국(Democratic Republic of the Congo)의 양암비(The Yangambi Biosphere Reserve)인데, 비옥한 콩고강 유역에 있는 양암비는 면적 243,755.00 ha에 이르며 32,000종의 나무와 숲 코끼리 (Loxodonta cyclotis)와 붉은 강 돼지 (*Potamochoerus porcus*)와 같은 고유종을 보호하고, 지속가능한 농업, 사냥, 채굴과 같은 활동들을 지원한다(https://www.unesco.org/en/mab/yangambi).

에티오피아(Ethiopia)의 야유 생물권보전지역(Yayu Coffee Forest Biosphere Reserve)은 2010년 지속가능한 농업을 위해 지정되었으며, 167,021 ha에 이르는 지역에서 작물들을 정기적으로 재배하면서 특히 토착종인 커피 아라비카라는 식물은 야유 지역에서 가장 수익성이 높고 가치 있는 자원이다. 야유는 세계에서 가장 규모가 큰 야생 커피 아라비카의 재배지이다(https://www.unesco.org/en/mab/yayu).

(3) 바이오스피어 2

1991년, 8명의 과학자 팀이 애리조나주 오라클에서 바이오스피어 2라고 불리는 거대하고 온실 같은 구조물 안에서 미래 인류의 생존을 위한 실험을 시작하였다, 바이오스피어 2는 지구시스템의 회복력과 지속가능성, 인간 삶의 질을 높이는 통합 연구를 통해 자연생태계와 인공생태계에 대한 이해도를 높이고 지구와 그 너머를 위한 확장가능한 해법을 찾고자 한다.

바이오스피어 2 지역은 1800년대에는 Samaniego CDO 목장의 일부였다가 소유권이 몇 차례 바뀐 후 1960년대와 1970년대에 모토로라를 거쳐 애리조나 대학의 컨퍼런스 센터가 소유하게 되었다. 1984년 Space Biospheres Ventures가 매입했고 1986년에 자생적인 우주 식민지화 기술을 연구하고 개발하기 위한 시설을 건설하기 시작했다(그림 99).

그림 99 Biosphere 2 구조
(자료: The University of Arizona, https://biosphere2.org/)

바이오스피어 2에는 5개의 생물군계와 농업 시설을 조성하였고 연구자들은 1991년과 1994년 사이에 두 차례 임무를 통해 외부 세계와 거의 접촉하지 않는 바이오스피어 2에서 살면서 생물과 환경 사이의 관계를 연구하고 인간이 언젠가 우주에서 살 수 있을지 생존가능성을 확인하였다. 두 팀의 연구자들이 각각 그 시설에서 50년을 생활하면서 100년 동안 연구를 지속한다는 목표를 세웠으나 연구팀들은 4년 후 1994년에 실험을 종료했다. 생활을 위한 실험은 중단되었지만 지구온난화에 초점을 맞춘 실험은 진행 중이다.

[2] 생물군계

생물군계(바이옴, biome)는 사회적 단위를 이루며 자연적으로 생활하는 유기물 총체로서 넓은 지역에 조금씩 다른 경관이 모여 각각 특이한 식물상과 동물상을 가진다. 바이옴은 강수량이나 기온과 같은 기후대의 영향을 많이 받으며, 하나의 바이옴에서는 공통된 생활형이 형성된다. 생물군계는 유사한 기후와 생태계를 갖는 광역적 지역을 말하며, 일종의 기후대로서 강우분포, 온도, 계절, 낮의 길이 등 기후조건에 적응하여 생태계에 내에 서식하는 생물 즉 생태계에 사는 생물을 모두 포함한다. 식물의 생활형이 중요하며, 동물의 생리적, 행동적 특징 등을 고려한다. 식생은 1차적으로 기후에 의해 결정되며, 벌목, 비옥도, 습도 등이 영향을 미친다.
육상바이옴(Terrestrial biomes)은 식물 극상 우점종에 의해 이름을 붙인다. 열대우림(Tropical Rain Forest), 온대낙엽수림 (Temperate Deciduous Forest), 북방침엽수림(Coniferous Forest; Boreal Forest, 타이가 Taiga), 지중해성 관목지대 (차파랠 Chaparral), 온대초원(Grassland), 사바나(열대초원 Tropical Savanna, 영구동토(툰드라 Tundra), 사막(Desert) 등으로 구분한다(그림 100).

위도에 따른 기온과 강우량이 제한요인으로 작용하며, 같은 위도 상에서는 고도에 따라 수직분포가 이루어진다(그림 101).

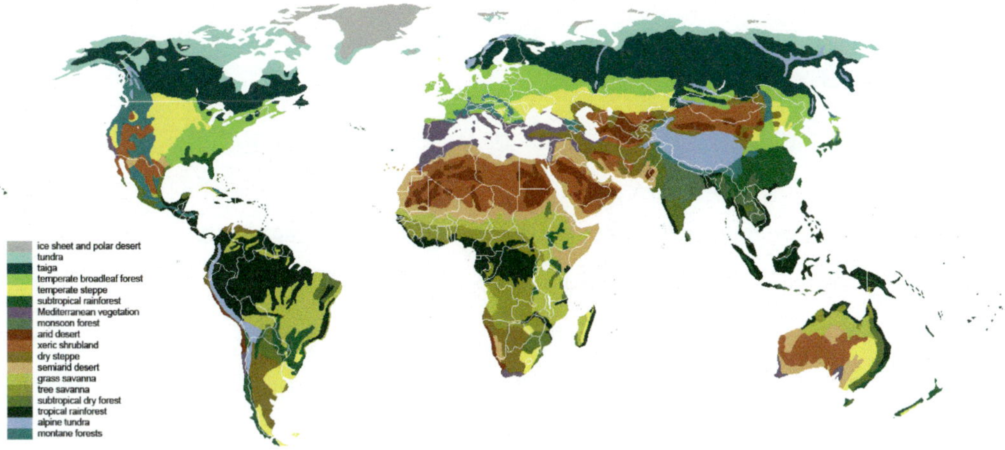

그림 100 세계의 주요 biome
(자료 : http://en.wikipedia.org)

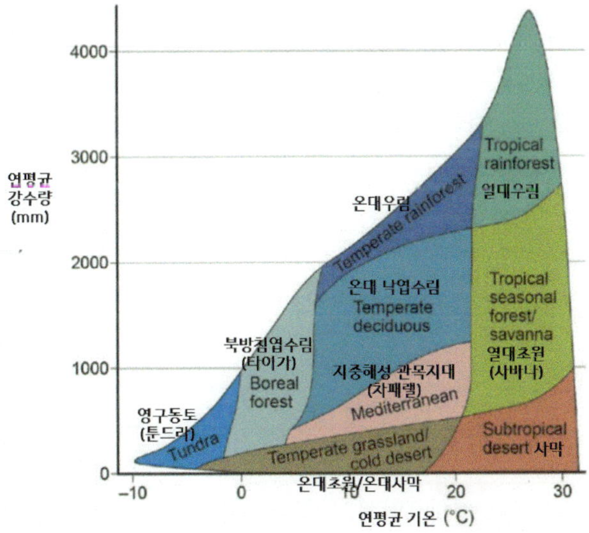

그림 101 육상바이옴. 기후와 강수량에 의해 영향
(자료:http://en.wikipedia.org/을 저자 수정)

2. 열대기후대 및 사막

[1] 열대우림

(1) 기후 및 토양

열대우림(Tropical Rain Forests)은 대체로 적도를 중심으로 북회귀선(Tropic of Cancer;23.5°N)과 남회귀선(Tropic of Capricorn;23.5° S) 사이에 분포하며, 1년 내내 매우 무덥고 습도가 높은 바이옴으로서 종다양도가 매우 높은 생태계이다. 남미의 아마존유역, 아프리카 콩고분지, 말레이시아, 인도네시아, 호주 북서부 등에 발달한다.

열대우림의 특징적 요소 중 하나는 연중 월평균기온이 20℃~30℃를 유지할 정도로 온도가 높고 변화가 거의 없고 건기와 우기가 교대로 나타난다. 1개월 미만의 건기 동안은 비교적 서늘한 기후이다. 연간강우량 2,000~4500mm 심지어 10,000mm에 이르는 고온다습한 기후에 발달한 식생대이다. 지구상에서 기온이 가장 높고 강우량이 가장 많은 지역이다.

열대우림 기후는 다양하고 많은 식물이 자생하기 때문에 생산성과 다양성 높으며, 활발한 광합성 작용을 통해 많은 산소를 만들어 내기 때문에 '지구의 허파'라고도 불린다.

토양은 강우량이 많아 침식이 심하여 주로 라테라이트-적색토로서, 염기와 규산 등이 용탈되어 배수는 비교적 잘되며, 오랫동안 풍화를 받아 대부분 노년기 토양으로서 영양물질이 적고 산성화되어 있다.

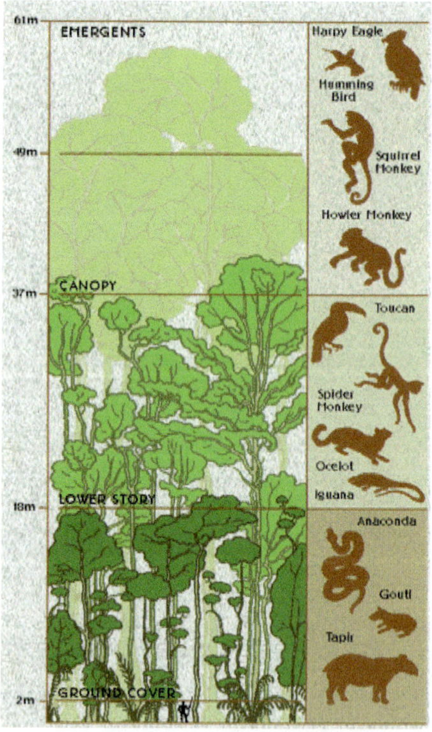

그림 102 열대우림의 식생구조
(http://www.sanandres.esc.edu.ar/)

(2) 생물상

정글(jungle)이라고 불리는 열대우림에는 식생밀도가 매우 높으며 종다양성이 높고 소수의 우점종에 의해 우점되지 않으며, 우세종이 많은 특징이 있다. 키가 큰 상록활엽수가 우점하며 3층 이상의 다층구조로서 수관층(canopy)이 발달되었다(그림 102).

① 상층(수관층)

상층(수관층)은 차양부(遮陽部;top layer, canopy)라 하며, 높이 30m 이상의 나무꼭대기 부분이다(그림 103). 사람의 손이 미치지 않으므로 태초의 원시생태계를 그대로 유지하고 있다.

동식물의 분비물, 시체 등이 나무줄기와 잎에 쌓여 야생동물의 서식지를 제공하며, 영양분이 농축되어 있어 동식물에 빨리 흡수될 수 있다.

수피가 얇고 매끄러우며 색이 옅고, 뿌리는 깊이 뻗지 않고 판상지지근(buttress roots)으로 지상부를 안정시킨다(그림 104).

그림 103 메콩강 하구의 열대우림
(사진 : 저자 촬영)

햇빛은 수관층에 의해 차단되어 지상에 도달하지 못하게 된다. 만경류들이 햇빛에 도달하기 위해 나무를 감고 수관부로 올라가기도 한다. 수관층 위로는 수고 4,50~75m 이상의 대형 교목들로 구성된 둥글거나 우산모양의 돌출목(emergent tree)이 분포한다. 나뭇잎들이 햇빛을 받아 광합성 지속할 수 있도록 일정한 거리를 유지한 채 공간을 형성하여 꼭대기의 수줍음이라 부른다(그림 105).

그림 104 열대우림의 판상지지근
(사진 : 저자 촬영)

② 중간층 / 하층

중간층 또는 하층식생(middle layer, understory)은 만경류와 소교목, 관목, 양치류, 야자류 등으로 이루어진다. 이들 중 상당수는 실내 관엽식물로 이용되기도 한다. 햇빛이 상층 수관층에 의해 차단되어 수광량이 적고 빗물도 상당부분 차단되기 때문에 이곳에서 자란 관엽

그림 105 열대우림 돌출목과 꼭대기의 수줍음
(자료: https://amazonrainforestgeography.weebly.com)

식물들이 실내환경에 쉽게 적응할 수 있게 된다.

소교목층은 10~15m 높이로서 수관부가 좁고 원추형으로 발달한다.

관목층/만경류층은 뿌리는 토양층에 있으나 줄기가 수관까지 기어 올라가 잎과 꽃이 수관부에 형성되는 만경식물(lianas)이 발달한다(그림 106).

그림 106 열대우림 만경식물
(사진 : 저자 촬영)

그림 107 열대우림 착생식물
(사진 : 저자 촬영)

- 착생식물(epiphytes): 다른 식물의 줄기에 붙어사는 식물. 난류, 아나나스류, 선인장류, 조류, 지의류 (그림 107)
- 반착생식물(hemiepiphytes): 수관의 가지에서 발아하여 기주식물에서 뿌리가 자라며 지상에 닿아 수분과 영양분을 더 잘 공급받아 기주식물의 햇빛을 차단하여 죽이며 자신만 남음. 무화과나무류

③ 지피층

지피층(bottom layer, floor)은 물기가 많으며 물에 젖은 낙엽이나 나뭇가지, 죽은 동식물 등으로 덮여 있다. 이들은 습도와 온도가 높은 환경에서 마치 퇴비 더미와도 같은 유사한 조건으로 인해 쉽게 분해되며 영양물질을 토양으로 되돌리게 된다. 햇빛이 적어 식물은 많지 않으나, 고온다습하고 죽은 동식물이 많은 환경으로 인해 박테리아나 다른 미생물들이 살기 좋은 조건이 된다.

동물은 나무에 잘 살 수 있도록 적응되어 있으며 생애의 많은 기간을 수관부에서 살기 때문에 사람의 눈에 잘 띄지 않는 경우가 많다(그림 108).

종다양도가 매우 높으며, 3~4종의 동식물이 다른 종과 상호작용을 하면서 살아가는 경우가 많다. 예를들면, 나무늘보의 배설물에 벼룩 등 곤충 4-5종이 알을 낳아 부화한 뒤 털 속에서 자라고 나무늘보는 이 곤충을 먹이로 하며 살아간다.

■ 아마존

지구상의 대표적인 열대우림은 남미의 아마존 유역, 동남아시아, 아프리카 콩고강 유역 등이 대표적으로 꼽힌다. 그중에서도 아마존 유역은 약 500만km2에 이르는 광활한 정글로 인류가 필요로 하는 산소의 30%를 공급하여 지구의 허파 기능을 하고 있으며, 연간 강우량이 세계 평균 강수량의 2배로서 물순환 측면에서도 매우 효과적이다. 아마존으로 유입되는 약1,100개의 지류를 통하여 대서양으로 배출하는 담수량은 세계 모든 강 유량의 20%에 이르며 이는 양쯔강의 6배, 한강의 400배에 해당된다.

그림 108 말레이시아 열대우림 긴코원숭이
(자료: 저자 촬영)

[2] 사막

(1) 기후 및 토양

사막(Deserts)은 일년 내내 고온을 유지하며 특히 여름 기온이 매우 높고 겨울은 강우량이 거의 없다. 사막은 지구 표면의 약 1/5에 이르며, 북위 또는 남위 15°에서 35°에 이르는 지역으로서 주로 저위도의 고온건조한 지역에 발달한다. 대표적인 사막경관으로는 미국의 모하비사막(Mojave), 소노란사막(Sonoran), 치후아후안사막(Chihuahuan), 아프리카의 사하라사막(Sahara), 중동의 네게브사막(Negev), 아시아의 고비사막(Gobi) 등이며, 일부 온대 사막들은 유타, 네바다, 서아시아 등 비교적 기온이 낮은 사막도 있다(그림 109).

사막은 모든 바이옴 중에서 가장 건조한 생태계로서 물이 부족하므로 물이 제한요인으로 작용하며, 생산성은 강우량에 의해 지배된다. 대부분의 사막은 연평균 강우량이 250mm이내로서 열대우림에 비해 10%에 불과하며, 때로 강우량은 이보다는 더 많지만 불균등하게 분배되거나 증발량이 훨씬 많은 경우도 포함한다. 강우량은 장기간의 건기 사이의 짧은 우기에 집중된다. 증발량은 강우량에 비해 훨씬 높고, 때로는 빗물이 미처 땅에 도달하기도 전에 증발이 시작되

그림 109 사막경관.
(왼쪽)몽골 고비사막, (오른쪽) 미국 모하비사막
(자료: 저자 촬영)

기도 한다.

사막의 기온은 밤과 낮에 따라 매우 심하게 변화한다. 이는 사막의 사막의 공기나 토양에 열을 보유하는 습기가 부족하기 때문에 밤에는 열기를 쉽게 방출해버리기 때문이다. 대기 중 수분이 거의 없어서 햇빛을 차단하지 못해서 낮에는 기온이 매우 높다. 다른 습도가 높은 지역에 비해 사막 지표면에서는 낮에는 두배 이상의 햇빛을 받으며 반면에 밤에는 두배 이상의 열을 방출한다. 사막의 입지 조건에 따라 다르긴 하지만 일반적으로 연평균 기온은 20~25℃이며 낮 평균기온은 35~40℃, 극한적으로는 최고기온 45~60℃까지 오르기도 하며 최저기온은 -20℃까지 내려가기도 한다.

토양은 얕고 배수가 잘되는 암반이나 자갈로서 지표수가 거의 없고 화학적 풍화가 거의 없어서 매우 거칠다. 미세한 모래 입자들이 바람에 흩어져 좀 더 무거운 입자들과 분리된다. 토양은 대부분 아리도솔(aridosols)이며, 초본이 많은 곳은 몰리솔(mollisols) 등으로서, 일반적으로 입자가 굵고 중성 또는 약알칼리성이며 빗물 등에 의해 용탈되어 유기질이 적다. 강수량이 적어 염기성양이온과 토양콜로이드를 세탈시키지 못하여 칼슘과 마그네슘이 토양 표층에 그대로 남아 있다.

지형적 특징은 바람에 의해 형성되는 모래언덕과, 많은 비가 집중되어 발생되는 플라야와 아리요, 바하다 등이 있다(그림 110; 그림 111)

- 플라야(playa): 일시적으로 만들어지는 평지상 연못
- 우기하천(arryos): 눈이 녹거나 큰 비가 온 후에 일시적으로 물이 흐름
- 바하다(bajada): 산과 연결되는 길고 경사진 선상지

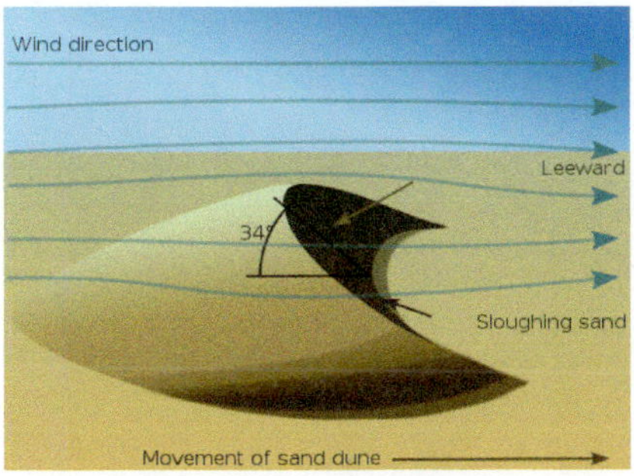

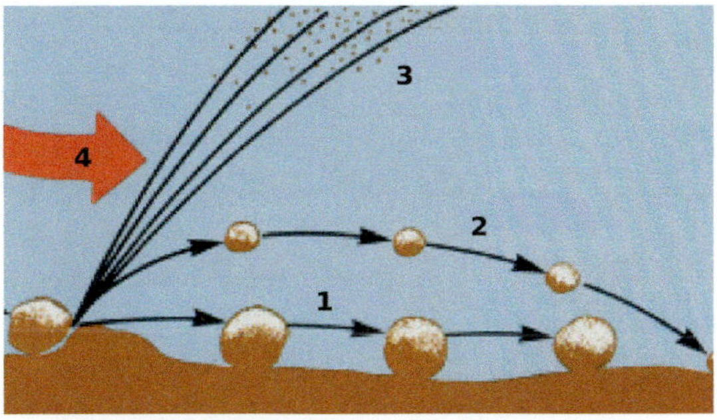

그림 110 사막의 바람과 모래언덕의 형성
(자료:http://en.wikipedia.org/)

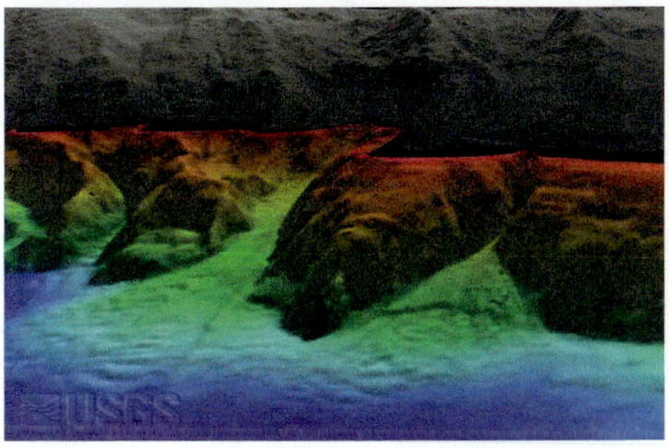

그림 111 건조지역에 발생하는 선상 충적지 바하다(bajada)
(자료:USGS). 오른쪽:모하비사막의 바하다
(자료:Joshua tree NP)

(2) 생물상

생명체가 생명을 유지하기에 매우 열악한 환경조건을 갖추고 있으나, 실제로 많은 생명들이 적응하여 생명을 유지하고 있다. 주로 특별히 적응된 구조를 지닌 식물과 특별한 동물들이 살고 있다(그림 112).

대부분 사막에서 식물은 주로 지피식물이나 초본류와 관목류로 이루어진다. 여러 가지 형태의 건생식물(xerophyte)이 드물게 자라며, 일반적으로 키 1m 정도 가지가 넓게 퍼지며 작은 잎을 가진 관목이 우점한다.

극한의 조건으로 인해 사막에 사는 식물들에게는 부족한 물을 보상하기 위한 적응 전략으로 잎과 줄기가 변형되어 발달하기도 한다. 잎은 물을 충분히 저장할 수 있는 구조로 발달되었고 아울러 영양물질도 충분히 저장한다. 잎은 작고 두꺼우며, 표면은 두꺼운 큐티클 층으로 덮였다. 예를 들어, 선인장류와 같은 몇 식물은 줄기에 물을 저장하고 천천히 이용한다. 잎은 가시 형태로 변했고 광합성은 줄기에서 주로 이루어진다. 반면에 다른 식물들은 잎의 수량을 적게 하여 물을 보전하거나 뿌리를 발달시켜 물을 최대한 모으는 전략으로 살아간다. 몇 사막식물들은 불과 몇 주 정도의 우기 동안만 생존하는 짧은 생을 살아가기도 한다.

그림 112 고비사막의 식물
(자료: 저자 촬영)

선인장과 같은 다육식물(CAM 식물)들은 이산화탄소 흡수와 광합성을 지연시켜 생장율을 느리게 한다. 고온건조한 낮에 기공을 열어 광합성을 진행하면 CO2를 흡수하기보다는 체내의 수분이 증산작용을 통해 밖으로 빠져 나가게 된다. 그렇기 때문에 광합성 과정에서 고온 건조한 낮에 기공을 통해 식물체 내의 수분이 대기 중으로 증발되는 것을 억제하기 위해 낮에는 기공을 닫고 밤에 기공을 열어 차고 다습한 밤에 이산화탄소와 산소 교환을 하는 CAM 구조로 발달하였다.

극한의 기후조건으로 인해 동물들은 무더운 낮에는 조용히 숨어 지내다가 서늘해진 저녁이나 새벽, 밤에 활동을 한다. 또한 사막에서 대형 동물들이 햇빛을 피할 수 있는 곳이 부족하기 때문에 포유류와 같은 대형동물이 아닌 도마뱀과 같은 파충류들이 우점종이 된다. 포유류들은 북미대륙 사막에 사는 캥거루쥐와 같이 작은 종들이 주로 산다. 특히 변온성으로 건조에 대한 방어기구가 발달한 파충류가 많고 습한 피부를 가져야 하는 양서류는 거의 없다.

굴을 파서 사는 소형동물과 캥거루쥐 등이 우점하며 야행성 소형 포식자들이 있다. 그 외 곤충, 파충류, 조류, 거미류 등이 있다. 대표적 포유동물로 낙타가 있으며, 캥거루쥐는 물한방울 마시지 않고 식물의 씨앗이나 열매 등을 통해 수분을 섭취한다. 그 외에도 세계에서 가장 빠른 사막토끼, 방울뱀류 등 260여종이 서식한다.

■ 하면현상(aestivating)

뜨거운 열기와 부족한 물로 인해 동물이 살아가기 어렵기 때문에 건조한 여름에 굴 속에서 머물며 활동하지 않는다.

[3] 사바나(열대초원)

(1) 기후 및 토양

사바나(Savanna; 열대초원)는 열대우림과 사막 사이 지역에 위치하며, 대체로 여름에 집중적 강우(900~1500mm)가 있으나 온난하고 건기가 긴 지역에서 나타나며, 인위적인 열대우림 파괴로 인해 생기기도 한다. 연 평균강수량 750mm의 등우량선과 그 주위가 대부분 사바나이지만 1,000mm 이상, 또는 500mm 이하인 곳도 있다. 위도 상으로는 남북 양반구에서 대부분 10~15°의 범위 내에 있다. 아프리카, 아시아(인도), 남아메리카, 오스트레일리아의 적도 지역 등 대부분 건조한 기후에 의해 생성된다.

사바나 지역의 기후는 우기와 건기로 뚜렷하게 나누어진다. 건기에는 비가 전혀 내리지 않기 때문에 식물이 자라지 못하고 시들어 버린다. 우기는 여름의 더운 계절에 해당하며, 열대무풍대가 이 지역으로 이동하면서 비가 내린다. 비는 일반적으로 단시간에 내리는 집중호우가 많으며, 하천은 주로 단속하천(斷續河川)이다. 그러나 강수량이 불규칙적이고 매년 격차가 심하여 2~3년 동안 비가 거의 오지 않는 경우도 있다.

토양은 산성이며 심하게 세탈되었으나 영양물질 공급은 삼림보다 양호하다. 유기물 함량이 낮으며 주로 옥시솔(oxisols) 토양이 발달한다.

(2) 생물상

아프리카 사바나의 3대 경관은 초본, 산재하는 나무 덤불, 초식성 포유동물(유제류) 등을 꼽는다. 식물은 목본식물 또는 나무덩굴이 있는 초원이 발달하며 그 사이에 큰 풀과 관목이 자라 전체적으로 초지가 주류를 이루며 나무들이 무질서하게 배치되어 성장한다.

그림 113 세렝게티 사바나의 사자
(자료:National Geographic)

가장 광범위하게 분포되어 있는 곳은 아프리카며, 남아메리카의 야노스(Llanos:오리노코강 유역)나 캄푸스(Campos:브라질 고원) 등이 그 예다. 브라질 북동부의 사바나 지역에는 카팅가(caatinga:흰 숲)라고 부르는 관목림대가 널리 퍼져 있으며, 중앙부의 고원에는 캄푸세라두(Campo cerrado)라고 하는 초지 안에 관목이 섞여 있는 식생이 전형적으로 발달해 있다.

아프리카 초원의 상당 부분이 경작지로 바뀌어 생활 터전을 잃거나, 인간의 수렵활동에 의해 야생동물이 빠른 속도로 감소하고 있으며, 탄자니아의 세렝게티(Serengeti) 국립공원을 비롯한 야생동물 보호지역을 지정하여 보존을 위한 노력을 하고 있다(그림 113).

3. 온대기후대

[1] 온대낙엽수림대

(1) 일반적 특징

온대낙엽수림대(Temperate Deciduous Forests)는 한국, 북미 동부, 서유럽, 극동(일본, 중국동부), 칠레, 호주 등 계절의 변화가 있어 더운 여름과 추운 겨울이 뚜렷하게 구분되며, 강수량이 많은 곳에 발달한다. 쾨펜기후에서는 온대기후의 온난습윤(Dfa)로 구분된다. 평균기온이 10~20℃인 달이 4~12개월 동안 계속되는 지역으로서 낙엽활엽수림이 우점하고 있다. 강수량은 750~1500mm에 이르며 우기에 고온다습한 특성을 보인다.

토양은 회갈색포드졸(graybrown podzol)이 발달하며, 칼슘이 용탈되어 산성토양이 된다. 회색포드졸은 알피솔(alfisols) 등이 주로 분포하며, 적색포드졸로는 알피솔 또는 울티솔(ultisol) 등이 주로 분포한다.

(2) 생물상

우점종은 낙엽활엽교목으로서 4계절 변화가 나타난다(그림 114). 춥고 습한 지역에서는 참나무류가 우점하며 참나무림에서는 소비와 분해가 일년 이상 걸려 낙엽층이 두껍게 발달한다. 토양조건이 좋은 곳에서는 단풍나무림 발달하며, 참나무, 느릅나무, 소나무, 너도밤나무 등이 주요종이다.

그림 114 온대낙엽수림대의 4계절 변화와 층위구조
(자료:http://www.exploringnature.org/)

우리나라에서는 소나무→참나무(신갈나무, 갈참나무 등)→서어나무 등의 방향성을 가지고 천이가 진행되며, 일반적으로 5개 층 내외의 복층구조로 구성된다.

- 낙엽수림층(수관부): 15~55m 높이
- 낙엽수림층: 2~6m 높이
- 상록관목층: 3m 내외
- 초본식물층: 구근, 가근류
- 이끼류 및 지의류: 돌, 쓰러진 나무, 나무 줄기에 서식

[2] 지중해성기후대

(1) 기후 및 토양

지중해성기후대는 북위 및 남위 30°~40° 일대에 분포한다. 겨울철 강우량이 많고 여름에 건조한 지역에 발달하며, 주로 칠레, 캘리포니아, 호주 남서부, 지중해 등이 대표적이다. 쾨펜의 기후 구분에서 온대 기후에 속하며, 기호는 Cs이다. 주로 대륙의 서쪽 해안에 나타나며 온대기후대 중에서 강수량이 가장 적다. 연간 강수량이 200~1,000mm로서 겨울에 집중되기 때문에 여름은 고온건조하며 겨울은 저온다습하다.

고온건조한 여름과 온난습윤한 겨울이라는 기후 특성에서 적철광과 침철광의 집적에 의해 생성된 테라로사(terarosa)와 같이 비옥한 붉은 토양이 발달한다. 테라로사는 이탈리아어에서 유래하며 흙(테라 terra)과 장미(로사 rosa)의 합성어로서 장밋빛 흙이라는 의미이다. 석회암을 모암으로 발달하며 탄산염광물이 용해와 용출로 석회물질이 용탈되어 생성된다. 주성분인 철화합물은 건기와 우기가 반복되는 기후의 영향을 받아 건기에 모세관수를 통해 표층으로 이동하여 상대적으로 철의 함량이 높아진다.

테라로사의 붉은색으로 인해 지중해 연안의 건축물에는 붉은 벽돌과 붉은 기와가 주로 사용되어 왔다.

(2) 생물상

식물은 지중해성 관목림(Mediterranean shrub)의 독특한 식물 군락으로서, 지역에 따라 북미 채퍼럴(Chaparral), 스페인 마토럴(Matoral), 지중해연안 개리그(garrigue), 남미 핀보스(Fynbos), 호주 말리(Mallee) 등으로 불린다. 주로 방향성 허브류, 관목및 초본류. 올리브 나무와 같은 잎이 작고 표면이 왁스성 물질로 덮여 고온건조 기후에 적응 가능한 다육질의 작은 상록관목들과 건조한 여름을 견딜 수 있는 두터운 땅속줄기를 가진 초본류들이 밀집한다(그림 115). 고온건조한 여름철에 강수량이 적고 환경압이 높아 식물이 완전한 성숙림에 도달하지 못하고 아극상 군집에 머무른다.

그림 115 지중해성 기후대 식생(스페인 그라나다)
(사진 : 저자 촬영)

여름에는 코르크, 오렌지, 포도, 올리브, 감귤 등을 중심으로 한 지중해식 농업이 발달하며, 겨울에는 주로 보리, 밀 등의 곡물농업과 또는 일부 산지에서는 목초가 발달하기도 한다. 와인의 원료가 되는 포도 생육 적지로도 알려져 있다.

[3] 온대초원

(1) 기후 및 토양

중위도 지방에 발달한 온대초원(grass land)은 일반적으로 기온의 연교차는 25~30℃, 연강수량은 사막과 산림지대의 중간 수준인 300~1,000mm 내외로서 반건조 기후에 건기와 우기가 뚜렷하며 대체로 건기가 우기에 비해 길다.
시베리아에서 중앙아시아에 결쳐서 분포하고 있는 초원과 다른 대륙의 온대초원을 포함하며 중앙아시아에 발달한 온대초원은 스텝이라고도 한다. 그 외에도 미국 서부지역 초원과 그 동쪽 지역 프레리, 아르헨티나 팜파, 오스트레일리아 대찬정분지 주변, 남아프리카 보츠와나, 아시아 몽골, 터키, 이란 등 중위도 건조기후대에서 볼 수 있다(그림 116).

지역에 따른 온대초원의 유형은 다음과 같다.

- 스텝(steppe): 우크라이나에서 몽골까지 연속적인 초원지대를 이룸
- 프레리(prairie): Mississippi강 연안 대초원
- 평원(plain)
- 브라질 캄푸(campos)
- 아르헨티나 팜파(pampas)

그림 116 몽골 초원 스텝
(사진 : 저자 촬영)

- 헝가리 푸스타(puszta)
- 아프리카의 벨트(veldt)
- 호주 대찬정분지

토양은 미국 프레리에서 유래한 비옥한 프레리토이거나 우크라이나 지역의 체르노젬(chernozem)지역에서 유래한 비옥토인 흑토로서 중성이며 유기질함량이 많은 몰리솔(mollisols) 계통이다.

건조한계에 가까운 곳에서는 토양이 좋아 농업에 유리한데, 우크라이나의 경우 흑해 근방의 질 좋은 흑토 때문에 밀을 다량 생산하는 대규모 곡창지대가 되었다.

(2) 생물상

여름은 덥고 겨울은 춥거나 온화하며 생육기간은 120~300일 정도로서 건조와 저온 때문에 산림이 형성되지 못하는 곳이다. 온도, 강우량의 계절적 분포, 토양 용수량에 따라 분포한다. 비가 매우 적게 일시적으로 오기 때문에 큰 교목류가 자라는 경우는 거의 없고 초본류 및 일부 관목류가 우점한다. 또한 비옥한 흑토로 뒤덮인 미국의 프레리, 우크라이나와 같이 세계적인 곡창지대를 이루는 곳도 있다.

온대초원 기후에서는 주로 유목과 방목과 같이 목초를 먹이는 목축을 하며 대규모 기업적 방목이 이루어지기도 한다. 아프리카나 아시아의 초원은 방목을 비롯한 전통 유목생활이나 건조농업을 영위하고 있다(그림 117).

그림 117 몽골초원의 방목
(사진 : 저자 촬영)

4. 한대기후대 및 극지생태계

[1] 북방침엽수림대(Boreal forest)

(1) 기후 및 토양

타이가(Taiga)라 불리는 북방침엽수림대(Boreal Coniferous Forests)는 시베리아, 캐나다, 스칸디나비아반도 지역에 발달한 세계에서 가장 거대한 육상 생물 군계로서 전 세계 식생대의 29%를 차지한다.

북방침엽수림대는 북미 알래스카와 캐나다, 북유럽의 습한 한대지방, 시베리아 등 북위 50~65° 일대에 분포하며, 고산지대(아고산대림)를 포함한다. 북쪽으로 영구동토대인 툰드라와 연결되며, 남으로는 북위 50° 이상 지역이다. 광대한 습지, 또는 소택지가 많이 존재하고, 특히 이탄지대가 발달한다(그림 118).

그림 118 캐나다 타이가 지역에 발달한 이탄습지
(사진 : 저자 촬영)

타이가는 계절간 기온차가 매우 크며 추운 겨울이 6개월 이상 오래 지속되는 반면 생장 기간인 여름은 짧다. 연간 평

균 기온은 -5℃~5℃ 정도이나, 동부 시베리아나 내륙 알래스카 일부 지역에서는 연평균 기온이 -10℃까지 떨어지기도 한다. 쾨펜의 기후 구분에서 Dfc, Dwc, Dsc, Dfd, Dwd로 분류된다. 이러한 기후대는 짧은 여름(하루 평균 기온 10℃ 이상)이 1~3개월 정도로 짧은 기후를 의미한다. 일부 작은 지역에서 겨울이 덜 추운 해양성 Cfc 기후가 나타나기도 하고, 타이가의 남쪽 끝이나 서쪽 끝에서는 여름이 긴 습윤 대륙성 기후(Dfb, Dwb)가 나타난다.

연간 강수량이 상대적으로 적어 보통 연간 200~750mm 내외로서, 지역에 따라서는 1,000mm까지도 내린다. 기온이 낮고 겨울이 길어 증발량이 적고 가뭄이 잘 일어나지 않는다.

타이가의 토양은 생성된지 오래되지 않고 영양분이 척박한 경향이 있다. 토양에는 침엽수의 낙엽 때문에 토양에서 칼슘, 마그네슘 및 칼륨 등 영양염류가 세탈되어 메마르고 산성화되었다. 추위로 인해 토양 발달이 저해되는데 식물들은 토양의 영양물질을 흡수하여 척박하며, 한랭하고 습윤한 기후로 인해 임상에는 지의류와 이끼류만 자라는데, 추위로 인해 낙엽과 이끼가 썩지 않고 임상에 오래 남아 상록침엽수에서 나온 산성물질이 토양을 침출시켜 스포드졸(spodosol) 또는 포드졸(podzol)을 생성한다. 포드졸 토양은 추운 기후와 식생에 의해 거친 부식질이 쌓여 두꺼운 층을 이루며, 분해되지 못한 두터운 낙엽층 아래에는 검은 회색의 무기토양층이 발달한다.

(2) 생물상

식물은 침엽수림대가 넓게 발달하며, 종다양성이 낮아 1~2종이 넓은 면적에 분포한다. 식물의 잎은 물을 보존하도록 적응하였고, 비가 내리면 물의 유출이 급격히 증가하여 영양소 이탈 현상이 발생하여 질소의 과다 손실을 초래한다. 춥고 긴 겨울동안 광합성을 할 수 있어 생장에 유리하다. 우점종으로는 가문비나무와 전나무. 상록침엽수림 등이 일반적으로 4층 내외의 복층구조로 형성된다. 활엽수림으로는 자작나무속, 오리나무속, 버드나무속, 사시나무속 등이 있다.

동물의 종다양도가 높은 반면, 추운 겨울과 짧은 여름으로 인해 체온유지가 어려워 파충류와 양서류는 찾아보기 어려우며 일부 겨울에 지하에서 동면하는 종이 있다.

[2] 툰드라 및 영구동토

(1) 기후 및 토양

툰드라(tundra)는 대륙 최북단 고위도 지역에 위치한 영구동토 지역으로서 가장 추운 생물군계이며, 고위도 지역과 고산지대에 분포한다. 다른 생물군계에 비해 태양에너지를 적게 받고 연 강수량은 150mm 이하로서 대부분 눈으로 내린다. 저온과 짧은 생육기간(약 60일)을 갖는 반사막지대로서 강우량은 적지만 기온이 낮아 증발하지 않으므로 온도가 제한요인으로 작용한다. 연중 9개월 이상 서리가 내리며 가장 더운 달의 평균기온 10℃ 이내이다.

토양의 윗부분은 여름에 약간 녹으나 아랫부분은 연중 계속 얼어 있는 영구동토층으로서 배수가 불량하고 여름에 침수되어 연못, 호소, 늪 등이 발달한다. 미생물 활동이 저조하여 질소 결핍 증상 심한 편이다. 여름철 짧은 기간동안 표토가 녹아 지의류와 이끼류의 스펀지형 매트에 의해 이동이 제한되어 이탄습지를 이루게 된다.

습한 지역의 토양은 히스토솔(histosols)이며 일반적으로는 엔티솔(entisols), 인셉티솔(inseptisols) 등이 발달한다. 또한 표토에는 이탄층이 발달한다. 특히 고산툰드라는 토양층 얕고 미성숙토로서 인셉티솔, 한냉성 엔티솔 등이 발달한다.

(2) 생물상

황무지로서 생물학적으로 생산성이 매우 낮은 반면 매우 많은 생물종이 살아간다. 교목의 분포가 끝나는 수목한계선에서부터 시작되므로 교목은 거의 없고 벼과식물, 사초, 왜소 목본식물(버드나무, 자작나무), 지의류 등이 특히 발달한다(그림 119).

그림 119 백두산 수목한계선
(사진 : 저자 촬영)

지표면으로부터 20cm 이하의 작은 식생이 주로 나타나며, 짧은 여름 동안 지의류, 이끼류 등이 주로 분포한다. 관목은 방석형이나 덤불 형태를 이루어 에너지 평형과 수분 수지를 유지한다. 곤충의 수분이 곤란하여 자가수분이 대부분이며 영양생식, 바람에 의한 종자 산포가 발달한다. 이끼, 지의류, 초본식물, 관목이 조밀하게 서식한다.

동물로는 곤충, 육식동물, 유제류, 포유동물 등이 분포하는데 사향소, 순록, 북극곰, 이리, 나그네쥐 등이 대표적이다. 포유동물은 지의류와 곰팡이를 먹이로 이용하며, 포유류와 조류는 겨울철에 흰색으로 변색하여 포식자에 대한 보호색 기능을 갖는다.

■ 고산툰드라 (alpine tundra)

고산지대의 수목한계선(treeline) 위의 지역으로서 관목, 지피초화류, 지의류 등이 분포한다(그림 120). 고산툰드라 지대는 강설량 많고 강풍이 심하며 기온 일교차와 날씨 변화가 심하다.

그림 120 백두산 고산툰드라
(사진 : 저자 촬영)

건조상태에 따라 이끼툰드라와 지의툰드라로 구분한다. 이끼툰드라는 얼음이나 눈이 녹아 수분이 많은 곳으로서 물이끼 등이 많이 분포하며, 지의툰드라는 마른 곳으로서 순록이끼와 같은 지의류가 많이 분포한다.

[3] 극지생태계

극지역은 북반구 고위도(북극권 위도 66°33′과 거의 일치), 중앙시베리아, 알래스카, 그린랜드, 아이슬랜드, 남극권 등의 고위도 극권을 말하며, 북극지방의 빙하나 만년설과 침엽수림대 사이의 띠모양의 지대가 이에 속한다.

(1) 남극 및 남극권

남극(Antarctica)은 지구의 최남단에 있는 대륙으로, 한가운데 남극점이 있다. 남극조약에 의하면 남극점을 포함한 남위 60° 이상 지역을 남극권으로 정의하고 있다. 면적은 약 14백만km^2로서 지구상 육지면적의 9.2%에 이르며, 아시아, 아프리카, 북아메리카, 남아메리카에 이어 다섯 번째로 큰 대륙이다(그림 121).

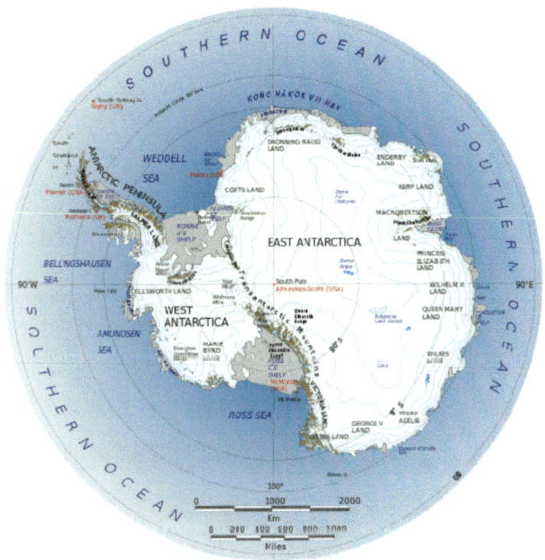

그림 121 남극지도
(자료:http://en.wikipedia.org/wiki/Antarctica)

남극은 두 개의 육지 위에 대부분(약 98%) 얼음으로 덮여 있는데, 평균 두께가 1.6km에 이른다(그림 122). 남극의 얼음은 단순한 얼음이 아니라 땅 위에 내린 눈이 녹지 않고 오랫동안 쌓여 눈덩이가 된 뒤 무게에 눌려 갇혀 있던 기포가 빠져나가면서 맑고 투명한 얼음이 되었기 때문에 두껍고 높다.

그림 122 남극 단면도
(자료:http://beyondpenguins.ehe.osu.edu/)

남극은 지구상에서 가장 추운 지역으로서 1983년 7월 21일 구 소련의 보스토크 남극 기지에서 -89.2℃가 기록되었다. 또한 남극은 지구상에서 가장 큰 사막으로, 해안의 강수량은 겨우 200mm에 불과하고 내륙은 더욱 적다. 영국 남극조사단(BAS)이 남극 빙붕 아래 약 900m 해저에서 빛도 영양분도 없는 영하 2.2℃ 해저의 돌에서 생활하는 새로운 고착생물 생명체가 발견했다고 보고한 바 있다(Griffiths et al., 2021).

남극의 영어 명칭인 Antarctica는 '북극의 반대쪽'을 뜻하는 고대 그리스어 합성어 안타르크티코스 (ανταρκτικός)의 여성형인 안타르크티케 (ανταρκτική)에서 비롯되었다. 예로부터 남쪽 땅(Terra Australis)에 대한 신화와 추측이 있었는데, 인간이 남극을 처음으로 확실하게 본 것은 1820년 미하일 라자레프와 파비안 고틀리프 폰 벨링스하우젠의 러시아 탐험대로 알려져 있으며, 이후 1890년대에 처음으로 이 대륙을 "남극(Antarctica)"로 공식 명명한 것은 스코틀랜드 지도 제작자 존 조지 바르톨로뮤라고 한다.
고대 그리스 철학자들은 세상의 남쪽에 거대한 육지가 있을 것이라는 추측을 하였는데, 예를 들어 아리스토텔레스는 북반구에 존재하는 것으로 알려진 육지와 균형을 이루려면 남쪽에 대륙이 하나 있어야 한다는 가설을 제창한 바 있다. Reader's Digest (1985)에 의하면 아리스토텔레스(기원전 384~322년)는 '북반구가 아르크토스 즉 곰 자리 아래 있으므로 남쪽에 있는 알려지지 않은 육지는 안타르크티코스, 다시 말해서 정반대의 위치에 있어야 할 것'이라고 추론하였다고 한다. 이에 의하면 남극 대륙은 발견되기 약 2000년 전에 앤타크티카라고 이름이 붙여졌다.

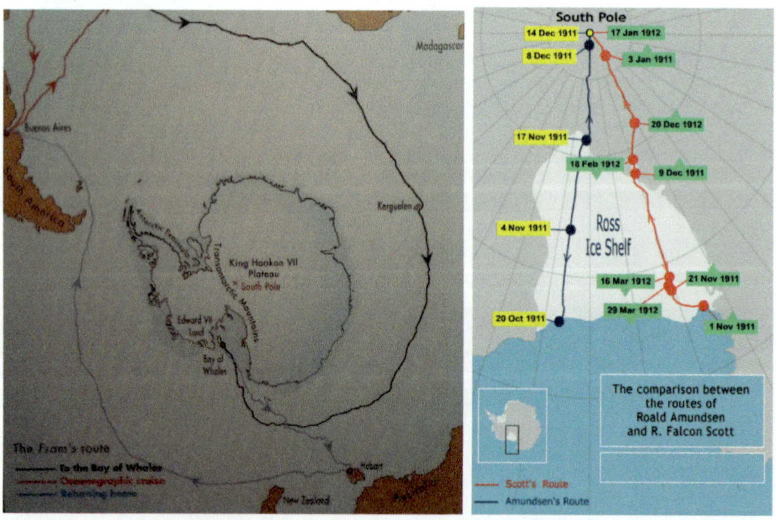

그림 123 Fram호 남극탐험도 및 아문센과 스콧트의 남극탐험루트
(자료:http://www.explorapoles.org/assets/uploads/news images/comparison-maps.jpg)

1772년, 영국의 탐험가 제임스 쿡 선장은 남쪽에 있을 것으로 추정되는 이 대륙을 찾기 위해 남쪽으로 항해하던 중 수많은 "얼음 섬"들을 발견하였고 항해를 계속하여 1773년 1월 17일, 최

초로 남극권을 통과하였으며, 이후 아문센과 스콧트 등 탐험가들의 남극점 도달 경쟁 끝에 마침내 1911년 12월 14일 아문센에 의해 인류 최초로 남극점에 도달하였다(그림 123).

이후 남극부근에 바다표범과 펭귄과 고래가 매우 많다는 쿡선장의 말에 의해 남극은 수많은 어부와 사냥꾼들에 의해 생태계가 급속하게 파괴되는 아픔을 겪게 되었다.

생물상으로는 추위에 적응한 동식물만이 남극에 사는데 여기에는 펭귄, 물개, 지의류, 여러 종류의 조류가 있다. 바다표범 사냥이 19세기에 시작되어 개체수의 급격한 감소를 유발하고 있고, 푸른 대왕고래와 지느러미 긴수염고래 등이 남획으로 인해 멸종위기에 처해 있다. 남극의 생태환경 등을 연구하기 위해 우리나라에서는 세종과학기지와 장보고기지를 설치하여 과학적 연구를 진행하고 있다.

(2) 북극 및 북극권

북극(Arctic)은 지구 북극점 근처의 북위 66도 33분보다 북쪽 지역을 가리키며, 총 면적 약 3,000만 km^2 중 북극해가 약 1,400만 km^2를 차지한다. 흔히 북극을 의미하는 '북극권'에는 캐나다와 러시아, 미국 알래스카의 북쪽 지역, 노르웨이 북쪽 해안, 그린란드, 아이슬란드, 스발바르 같은 북쪽 섬들이 포함된다(그림 124).

그림 124 북극권이 표시된 고지도
(자료: Eran Laor Cartographic Collection of the National Library of Israel)

한편, 북극권을 '가장 따뜻한 달의 평균 기온이 10℃를 넘지 않는 지역'으로 정의하기도 하는데, 이 경우 알래스카 남단까지가 북극권이 되며 대체로 수목한계선과 겹치게 된다. 북극에는 에스키모라고 부르는 원주민인 이누이트 족이 사냥을 해 살아가며 자신들의 고유하고 독특한 문화와 역사를 이루고 있다.

북극에는 털이 하얀 북극곰이 있으며 포유류로 바다생활에 적응한 고래는 남극해와 북극해에 모두 서식하는 종류도 있다. 2-3주 정도 지속되는 짧은 여름에는 여러 종류의 아름다운 색깔의 꽃이 피며, 곤충과 새와 포유류들의 낙원이 된다. 이 짧은 시기를 이용해 짝짓기를 하려고 눈토끼, 여우, 순록, 늑대, 사향소, 뇌조 등이 나타난다. 물개와 해표는 남북극에 사는데 해마라고 불리는 월러스(Walrus)는 북극에만 있다.

북극지방의 평균 기온은 영하 35~40도 정도로서 남극 지방의 평균 기온은 영하 55도에 비해 조금 따뜻한 편이다. 이렇게 남극에 비해 북극이 따뜻한 이유는 대륙이 아니라 바다이기 때문이다. 남극대륙을 덮고 있는 얼음은 햇빛을 반사하지만, 북극의 바다는 열을 흡수하고 저장하는 기능을 한다. 북극의 얼음은 주변의 대륙에서 날아온 토양과 먼지 때문인지 옅은 황갈색을 띠는 반면, 남극의 얼음은 수정같이 맑고 깨끗하다.

2절 수생태계

물은 육상생태계의 다양한 생물군계를 연결하는 생태계이며 지구 표면의 대부분인 75%를 덮고 있다. 수생태계는 지구상 대부분은 동식물의 서식처를 제공하고 있으며, 수십억년전 아미노산이 생성되어 생명의 근원이라고 여겨진다. 물이 없으면 대부분의 생명체는 생명을 유지할 수 없으며 지구는 마치 사막처럼 황폐해진다.

수생태계는 기준에 따라 다양하게 구분할 수 있지만, 이 책에서는 육수생태계, 해양생태계, 기수생태계로 구분하고자 한다(표 18).

표 18 수생태계 유형

유 형	세 부 유 형
육수생태계 (담수생태계)	육지 내 민물. 염분농도 낮음 ① 유수(Lotic, 흐르는 물):강, 하천 등 ② 정수(Lentic, 고인물):호수, 연못 등 ③ 습지:늪 및 소택지 산림
해양생태계	해양의 염분농도 높은 염수(해수) ① 대양구(Oceanic Province, 원양) ② 연해구(Neritic Province, 대륙붕 해수), 용출지역(영양분이 많고, 생물다양성 높음)
기수생태계	해수와 담수가 만나는 전이지대로서 ① 다양한 생태적 특성을 유지하여 종다양도가 높은 생태계. ② 해양특성과 담수특성을 지니며 기수생태계 고유의 특성 ③ 기수역(해안만, 석호, 강어귀 등)

육수생태계는 염분을 포함하지 않은 담수생태계로서, 담수의 동식물은 염분농도가 높은 곳에서는 생존이 어렵다. 육수생태계는 정수생태계인 못, 호수, 유수생태계인 하천, 강, 그리고 육상생태계와 수생태계의 전이지역인 습지생태계 등이 있다.

해양생태계는 염분농도가 높은 염수생태계로서 대양구와 연해구로 구분한다. 대양구는 깊고 넓은 바다를 의미하며 연해구는 육지 가까운 곳의 대륙붕을 의미한다.

기수생태계는 해수와 담수가 만나는 전이지대로서 해양특성과 담수 특성을 지니는 다양한 생태적 특성을 유지하여 종다양도가 높은 생태계이다. 하구, 석호 등을 포함한다.

1. 유수생태계

[1] 유수생태계의 특징

유수생태계(Lotic Waters)는 강물, 개울물, 계류 등과 같이 어느 한 방향으로 흐르는 물을 유수라 한다. 유수생태계의 특성은 발원지에서 강어귀에 이르는 동안 조금씩 바뀌게 된다. 유속이나 하상의 구성 물질에 따라 생물상이 달라진다.

그림 125 자연하천의 흐름(대전, 갑천)
(사진: 지리교사연구회)

상류에서는 물이 더 깨끗하고 용존산소 농도가 높으며 수온이 낮다. 중류에서는 하천 폭이 넓어지고 종다양도가 높아지며 수생식물과 조류 등이 발견된다. 하류부에서는 상류쪽으로부터 이동된 부유물이나 토사 등이 퇴적되고 햇빛 투과량이 감소되며 용존산소량과 종다양도 등도 저하된다.

하천은 하류로 갈수록 유출량, 충적층, 하천폭, 하천 깊이는 증가하고, 하천의 경사, 흙 입자의 크기는 감소하며, 각종 생물들이 서식하는 자연생태계의 중심으로서 매우 중요한 기능을 한다. 하천지형을 변화시키는 가장 주요한 기구로는 침식, 운반, 퇴적 작용에 의한 침식지형 및 퇴적지형 형성 등을 들 수 있다. 이러한 작용에 의해 하천은 곡류를 이루며, 발달과정에 따라 배후습지, 우각호 등이 생성하거나 흔적으로 남게 된다(그림 126; 그림 127).

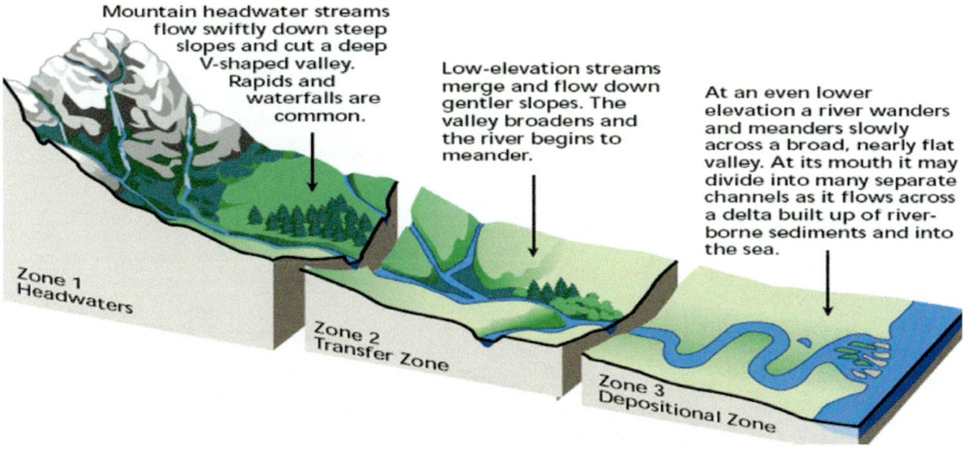

그림 126 하천의 종단 특성. 상류에서 하류로 갈수록 하도와 생태특성 변화
(자료 : USDA, 1998)

그림 127 자연하천의 흐름 및 우각호(중국, 해란강)
(사진 : 저자 촬영)

[2] 자연하천의 특징

(1) 자연하천의 구조

수심이 얕고 물의 흐름이 빠른 여울, 유속이 느리고 깊은 못, 다양한 하상 및 하안, 곡류 흐름 등이 자연하천의 특징이다 (그림 128).

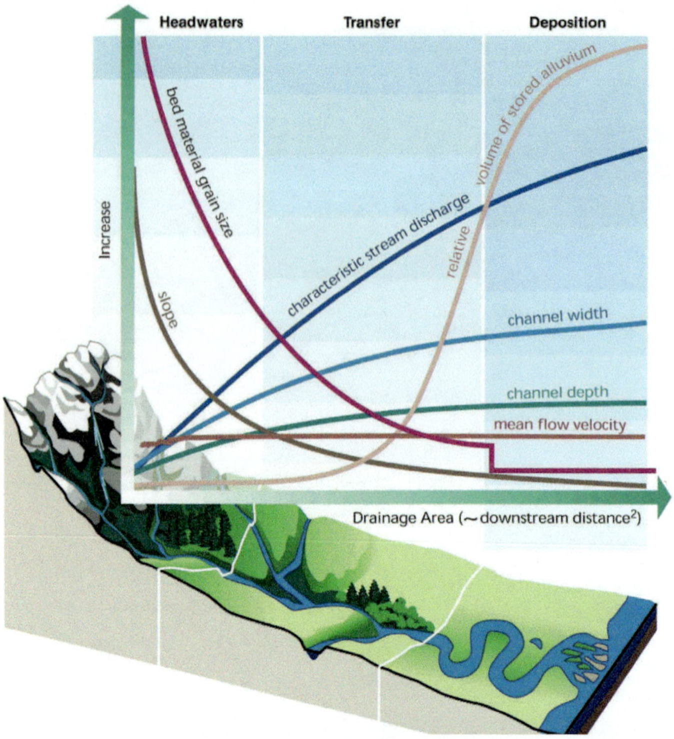

그림 128 하천의 종단 구조
(자료: USDA, 1998)

수온은 강어귀보다 상류에서 낮으며, 상류에서는 물이 더 깨끗하고 용존산소 농도가 높다. 담수어류와 같은 종속영양생물이 서식한다. 중류에서는 하천 폭이 넓어지고 종다양도가 높아지며 수생식물과 조류 등이 서식한다. 하류부에서는 상류로부터 이동된 부유물이나 토사 등이 퇴적되고 햇빛 투과량이 감소되며 용존산소량과 종다양도 등이 저하된다.

① 곡류 흐름 및 모래톱

자연하천은 자연형성과정에 따라 지반의 구조 및 재료, 유속, 기타 요인에 의해 점차 곡류 흐름으로 발달된다. 곡류 흐름에 따라 물의 흐름이 달라져 여울, 못, 모래톱 등이 생성된다.

청계천 복원 후 모니터링에 의하면, 인공적으로 조성된 직선화된 하천임에도 불구하고 홍수기 등을 거치면서 점차 모래톱이 형성되고 모래톱 주위로 곡류 흐름을 나타내고 있음을 알 수 있었다(구본학 등, 2008).

즉, 인공성이 강한 청계천에서도 놀랍게도 자연형성과정에 의해 침식-퇴적 현상이 반복되면서 모래톱이 형성되며, 곡류가 발생한 것이다. 모래톱은 대부분 하천이 곡류하는 부근에 형성되었으며, 특히 하류 무학교 부근을 비롯하여 신답철교~중랑천 합류부에 주로 형성되고 있었다(그림 129).

그림 129 청계천에 발달한 모래톱 및 곡류 흐름
(사진 : 저자 촬영)

② 여울(riffle)/급류(rapid)

유속이 빠르고 얕은 하천으로서, 바위, 자갈 등으로 물이 소용돌이치며 빠르게 흐르므로 용존산소량이 많다.

③ 못(웅덩이, pool)

유속이 느리고 깊은 곳으로서 흐름이 거의 없으며 바닥에 모래 등이 퇴적되어 부드러우며 호소와 유사한 환경이 된다.

④ 강변사구

사막이나 강변에도 사구가 발달할 수 있는 바, 우리나라의 경우 도시개발 등의 이유로 강변사구가 대부분 사라지고 북한과 중국 국경을 이루고 있는 두만강 변을 따라 강변사구가 일부 발달해 있다(그림 130).

그림 130 두만강 하류에 발달한 강변사구 (중국, 훈춘)
(사진 : 저자 촬영)

■ 하천의 경관구조

하천생태계의 하도 및 범람원을 경관요소로 구분하면 코리도, 패치, 매트릭스 등으로 설명할 수 있다(그림 131). 코리도는 하도 및 선형의 수변식생대를 의미하며, 패치는 일정한 면적을 가진 소규모 공간을 말한다. 매트릭스는 가장 공간적으로 지배하는 배경 요소를 의미한다. 경관요소에 대해서는 이 책 '제8장 경관과 경관생태'에서 자세히 다루었다.

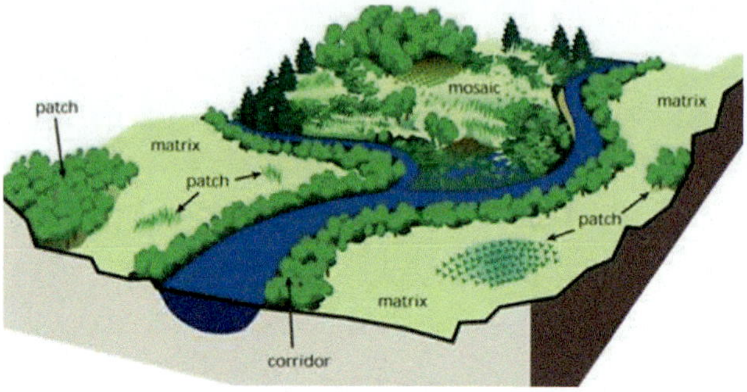

그림 131 하천경관 구조
(자료:USDA, 1998)

(2) 생태적 기능

하천은 야생동식물 서식지이며 자생지(Wildlife Habitat)이다(그림 132). 하천은 스스로 자연형성과정에 의해 가장 적합한 구조와 기능을 유지한다.

그림 132 하천은 야생동물의 삶의 터전(대전, 갑천 및 유등천)
(사진 : 저자 촬영)

하천의 생태적 기능이 저하되는 근본적인 문제는 하천을 인간을 위한 이용 및 개발 대상으로만 보는데 있다. 즉, 하천생태계의 자연형성과정(natural process) 및 생태적 형성과정(ecological process)을 무시한 채 이용 및 시설 중심의 접근에서 하천의 생태적 기능에 역행한 결과를 초래한 것이다. 기존의 하천 정비 사업은 물론 심지어 생태하천 정비라는 이름으로 시행되는 대부분의 사례들이 하도정비, 호안, 보, 제방, 기타 수리적 물리적 안정만을 강조하는 방향으로 조성되어 하천 생태계 훼손을 가속화하고 있다. 총체적으로 하천의 생태적 형성과정을 무시한 채 인간을 위한 이용 및 개발의 대상으로 보는 한 하천 생태복원은 근본적인 한계가 있을 수 밖에 없다.

(3) 에너지 흐름

하천에서 유기물의 99%는 외부에서 유입된 낙엽, 낙지, 종자 등이 원인이다. 외부에서 유입된 유기물은 세균, 균류, 동물 등이 큰 유기물을 먹고, 날도래, 모기아재비, 강도래 등이 남은 유기물을 이용한다. 이들이 이용하고 남은 찌꺼기는 분해자가 처리하게 된다. 폭이 넓은 강이나 하천에서는 외부 유입 유기물이 감소하고 조류나 정수식물이 고정하는 에너지는 증가하는 경향이 있다.

[3] 생태하천

자연 하천을 인공적으로 개수하는 경우 하도 개수 및 직강화로 하천의 여울-못 환경이 파괴되고 하폭이 수심에 비해 넓어지기 때문에 수온이 상승하며, 하상물질의 분배가 불량하게 되어 서식처가 단순화되고, 유속이 빨라져 어류의 휴식처가 없어져 종다양도가 감소하게 된다.
이러한 인공적 하천을 자연에 가까운 하천으로 되돌리는 것을 자연형하천 또는 생태하천이라는 이름으로 시도하고 있다(그림 133; 그림 134). 대표적으로 여울과 못을 복원 도입하기 위해서는 하천을 사행화하여 곡류로 흐르게 하고 모래톱과 자갈밭을 자연상태로 조성 관리한다.

생태하천 복원을 위해서는 기본적으로 하천생태계가 지니는 서식지, 종의 공급원 및 수요처, 이동통로, 여과기능 등을 유지하는 것이 필수적이며 또는 향상시킬 수 있도록 생태적 형성과정(ecological process)에 입각하여 다음 사항들을 고려할 필요가 있다(구본학, 2008).

- 하천생태계와 생태적으로 영향을 주고받는 인근 생태계와의 네트워크를 우선 구축하여 생태적 연결성 고려.
- 치수, 이수, 환경, 생태, 미관, 역사, 문화 특성에 대한 조사·평가를 근거로 계획.

그림 133 미국 키시미리버(Kissimmee River) 직강화 및 하도복원
(사진: 저자 촬영)

그림 134 일본 쿠시로천(Kushiro River) 직강화 및 생태복원
(사진: 저자 촬영)

- 하천생태계의 종방향 및 횡방향의 물리·생태적 연속성을 고려하며, 각종 동·식물 이동 배려.

- 생태·역사·문화적 특성을 고려한 주제 및 방향설정, 수변조사, 계획, 설계, 시공, 유지관리 등 사업시행 과정에 대한 다양한 전문지식과 하천환경, 하천역사/문화, 하천생태, 미관분야의 경험 풍부한 전문가와 설계자문위원회 및 주민 등 의견 수렴.
- 하천 수리, 환경, 생태적 구조와 기능의 단기적 변화와 장기적 변화를 고려하여 계획하며 홍수와 하천 수리구조, 생태의 천이와 회복을 고려하는 등 자연스스로의 복원력을 최대한 활용할 수 있도록 계획.
- 하천의 과거 지도 및 위성영상 등을 이용하여 그 하천 본래의 형상 및 구조에 가깝게 복원되도록 계획.
- 하천의 하도 특성, 치수 기능, 수질 보전 등에 나쁜 영향을 미치지 않도록 계획·설계하고, 생태계, 경관, 친수성, 수질 보전 등 여러 하천환경 요소들의 보전 및 향상에 적합한 공법과 재료를 선택 적용. 인공재료가 도입되는 경우 생태적 기술로 보완.
- 미소 지형 및 서식처, 다양한 소생물권(biotope)은 보전, 훼손된 구간은 복원.
- 안정된 생태계 형성을 위하여 적응형 관리(adaptive management).

2. 정수생태계

정수생태계(Lentic Water:호소와 연못)는 물의 흐름이 없이 정체된 수역을 말하며, 작고 얕은 형태의 호소와 못, 부유식물이나 정수식물이 자라는 연못의 얕은 가장자리 습지 등을 포함한다.

[1] 정수생태계 유형

(1) 하천호(fluvial lake)

- Oxbow lake(우각호;牛角湖): 사행천이 직선화되면서 강의 일부가 호소로 변화되어 생성. 모습이 마치 소의 뿔과 같은 모습이어서 우각호라 부르며, 예전에 강의 일부였기 때문에 하적호(河跡湖)라고 함(그림 135).
- Levee lake: 하천 범람원에 발달하며 홍수기에 물이 잠겼던 곳에 대체로 하천과 평행한 방향으로 형성.
- Dam lake댐호(인공호): 인공댐에 의해 생기는 저수지로서 방수로의 수직적 위치에 따라 열수지와 영양보존 상태 다양.
- Beaver dam(비버댐): 비버 등 수서동물이 하천을 가로 질러 만든 댐에 의해 생성된 서식처로서 영양염류나 토사 유출 지연 효과(그림 136).

그림 135 우각호(중국 송화강)
(사진 : Google영상을 저자 편집)

그림 136 비버댐(캐나다 Wainfleet bog)
(사진 : 저자 촬영)

(2) glacial lake(빙하호)

빙하기에 빙하에 덮여 있다가 빙하가 물러가면서 빙하의 주변부에서 형성된 호수로서 고위도 지방에서 호수를 만들어낸 주 원인이다. 빙하가 녹은 곳에 토양과 암석을 운반하여 빙하퇴적물(moraine)을 퇴적시킴으로써 계곡의 입구를 막아 생성된다. 빙하가 얼고 녹기를 반복하는 과정에서 바람에 의해 빙하퇴적물이 이동하여 바람 방향에 평행한 방향으로 길쭉하고 수심이 얕은 호수들이 생성되기도 한다.

- kettle lake(pothole lake): 빙하가 후퇴한 후 평원을 두껍게 덮고 있는 빙력토(till plain) 속에 있던 빙괴(dead ice)가 녹으면서 땅이 움푹 패인 와지에 물이 고여 호수가 생김(그림 137).

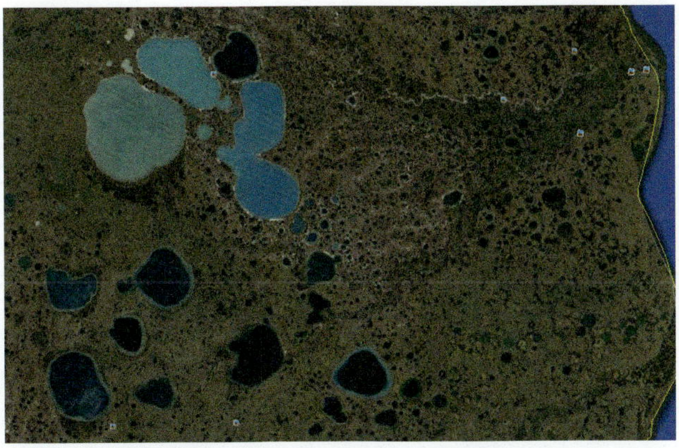

그림 137 빙하호 kettle lake (러시아 Ob만 인근)
(사진: Google영상을 저자 편집)

- tarn(권곡호;圈谷湖): 산악지대에서 급경사지 부근에 빙하가 바위덩이를 운반하여 댐을 만든 후 생긴 움푹 패인 지형에 빙하가 녹아 형성(그림 138)

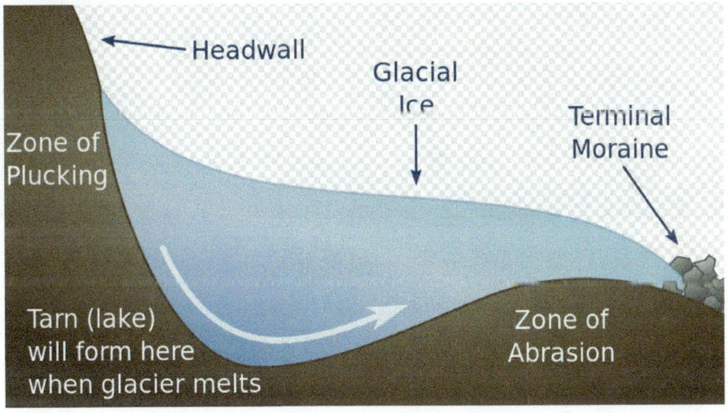

그림 138 빙하에 의해 생긴 권곡호
(http://en.wikipedia.org/)

(3) volcanic lake(화산호)

화산활동으로 형성된 분화구에 물이 고여 생긴 호수이다. 용암이 계곡을 막아 호수가 생기기도 한다. 백두산 천지, 한라산 백록담 등이 이에 해당되며 칼데라호(caldera lake), 마르(maar lake) 등이 있다(그림 139). maar는 제주도 하논마르가 대표적이다(그림 140).

그림 139 백두산 천지
(사진: 저자 촬영)

그림 140 하논 위성영상(구글영상) 및 전경
(사진: 저자 촬영)

(4) solution lake(溶蝕湖, 용식호)

- karst lake(카르스트 호): 암반이 약한 석회암 지역에서 지하수 작용으로 석회암이 녹아 생긴 웅덩이에 물이 고여 생김. 지표수나 지하수 흐름이 느린 카르스트 지형에 주로 발달.

(5) coastal lagoon(석호)

해안의 만입된 부분이 사주로 막혀 생성된다. 수심이 얕고 호수 입구가 바다와 연결되어 있거나 바닥의 모래 사이로 해수가 유입되어 민물과 해수가 섞인 기수(brackish water) 특성을 지닌다.

우리나라는 주로 동해안에 발달하며 경포호, 송지호, 화진포호, 영랑호, 매호, 향호 등이 있다(그림 141; 그림 142).

그림 141 동해안 석호 (향호)
(사진 : 저자 촬영)

그림 142 동해안에 발달한 석호 (만포, 동번포, 서번포)
(사진: 구글영상을 저자 편집)

[2] 정수생태계 구조와 기능

(1) 구조

호수의 구조(zonation)는 연안대(littoral zone), 조광대(photic zone ; Limnetic), 심저대(aphotic zone;Profundal) 등으로 수직적으로 구분된다(그림 143). 한편 표면에서 가라앉은 침전물 등을 먹이로 하는 저서생물(benthos)이 서식하는 바닥을 저생대(benthic zone)라고 부르기도 한다.

① 연안대(littoral zone) 천수대

가장자리의 얕은 지역으로서 수심이 얕아 햇빛이 바닥까지 유입되어 수생식물 등이 자랄 수 있고 이를 먹이와 은신처로 이용하는 수서동물들이 서식하는 구간을 말한다. 육상부와 가깝고 파도의 영향을 받는다.

② 조광대(투광대, limnetic zone) 호소대

연안대 외의 넓은 수역은 조광대와 심저대가 있으며, 이 중에서 광합성을 위한 유효한 햇빛이 유입될 수 있는 수심까지를 조광대라 한다.

연안대에서 조광대로 갈수록 종다양성이 감소하며

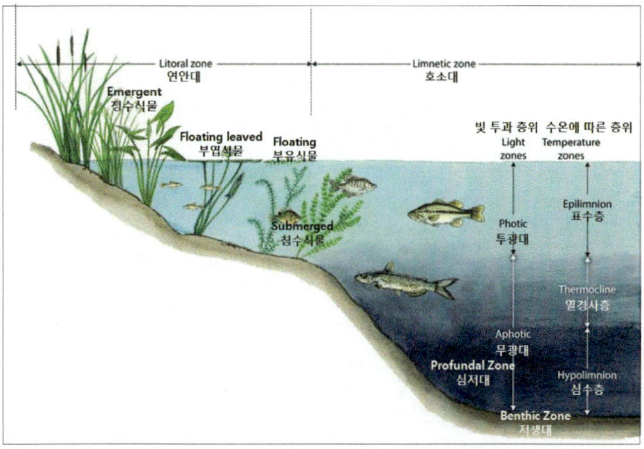

그림 143 호수생태계 구조

환경은 균질해진다.

③ **심저대(바닥층, profundal zone)**

수심이 깊어 햇빛이 전혀 유입되지 않아 광합성이 불가능하여 생산자는 전혀 없고 산소가 부족하여 종속영양생물인 혐기성 박테리아만 주로 서식하는 깊은 곳이다. 조광대 등 윗 층에서 침전되는 유기물 잔재를 먹이로 취하거나 위층에서 온 다른 소비자를 먹이로 취한다.

(2) 성층현상

우리나라와 같이 4계절이 있는 기후대의 호수에서는 계절변동에 따라 물의 밀도 변화가 성층현상을 유발하며, 주로 여름과 겨울에 뚜렷하게 나타난다. 즉, 표수층의 수온이 상승되면 여름철의 경우 약25℃ 내외로 상승되어 표수층 밀도가 낮아지게 되나, 수심이 깊은 경우 심수층은 물의 밀도가 가장 높은 4℃ 내외까지 수온이 내려가고 밀도가 높은 상태이다. 이에 표수층과 심수층은 혼합되지 않게 된다.

호수의 성층현상(thermal stratification)은 수온 및 용존산소 등에 따라 표수층(표면층;epilimnion), 열경사층(수온약층;thermocline), 심수층(hypolimnion) 등으로 구분된다(그림 144).

① **표수층/표층**

대기와 접하고 있으며 바람에 의해 혼합되는 영양생성층(trophogenic zone)으로서 광합성작용으로 산소생산량이 소모량보다 많아 용존산소는 풍부하여 산소고갈이 일어나지 않으나 영양분이 부족하다. 태양 복사에 의해 가열되어 수온이 일정 이상 유지되며 호기성 환경으로서 조류 등이 번성한다. 특별히 열경사층이 생성되지 않는 경우는 유광대(euphotic zone)를 표수층으로 정의하기도 한다. 유광대는 빛이 도달하여 광합성 속도가 호흡속도보다 크므로 광합성을 하는 생물이 살 수 있다. 표수층 내에서는 바람에 의해 혼합되어 수온과 수질이 수직적으로 균일하게 되며 이에 혼합층이라 부른다. 계절적으로 수온이 상승하여 표면의 열이 전달되는 여름에 특히 혼합층이 깊어지게 되며, 그 외에도 바람이 강한

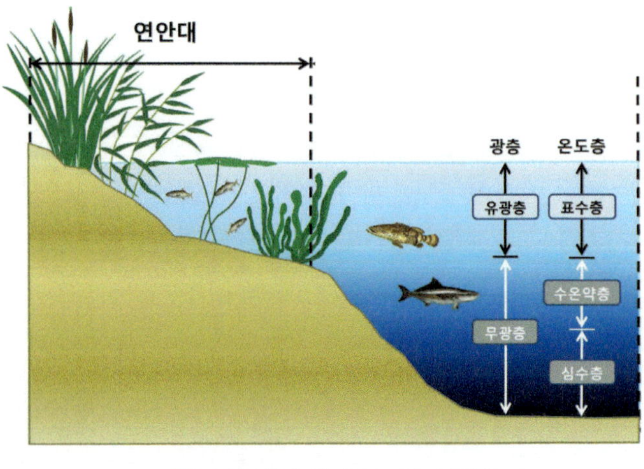

그림 144 호수의 구조 및 열성층

곳이나 유속이 있는 경우 혼합층이 깊어지는 경향이 있다. 또한 일변화도 발생하여 아침에는 비교적 혼합층이 얕고 밤이 되면 표면이 냉각되어 혼합층이 깊어지기도 한다.

② **열경사층/온도약층**

열경사층은 표수층 아래에 형성되어 수온이 급격히 낮아지는 층으로서 변수층(metalimnion) 및 온도약층(thermocline)으로 불린다. 온도와 산소가 급격히 변하는 층으로서 여름에 주로 발생한다.

③ **심수층**

심수층(hypolimnion)은 열경사층의 아래에 형성되는 층으로서, 수온이 낮고 밀도가 높으며, 산소는 부족하나 영양분이 풍부한 영양분해층 (tropholytic zone)이다. 심수층은 빛이 도달하지 않으므로 무광대(aphotic zone)이며 수온의 변화가 적다. 광합성 활동이 없으므로 유기물 생산은 거의 없고 산소를 소비하는 분해가 활발하게 일어나 산소가 고갈되기 쉽다. 바람의 영향을 받지 못하므로 물의 흐름이 거의 없다.

수심이 얕거나 체류시간이 짧은 경우 및 수직 혼합이 잘 일어나는 경우 심수층이 잘 발달되지 않거나 산소고갈 현상이 일어나지 않는다.

반면에 수심이 얕더라도 수생식물이 밀생하거나 물의 움직임이 거의 없는 정체 수역에서는 성층현상이 더 뚜렷하며 수심이 얕은 경우에도 산소 고갈 현상이 나타나기도 한다.

(3) 물순환

① **체류시간**(turnover time)

호수에 유입된 물이 호수 내에 머무르는 평균 시간을 수리학적 체류시간이라고 부른다. 즉, 호수의 물을 완전히 비운 후 다시 채우는 데 걸리는 시간이라고 할 수 있다. 일반적으로 자연호에 비하여 인공호에서는 체류시간이 상대적으로 짧다. 체류시간은 저수량에 대한 유입수량의 비에 비례하며 다음과 같이 설명할 수 있다.

$$\text{체류시간}(T_{HR})\,[\text{hrs}]\ or\ [\text{days}] = \frac{\text{저수량}(V)\,[\text{m}^3]}{\text{유입수량}(Q)\,[\text{m}^3/\text{hr}]}$$

대개 연평균 유량과 연평균 저수량을 사용하여 계산한다. 그러나 우리나라와 같이 홍수기에 강수량이 집중되는 기후 특성에서는 홍수 시 유입량이 급증하고 갈수기에는 미약하여 연간 저수량의 변동이 매우 크므로 연평균 체류시간을 적용하기 어려운 경우가 많다. 그러므로 특정 시기의 체류시간을 산출하거나 홍수기를 제외한 기간의 체류시간을 산출하는 것이 수질 예측이 가능하다.

② **순환률**(flushing rate;turnover rate)

순환률은 호수 내에 저류된 물이 연간 교환되는 횟수라는 의미로서, 체류시간의 역수를 취한다.

$$순환율(flushing\ rate) = \frac{1}{체류시간}$$

[3] 호소의 계절적 순환

온대지방의 호소는 계절에 따라 깊이별로 온도가 달라지며, 온도에 따라 물의 밀도가 변화하며 이에 따라 깊이별로 성층현상 유발하여 봄과 가을에 호수 전체가 순환한다(그림 145).

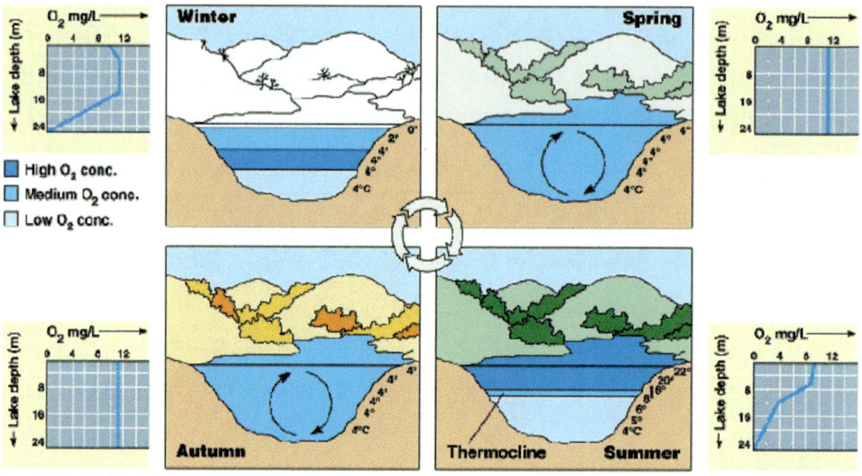

그림 145 호소의 계절순환
(자료:Pearson Education Inc.)

① 봄

표수층과 심수층 수온이 3~10℃로 비슷하며, 바람에 의해 호소 전체가 순환한다 (봄순환, spring turnover).

② 여름

성층현상이 뚜렷하게 나타나 표층수와 심층수의 순환이 없이 바람에 의해 표층수만 순환하여, 이를 하계정체(summer stagnation)라고 부른다.

- **표수층**: 표면 온도 상승하여 하층보다 고온, 저밀도(22~25℃)
- **변수층(온도약층)**: (10~20℃)
- **심수층**: 하층 정지 (4~5℃)

광선이 투과되지 않는 심수층에서는 광합성이 없어 산소공급 중단되며 기존의 산소를 소모하여 하계정체 현상에 의해 심수층의 냉수와 분리되고, 영양염류와 산소공급 차단되어 물고기 등이 죽는 summer kill 현상이 나타난다.

심수층의 산소부족은 영양염류가 많을수록, 열경사층의 깊이가 깊을수록 심하여 오염된 부영양호에서는 수온에 대한 내성범위가 좁은 협온성 어류 생육이 곤란해진다.

③ 가을

표면온도 하강으로 표수층과 심수층의 온도가 비슷하게 되어 호소 전체가 순환하며 이를 가을순환(fall overturn)이라 부른다.

④ 겨울

표면이 4℃이하로 내려가며 얼음이 얼면 표면은 0~3℃, 호소 대부분은 4℃를 유지하며 성층현상이 나타난다. 눈이나 얼음이 빛을 차단하여 조류의 광합성 억제하여 산소가 고갈되며, 심할 경우 어류가 전멸하는 winter kill 현상이 나타난다.

[4] 호소생물과 군집

① 저서생물(benthos)

호소의 바닥에 사는 생물로서 주로 미소무척추동물, 해면, 편형, 환형, 갑각 및 연체동물, 수서곤충 등이다. 이들은 바닥에 쌓인 시체나 부식질을 먹고 산다.

② 수생부착생물(periphyton)

수생식물이나 동물, 바위 등의 표면에 부착 생활을 한다. 현미경적 동식물인 규조, 기타 조류, 히드라, 나팔벌레, 종벌레 등으로 구성된다(그림 146).

그림 146 수생부착생물 (미국 everglades 습지)
(사진 : 저자 촬영)

③ 부유생물(plankton)

물에 떠 사는 생물로서 식물성, 동물성 플랑크톤이 있다.

- **식물성 부유생물**: 규조, 남조, 녹조
- **동물성**: 윤충류, 요각류, 패충류, 물벼룩

④ 유영생물(nekton)

어류, 양서류, 일부 조류 등이다.

⑤ 표수생물(neuston)

대기와 물의 경계면에서 생활하며, 긴다리를 이용하여 물 위를 걷는다.
눈은 두 부분으로 나뉘어져 위는 공기의 굴절률에, 아래는 물의 굴절률에 맞게 되어 있다.

⑥ 수생식물 (그림 147)

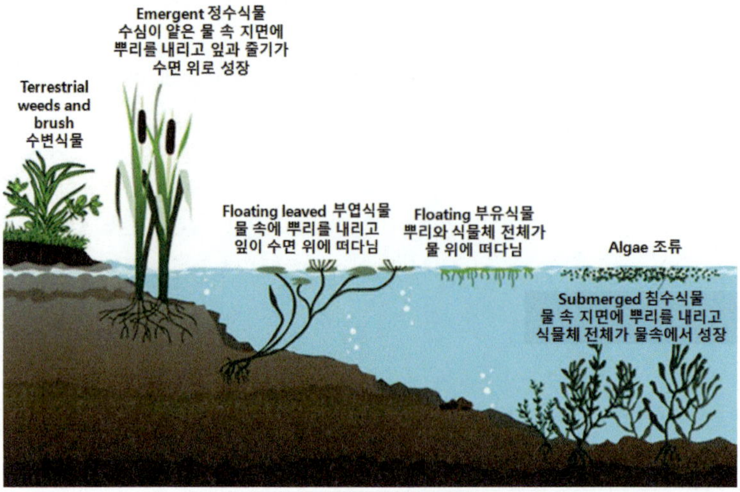

그림 147 수생식물과 수변식물
(자료:www.atuaticbiologists.com을 저자 수정)

- 정수식물(추수식물;emergent vegetation): 물 속 지면에 뿌리를 내리고 식물체가 물 위로 성장하는 식물. 애기부들, 갈대, 줄, 고랭이, 보풀, 미나리, 택사, 창포, 골풀 등
- 부유식물(부수식물;floating vegetation): 뿌리를 포함한 식물체가 물 위에 떠 있는 식물. 개구리밥, 생이가래, 부레옥잠 등
- 부엽식물(floating leaf vegetation): 물 속 지면에 뿌리를 내리고 식물 잎이 물 위에 떠 있는 식물. 수련, 어리연꽃, 마름 등
- 침수식물(submerged vegetation): 물 속 지면에 뿌리를 내리고 식물체가 수중에 있는 식물. 붕어마름, 말즘, 새우가래, 검정말, 나사말 등

3. 습지생태계

[1] 습지개념 및 정의

(1) 습지 정의

일반적으로 습지는 물과 육지 사이의 전이지대(ecotone)로서 습지 고유의 특성 외에 물과 육지의 특성까지도 부분적으로 포함하는 매우 생명력 있고 중요한 공간으로서, 습지를 형성하는 물, 토양, 식생 등의 조건을 갖추고 있다(구본학, 2009). 습지에 대한 몇가지 정의는 다음과 같다.

① 미국 어류 및 야생생물협회(USFWS)의 정의

- 토양 속이나 표면에 서식하는 동식물 군집의 유형과 토양의 발달 및 특성을 결정하는 주요 인자가 되는 지역으로서 지하수위가 표면 근처이거나 표면이 얕은 물로 덮여 있으며 육상생태계와 수중생태계의 전이지대이다(Cowardin et al., 1979).

② 람사르협약(Ramsar Convention)에 의한 정의

- 자연 또는 인공이든, 영구적 또는 일시적이든, 정수 또는 유수이든, 담수, 기수 혹은 염수이든, 간조 시 수심 6m를 넘지 않는 해양을 포함하는 늪, 습원, 이탄지, 물이 있는 지역을 말한다.
- 습지 주변에 인접한 하천변 및 해안지역, 습지 내 위치한 섬이나 간조 시 수심 6m를 넘는 해양을 포함한다.

■ 람사르협약(Ramsar Convention)

- 습지와 관련된 국제 협약인 람사르협약(Ramsar Convention)은 1971년 2월 2일 이란의 람사르(Ramsar) 지역에서 국제적으로 중요한 습지를 보호, 보전하기 위해 맺은 협약을 말한다(그림 148). 원래 명칭은 '물새 서식지로서 특히 국제적으로 중요한 습지에 관한 협약(Convention on Wetlands of International Importance especially as Waterfowl Habitat)'인데, 이를 줄여서 람사르 협약, 람사르 습지 협약(The Ramsar Convention on Wetlands) 또는 그냥 습지협약 등으로 부르고 있다.

그림 148 람사르 협약 로고
(자료:람사르협약)

- 람사르협약은 당사국총회, 상임위원회, 사무국, 과학기술검토패널 등의 조직으로 구성되어 있으며, 협약 가입한 당사국은 국가람사르위원회 또는 국가습지위원회를 구성하도록 되어 있다.
- 2008년 10~11월에는 대한민국 창원에서 제10차 람사르협약 당사국총회가 개최되었고, 인류복지와 습지에 대한 창원선언문, 논습지 결의안 등이 채택되었다.

③ 한국의 습지 정의

우리나라 습지보전법에 의하면 행정적 정책적 시각에서 다음과 같이 습지를 정의하고 있다.

- "습지"란 담수(민물), 기수(바닷물과 민물이 섞여 염분이 적은 물) 또는 염수(바

닷물)가 영구적 또는 일시적으로 그 표면을 덮고 있는 지역으로서 내륙습지 및 연안습지를 말한다.

- "내륙습지"란 육지 또는 섬에 있는 호수, 못, 늪, 하천 또는 하구 등의 지역을 말한다.
- "연안습지"란 만조 때 수위선과 지면의 경계선으로부터 간조 때 수위선과 지면의 경계선까지의 지역을 말한다.

또한 저자를 비롯한 연구자들은 학술적인 시각에서 다음과 같이 습지의 정의를 내리고 있다(구본학, 2008).

- 습지란 자연 또는 인공에 의해 담수·기수 및 염수가 영구적이거나 일시적으로 그 표면을 덮고 있는 지역으로서 내륙습지와 해안 · 연안습지, 하구 · 기수습지 및 인공습지를 말한다.
- 내륙습지라 함은 육지 또는 섬 안에 있는 호 또는 못과 하천, 늪, 소택지, 습원, 이탄지 및 배후습지 등의 물이 있는 지역을 말한다.
- 해안·연안습지는 해안습지, 하구습지, 기수습지 등을 말하며, 해안습지라 함은 간조시에 수위선에서 바다쪽 수심 6m까지의 해양으로부터 만조시에 수위선에서 파도, 파랑, 기타 원인에 의해 염수의 영향을 받는 지면까지의 지역을 말한다.
- 하구습지라 함은 강과 해양이 만나는 부분의 조수의 영향을 받는 하구역을 말하며, 기수습지란 해안지역에 발달한 기수 상태의 석호 등 연안호소를 말한다.
- 인공습지라 함은 인간의 활동에 의해 새롭게 만들어지거나 복원된 습지로서 인공호수, 논, 양어장, 염전, 저수지, 생태연못, 대체습지, 인공수로 등을 말한다.

이러한 몇가지 습지 정의는 전체적으로는 유사하나 세부적으로는 목적 및 시각에 따라 차이를 보이고 있다. 즉, 람사르협약에 의한 정의는 수문과 물새서식처의 관점에서 습지의 범위를 수심 6m까지로 인식하고 있다. 일반적으로 햇빛과 식물의 분포범위를 기준으로 습지범위를 수심 2m까지 보는 경우가 많으나, 람사르협약에서는 다양한 서식환경을 포함하고 있으며 특히 습지 내에 위치하거나 인근의 수역은 수심 6m를 초과하는 범위까지도 확대되고 있다.

이와같이 람사르협약에 의하면 해안습지(marine wetlands)는 간조 시 수심이 6미터를 넘지 않는 습지로 간주되지만 섬뿐만 아니라 수심 6미터 이상의 수역도 습지로 규정하며, 호수나 강 등은 수심에 관계없이 습지로 분류되고 있다.

이는 람사르협약이 물새(waterfowl) 서식처로서의 습지라는 시각에서 습지에 대한 정의를 매우 폭넓게 내리고 있기 때문이다. 특히 간조시 수심 6m까지 바다를 습지로 보고 있는 것은 물새가 잠수하여 먹이를 잡아먹는 깊이에 근거한 것으로 알려져 있다.

(2) 습지 3요소

습지는 육지 환경과 물 환경의 전이지대로서 생물의 생장기를 포함한 연중 또는 상당기간 동안 물이 지표면을 덮고 있거나 지표 가까이 또는 근처에 지하수가 분포하는 토지를 의미하며, 식생과 동물이 그 일생의 중요한 시기 동안 생활 근거를 이루기에 충분한 기간 동안 물이 못을 이루거나 흐르는 장소로서, 습지 구성 요소로는 습지 수문, 습지 식생, 그리고 습윤 토양 등 3요소를 포함하고 있다(구본학, 2009).

습지에는 일반적으로 볼 수 없는 독특한 수문학적 현상과 아울러 물환경에 적응된 식생이 있고, 토양조건도 내륙지역과는 많이 다르다. 습지를 보는 시각, 목적, 전문 분야 등에 따라 차이는 있지만 습지를 결정하는 중요한 요소로서 습지 수문(wetland hydrology), 습윤 토양(hydric soils), 습지 식생(hydrophytes, hydrophic vegetation) 등을 습지를 판단하기 위한 기준으로 설정할 수 있다. 그 중에서도 토양이나 식생에 영향을 끼치는 가장 중요한 구동력 지표(driving force)는 수문 조건이라고 할 수 있다. 이와 관련하여 구본학(2002)은 습지로 판단되기 위해서는 다음 요소를 갖추어야 한다고 하였다.

- **수문**: 생물의 성장기의 중요한 시기동안 지표면이나 가까운 곳에 물이 존재
- **토양 및 지형**: 습윤 상태에 적응된 토양 발달
- **식생**: 습윤 상태에 적응된 식생 발달(그림 149)

그런데 습지를 보는 시각이나 습지를 어떤 목적으로 보느냐에 따라 위 세 요소를 모두 만족해야 습지로 보는 경우와 어느 하나만 만족해도 습지로 보는 경우로 나누어 생각할 수 있다. 일반적으로 습지가 잘 보전되어 있거나 양적으로나 질적으로 충분한 분포 특성을 보일 때는 습지의 3요소를 모두 고려하는 경향이 있고, 습지의 훼손이나 타용도로의 전용 등이 심각한 경우에는 어느 한 요소만을 기준으로 판단하는 경향이 있다. 특히 우리나라의 경우 습지의 훼손이 심각하고 급격하게 소멸되어 자연상태의 습지를 거의 보기 힘들다는 점에서 위의 어느 한 요소만을 만족해도 습지로 보아야 한다는 시각이 지배적이다.

그림 149 맹그로브의 습지 적응 (미국 비스케인만 습지)
(사진 : 저자 촬영)

[2] 습지 유형

습지는 '습지'라는 용어 외에도 늪, 벌, 포 등의 용어로 불렀고, 외국에서도 wetland, marsh, swamp, fen, bog 등의 용어로 불리고 있다. 이러한 용어의 차이는 습지의 구조나 기능에 따라 차이가 있기는 하지만, 국가마다 지역마다 용어가 다르고 의미가 다르다(구본학, 2002).

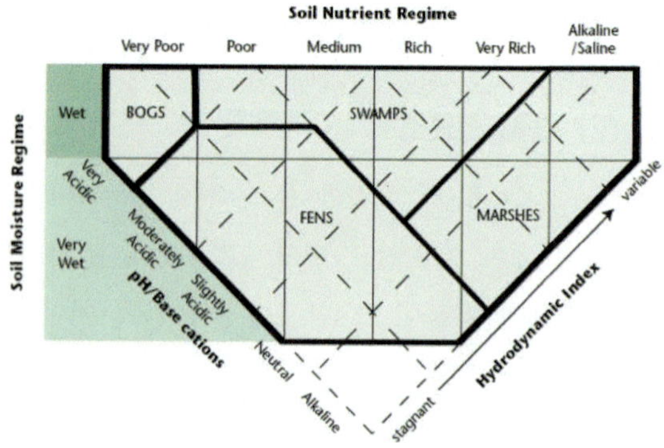

그림 150 환경조건에 따른 습지 유형
(자료:Vitt, 1994;Banner & MacKenzie, 2000)

습지의 종류는 여러 가지 기준에 따라 나눌 수 있는데, Vitt(1994) 및 Banner & MacKenzie(2000) 등에 의하면 토양 양분, 토양수분, pH, 수문동태 등에 따라 Bog, Fen, Marsh, Swamp 등으로 구분하고 있다(그림 150).

또한 산성이탄습원(bog), 늪(freshwater marsh), 이탄습원(fen), 관목습원(shrubcarr), 소택지(swamp), 염습지(salt marsh) 등 다양한 유형으로 나눌 수 있다.

습지의 유형은 규모, 위치, 수문 조건, 물리·화학·생물학적 과정 및 특성에 따라 매우 다양하다. U.S. Geological Survey(USGS)에 의하면 초기의 습지 분류는 농업적 이용을 바탕으로 식생 중심의 서식처 과점에서 시도되었으며, 연구의 관점과 목적에 따라 범람의 정도·수문동태 특성·침수기간과 빈도 등 수문 조건, 생물서식처 등 생태계로서의 가치와 기능, 지역계획·국토계획 또는 생태적 관점에서의 식생피복 및 지반, 입지 및 지표유형, 식생(우점종), 태양에너지 등 구동 기능(forcing function)과 스트레스, 수질관리 및 유역관리, 토양 등에 따라 분류가 가능하다(Ramsar, 1971; Odum et al., 1974; Gosselink et al., 1978; USFWS, 1979; Cowardin et al., 1979); Banyus, 1989; Moyle & Ellison, 1991; Brinson, 1993; Mitsch & Gosselink, 1993; Gilman, 1994; Cylinder et al., 1995; Kusler et al., 1996; Hammer, 1997; Romanowski, 1998).

습지는 침수기간과 빈도 등 수문조건에 따라 계절적 습지와, 영구적인 습지로 구분할 수 있으며, 우점종 식생에 따라 목본 우점, 초본 우점 또는 수생식물 우점 등으로 구분하기도 한다(Cylinder et al., 1995).

수문조건에 따라서는 봄철 우기에 일시적으로 습지가 형성되는 봄못(vernal pool), 알칼리성 분천, 계절성 담수습지 등이 계절적 습지에 해당되며, 염습지, 산성이탄습지, 영구성 담수습지 등이 영구습지에 해당된다. 또한, 담수 혹은 염습지, swamp, bog, fen, bayos, tules 등으로 구분할 수 있고, 각각에 대한 하위 분류체계가 있다(Hammer, 1997).

Romanowski(1998)는 물을 중심으로 파악하여 습지를 구분하였다. 물(수원)을 중심으로 한 분류체계로서 습지는 강우, 지표수, 지하수 등에 따라 강수형 습지, 지하수형 습지, 지표수형 습지 등으로 구분할 수 있다(Brinson 1993).

위계별 분류 체계로는 Cowardin system, Ramsar system 등이 있다.

The Cowardin system(Cowardin, 1979)과 람사르 협약의 convention manual에서는 생물서식처의 가치를 강조하여 습지를 생태계, 수문, 식생피복, 지반 등의 기준에 따라 the primary systems - subsystems - divisions(class) - subdivisions(subclass) 등의 위계에 따라 먼저, marine, estuarine, riverine, lacustrine, and palustrine 등 5개의 기본 유형으로 분류하고 각 유형별 세부 유형으로 세분하였다(Cowadin et al., 1979;Ramsar, 1997) (표 19).

표 19 람사르 convention manual에 따른 system 수준의 습지 분류

marine	coastal wetlands including coastal lagoons, rocky shores and coral reefs
estuarine	including deltas, tidal marshes and mangrove swamps
lacustrine	wetlands associated with lakes
riverine	wetlands along rivers and streams
palustrine	marshes, swamps and bogs
human-made wetlands	fish and shrimp ponds, farm ponds, irrigated agricultural land, salt pans, reservoirs, gravel pits, sewage farms and canals 등

이러한 습지 분류 system은 U.S. Fish & Wildlife Service 에서 습지의 목록 작성이나 매핑 등에 활용되고 있다.

HGM 분류체계는 습지의 기능을 정밀한 수준으로 평가하기 위한 HGM 방법을 적용하기 위해 개발된 분류체계로서 지형학적 특성과 수문학적 특성에 바탕을 두고 있다. Ramsar 또는 Cowardin 분류체계로는 HGM 평가를 수행하기 적합하지 않으므로 지형과 수문특성을 강조한 별도의 분류체계를 제안하고 있다.

HGM 접근방법은 the Clean Water Act Section 404에 의한 Regulatory Program에 대한 방법론으로서, 습지 평가에 대한 기능 지표를 설정하고 적용하는 것이다. 미국의 경우 습지관리 전략의 하나로서 이 HGM 모델을 적용하기 위한 국가차원의 National Action Plan이 수립되었고(USACE et al., 1996), 주정부 및 각 사업자별로 수정된 HGM 모델을 개발 적용하고 있다.

HGM의 적용을 위해서는 HGM 시스템에 따른 습지 분류, 참조(표준) 습지 선정(Reference Wetlands), 모델 및 기능 지표 평가 (Assessment Models and Functional Indices), 프로토콜의 적용(Application Protocols) 등의 절차를 거치게 된다. 각 부문별 조사 자료는 HGM 모델에서 제시하는 지수 선정과정을 통해 점수화되어 습지의 기능을 평가할 수 있으며, 특히 자연습지에 대한 평가결과는 인공습지의 기능 평가를 위한 기준이 될 수 있다.

국내에서 제시된 유형분류 방법 중에서 위계별 유형분류 체계 연구로는 구본학(2001;2002;2008), 주위홍(2002) 등의 연구가 있다. 구본학(2002)은 계(system) - 아계(subsystem) - 강(class) - 아강(subclass) 등의 위계로 설정된 기존의 분류 체계를 3단계로 단순화하고, 소택형 습지를 지형학적 특성에 따라 평지형, 산지형, 계곡형 습지로 세분하였다. 또한 주위홍(2002)은 구본학(2002)의 분류체계를 바탕으로 국제적인 유형분류체계인 람사르의 분류 체계에 따라 평지형, 산지형, 계곡형 습지를 소택형습지(Palustrine)로 다시 통합한 사례가 있다.

구본학(2007;2008a;b;c)은 국가습지인벤토리 구축을 위해 람사르협약에 의한 분류체계를 근간으로 한국의 실정을 고려한 분류체계를 제안하였다.

[3] 습지보전

습지에 대한 일반인의 시각이 점차 개선되어 습지가 쓸모없고 불필요한 버려진 땅이 아니라 생태계의 보고이며 가장 생명력이 높은 곳이라는 인식이 확산되고 있다. 그러다보니 과거에는 쓸모없는 땅으로 여겨져 개간하여 농경지나 주택지로 이용하는 등 습지를 다른 용도로 전환하는 일이 주 목적이었다면 70년대 이후 습지의 가치를 재평가 하여 이제는 중요한 생태계라는 인식이 확산되면서 습지를 보전하기 위한 법규 제정 및 기술이 정립되고 있다.

건설사업 관련 제 평가나 환경계획에 관련된 정부나 민간차원의 여러 가지 의사결정과정에서 습지의 중요성과 가치가 정당하게 평가되어야 할 것이며, 얼마 남지 않은 습지를 현재 수준 이상으로 유지하는 것이 중요하다.

(1) 람사르습지

습지보전을 위해 람사르협약에 가입한 당사국들은 각 나라를 대표하는 국제적으로 중요한 습지를 람사르 습지(Ramsar Site Inventory)로 등록하여 국가적 차원에서 습지를 보전하고 향상시키는 전략을 수립하고 있다(표 20; 그림 151).

우리나라는 1997년 101번째로 람사르협약에 가입하면서 대암산 용늪을 람사르습지로 등록한 이래, 2025년 4월 기준으로 총 26개 습지가 람사르습지로 등록되었다.

표 20 람사르습지 등록기준 (자료:람사르협약)

<table>
<tr><th>대분류</th><th>소분류</th><th>세부기준</th></tr>
<tr><td colspan="2">Group A
대표적이거나 희귀하거나 독특한 습지 유형</td><td>Criterion 1:적절한 생물 지리학적인 지역 단위에서 대표적이거나, 희귀하고, 독특한 자연적 혹은 거의 자연적 습지의 예가 될 수 있는 습지</td></tr>
<tr><td rowspan="8">Group B
생물다양성 보전을 위해 국제적으로 중요한 습지</td><td rowspan="3">종과 생태적 군집에 근거한 기준</td><td>Criterion 2:민감한 종, 멸종위기종, 혹은 심각하게 서식처가 위협당하고 있는 종 혹은 생태군집이 서식하고 있는 습지</td></tr>
<tr><td>Criterion 3:어떤 특정 생물 지리지역에서 생물다양성을 유지하는데 매우 중요한 동·식물 군집을 유지하고 있는 습지</td></tr>
<tr><td>Criterion 4:동식물 종의 군집이 생활사의 중요한 부분(기간)을 보내거나 환경이 좋지 않을 때 피난처로 활용되는 중요한 습지</td></tr>
<tr><td rowspan="2">물새에 근거한 특별한 기준</td><td>Criterion 5:20,000 마리 혹은 그 이상의 물새가 정기적으로 서식하는 습지</td></tr>
<tr><td>Criterion 6:어떤 특정 물새의 종 혹은 아종 개체 수가 전 세계 개체 수의 1% 이상이 정기적으로 서식하는 습지</td></tr>
<tr><td rowspan="2">어류에 근거한 특별한 기준</td><td>Criterion 7:고유어종 혹은 해당과에 속하는 어류가 상당히 서식하거나, 습지의 가치를 잘 대변해 주는 어류 군집이 서식하는 습지로 지구 전체의 생물 다양성을 높이는데 기여하는 습지</td></tr>
<tr><td>Criterion 8:해당 습지가 어류의 먹이원의 원천, 산란장, 어린 물고기가 성장하는 곳 및 회유하는 어류군이 이동하는 통로로서 중요한 역할을 하는 습지</td></tr>
<tr><td>기타 분류군에 근거한 특별한 기준</td><td>Criterion 9:조류를 제외한 습지에 의존하는 하나의 종 또는 아종의 개체군이 전 세계 개체군의 1%가 정기적으로 유지되는 습지</td></tr>
</table>

(2) 습지보호지역

우리나라에서는 습지보전법에 의해 습지보호지역 및 주변지역, 습지개선지역 등을 지정 관리하고 있다.

습지보전법에 의하면 다음 어느 하나에 해당하는 지역으로서 특별히 보전할 가치가 있는 지역을 습지보호지역으로 지정하고, 그 주변지역을 습지주변관리지역으로 지정할 수 있다.

1. 자연 상태가 원시성을 유지하고 있거나 생물다양성이 풍부한 지역
2. 희귀하거나 멸종위기에 처한 야생 동식물이 서식하거나 나타나는 지역
3. 특이한 경관적, 지형적 또는 지질학적 가치를 지닌 지역

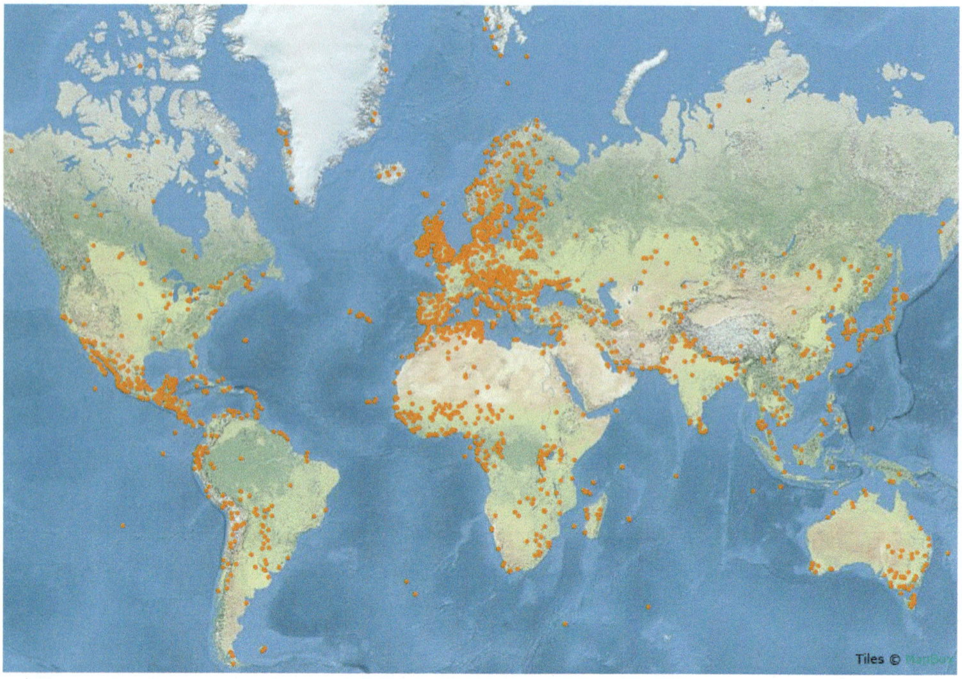

그림 151 람사르습지 분포도
(자료:Ramsar Convention)

또한 습지 중 다음 어느 하나에 해당하는 지역을 습지개선지역으로 지정할 수 있다.

1. 습지보호지역 중 습지가 심하게 훼손되었거나 훼손이 심화될 우려가 있는 지역
2. 습지생태계의 보전 상태가 불량한 지역 중 인위적인 관리 등을 통하여 개선할 가치가 있는 지역

4. 연안생태계 및 해양

[1] 해양과 연안

해양은 지구표면의 70%를 점유하며 대양, 산호초, 대륙붕, 강어귀, 해안(갯벌) 등을 포함한다. 해양은 조류들의 광합성 작용에 의해 지구상에서 산소공급량 및 이산화탄소 흡수량이 매우 높은 생태계이다. 또한 물순환체계에서도 매우 중요하여 해양으로부터 증발된 물이 모여 구름을 형성하고 빗물의 원천이 된다. 해양은 조간대(intertidal), 원양(pelagic), 심해(abyssal), 해저(benthic) 등으로 구분한다.

① 조간대(intertidal zone)

조간대는 해양과 육지가 만나는 지역으로서 주기적으로 발생되는 밀물과 썰물에 의해 바닷물에 잠겼다가 노출되는 구간을 말한다. 바닷물에 의해 잠기는 만조(high tide)기

에는 몇 종의 조류와 연체동물 등 주로 먹이연쇄에서 1차소비자 지위에 해당되는 다양한 조류(algae)와 소동물들이 서식한다. 조간대 바닥은 간조(lowest tide)기에 노출되며 다양한 무척추동물, 어류, 해초류 등이 발견된다.

해빈지역의 조간대는 파도에 의해 진흙과 모래가 끊임없이 이동하여 암반지대에 비해 조류(algae)나 식물, 조개류, 포식자인 갑각류, 게, 도요 · 물떼새 등의 동물들이 정착되기 어렵다.

② 원양(Oceanic pelagic biome)

해안선에서 멀리 떨어진 해양을 말한다. 원양의 식물상은 해수면의 해초류를 포함하며 동물상은 고래나 돌고래 등의 포유류와 어류 등 다양한 동물상을 포함한다.

③ 심저대(benthic zone)

해양의 바닥을 말하며, 특히 아주 깊은 바다의 가장 깊은 바닥은 이와 구별하여 심해저(abyssal zone)라고 구분하여 말한다. 심저대 바닥은 모래, 실트, 죽은 생명체 등으로 구성되며, 햇빛이 깊은 곳까지 이르지 못하기 때문에 깊이에 따라 수온이 감소한다. 식물상은 주로 해초류이며 동물상은 박테리아, 곰팡이, 해면동물, 어류 등을 포함한다.

④ 심해저(Abyssal zone)

가장 깊은 부분을 의미하며, 해수 온도가 3℃ 내외로서 매우 차갑고 수압이 높으며 영양물질이 매우 낮다. 무척추동물과 어류 등이 생육하며, 심해의 열수통풍구에 의해 화학합성 유기체가 활동한다. 화학합성 박테리아는 황화수소 및 그들이 배출하는 미네랄에 의해 매우 번성한다. 이 박테리아들은 먹이연쇄의 출발점으로서 무척추동물과 어류의 먹이가 된다.

■ 가장 깊은 바다

지구상에서 가장 깊은 바다는 태평양 마리아나 해구(Mariana Trench)로 알려져 있다. 마리아나 해구는 북마리아나제도(괌, 사이판 일대)의 동쪽에 있는 해구로서 남북방향으로 길게 뻗어 있으며 길이 2,550km, 폭70km 내외이다. 평균수심은 8,000m에 이르며 현재까지 측정된 가장 깊은 곳은 1957년 러시아 잠수정 Vitiaz-1에 의해 측정된 것으로 알려진 비티아즈 해연(Vityaz Deep)으로서 깊이 11,033m로 측정되었다. 그러나 관측방법, 위치 등에 대한 기록이 명확하게 제시되어 있지 않고 당시의 기술이 정밀도가 낮다는 점에서 공식적으로 인정되지 못하고 있다. 공식적으로 인정되는 기록으로는 마리아나 해구의 챌린저 해연(Challenger Deep)으로서 깊이는 10,994m(± 40 m)에 이른다. 이후 다른 방법에 의한 반복 측정에서 10,900~ 11,000m 깊이로 반복적으로 측정되고 있다(그림 152).

1960년 미국 해군의 심해 유인 잠수정 '트리에스테'가 10,916m까지 잠수하였으며, 지난 2012년 내셔널지오그래픽 연구자들과 영화 '아바타', '타이타닉' 등을 제작한 영화감독

제임스 카메론이 직접 잠수정(Deepsea Challenger)을 타고 마리아나 해구 바닥을 탐사하기도 했다.

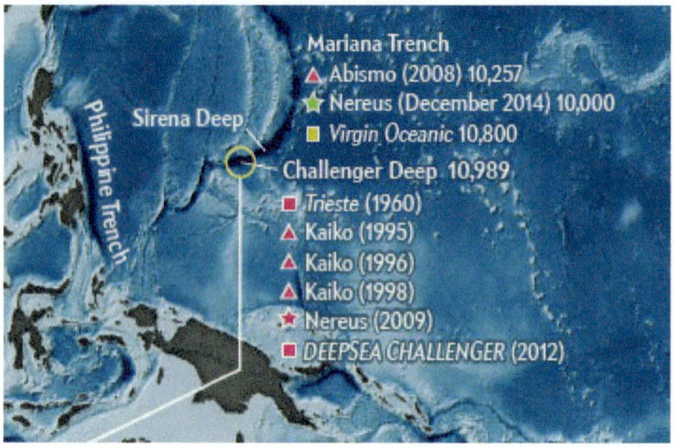

그림 152 심해 관측 기록
(자료: www.nature.com)

우리나라의 바다 깊이를 살펴보면 공해까지 포함한 결과를 보면 동해는 우리나라의 경우 3면의 평균 바다의 깊이는 3,800m 정도이다. 동해의 평균 수심 1,684m, 가장 깊은 곳은 4,049m에 이르며, 남해는 평균 수심 101m, 가장 깊은 곳이 227m이다. 서해는 평균수심 44m, 가장 깊은 곳은 103m이다. 이 중에서 가장 깊은 곳은 울릉도 북쪽 96km 해역으로 수심이 2,985m에 이르는 것으로 조사됐다. 서해와 남해에서 가장 깊은 곳은 각각 가거도 남동쪽 60km 해역(수심 124m), 마라도 북서쪽 2.3km 해역(수심 198m)으로 알려져 있다.

■ 적조(Red Tide)

규조류, 쌍편모조류, 요각류, 세균류 등의 부유생물에 의해 바닷물이 변색되는 현상을 말한다. 규조류가 적조를 가장 많이 일으키나 피해는 적은 편이다. 쌍편모조류에 의한 적조가 발생하면 산소감소, 어류 호흡장애(호흡기 폐쇄), 독성물질 발생 등의 현상이 나타난다. 주요 환경요인은 복합적인 해양환경의 변화에 의하며, 주로 태양빛, pH, 수온, 염분농도, N, P 등의 환경조건의 영향을 받는다.

이러한 적조현상은 일종의 부영양 상태로서 바다 연안의 내만 특히 하천수의 유입이 있는 곳에서 주로 발생한다. 참고로 담수생태계에서는 부영양화된 호수에서 나타난다. 발생시기는 영양물질과 해양온도가 유지되는 늦봄과 초여름에 많고 영양물질이 적거나 해양온도가 내려가는 늦여름과 초가을에는 적다.

[2] 연안생태계

(1) 갯벌(Tidal Flats)

갯벌은 조류로 운반되어 온 미세한 흙들이 파도가 잔잔한 해안에 오랫동안 쌓여 생기는 평탄한 지형을 의미하며, 주로 조류에 의해 운반되는 퇴적물이 쌓여 이루어지는 해안 퇴적 지형이다. 밀물과 썰물에 다른 조수간만의 차에 의해 발생하는 넓고 평평한 지형을 이루고 있다.

갯벌은 일종의 습지로서 바다와 육지가 몸을 섞는 전이지대(추이대 ecotone)이다. 갯벌은 퇴적된 성분에 따라 구분하는데 발이 푹푹 빠지는 곳에서부터 자동차가 다닐 수 있을 만큼 단단한 곳도 있다. 파도에너지의 세기와 조석의 상대적 영향 정도와 갯벌을 구성하는 퇴적물의 입자 크기에 따라 갯벌의 유형을 암반지역, 펄 갯벌(mud flat)과 모래 갯벌(sand flat), 펄과 모래가 섞인 혼성갯벌(mixed flat) 등으로 크게 구분할 수 있다(그림 153).

갯벌은 육상으로부터 많은 유기물이 공급되고 산소공급이 원활하여 갯지렁이 등 다양한 생물이 서식하는 생태계의 보고이다. 또한 갯벌은 자연의 정화조라고 할 수 있다. 갈대, 갯잔디, 해홍나물 등 염생식물과 갯지렁이가 오염물질을 분해하여 청정한 환경을 유지한다.

그림 153 뻘갯벌, 모래갯벌, 혼성갯벌
(구본학, 2009)

갯벌은 국제간 이동 조류의 서식지 및 중간기착지로서 생태적 가치가 매우 높아 많은 갯벌들이 서식처나 보호지역으로 지정되었다. 서해안의 갯벌은 지구의 남반구인 호주와 뉴질랜드에서 출발한 도요새, 물떼새가 봄과 가을에 번식지인 시베리아로 오가는 도중에 기착하여 휴식과 비행에 필요한 에너지를 보충하는 지역으로 국제적으로도 매우 중요한 철새이동경로의 하나인 '동아시아-오세아니아 철새이동경로(EAAF; Est Asian Austrialasian Flyway)'이다(그림 154).

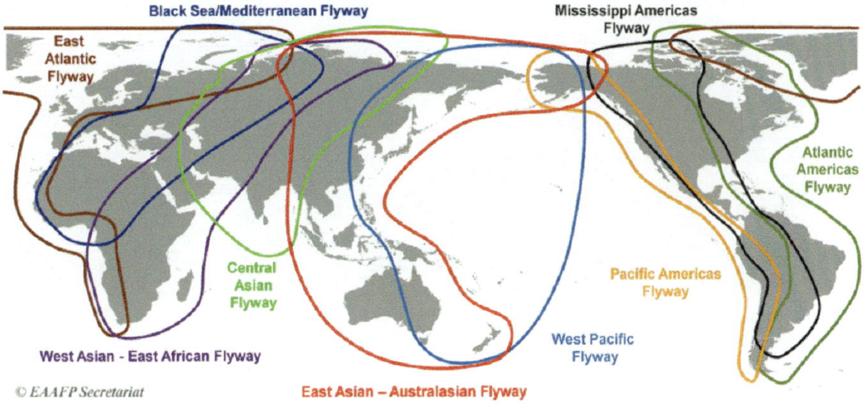

그림 154 철새이동경로
(자료:EAAFP, 2010)

일반적으로 갯벌은 강과 하천 등에서 유입되는 토사와 해안에서 해수에 의해 침식된 물질 등이 퇴적되어 형성되는데 파도의 영향이 크지 않고 상대적으로 조석의 영향이 큰 곳에 나타나며 간만의 차가 큰 서해안에 대규모의 갯벌과 염습지들이 발달할 수 있었다.

우리나라의 서남해안에는 넓고 생태적 가치가 높은 갯벌이 발달해 세계 5대갯벌로 평가되고 있다(그림 155). 대표적으로 순천만 갯벌, 서천 갯벌, 고창부안갯벌, 강화갯벌, 무안갯벌, 인천송도갯벌, 진도갯벌 등이 있다(그림 156). 또한 서천갯벌 등 서해안 갯벌들은 람사르습지와 유네스코 세계유산으로도 지정되어 국제적으로 생태적 가치를 인정받고 있다.

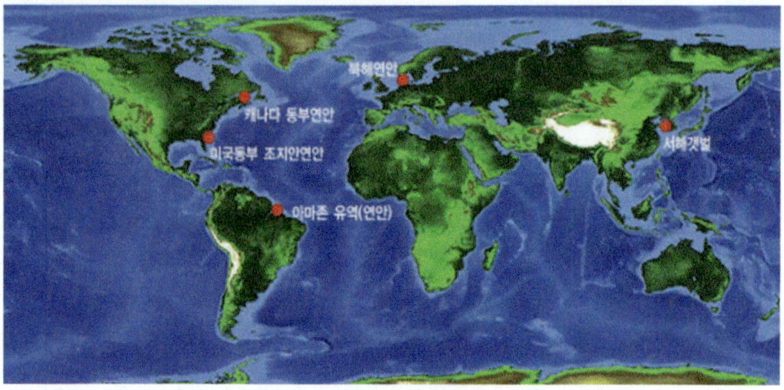

그림 155 세계 5대갯벌
(http://www.meis.go.kr/)

그림 156 순천만 갯벌
(사진 : 저자 촬영)

5. 기수생태계(Brackish Ecosystem)

[1] 기수역

기수생태계는 해수와 담수가 만나는 지역으로서 담수환경과 해양환경이 교차하는 일종의 전이지대(ecotone)이다. 특히 다른 형태의 전이지대보다는 기수역의 독특한 생태계 유지하여 생태적으로 가치가 높다. 이러한 기수역으로는 하천과 바다가 만나는 하구와 더불어 우리나라 동해안에서 볼 수 있는 석호(lagoon) 등이 있으며, 기수역의 염분농도는 담수와 해수의 중간 정도이다.

기수역은 민물과 바닷물이 만나는 특성상 전형적인 기수역 고유종, 바다에서 들어온 종, 담수에서 들어온 종 등 다양한 종을 포함하고 있어 종다양도가 매우 높으며, 번식이 왕성하여 높은 생물학적 에너지 유동을 유지할 수 있다.

① 강어귀(하구, Estuaries)

하천의 민물(담수)이 해양과 만나는 강어귀 구간으로서 민물과 바닷물의 염분 농도의 차이에 의해 다양하고 독특한 생태계가 형성된다. 조류와 같은 미소 식물상, 해초류나 염생식물 등과 같은 초본류 식물상 및 맹그로브 등이 발견된다. 그 외에도 굴, 게, 물새 등과 같은 다양한 동물상을 발견할 수 있다.

② 석호(Lagoon)

석호는 사주(spit) 또는 해안에 길게 발달한 선형의 보초도 또는 평행사도(barrier island) 등으로 바다와의 통로가 거의 대부분 막혀 생성된 얕은 호수를 말한다. 바다와 연결된 좁고 긴 통로를 통해 바닷물이 유입되어 민물과 섞인 기수(brackish water) 상태를 유지한다(그림 157).

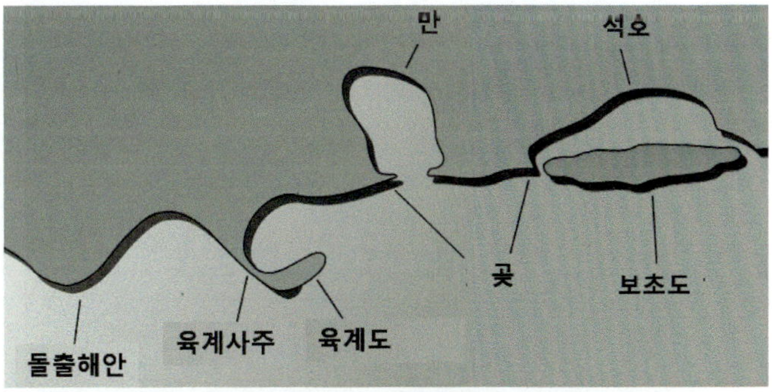

그림 157 석호 및 연안 지형
(그림: 저자 작성)

사주와 평행사도는 연안류에 의해 모래가 이동하거나 폭풍 등으로 퇴적물이 유입되는 등의 형성과정에 의해 발달된다. 평행사도와 사주, 사초, 보초도 등이 장벽 기능을 함으로써 해양에서 발생되는 파도 및 파랑에너지를 저감시켜 석호 내 동식물을 안정적으로 유지할 수 있다(그림 158).

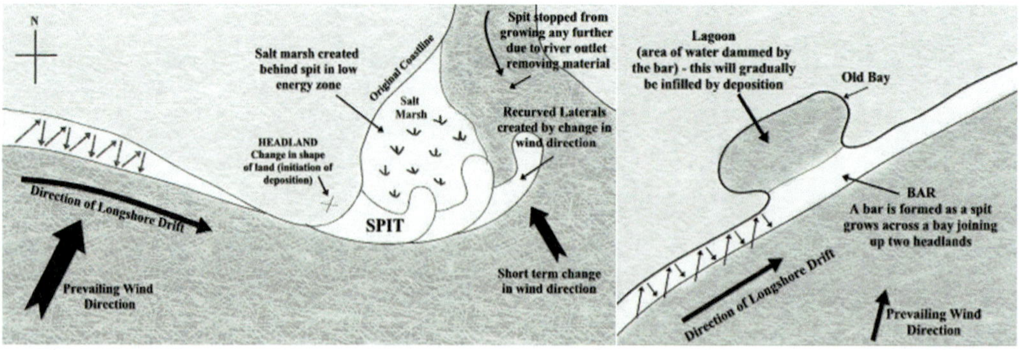

그림 158 석호의 발달과정
(자료 : http://worldlywise.pbworks.com)

[2] 해안사구

사구란 모래의 이동에 의하여 생성된 모래언덕으로서, 특히 해안사구는 해류에 의하여 사빈으로 운반된 모래가 파랑에 의하여 밀려 올라와, 탁월풍의 작용을 받아 낮은 구릉 모양으로 쌓여서 형성된다. 즉 해빈의 모래가 바람에 날려 해빈 배후에 쌓인 모래언덕을 해안사구(sand dune)라 하며 우리나라의 대표적인 해안사구로는 서해안의 신두리 해안사구가 대표적이다(그림 159).

그림 159 신두리 해안사구
(사진 : 저자 촬영)

해안사구는 조간대, 갯벌, 사빈, 배후산지 등과 함께 해안생태계를 형성하는 해양과 육상의 전이지대로서 우리나라에서는 지형적인 여건에 따라 해안사구가 발달하였고, 특히 서해안의 경우 조석간만의 차가 커 해안사구가 형성되기 좋은 조건이다. 신두리 해안사구를 비롯하여 학암포, 구례포, 만리포, 어은돌, 몽산포, 청포대, 마검포, 백사장, 삼봉, 기지포, 바람아래 등이 있다. 또한 동해안에는 안인-하시동 사구 등을 비롯하여 일부 사구가 발달해 있다.

해안사구는 육지와 바다 사이의 퇴적물 양을 조절하며 폭풍·해일로부터 해안을 보호하고, 내륙과 해안의 생태계를 이어주는 기능을 하며, 시각적으로도 뛰어난 시각경관을 제공한다. 또 사구는 물 저장 능력이 탁월하다. 두꺼운 모래층이 해수와 담수를 밀도 차에 따라 분리하면서 모래에 의해 정화된 깨끗한 물을 지하수로 저장하는 능력이 있다.

조류 및 파랑 등에 의하여 해양 퇴적물이 갯벌 및 사빈지역으로 반입되고 햇볕에 의한 건조 후 바람에 의해 퇴적물이 사구지역으로 이동하여 사구가 형성된다. 1차적으로 형성된 사구는 사구식물의 침입에 의해 모래 집적율이 높아지며 시간적 식생 천이과정 및 모래 이동을 통하여 사구가 안정화되고 성장이 지속적으로 진행된다.

바람의 강도와 빈도가 높고 해빈이 넓어 모래 공급이 풍부하며, 이동이 쉬운 세립질 모래가 많을수록 잘 발달한다. 또한, 사초를 비롯한 식생의 성장은 풍속을 감소시켜 모래를 잘 퇴적시키며, 퇴적된 모래를 피복해 풍식(風蝕)으로부터 보호함으로써 사구의 성장을 돕는다. 사구가 충분히 성장하면 자연적으로 정착하거나 혹은 방풍림 혹은 방사림으로 조성된 소나무림(곰솔)으로 덮이게 된다. 이러한 해안사구의 생태적 중요성을 인정하여 우리나라의 경우 자연환경보전법에 의해 생태경관보전지역으로 지정하여 보호하고 있다. 현재 서해안의 태안 신두리사구, 보령 소황사구, 동해안의 하시동-안인사구 등이 생태경관보전지역으로 지정되어 있다(그림 160).

그림 160 하시동-안인사구. 군부대 흔적이 보임.
(사진 : 저자 촬영)

사구는 위치와 발달 과정에 따라 다음 그림 161과 같이 구분된다.

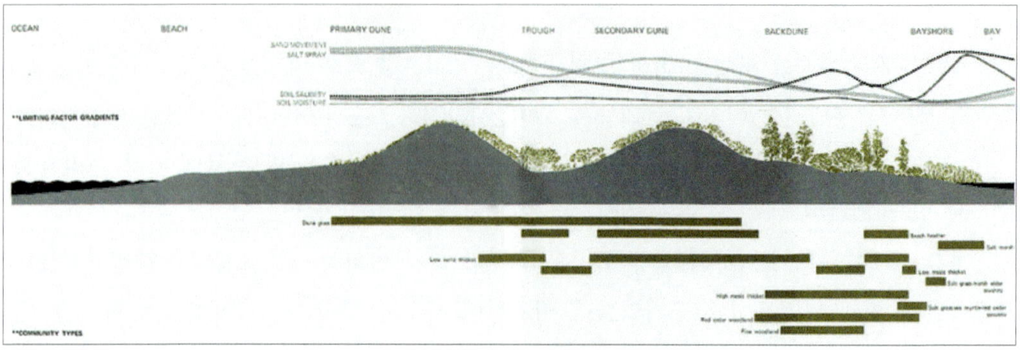

그림 161 사구의 발달과 식생군락
(McHarg, 1969)

① 전사구(foredune) 혹은 1차사구(primary dune): 해빈에서 직접 날린 모래들이 쌓여 만들어진 가장 앞쪽(해안쪽)의 사구

② 2차사구(secondary dune):전면에 새로운 전사구가 발달해 그 배후에 놓이기 된 사구, 혹은 1차사구가 바람에 의해 침식된 후 재퇴적되어 만들어지는 사구. 바람이 강한 해안에서는 1차사구가 형성된 후 다시 내륙으로 이동해 들어가는데 취식와지(吹蝕窪地, blowout or deflation hollow), U자형 사구(U-shaped dune), 머리핀형 사구(hairpin dune), 바르한(barchan) 등의 형태로 나타남.

③ 사구저지(slack or swale):전사구와 2차 사구 사이의 저평한 지형

④ 사구습지(wet slack or back-dune lake):사구 저지에 형성된 호소

⑤ 비치리지(beach ridge):해안선과 평행한 여러 개의 사구열. 해안선이 바다쪽으로 전진했음을 의미.

3절 우리나라의 독특한 생태계

1. 백두산

[1] 민족의 영산, 백두산

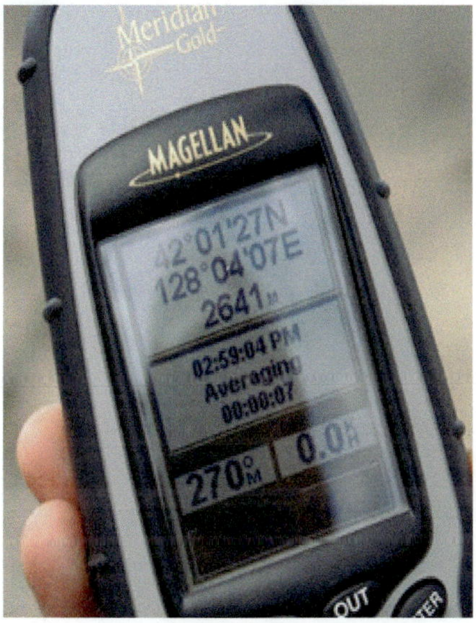

그림 162 백두산 천문봉의 GPS. 42°01′27″N, 128°04′07″E 및 해발고도 2,641m가 뚜렷하게 나타남 (사진 : 저자 촬영)

그림 163 백두산 장군봉 (2750m) (사진 : 저자 촬영)

백두산(白頭山)은 우리 국토의 등줄기이며 핵심생태계인 백두대간의 정기가 시작되는 곳으로서 정신적으로 우리 민족에게 가장 소중한 상징성을 지니며, 생태적으로 독특한 생태경관을 이루고 있다. 백두산은 북한의 양강도 삼지연군과 중국 길림성 사이 국경에 우뚝 솟아 해발고도 2,750m에 이르는 산으로서, 가장 높은 봉우리는 장군봉이다(그림 163; 그림 162). 화산으로 분출 형성된 흰색의 부석이 정상부에 분포하여 멀리서 보면 마치 흰 머리와 같다고 하여 백두산이라고 부르게 되었다. 중국에서는 '장백산(長白山)' 즉 창바이산, 만주에서는 '귀러민산예아린'으로 부르고 있다. 중국에서는 1960년에 장백산보호구역(20만여 ha)으로 지정 관리하고 있다. 백두산은 우리 민족에게는 신성한 산일 뿐만 아니라 우리나라의 가장 중요한 핵심생태축인 백두대간이 백두산에서 시작되어 지리산에 이르며, 중간 중간 정간 및 정맥이 갈라져 나온다. 백두산은 우리나라와 중국의 국경을 이루며(그림 164), 압록강, 두만강 및 중국 송화강의 발원지로서 특히 송화강의 경우 천지에서 장백폭포를 이루며 직접 흐른다. 정상부에는 세계에서 가장 높은 분화구(칼데라호)이며 평균 깊이 213 m(최대 수심 384m)에 이르는 천지가 항상 푸른물을 담고 있다. 천지를 둘러싸고 장군봉을 포함하여 향도봉, 천문봉, 청석봉, 백운봉, 차일봉 등 해발고도 2500m이상의 봉우리가 16개 분포한다(그림 165).

그림 164 중국측에서 본 북한측 백두산
(사진 : 저자 촬영)

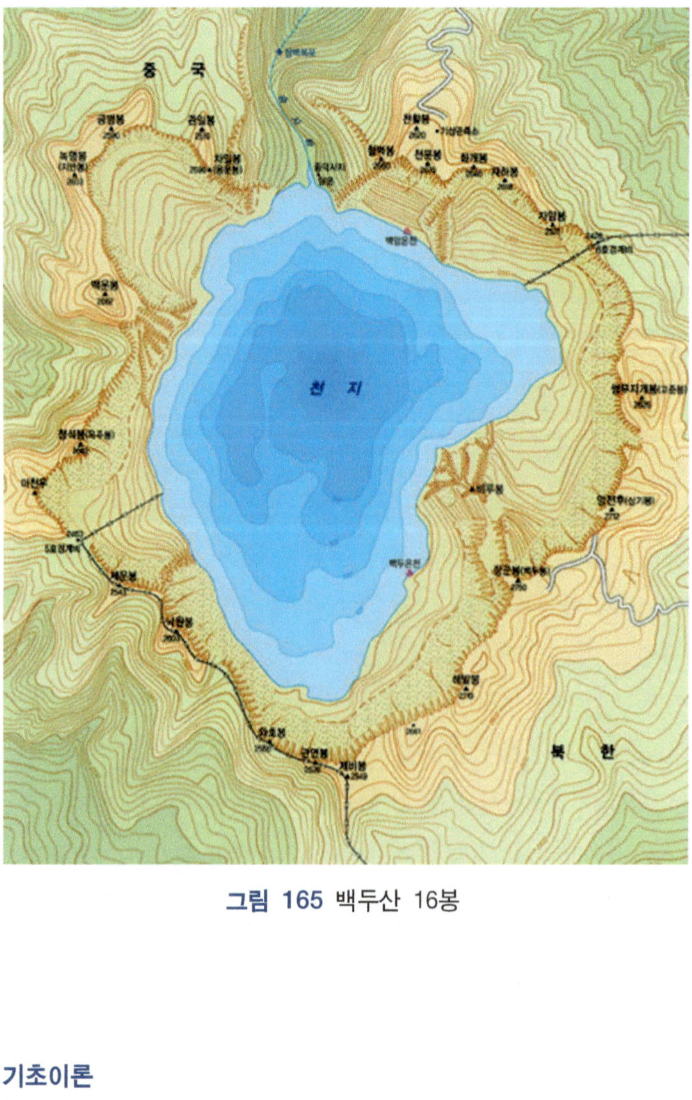

그림 165 백두산 16봉

백두산이 역사의 기록으로 등장한 것은 약 2천년전 산해경에 '넓고 거친 들판 가운데 산이 있는데, 불함산이라고 부른다'라는 기록으로부터 시작된다. 우리나라 문헌에서는 태백산, 장백산, 두산 등으로 불리다가 고려 성종10년(981년)부터 백두산이라고 불렀다. 중국에서는 불함산, 태산, 태백산, 장백산 등으로 불렸으며, 그 외에도 단단대령, 개마대산, 도태산, 태백산, 백산 등으로 불렸다.

백두산이라는 명칭이 처음 나타난 것은 고려사로서 '압록강 밖의 여진족을 쫓아내어 백두산 바깥쪽에서 살게 했다'라는 기록에서 시작되며, 고려 태조 왕건의 탄생설화로부터 백두산을 성산으로 숭배했다고 전해진다. 백두산은 우리 한민족의 발상지이며 고조선, 부여, 고구려, 발해 등이 백두산에 기원을 두고 있으며, 여진족도 백두산에 기원을 두고 있어 우리 민족과 문화적으로 공통의 관심이 있다.

후금(청나라)을 세운 강희제는 1677년 '장백산은 우리 조종의 발상지인데 아직까지 정확하게 아는 사람이 없다'며 무묵남 등에게 기록을 정리하라는 명령을 내렸고, 이에 무묵남 등은 군인들을 이끌고 원시림을 헤치며 대규모 탐험을 했다. 이것이 청나라에서 공식적으로 백두산을 확인한 기록이다. 이후 1682년에는 강희제가 직접 길림성으로 가서 백두산을 향해 망제를 지냈다. 이와 같이 청나라에서도 백두산이 그들의 발상지라는 인식을 가지고 있었다.

백두산 천지는 대택, 대지, 용왕담, 달문담, 신분, 용궁지, 천상수 등으로 다양하게 불리고 있으며, 호수면 해발 2,190m, 면적 9.165km2, 둘레 14.4km, 평균수심 213.3m, 최대깊이 384m로서 세계에서 가장 수심이 깊은 산상 호수로 기록되고 있다(그림 166).

그림 166 백두산 천지 전경
(사진 : 저자 촬영)

백두산은 서기 1000년 경 대규모로 폭발하였는데, 미국 스미스소니언연구소에 의하면 이는 최근 1만년이내 지구상에서 발생된 가장 큰 화산 폭발로 기록되고 있다. 이때 화산 폭발로 분출된 화산재가 대류권 상층까지 올라가 강한 서풍 제트기류에 의해서 약 1,000km 떨어진 일본 홋카이도 남부까지 퍼진 것으로 당시 세계 최대의 폭발이라고 알려지고 있다(그림 167).

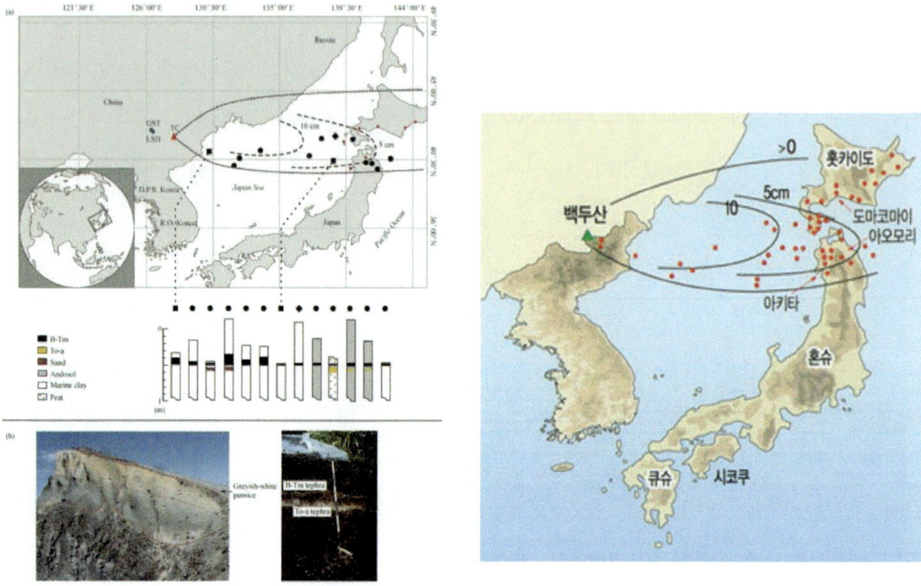

그림 167 백두산 화산폭발 화산재 분포
(자료: (왼쪽)Sun et al. 2014, (오른쪽)한국지질연구소)

백두산 화산폭발과 관련된 기록은 고려사, 조선왕조실록 등 우리나라 문헌을 비롯하여 일본약기 등 인근 국가들의 문헌에도 등장한다.

고려사에 의하면 정종원년(946년)에 '하늘에 고동소리가 들려 …'라는 기록이 있고, 비슷한 시기 일본의 기록에는 '화산재가 마치 눈과 같이 내렸다', '947년 2월 하늘에서 마치 천둥과 같은 소리가 났다' 등의 기록이 확인되고 있다. 이후에도 1413년, 1537년, 1668년, 1702, 1900년 등 몇 차례에 걸쳐 소규모 화산폭발이 진행되었고, 최근의 연구에 의하면 가까운 시일 내에 화산활동을 시작할 것이라는 전망도 조심스럽게 나오고 있다.

그림 168 백두산 천지 일대의 비바람
(사진 : 저자 촬영)

백두산은 한반도 북쪽 고위도 지역에 위치하며 해발고도도 높아 춥고 건조한 전형적인 고산기후로서 수량이 불규칙하여 일반식물 생육은 곤란한 것으로 알려지고 있다. 연평균기온 영하 6~8℃, 1월평균기온 영하 25℃이며, 최저 -47℃까지 기록된 적이 있다. 겨울날씨가 연중 230일 정도 계속되며 식물이 자랄 수 있는 기간은 7, 8월 두 달 정도이다.

연중 강한 바람일 불어 연평균 강풍일수가 270일에 이르며, 천지 부근에서 초속 11.7m 8급 이상의 강한 돌개바람과 용오름현상이 자주 발생한다. 최대풍속 초속 70m가 넘는 경우도 있다. 또한 남쪽의 더운 공기와 몽골지방에서부터 오는 찬 공기가 마주치면서 안개가 많이 낀다(그림 168).

[2] 백두산의 독특한 생태계

(1) 수목한계선

조선일보 기록(1930.9.30)에 의하면 백두산에는 식물 490종이 분포하는 것으로 기록되고 있다. 전문적 조사는 아니지만 참고할 만한 가치가 있는 기록이다. 또한 중국 장백산 식물지에 의하면 관속식물이 1,305종에 이르고 있다(그림 169).

그림 169 백두산 이노백하 마을의 미인송
(사진 : 저자 촬영)

백두산에는 낮은 지역에서부터 산록침엽수림대, 중부침엽수림대, 상부침엽수림대, 고산수림대 등으로 수목의 경계가 나타나고 있으며 특히 일정 고도에서는 교목림이 갑자기 사라지는 수목한계선이 형성된다.

수목한계선(樹木限界線, timberline)은 교목한계선(喬木限界線)이라고도 불리며, 환경 조건의 변화 때문에 수목의 생육이 불가능하게 되는 극한의 선으로서 생태적 전이지대(에코톤;ecotone)이다. 수목한계선의 높이는 위도에 따라 달라지며 같은 위도에서는 향에 따라 달라진다. 위도가 높을수록 고도가 낮아져 북극지방의 수목한계선은 평지에 있다.

백두산은 해발고도 약 1,700~1,800m 부근부터 수직적으로 교목림이 갑자기 사라지는 수목한계선이 뚜렷하게 나타난다(그림 170).

그림 170 백두산 수목한계선 및 모식도
(사진 : 저자 촬영)

수목한계선까지는 교목림 우점하는 수림대이고, 그 위는 갑자기 교목이 사라지고 관목이나 초본류, 지피류, 지의류 및 이끼류 등 중심의 고산툰드라를 이루고 있다(그림 171).

난대림대에 속하는 제주도 한라산이 고도에 따라 난대림-온대남부-온대중부-온대북부 및 냉대림까지 수직 분포를 이루는 특성이 있어 학술적 가치가 높은데 비해, 백두산은 수평분포로는 온대북부에 속하면서 고산 및 아고산대의 특성을 갖추고 있고 다양한 생태환경을 나타내는 생태계의 보고라고 할 수 있다. 백두산 천지 주변을 비롯한 고산지대는 일부 지의류 정도만 있고 대부분 식생이 없이(그림 173) 현무암, 부석 등 화산활동으로 생성된 흙이 노출되어 있으며 이들마저 비바람에 침식되고 탐방객의 답압에 의해 심하게 훼손이 진행되고 있다(그림 172; 그림 173).

그림 171 백두산 정상부 고산툰드라
(사진 : 저자 촬영)

그림 172 천지주변 부석 및 현무암
(사진 : 저자 촬영)

그림 173 천지주변 지의류 및 지피류
(사진 : 저자 촬영)

(2) 지하산림

지하산림은 백두산 남쪽 등산로 산문 입구를 통해 진입할 수 있으며 움푹 꺼진 U형 계곡에 울창한 숲이 생성되었다. 주로 침엽수로 구성되어 있으며, 숲과 더불어 여러 개의 큰 기암으로 둘러싸인 원시림을 간직하고 있다. 오랜 시간 치열한 생존 경쟁에서 고사되어 쓰러진 나무 위로 이끼 층이 생성되고 분해된 동식물 잔해가 양분이 되어 다시 흡수되어 순환고리를 이어가면서 자연스럽게 천이가 진행되면서 생태계가 유지되고 있다. 지하산림 한 가운데로 원시의 풍경 사이로 급류가 흐르며 동천폭포 등 중간중간 작은 계류와 폭포를 이루고 있다(그림 174).

그림 174 백두산 지하산림
(사진 : 저자 촬영)

(3) 금강대협곡/압록강대협곡

백두산에는 화산활동으로 인한 용암층의 퇴적과 침식작용으로 인해 크고 작은 협곡이 다양하게 발달해 있다. 그중에서 대표적인 협곡은 서백두의 금강대협곡, 남백두의 압록강대협곡 등이다.

① 금강대협곡 (백두대협곡)

서백두와 남백두의 사이 깊은 계곡에 숨어있는 금강대협곡은 천지의 화산이 분출하여 용암이 휩쓸고 지나간 협곡이 수많은 세월을 따라 풍화작용에 의해 깊은 협곡을 만들어낸 천연의 절경으로서 미국의 그랜드캐년에 비견된다. 길이 15km, 깊이 100m, 너비 200m에 이르는 V자형 급경사를 이루고 있으며 곳곳에 독특한 모양의 바위들이 절경을 이루고 있다(그림 175).

그림 175 서백두 금강대협곡의 기암괴석과 계곡
(사진 : 저자 촬영)

② 압록강 대협곡

압록강 대협곡은 남백두에 위치하며 남북길이 10km, 너비200m에 이르며, 깊이 170m에 이른다(그림 176). 1천년전 화산폭발에 의해 형성된 거대한 협곡으로서 빗물의 침식에 의해 아름다운 자연경관을 형성한다.

협곡 깊은 곳에는 압록강의 발원지로부터 흘러내려온 최상류 계곡이 형성되어 있다. 깊은 원시림 속에 숨어있는 금강대협곡과는 달리 압록강 대협곡은 북한-중국 국경을 이루는 압록강 상류를 따라 나란히 건설된 도로 옆으로 길게 형성되어 있어 아직 탐방이 용이하지 않다.

압록강 대협곡 인근에 화산폭발에 의해 타다 남은 수목이 충분히 연소되지 않아 생성된 탄화목 잔해물이 흩어져 있다. 마그마에 의해 백두산의 원시림이 연소되고 일부는 화산재에 의해 덮여 지층속에 탄화목으로 남았다. 탄화목은 지층 속에 숨어있었으나

그림 176 남백두 압록강 대협곡. 협곡 아래 계곡에 압록강(상류)이 흐름
(사진 : 저자 촬영)

1996년 압록강변 도로를 건설하는 과정에서 지표면에 노출되어 일반인들에게 알려지게 되었다.

(4) 고산화원

백두산 일대에는 국내에서 멸종되었거나 보기 드문 동식물의 서식조건을 갖추고 있다. 수목한계선에서 천지에 이르는 천지 외륜은 급경사를 이루는 천지 내륜에 비해 완만한 경사를 이루고 있다. 이러한 지형적 특성과 기후 특성으로 지피류와 초화류가 지천으로 흩어져 자연 화단을 이루고 있는 천연의 야생화 전시장이다.

그중 대표적인 야생화원은 서백두 청석봉, 와호봉, 관면봉 일대 경사지 구릉지에서 금강분지에 이르는 광활한 고원지대에 발달한 고산화원이다(그림 177).

고산화원은 대략 6월중순에서 9월 중순까지 큰원추리, 금매화, 노란만병초, 하늘매발톱, 바이칼꿩의다리, 산용담, 개불알꽃, 산미나리아재비, 구름국화, 박새 등 1,800여종의 야생화가 뒤덮고 있다. 특히 천지 인근의 강풍지역에는 강풍에 적응하여 양탄자처럼 펴진 관목의 틈새에 여린 야생초화류가 자라며, 3개월 정도의 짧은 기간 동안 봄, 여름, 가을 등 계절을 두루 지난다.

그림 177 백두산 고산화원
(사진 : 저자 촬영)

(5) 장백폭포/금강폭포/악화쌍폭

백두산에는 60여개의 크고 작은 폭포들이 분포하는데 북백두의 장백폭포, 서백두의 금강폭포, 남백두의 악화쌍폭, 북한지역의 사기문폭포와 리명수폭포, 지하산림 입구 동천폭포, 장백폭포와 인접한 은류폭포, 밀영폭포, 백두폭포 등이 잘 알려져 있다.

① 백두폭포(장백폭포)

백두폭포는 북백두에 위치하며 천지 물이 직접 내려오는 폭포이다(그림 178). 천지물은 달문을 빠져나와 높이 68m에 이르는 백두폭포에서 송화강의 원류인 이도백하를 이루며 서백두 금강폭포에서 흘러내려온 물과 또다른 지류들과 합류하여 송화강을 이룬다.

② **금강폭포**

금강폭포는 서백두의 야생을 간직한 가파른 원시림 계곡과 깊은 계곡에 숨어 있다. 금강폭포는 2단 폭포로서 높이 74m이다. 금강폭포에서 흐르는 물은 금강대협곡으로 이어지고 백두폭포에서 흘러내린 이도백하와 합류하여 송화강의 원류를 이룬다(그림 179).

③ **악화쌍폭(岳桦双瀑)**

악화쌍폭은 남백두의 사스레나무 숲(악화는 사스레나무를 의미)에 있는 2단으로 이루어진 형제 폭포이다. 높이 20여m에 이르는 작은 절벽을 이루며 비단같이 떨어진다(그림 179).

그림 178 백두(장백)폭포. 10월말임에도 얼음으로 덮여있음 (사진 : 저자 촬영)

그림 179 서백두 원시림 계곡의 금강폭포(왼쪽)와 남백두 악화쌍폭(오른쪽) (사진 : 저자 촬영)

(6) 왕지/소천지

백두산에는 천지 외에도 크고 작은 호수들이 분포하며 온갖 전설을 간직하고 있다.

① **소천지**

소천지는 북백두 천지 진입부의 작은 호수로서 은환호(銀環湖)라고도 부른다(그림 180). 천지에 비해 면적이 매우 작고 자작나무 숲속에 숨어 있어 자칫 지나치기 쉬운 곳이다. "천지 물은 들어오는 곳이 없이 나가는 곳만 있고 소천지 물은 나가는 곳 없이 들어오는 곳만 있다"라고 전해오듯이 소천지는 유출구가 없다."라고 전해온다.

그림 180 소천지 전경
(사진 : 저자 촬영)

② 왕지

왕지는 서백두에 위치하며 나무꾼과 선녀의 전설을 담고 있는 신비의 호수이다. 왕지에 이르는 길의 주변에도 형형색색의 야생화가 지천으로 깔려 또다른 고산화원을 이룬다(그림 181).

왕지에는 청나라를 세운 만주족(여진족)의 누루하치의 탄생설화가 얽혀 있다. 선녀가 물놀이를 하러 내려왔다가 낳은 아이가 누르하치라고 전해지며, 이후 청나라에서는 백두산을 성지로 선포하고 타 민족의 출입을 금하기도 하였다.

그림 181 왕지
(사진 : 저자 촬영)

(7) 백두산 온천

백두산에는 대규모 화산폭발 이후에도 1900년까지 작은 폭발이 있었고, 지금도 화산 활동 후기 현상이 나타나고 있는데 그 대표적인 현상이 온천군이다. 백두산 북쪽 등산로 백두폭포(장백폭포) 아래 해발고도 1,750m 이상 되는 위치에 물이 탁하고 퀴퀴한 냄새가 나는 유황 온천지대가 형성되어 있어 약 30여 곳의 온천이 분포한다. 천지 내에 두 개의 분수구가 있고 장백폭포 일대에 13개의 온천공이 있다. 수온이 높아 온천물로 달걀을 삶거나 옥수수를 삶기도 한다(그림 182).

그림 182 백두산 백두폭포(장백폭포) 인근 온천
(사진 : 저자 촬영)

(8) 고산습지

백두산 고산습지는 이탄습지로서 남백두 해발 1700m 고도에 고층습원을 이루고 있다(그림 183). 백두산에는 그 외에도 해발 800m 이상 높이에 소택형 습지가 다양하게 분포하고 있는 것으로 파악되고 있다. 주요 식생은 만주잎갈나무(황화낙엽송), 물이끼 등이다.

그림 183 백두산 고산습지 전경
(사진 : 저자 촬영)

2. 비무장지대

[1] 생명의 띠, 비무장지대

비무장지대(DMZ; Demilitarized Zone)는 1950~1953년에 발생한 한국전쟁의 결과로 설정되었으며, 1953년 7월 27일 체결된 '한국 군사 정전에 관한 협정'에 따라 확정된 지역이다. 오랫동안 민간인 출입이 통제되어 자연생태계가 훼손되지 않고 유지될 수 있었다. DMZ는 군사 분계선(MDL; Military Demarcation Line)을 기준으로 남북측으로 각각 2km 거리를 유지하여 폭4 km에 이르는 남북한 접경지대로서 한반

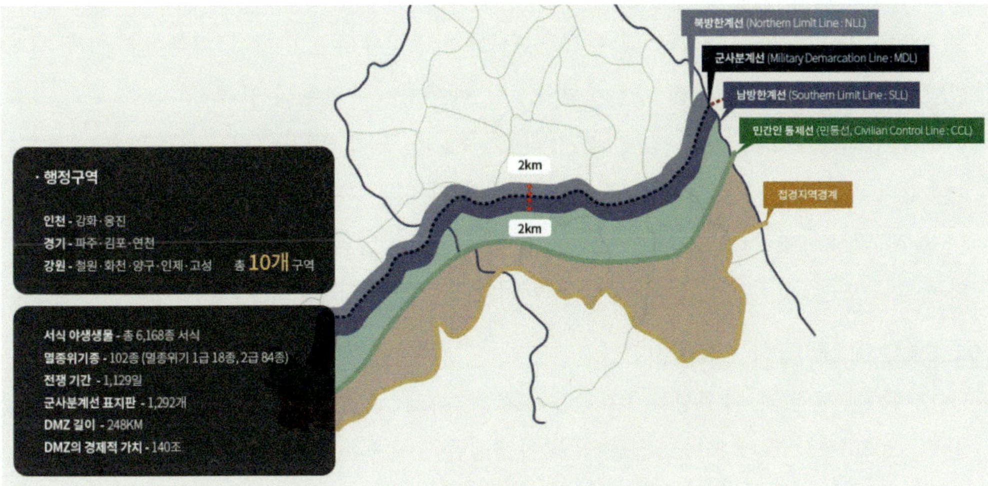

그림 184 비무장지대 인근 현황
(자료: DMZ 박물관, https://www.dmzmuseum.com/museum/dmzinfo/nowdmz 2024.9월 검색)

도의 허리를 가로지르고 있으며, 정전 이후 세월이 흐르는 동안 인간의 출입이 통제된 자연 보전 상태로 이어져 왔다. DMZ 주변에는 '군사 기지 및 군사 시설 보호법'에 따라 군사 분계선 이남으로 10km 이내의 지역에 민간인 통제선(민통선, Civilian Control Line)을 설정하고 민통선으로부터 남방 한계선까지의 지역은 민간인 통제 구역으로 설정되어 있다(그림 184).

비무장지대는 군사분계선을 중심으로 남방한계선과 북방한계선 사이를 의미하나 생태적으로는 그 외부의 민간인통제선을 포함하여 지칭하는 경우가 많다. 생물지리학적으로 독특한 생태계 형성하고 있으며 세계적으로 희귀한 우리나라 최후의 야생지역으로서 '생명의 띠', '야생의 보고' 등으로 불리고 있다. 생태적으로 국제적인 주목을 받고 그 가치가 재조명되고 있다.

DMZ는 한반도를 가로지르는 생태 벨트로 동쪽 산악 지대는 백두대간과 만나고 동서 끝자락은 바다와 만나고 있어 산림 생태계와 해양 생태계를 비롯한 하천, 습지, 계곡 등 다양한 생태계가 나타난다. 서부지역은 하천 및 농경지 등 평지로 구성되며, 동부지역은 산악지형이 발달해 있고, 중부는 하천 및 농경지, 얕은 구릉형 산지 등이 특징이다. 많은 천연기념물과 멸종위기종 및 보호 야생 동식물이 서식하고 있으며, 국제적으로 중요한 물새나 두루미류의 서식처 및 이동

그림 185 비무장지대 내 감호
(사진 : 저자 촬영)

경로가 됨으로써 생물종 다양성 유지를 위해 국제적 차원에서도 중요성을 가지고 있는 지역이다. 이와 같이 민간인 출입이 통제되어 서식환경이 양호하고 다양한 지형으로 인한 서식환경을 발달로 다른 생태계에 비해 생물종다양성이 매우 높은 것으로 알려졌다.

비무장지대 동부 해안에는 '감호(鑑湖)'라는 석호가 숨어 있다(그림 185). 감호는 호수 표면이 거울같다고 해서 붙여진 이름으로서, 금강산의 마지막 봉우리인 구선봉(낙타봉) 아래에 위치하며 둘레 약3km에 이르는 작은 석호이다. 구선봉은 9명의 신선이 경치가 좋은 이곳에 내려와 바둑을 두면서 멋진 풍경을 감상했다는 이야기가 전해진다.

[2] DMZ의 독특한 생태계

DMZ에는 멸종위기 야생생물 101종을 포함해 야생 생물 5,929종이 사는 것으로 나타났다(환경부, 2020). DMZ에 사는 멸종위기 야생생물 101종은 우리나라 멸종위기 야생생물 전체 267종의 약 38%를 차지할 만큼 생태적 가치가 우수하다. 이는 DMZ가 멸종위기 야생생물에게 중요한 서식처가 된다는 것을 의미한다. DMZ 일원에는 곤충류 2,954종, 식물 1,926종, 저서성 대형 무척추동물 417종, 조류 277종, 거미류 138종, 담수어류 136종, 포유류 47종, 양서 파충류 34종 등 8개 분야의 야생 생물 이 사는 것으로 확인됐다.

멸종위기 야생생물 Ⅰ급은 사향노루, 수달 등 포유류 6종, 검독수리, 노랑부리백로 등 조류 10종을 비롯하여 수원청개구리(양서류)와 흰수마자 (담수어류)를 포함해 총 18종이 확인되었다. 멸종위기 야생생물 Ⅱ급은 가는동자꽃, 가시오갈피나무 등 식물 17종, 담비, 삵 등 포유류 5종, 개리, 검은머리물떼새 등 조류 35종, 구렁이, 금개구리 등 양서 파충류 5종, 애기뿔소똥구리, 왕은점표범 나비 등 육상 곤충 5종, 가는돌고기, 가시고기 등 담수어류 11종, 대모

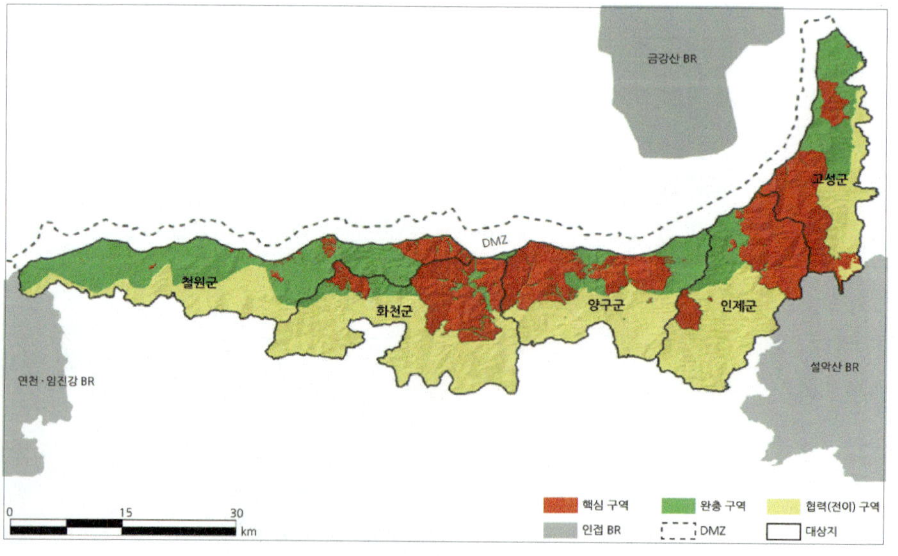

그림 186 강원 생태평화 생물권보전지역
(자료: 환경부, 2019)

잠자리, 물방개 등 저서성 대형 무척추동물 5종으로 총 83종이 확인됐다.

비무장지대 일대는 생태적으로 매우 가치있는 지역으로서 2019년 'DMZ 접경지역(경기,강원)'이 유네스코 생물권보전지역(BR; Biosphere Reserves) 등으로 지정되어 보호되고 있다(그림 186).

'강원 생태 평화 생물권보전지역'은 철원, 화천, 양구, 인제, 고성 등 강원도 5개 군의 민통선 지역 등 비무장지대에 접한 18만 2,815ha가 해당되며, '연천 임진강 생물권 보전 지역'은 비무장지대에 접한 연천군 전체 5만 8,412ha가 해당된다.

3. 제주도/한라산

[1] 신화와 전설의 제주도/한라산

(1) 제주도

제주도는 신생대 제4기에 생성된 젊은 화산섬으로서, 높이 1950m의 휴화산인 한라산을 중심으로 해안 쪽으로 저지대를 이루고 있으며 제주도가 곧 한라산이라고 해도 과언이 아니다. 고대에는 탐라라는 나라가 있었으며, 현재는 행정구역 상 섬 전체가 제주특별자치도에 해당한다. 유네스코 세계자연유산(제주 화산섬과 용암동굴, 2007년), 생물권보전지역(2002년), 람사르습지(물영아리오름, 물장오리오름, 1100고지 습지, 동백동산습지, 숨은물뱅듸습지), 세계지질공원(2010년), 세계7대경관, 국립공원(1970년), 천연보호구역(천연기념물 제182호, 1966년) 등으로 중복 지정되어 보호받고 있다. 이들은 또 대부분 천연기념물로 지정되어 있다. 이중에서도 유네스코에서 지정 및 인증하는 생물권보전지역, 세계자연경관, 세계지질공원 등을 흔히 유네스코 3관왕이라고 부른다(그림 187).

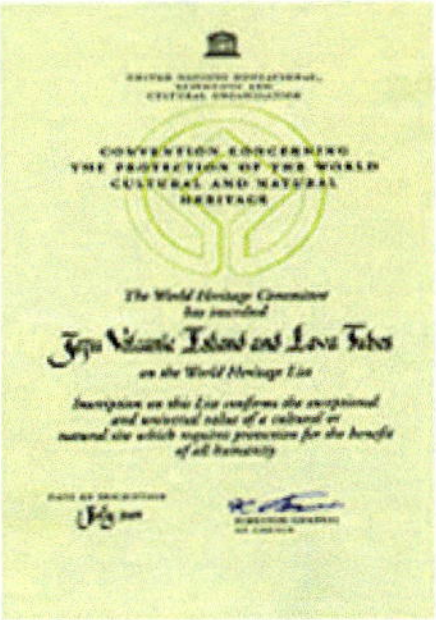

그림 187 유네스코3관왕 제주 인증서
왼쪽부터 생물권보전지역, 세계자연유산, 세계지질공원
(자료:제주특별자치도청 홈페이지)

① 세계자연유산(World Natural Heritage)

제주도는 유네스코 '세계문화 및 자연유산보호협약'에 따라 우리나라 최초로 '제주 화산섬과 용암동굴(Jeju Volcanic Island and Lava Tubes)'이라는 이름으로 세계자연유산에 등재되었다. 등재된 곳은 한라산 천연보호구역, 성산일출봉, 거문오름 용암동굴계로 제주도 전체 면적의 약 10%를 차지한다.

② 세계지질공원 (Global Geopark)

다양한 화산지형과 지질자원을 지니고 있는 제주는 2010년 10월 '제주도 세계지질공원(Jeju Island Global Geopark)'이라는 이름으로 섬 전체가 유네스코에 의해 세계지질공원으로 인증되었다.

특히 대표적인 지질명소는 섬 중앙에 위치한 한라산, 수성화산체 수월봉, 용암돔으로 유명한 산방산, 제주 형성초기 수성화산활동의 역사를 간직한 용머리해안, 주상절리대, 100만년전 해양환경을 간직한 서귀포 패류화석층, 천지연폭포, 응회구 지형의 해뜨는 오름 성산일출봉, 거문오름용암동굴계 만장굴, 그리고 우도, 비양도, 선흘 곶자왈 등 12개 대표명소가 있다.

③ 생물권보전지역

유네스코 인간과 생물권 계획(MAB)에 의해 제주도 생물권보전지역(Jeju Island Biosphere Reserve)으로 지정된 구간은 중앙에 위치한 한라산국립공원과 천연기념물(천연보호구역)로 지정된 2개의 하천(영천과 효돈천), 3개의 부속섬(문섬, 섶섬, 범섬)으로 이루어져 있다(그림 188).

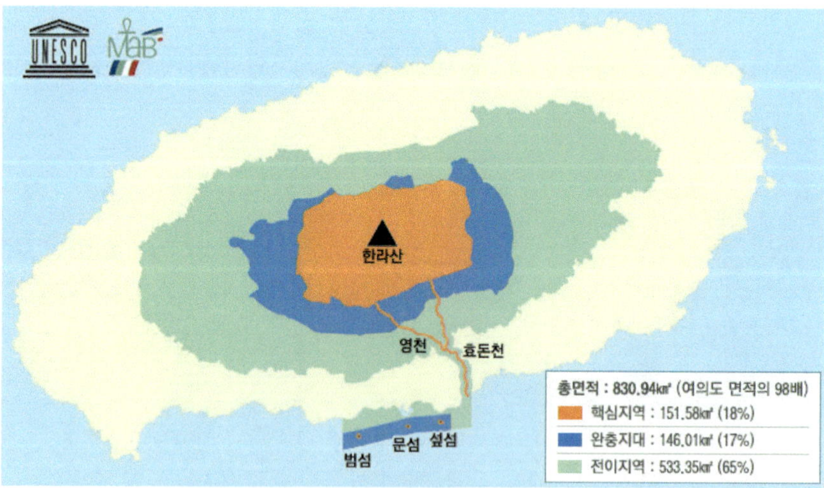

그림 188 제주도 생물권보전지역
(자료:제주특별자치도)

생물권보전지역은 보전등급에 따라 핵심지역(Core), 완충지역(Buffer), 전이지역(Transition)으로 구분하고 있다. 제주도 생물권보전지역의 핵심지역에는 고산성 관목림, 상록침엽수림과 낙엽활엽수림 및 난대상록활엽수림이 분포하며, 많은 멸종위기종과 고유종의 동식물이 서식하고 있다. 완충지역은 핵심지역을 둘러싸고 있으며, 산지관리법에 의한 보전산지로 지정되어 보호되고 있다.

(2) 한라산

한라산(漢拏山)은 남한에서 가장 높은 산으로서 높이 1950m에 이른다. 2만5천년전까지 화산분화활동을 통해 대체적인 모습이 형성되었으며, 이후 소규모 분화가 발생하여 1007년에 마지막으로 분화한 것으로 전해진다.

■ 「신증동국여지승람」 화산기록

「신증동국여지승람」 등 역사서의 기록에 의하면 1002년 및 1007년에 바다 가운데서 산이 솟아나왔고 구멍에서 붉은 물이 솟아나왔으며 구름과 안개가 자욱하고 우레 소리가 났다는 등의 화산폭발로 보이는 기록이 전해온다. 이 섬이 제주도 북서쪽의 한림읍에 위치한 비양도(飛揚島)라는 설이 유력하나 비양도의 형성시기가 제주도와 비슷한 시기라는 점에서 역사서에 기록된 화산폭발로 이루어진 섬은 비양도가 아닌 다른 섬이라는 견해도 있다.

한라산은 예부터 금강산, 지리산과 더불어 삼신산의 하나인 영주산(瀛州山)으로 여겨져 왔다. 영주산이란 삼신산의 하나로서, 중국 사기에 의하면 동쪽 바다 가운데에 봉래(蓬萊)·방장(方丈)·영주 등 삼신산이 있어 그곳에는 불로불사(不老不死)의 약초가 있어 신선들이 살고 있었고, 진시황(秦始皇)은 서기 전 200년경 역사(力士) 서불(徐市)에게 그 약초를 구해 오도록 명하였다고 한다.

한라산이라는 이름의 '한(漢)'은 은하수(銀河水)를 뜻하고, '라(拏)'는 '맞당길나(相牽引)' 혹은 '잡을나(捕)'에서 유래한다고 하며, 산이 높으므로 산정에 서면 은하수를 잡아당길 수 있다는 뜻이라는 이야기가 전해온다. 산 정상에 오르면 멀리 남쪽 하늘에 노인성(老人星)이라 불리는 카노푸스(Canopus)을 볼 수 있었으며, 이 별을 본 사람은 장수하였다는 전설이 있다.

그 외에도 이름은 부악(釜岳), 원산(圓山), 진산(鎭山), 선산(仙山), 두무악(頭無岳), 부라산(浮羅山), 혈망봉(穴望峯), 여장군(女將軍) 등으로 다양하게 불렸다.

한라산을 진산이라고 불렀던 까닭은 한반도로 밀려오는 남태평양의 큰 바람을 한라산이 막아주어 한반도의 안녕을 지켜 주기 때문이다.

두무악이란 머리가 없는 산을 의미한다. 제주도를 만든 전설의 인물인 설문대(선문대) 할망이 뾰족한 한라산 꼭대기만 잘라 던져버리면서 백록담이 생겼고, 설문대 할망이 던져버린 꼭대기 부분은 제주도 서남쪽에 있는 산방산(山房山)이 되었다고 한다. 산방산은 해발 345m로서 용암이 굳어 생긴 작은 돌산인데 산방산 밑둘레 길이가 한라산 정상 지름과 비슷하여 전설이 실재할 가능성도 있다.

원산이라는 이름은 산의 중앙이 제일 높아 무지개 모양으로 둥글고, 사방 주위가 아래로 차차 낮아져 원뿔 모양을 이루기 때문에 붙여졌다. 맑은 날 전라남도 해안지역에서 한라산을 바라보면 산 전체가 완만한 원뿔로 보인다.

부악이란 산정의 깊고 넓은 분화구가 연못으로 되어 있어 마치 솥(釜)에 물을 담아 놓은 것과 같다고 하여 붙여진 이름이다. 이 연못은 성록(聖鹿)인 흰 사슴이 물을 마시는 곳이라 하여 백록담(白鹿潭)이라고 하였다. 백록담은 '흰 사슴이 물을 먹는 곳'이라는 뜻으로서 「세조실록」에 의하면 1464년(세조 10. 2월에 제주에서 흰 사슴을 헌납하였다(濟州獻白鹿)고 기록되어 있다. 또한, 난대기후대임에도 해발고도가 높아 정상부에는 5월에도 눈이 남아 있어 얼음이 필요하면 산에 올라가서 가죽 부대로 운반하였다고 한다. 이것이 녹담만설(鹿潭晩雪)이며 현재 제주 10경으로 지정되었다.

한라산은 전체적으로 순상화산(楯狀火山) 형태를 이루고 있으며 정상부는 종상화산의 모습을 띠고 있다. 정상에 있는 백록담을 비롯하여 산자락에 약380개가 넘는 작은 기생화구인 오름이 분포한다.

한반도 최남단에 위치한 난대기후대에 속해 내륙과는 다른 독특한 식생구조를 이루고 있고 우리나라 4천여종의 식물중 2천여종이 서식하는 등 동식물 다양성이 높은 생태계 보고이다. 특히 해안 저지대로부터 한라산 정상까지 한반도에 분포하는 모든 식생대를 아우르는 난대림-한대림의 식생 수직분포를 이루고 있다. 정상부의 구상나무 숲은 세계 최대 규모의 군락으로 알려져 있다.

[2] 제주도의 독특한 생태계

① 오름

제주도는 전체적으로 방패를 엎어놓은 형태의 순상화산인데 한라산 곳곳에 '오름'이라고 불리는 화산체들이 약 360여개 분포하고 있다. 오름에는 분석구, 마르, 응회환, 응회구, 용암돔 등의 지형이 포함된다. 일부 오름은 습지가 형성되어 있으며 그 중에서 물장오리오름, 물영아리오름 등은 람사르습지로 지정되어 있다.

분석구(scoria cone)는 마그마가 가진 폭발력에 의해 다량의 분석과 용암, 화산재가 분출되면서 만든 원뿔 모양의 화산체를 말하며, 거문오름이 대표적이다. '송이'라고 부르는 붉은 화산암이 특징이다.

수성화산활동에 의해 응회환(Tuff ring)과 응회구(Tuff cone)가 생성된다. 수성화산활동은 뜨거운 마그마가 지표 부근에서 지하수나 지표수의 작용으로 마그마가 급히 식고 물은 격렬하게 끓으면서 매우 강력한 폭발을 일으키게 되는 현상을 말한다. 송악산 응회환과 성산일출봉 응회구가 대표적이다.

산방산이나 백록담의 서북벽과 같이 점성이 높은 용암이 화도 주변에서 멀리 흘러가지 못하고 높게 쌓인 지형을 용암돔(Lava dome)이라고 부른다.

② 곶자왈

곶자왈은 제주 사투리로 '곶(숲)'과 '자왈(자갈)'을 합쳐 만든 글자로서 화산활동으로 인해 점성이 높은 용암이 크고 작은 바위 덩어리로 쪼개져 요철(凹凸)지형이 만들어지면서 나무, 덩굴식물 등이 뒤섞여 원시림의 숲을 이룬 생태계를 말한다. 의미에 대해서는 약간 다른 견해들도 있지만 제주도 만의 독특한 생태계라는 점에서는 이견이 없다. 보온, 보습 효과가 뛰어나 북방한계 식물과 남방한계 식물이 공존하며 아무리 비가 내려도 빗물이 그대로 지하로 유입되어 지하수 함양에 중요한 역할을 하는 독특한 생태계로서 세계에서 유일하게 제주도에만 분포하는 것으로 알려져 있다.

기후특성상 난대림 및 온대남부에 해당되지만 아열대식물인 천량금을 비롯해 개가시나무, 가시딸기, 제주고사리삼 등 희귀식물이 자생하고 있다. 또한 자갈이나 바위가 많아 밤일엽 군락이나 더부사리고사리 군락과 같은 착생식물이 매우 발달해 있다. 그 외에도 국내에 잘 알려져 있지 않은 선태식물과 양치식물의 보고로 평가된다.

곶자왈의 생태적 중요성이 잘 알려져 있지 않아 그동안 화전이나 땔감으로 사용되거나 골프장을 조성하는 등 심하게 훼손되었고 지금도 일부 개발 압력에 노출되어 있는데, 점차 그 중요성이 강조되면서 선흘곶자왈의 동백동산이 람사르습지로 지정되는 등 보전을 위한 노력이 진행되고 있다(그림 189).

그림 189 선흘 곶자왈 동백동산 내 먼물깍
(사진 : 저자 촬영)

③ 주상절리(柱狀節理)

제주 해안에는 폭포와 주상절리, 화산협곡, 용암적벽 등이 독특한 경관을 형성하고 있다. 주상절리는 화산폭발 때 용암이 식으면서 부피가 줄어 수직으로 쪼개지면서 5~6각형의 기둥형태를 이룬다(그림 190).

그림 190 제주 중문 대포해안 주상절리
(사진 : 저자 촬영)

4. 논습지

우리나라를 비롯한 아시아권은 논농사의 대표적인 지역으로서 지금까지도 주요한 삶의 터전으로 작용하고 있으며, 한편으로 습지로서의 가치에 주목하면서 논습지를 보호하기 위한 노력들이 진행되고 있다. 이는 그동안 생산 공간으로만 생각했던 논을 생물다양성 유지 부양 기능이 있는 생태공간으로 인정하는 것을 의미한다. 창원에서 개최된 제10차 람사르당사국총회(COP10)에서 채택된 논습지 결의문이 채택되면서 국제적으로 생태적 가치를 주목받게 되었다.

그림 191 공검지 전경
(사진 : 저자 촬영)

논습지 보전 노력 사례로서 경북 상주의 공검지는 논습지로서는 국내 처음으로 국내법에 의해 습지보호지역으로 지정되었고(그림 191), 강화도 매화마름 군락지 논습지는 국제적으로 중요한 람사르습지로 지정된 바 있다(그림 192).

가까운 일본의 경우도 카부쿠리 논습지가 람사르습지로 지정되었다(그림 193). 카부쿠리 논습지는 일본 본토 동북부 궁성현(미야기현)에 위치하며, 쇠기러기 등 많은 철새들이 월동한다.

주변은 농민들의 벼 재배 농경지이다. 그 외에도 국내의 철원이나 일본의 이즈미 등에서는 논습지가 두루미 등 철새 서식지로서 중요한 기능을 하여, 서식지로서의 논습지를 유지하기 위해 중앙정부 및 지자체, 시민 등이 함께 노력하고 있다.

그림 192 매화마름 군락지 전경
(사진 : 저자 촬영)

그림 193 카부쿠리 논습지 전경
(자료:http://www5.famille.ne.jp/~kabukuri/)

구본학 등(2012)은 습지보호지역으로 지정된 공검지 보전계획을 제안하면서 습지의 생태, 문화, 역사, 생태관광, 습지환경이미지, 지역사회 등이 융합된 한국형 논습지 현명한 이용을 실현하기 위한 전략을 제안한 바 있다. 논습지를 서식지로 보전하고 생태관광을 통해 습지 보전-이용 및 지역경제 활성화를 도모하는 등 현명한 이용 방안을 제안하였다(표 21).

표 21 논습지 현명한 이용 실현을 위한 개념적 틀
(구본학 등(2012)을 수정)

내용	구분
우리 풍토에 맞는 한국형 논습지 현명한 이용 실현	목적
⇧	
논습지의 생태, 문화, 역사 — 습지의 통합적 보전 이용을 위한 이론과 실제	해석
⇧	
논습지	대상지

이러한 노력을 통해 국내 논습지는 물론 일본 등 국제적 논습지 보전 및 현명한 이용을 도모할 수 있으며, 아시아 논습지 네트워크 구축 및 협력을 도모할 수 있다.

PART 2

생태환경과 경관

5. 생태 기능과 생태계서비스
6. 글로벌리스크와 생태환경문제
7. 기후위기와 생물다양성
8. 경관생태

5장

생태 기능과
생태계서비스

1절 생태계 기능과 현명한 이용

1. 생태계 기능 및 가치

[1] 생태계 기능

생태계는 생물다양성이 풍부한 서식처이고, 생물다양성 증진, 기후변화 대응, 홍수 조절, 수질정화, 레크레이션 기회 제공, 경제적 생산 등과 같이 매우 다양한 기능을 지니고 있다(그림 194). 즉, 생태계는 생물다양성의 원천으로서 기후변화 및 물질순환 시스템을 유지하고, 수질 및 생태계 오염 및 훼손을 완화하며, 해산물, 목재, 연료, 천연섬유, 의약품, 산업제품과 그 원료 같은 생태계 재화(goods)를 생산하기도 하며, 심미적 아름다움과 레크레이션 기회를 제공하는 등의 기능(function)을 제공한다.

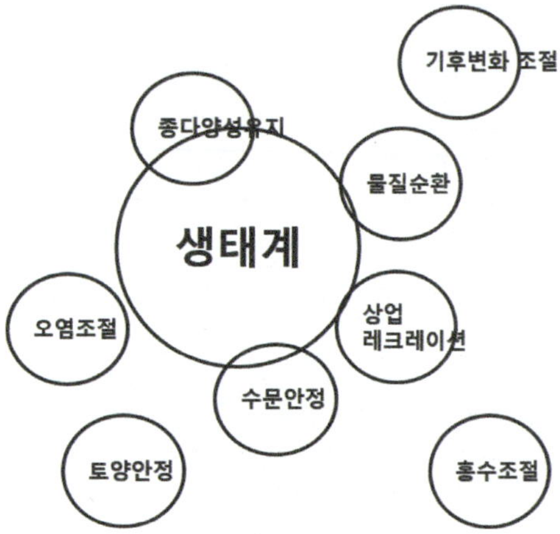

그림 194 생태계 기능 개념
(자료: 저자 작성)

이와같이 생태계는 야생동식물의 서식처(habitat)이며 공급원(source)이며 동시에 수요처(sink)로서도 매우 중요한 공간이며, 자연적이거나 인공적인 오염에 대한 장벽(barrier) 및 여과장치(filter)로서 기능을 하고 있다.

생태계의 기능이란 생태계 내에서 발생되는 일련의 생태적 형성과정(ecological process)으로 정의될 수 있으며, 그 과정에는 기후변화 대응, 수문환경 조절, 영양물질의 변형, 생명체의 성장, 생물다양성, 심미적 레크레이션 등 다양한 기능을 지니고 있다(USGS, 1999).

예를들면, 생태계 유형의 하나인 습지의 기능에 대해 람사르협약에서는 다음과 같이 설정하고 있다.

1. Flood Control (홍수조절)
2. Groundwater Replenishment (지하수 유지)
3. Shoreline Stabilization & Storm Protection (해안선 안정화 및 폭풍으로부터 보호)
4. Sediment & Nutrient Retention (퇴적물 및 영양분 유지)

5. Climate Change Mitigation (기후변화 완화)
6. Water Purification (수질정화)
7. Reservoirs of Biodiversity (생물다양성의 유지)
8. Wetland Products (습지생산)
9. Recreation/Tourism (레크리에이션 및 관광)
10. Cultural Value (문화적 가치)

저자는 습지생태계의 기능을 다음 표 22 같이 설정한 바 있다(구본학, 2002).

■ 태풍 카트리나의 교훈

- 2005년 8월 미 남동부 멕시코만에서 발달한 초대형 태풍 카트리나에 의한 피해.
- 태풍 카트리나는 미시시피강 하구의 뉴올리언스를 통과하면서 2,500명 이상의 사망 실종자를 포함하여 10만명에 이르는 이재민과 도시가 폐허화되는 피해.
- 카트리나의 규모에 비해 미국 최대의 피해로 평가되는 정도의 큰 피해가 발생한 이유는 하천 유역 배후습지 간척.
- 1800년대 초중반 미국 이민 초기의 역사에서 미국을 남북으로 관통하는 미시시피강은 유럽과 미국 내륙을 연결하는 중요한 통로였고 미시시피강 하구에는 자연스럽게 뉴올리언스(New Orleans, La Nouvelle-Orléans(프))라는 중심 도시가 발생. 도시가 급격히 발달하면서 토지수요가 급증하면서 도시 주위의 광활한 습지를 간척하여 도시 확장.
- 습지가 사라지고 도시화된 지역은 미시시피강의 주기적인 범람으로 토사공급이 중단되고 지하수 이용 등에 의해 지반이 낮아지게 되었고 태풍으로 인해 큰 침수피해.
- 조사 결과에 의하면 카트리나로 인해 피해를 입은 지역 범위가 과거 습지의 범위.

표 22 습지의 기능 및 일반적 성격

(자료: 구본학(2002)을 수정)

습지의 기능		일반적 성격	기능의 중요도를 결정하는 요인	위협적 요소
홍수 조절	홍수유도	하천 인접 습지들은 홍수가 나서 강물이 범람했을 때 갑자기 불어난 물의 범람원 구실.	습지의 지형, 규모, 식생, 하천과의 관련성, 홍수 흐름 억제 지형지물	제방 등에 의해 홍수의 흐름이 저해되는 경우 홍수위가 높아지고 흐름이 빨라지며 인근의 지역에 피해 초래
	홍수/폭우 저장 홍수 흐름 조절	홍수 시 물을 저장하고 천천히 흘려 내림으로써 하류의 첨두 홍수량을 저감시키고 농작물이나 거주지 등에 미치는 홍수 피해 가능성 저감	유역과의 상대적 위치, 관련성, 지형, 토양 흡수능, 습지의 규모 및 깊이, 하천 규모 및 특성, 유출부 규모 및 깊이, 식생형, 토양형	습지 매립으로 홍수 저장 능력 감소
토양 안정	침식조절 유출 조절	습지 식생의 뿌리권 (massive roots), 뿌리줄기 등이 유속을 저하시키고 토양을 결속 보호하여 유실 방지	습지식생(유형, 밀도, 성장 패턴 등), 토양형과 구조, 흐름, 식생 완충대와 관련된 습지 위치	식생을 제거하면 유속이 증가되어 침식 증대 습지지형이나 식생파괴는 습지의 표면유출에 대한 여과 기능 저하
	호안/하천제방 보호	유수나 파도의 침식력으로부터 토양 보호	해안이나 호수, 하천에 관련한 위치, 파도의 강도, 식생 유형, 토양 유형	식생을 제거하면 침식이 증가되고 파도에 저항하는 능력 저하
	침전물 조절 및 안정화	습지식생이 토양 입자를 뿌리로 결속하고 침전 속도를 늦춤	습지 깊이 범위, 습지식생(유형, 밀도, 성장 패턴 등), 토양형과 구조, 흐름, 식생 완충대와 관련된 습지 위치	습지지형이나 식생파괴는 습지의 표면유출에 대한 필터 기능 저하. 하류 저수지 등에 대한 탁도 및 퇴적 증가
오염 조절	오염조절 수질 보호 및 개선 침전물/독성물질 흡착	침전물을 여과하고 과잉 영양물질 등 오염물질을 제거하는 등 여과와 분해 과정을 통하여 수질개선	습지의 유형과 규모, 습지식생, 오염원 및 유형, 물길 및 규모, 수체크기, 미생물, 유출률.	습지지형이나 식생파괴는 습지의 자연 정화능 저하. 하류호수나 하천에 대한 수질 저하초래.
종 다양성 유지	어류 및 야생동물 서식처 야생동물 종다양도 번식, 이주, 월동	식생과 물이 어우러져 어류, 양서파충류, 조류, 기타 야생물의 물, 먹이, 번식처, 휴식처 등 제공. 해안습지는 어패류에 필요한 암설 제공	습지유형 규모, 우점종 식생, 다양도, 유역 내 습지위치, 주변 서식처 유형, 여러 습지 위치, 수질, 물의 화학성, 깊이, 이용도	식생 및 동물상에 대한 여러 형태의 파괴 행위는 생산성 저하. 댐 축조는 물고기 이동을 저해
	종 보전	멸종위기 및 희귀종에 대한 보전	습지유형 규모, 우점종 식생, 다양도, 유역 내 습지위치, 주변 서식처 유형, 여러 습지 위치	식생 및 동물상에 대한 여러 형태의 파괴 행위는 생산성 저하.

표 22 (계속)

습지의 기능		일반적 성격	기능의 중요도를 결정하는 요인	위협적 요소
기후 변화 대응	탄소 감축	광합성 작용으로 인한 탄소 흡수 저감. 유기체 및 토양시스템 중 탄소 저장	수생식물의 생체량, 이탄층의 발달, 토양 구조	이탄층 훼손, 식생 제거, 토양시스템 파괴
상업 레크레이션	레크레이션 (심미적)	레크레이션으로 이용되는 야생생물과 물 공급 자연사진촬영, 야생동물 관찰 사냥, 어로, 보트타기	습지식생, 야생동물, 수질, 접근성, 규모, 희귀도, 지원시설, 주변 지형, 식생, 토지이용, 교란정도, 유사한 습지유용, 분포	습지에 대한 여러 형태의 교란은 보트, 수영, 조류관찰, 사냥, 낚시 등에 대한 기회 감소
	상업적	상업적 이용, 스포츠 낚시 등	습지식생, 야생동물, 접근성, 규모, 지원시설, 주변 지형, 식생, 토지이용, 교란 정도	습지에 대한 여러 형태의 교란은 보트, 수영, 조류관찰, 사냥, 낚시, 열매 생산 등 기회 감소
수무 안정	지표수 공급	홍수 시 물을 저장하여 첨두홍수량과 시간을 조절. 오염원에 대한 필터. 수자원 공급원.	침전, 유역 유출특성, 습지 유형 및 규모, 유출부 특성, 수체에 관련된 습지의 위치	매립 등은 유출을 가속시키고 오염을 증대시키는 원인이 됨
	지하수 유지/보충	지하수 저장하고 천천히 흘려보냄. 많은 경우 연중 대부분의 시기에 물을 공급	습지 위치, 지하수위의 증감, 지질(유형, 깊이, 투수성), 습지 규모, 지하수 저장능, 지하수 흐름, 유출억제	매립은 지하수 저장능 저감되므로 하천과 지하수의 가정용, 상업용, 기타 용도의 용수 공급량 저하
물질 순환	생산물 유출 영양물질 제거 및 이동	먹이연쇄에 중요한 유기물질 생산하여 수중서식처 (deepwater habitat) 등으로 전송	유기물질 종류, 어류, 양서 파충류 등 생물상	식생 및 동물상에 대한 여러 형태의 파괴 행위는 생산성 저하.

[2] 생태계 가치

한편으로 생태계는 생태적, 사회적, 경제적 가치를 지닌다. 생태계 기능(function)이 사람들의 이익에 관여할 때 생태계 가치(value)라고 할 수 있다. 생태계의 기능은 생태계의 자연형성과정(natural process) 그 자체를 의미하며 가치는 사람의 기준에서 일정한 의미를 부여하는 행위라고 정의할 수 있다. 즉 생태계가 가지는 고유 속성인 기능이 인간 생활에 도움이 되어 사회적으로 이용될 때 사람들은 해당 생태계에 대해 일정한 가치 부여하게 된다(그림 195).

그런데 생태계의 가치는 절대적인 것이 될 수 없고 이해관계에 따라 달라질 수 있다. 예를 들어 습지에서의 물새의 서식처 기능이 사냥꾼이나 조류관찰자, 생태학자 등에게는 매우 중요하고 가치가 높으나 토지 소유자나 농민에게는 가치 없는 무의미한 것이 될 수 있다.

생태기능은 생태학에 바탕을 두고 생태적 형성과정에 따라 나타나는 생태계의 구조와 기능을 다루며, 생태가치는 경제학에 바탕을 두고 직접사용가치와 간접사용가치 및 비사용가치 등을 산출한다. 기능과 가치는 생태학과 경제학적 지식에 바탕을 두고 생태계가 제공하는 재화와 서비스를 제고하는 현명한 이용에 관심이 있다(그림 196).

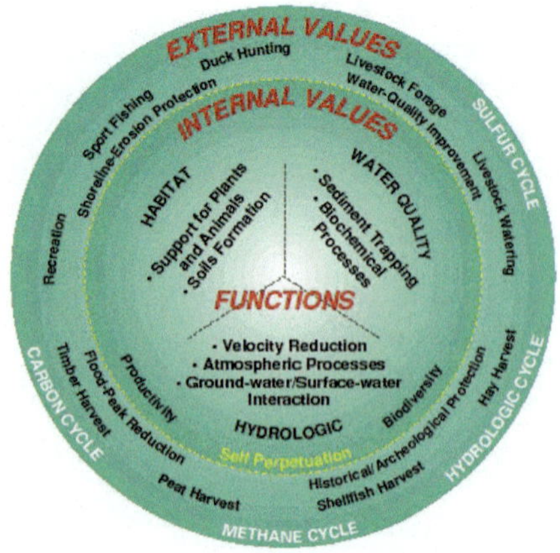

그림 195 습지의 기능과 가치
(자료출처 : USGS, 1999)

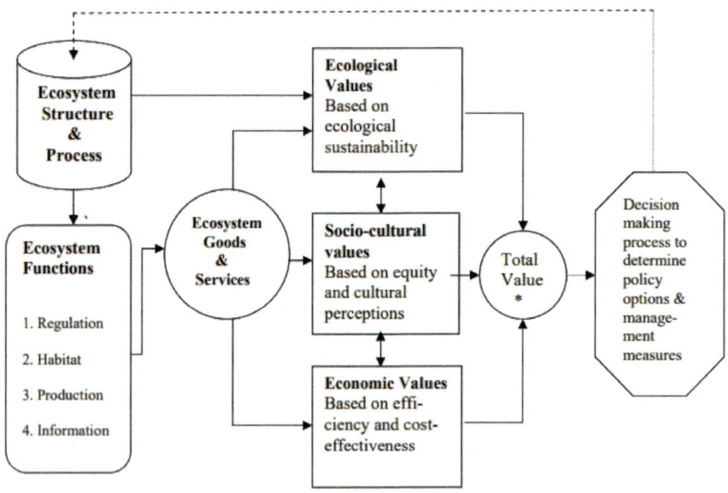

그림 196 생태계 기능과 가치 통합 평가 프레임워크
(자료:de Groot et al., 2002)

[3] 생태기능 평가

생태계 보전이나 행위허가 및 관리전략 수립의 하나로 생태계가 지니는 기능 및 가치에 대한 평가가 이루어지고 있다. 이러한 평가 도구들은 각 생태계가 수행하는 고유한 기능과 아울러 그 기능들이 인류에게 제공하는 상대적 가치를 평가한다. 그런데 사회적 가치들은 해당 생태계와 관련된 이해당사자들의 긍정적 혹은 부정적 이해관계를 반영하기 때문에 생태계를 바라보는 기본적인 태도에 따라 달라질 수 있다.

그러므로 생태계 고유의 중요성을 판단하기 위해서는 가치 평가보다는 일반적인 기능을 평가하는 것이 가치중립적이며 설득력이 있다. 이러한 기능평가 방법론은 생태계의 입지환경이나 기타 여러 가지 조건에 따라 각각 수행하는 기능의 정도가 다르며 어떤 생태계도 모든 기능을 똑같이 만족시키거나 잘 수행하지는 않는다.

즉, 생태기능 평가는 각 생태계 유형별로 해당 생태계의 계획이나 정책 수립 등을 위해 가장 보전가치가 높은 생태계를 찾아 보전 전략을 수립하기 위하여 실시된다. 예를 들어 습지생태계의 기능평가는 습지 계획 전문가나 습지관리자 등에 의해 수행된다.

생태계의 기능을 직접적으로 평가하기 어려운 경우 평가 지표를 개발하여 평가하게 된다. 예를 들어 단위 면적당 물새의 수를 파악함으로써 습지의 물새서식처로서의 기능을 판단할 수 있다.

일반적으로 생태기능 평가 방법은 Logic approach와 Mechanistic approach 등 두가지 형태가 있다(Hruby et al., 1999).

① Logic approach

Logic approach는 정성적이며, 어의, 표현 등에 의해 평가 결과를 기술하며, rule-based model 또는 descriptive model이라 할 수 있다. 이러한 평가 방법에서는 'and', 'or', 'if .. then' 등의 용어를 사용하여 나타내게 된다. 대표적인 예로 습지기능 평가 모델인 WET 모델(Adamus et al., 1987)이 있다.

② Mechanistic 모델

수학적 공식이나 데이터를 이용하여 나타내는 방식을 Mechanistic 모델이라 한다. USFWS(1981)의 서식지평가모델(HEP , Habitat Evaluation Procedure)과 같은 접근방법이 이에 해당되며, 각 기능은 일정한 함수를 구성하는 변수로 설명된다. 이때 생태계의 각 기능은 일정한 점수나 지수로 산출된다. 대표적인 사례로 Reppert et al.(1979), Connecticut method(Ammann et al., 1986), Indicator Value Assessment(IVA) (hruby et al., 1995), HGM Approach (Brinson et al., 1995;1996) 등이 있다.

Mechanistic 모델을 좀 더 세분하면 Mathematic 모델과 Regulation (Management) 모델 등으로 구분할 수 있다(Hruby et al., 1999).

Mathematic 모델은 생태계가 수행하는 각 기능의 달성 확률이나 가능성을 수학 방정식에 의해 나타내며, 생태계의 변화나 동태를 판단할 수 있는 모델로서 국내에서는 방동습지를 대상으로 습지생태계의 기능모델을 구축한 사례가 있다(구본학과 김귀곤, 1999).

Regulation 모델은 생태계가 수행하는 각 기능별 수준을 명목적으로 나타낸다. 즉, 기능평가 결과 특정 기능에서 0.5라는 점수가 나왔을 때 이는 50%의 확률이나 가능성을 의미하는 것이 아니라 상대적으로 중간(Moderate) 정도의 수준이라는 의미이다. 이와 같이 기능평가를 위한 각 변수는 생태계의 순환과정에서 발생하는 독립적인 변수라기보다는 기능의 수행 수준을 나타내는 기준이라 할 수 있다.

이때 평가 모델은 생태계의 경제적 가치나 각 개별 기능의 중요성을 평가하지 않으며, 단지 생태계가 수행하는 기능의 수행 능력을 판단하게 된다. 그러므로 중요도 개념이 필요한 경우 평가자나 관리 기관에서 중요성의 판단 기준을 설정하여 적용할 수 있다.

③ 직접평가와 간접평가

생태기능 평가모델을 다른 시각으로 분류하면 직접평가 방식과 간접평가 방식으로 구분할 수 있다.

직접평가 방식은 기능평가 결과 획득한 총 득점을 일정 기준에 의해 등급화하여 보전가치를 결정하는 방법으로서 일반적인 생태자원의 보전성, 자연성 등을 설정할 때 유용하다.

간접평가 방식은 자연성과 생태적 가치가 우수한 표준생태계(reference ecosystem)을 선정하여 평가 대상 생태계와 표준생태계의 상대적인 득점을 비교하는 방식이다. 대체로 생태계를 물리적으로 훼손하게 되는 사업의 행위허가에 관련된 평가는 간접평가 방식을 주로 적용하며, 습지 정밀평가 모델인 HGM 등이 대표적인 예이다.

2. 현명한 이용

현명한 이용(Wise Use)이란 인류의 유익을 위해 생태계를 건강하게 관리하고 지속적으로 이용하는 것으로서, 생태계의 자연적 특성 유지와 양립할 수 있는 방법으로 인류의 이익을 위해 생태계를 지속가능하게 이용하는 전략이다(Davis, 1993). 람사르협약에서는 습지의 현명한 이용을 “지속가능한 발전이라는 개념 하에 생태적 접근의 실행을 통해 습지의 생태적 특성을 지속적으로 유지될 수 있도록 하는 것”이라고 정의하고 있으며, 그 전제는 총체적인 사업 효과가 습지보전에 순이익이 되는 것이다(no net loss of wetlands (of functions)). 이에 따라 각 나라마다 Ramsar Site로 등록된 습지를 중심으로 현명한 이용을 위한 법적, 제도적 장치를 마련하여 습지를 관리하고 보호 전략이 마련되고 있다.

습지의 ‘현명한 이용 지침(Wise Use Guidelines)’은 퇴적물 및 침식조절, 홍수조절, 수질유지 및 오염완화, 지표수 및 지하수 공급 유지, 어업과 방목 및 농업 지원, 인간 사회를 위한 휴양 및 교육, 그리고 기후 안정과 같은 습지의 이로움 및 그 가치를 강조하고 있으며, 당사국들에게 다음의 중요성을 강조한다(Ramsar convention, 1993).

이러한 현명한 이용에 대한 사례를 국제, 국가, 지역차원에서 예를들면, 국제적 사례로는 지중해의 통합적 해안습지 관리(Towards Integrated Management of Coastal Wetlands of Mediterranean Type)와 북해 와덴해(Wadden Sea)의 현명한 이용을 들 수 있다(그림 197).

북해 (North Sea)는 영국, 네덜란드, 독일, 덴마크, 스웨덴, 아일랜드로 둘러 쌓인 바다이며, 와덴해(wadden sea)는 북해의 남동쪽 해안인 네덜란드, 독일, 덴마크 연안에 갯벌이 발달된 길이 약 500km의 해역을 말한다. 와덴해는 갯벌을 포함하여 해역 면적은 대체로 10,000㎢으로 추정되며, 이중에서 네덜란드 30%, 독일 60%, 덴마크 10% 등으로 분포한다. 와덴해주변 국가

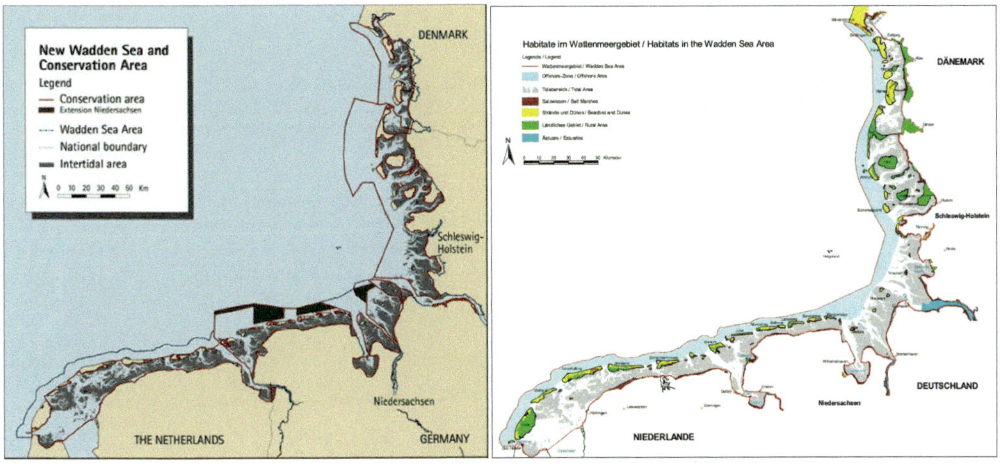

그림 197 Wadden Sea 현명한 이용.
왼쪽:Wadden Sea 보전지역(Wadden Sea World Heritage).
오른쪽:서식처(Common Wadden Sea Secretariat)

인 네덜란드, 독일, 덴마크의 3개 국가는 1982년 '와덴해 보호를 위한 공동 성명 (Joint Declaration on the Protection of the Wadden Sea)'을 발표하였으며, 갯벌과 관련된 국제 협약 (Ramsar, Bonn, Bern, EC)을 근거로 매 2년 주기로 각국에 적합한 갯벌 보호에 관한 행정이나 법령 개정을 위한 사업을 수행한다.

와덴해의 현명한 이용은 와덴해의 현재 수용능력과 잠재력을 평가하고 평가 결과를 근거로 와덴해의 생태직 기능을 유지하거나 향상시키기 위한 국가간, 국제간 노력은 담은 전략이다.

독일은 갯벌을 포함하는 와덴해를 국립공원으로 지정하였다. 1986년 니더작센주, 1988년 슐레스비히홀스타인 주, 1990년 함부르크 시가 주변 갯벌을 모두 국립공원화 함으로써 독일 연안의 전 갯벌지역을 국립공원으로 지정하고 있다. 갯벌을 포함하는 연안역을 세부분으로 나누어 관리한다.

- 제1구역 (핵심, Core, Ruhezone): 간조시 드러나는 갯벌(총면적의 54%), 제한된 통로나 표시를 따라서만 출입 가능
- 제2구역(완충, Buffer, Zwishezone): 수로지역(45%), 새들이 알을 낳거나 새끼를 품는 시기에는 길과 표시를 따라 출입
- 제3구역(전이, Transition, Erholungszone): 휴양지대(1%), 사시사철 휴가.

국가적 사례로는 다음과 같은 사례들이 있다.

- Canada의 The Federal Policy on Wetland Conservation,
- Guinea-Bissau의 Coastal wetland planning & management,

- Uganda의 The National Wetlands Programme
- Australia의 The Chowilla Resource Management Plan,
- Chad의 Traditional management systems and integration of small scale interventions in the Logonefloodplains, Costa Rica의 The mangrove forests of Sierpe,

2절 생태계서비스

1. 생태계서비스 정의 및 유형

[1] 생태계서비스 개념 및 정의

(1) 생태계서비스 정의

생태계서비스란 자연생태계와 이를 구성하는 종들이 인간의 삶을 지탱하고 충족시키는 조건과 과정들을 말하며 생태계의 기능과 가치를 포괄하는 총체적 의미를 지니고 있다. 생태계 재화와 서비스는 인간이 생태계 기능으로부터 직간접적으로 얻는 편익을 나타낸다(Costanza, 1997). 생태계서비스는 생태계 구조와 기능 및 형성과정, 생태 기능 등 생태계 고유의 기능적 측면과 더불어 생태계가 사람들에게 제공하거나 사람들이 사용하는 재화와 서비스 등 생태계의 가치적 측면을 강조하고 있으며, 특히 이러한 생태계의 가치적 측면을 편익이라는 이름으로 설명하고 있다(그림 198).

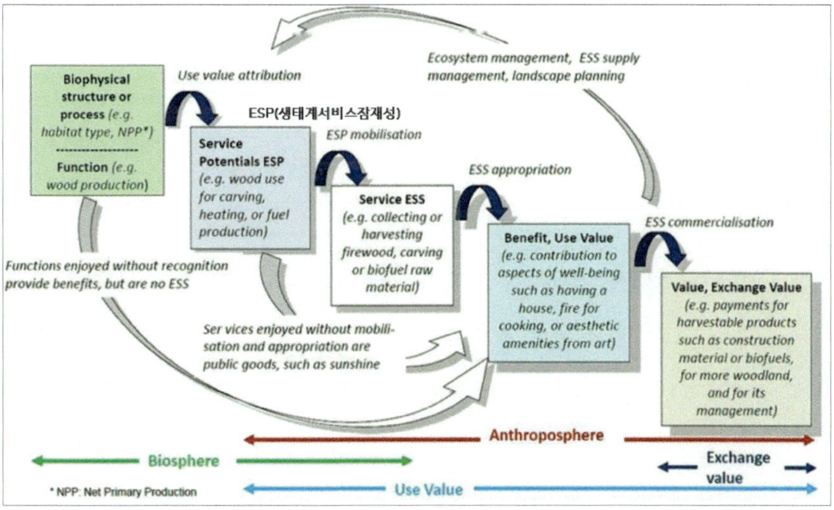

그림 198 다학제간 연구(LEGATO)에서 생태계서비스 연구의 의의
(자료: Spangenber et al.(2014)를 바탕으로 저자 수정)

즉, 생태계서비스란 자연생태계와 이를 구성하는 종들이 인간의 삶을 지탱하고 충족시키는 조건과 과정으로서 생태계 기능과 가치를 포괄하는 총체적 의미를 지니고 있다.

세계은행(the World Bank)에서는 각 나라들은 '자연자본(natural capital)' 보호를 경제발전의 한 축으로서 인식하고 그 가치를 인식해야 할 긴급한 단계에 직면했다고 한 바 있다. 여기서 자연자본은 산림, 이탄습지, 해안 등 자연생태자원을 의미한다.

새천년생태계평가(MEA;2005)에 의하면 지난 50년간 생태계서비스의 가치에 대해 충분한 논의가 없었기 때문에 생태계의 약 60%가 악화되었다고 지적하였다.

보호지역(Protected Areas)에서도 생태계서비스 개념이 강조되고 있는 바, 보호지역의 지정 목적이 "생물다양성, 자연·문화자원 보호와 유지"에서 "자연 및 이와 연관된 생태계서비스와 문화적 가치의 장기적 보전 성취"로 생태계서비스 보전을 명문화하고 있다. 이와같이 생태계서비스는 작게는 지역적 범위에 관련되지만, 크게는 국가적, 국제적으로 관련된 복합적인 기능과 가치를 지닌다고 할 수 있다(그림 199).

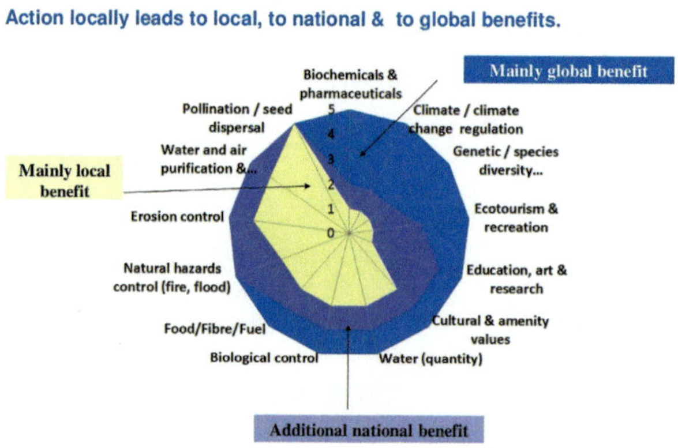

그림 199 생태계서비스의 작용범위(지역적, 국가적, 국제적)
(자료:Patrick ten Brink, 2013)

(2) 생태계서비스와 복지

생태계서비스라는 개념은 인류의 복지와 관련되어 있으며 생태자원이 인류에게 제공하는 혜택을 생태복지의 개념으로 설명하기도 한다. 생태계로부터 받는 혜택에는 맑은 물과 같은 생태계의 산물과 폐기물 분해와 같은 생태적 형성과정들을 포함한다. 생태계서비스의 초기 연구자들은 생태계서비스를 '생태계 및 생물종이 인간의 삶을 위한 요소들을 생산하는 조건과 과정'(Daily, 1997) 또는 '생태계로부터 인간이 직·간접적으로 얻을 수 있는 이익'(Costanza et al., 1997) 등으로 정의하였다.

Boyd and Banzhaf(2007)는 생태계 구성요소가 인간복지를 위해 직접적으로 쓰는 것으로 정의하여 생태계와 인간 복지의 연결을 시도하고 있다. Church et al. (2011)은 특히 생태계 문화서비스의 개념을 인류가 생태계로부터 얻는 문화적 상품과 혜택을 상승시키는 환경적 현상으로 정의하면서, 자연자원이 제공하는 문화적 상품과 서비스를 평가한 바 있다.

한편, 생태계서비스는 생태계의 기능과 가치, 그리고 인류 복지 등과 연계되는 개념으로서, 사람을 둘러싸고 있는 생태계의 구조와 기능, 그리고 생태계 구성원으로서의 사람들의 생활과 삶의 질에 직접적 영향을 끼치고 있다.

(3) 에머지

오덤(Odum)은 1950년대에 시작한 생태계 내에서의 에너지 흐름에 대한 연구로부터 출발하여 일반적이고 공통적인 지표를 이용한 생태계 및 경제 시스템의 분석을 시도하였다. 환경과 에너지 그리고 인간과 생태계에 관한 연구의 결과로 1970년대에 에머지(Emergy)라는 새로운 개념을 만들어내면서 환경의 가치를 평가하였다.

에머지 이론은 모든 자원을 태양에너지 기반의 단위인 에머지나 혹은 emdollers(Em$)로 환산해야 하는 작업이 필요하며, 그 과정에서 에너지의 환산과정에 여러가지 제약이 따를 수 있다.

생태계에 대한 환경적 경제적 이용가치를 평가하는 유용한 하나의 지표로서 에머지는 매우 유용한 수단이다. 환경이나 경제적 가치를 모든 자원에 적용하여 해석하는 일은 동일한 척도가 필수적이며 바로 에머지가 그 유용한 척도가 된다.

시스템으로서의 생태계를 환경 및 경제적 이용 가치 평가의 대상으로 삼는 데에 에머지 이론은 큰 도움이 된다. 어느 지역에서의 환경용량의 평가나 개발계획의 정당성의 분석에 도움이 된다. 예로 국립공원이 적정한 관광객 입장인원 책정 등에 이용될 수 있다.

(4) 생태계서비스와 그린인프라

생태계서비스는 사람들의 일상생활을 통해 웰빙에 필수적이며 생활환경을 개선할 수 있다. 자연기반해법(NbS)은 폭우 관리, 침식 위험, 폭염 시 기온 냉각 또는 폭우로 인한 홍수 위험 감소와 같은 환경문제에 대해 생태계서비스를 사용하는 자연 및 반자연 해법이다. 자연기반해법으로서의 그린인프라 또는 블루그린인프라는 생활 속 문제를 해결하고 건강한 환경을 조성하는 등 생태계서비스 증진에 도움이 된다(그림 200).

[2] 생태계서비스 유형

새천년생태계서비스평가(MA)와 생태계와 생물다양성의 경제학(The Economics of Ecosystems and Biodiversity;TEEB)에서는 생태계 기능을 생태계서비스의 관점에서 공급서비스(Provisioning service), 조절서비스(Regulating service),지지(부양 또는 지원)서비스(Supporting service), 문화서비스(Cultural service)로 각각 분류하여 제시하였으며 또 다른 연구자인 De

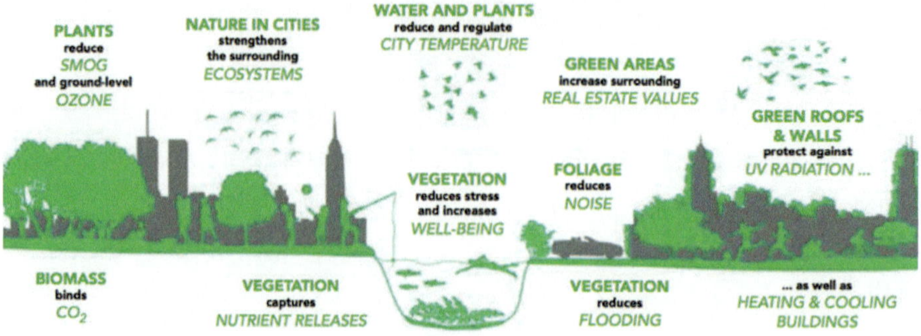

그림 200 그린인프라와 생태계서비스
(자료: https://www.cocity.se/om-oss/urban-ecosystem-services/)

Groot은 생태계서비스를 공급서비스, 조절서비스, 서식지 및 부양서비스, 문화 및 어메니티로 구분하여 구성요소를 제시하였다. 새천년생태계평가(2005)에서는 생태계가 제공하는 서비스를 부양(지원)서비스(supporting), 공급서비스(provisioning), 조절서비스(regulating), 문화서비스(cultural) 등으로 구분하고 있다. 국내에서는 구본학(2002;2009)은 습지생태계를 대상으로 생태계기능 및 서비스를 생산, 조절, 서식처, 정보(문화)기능에 해당하는 구성요소를 제시한 바 있다. 이들을 종합하면 (그림 201; 표 24)와 같이 나타낼 수 있다.

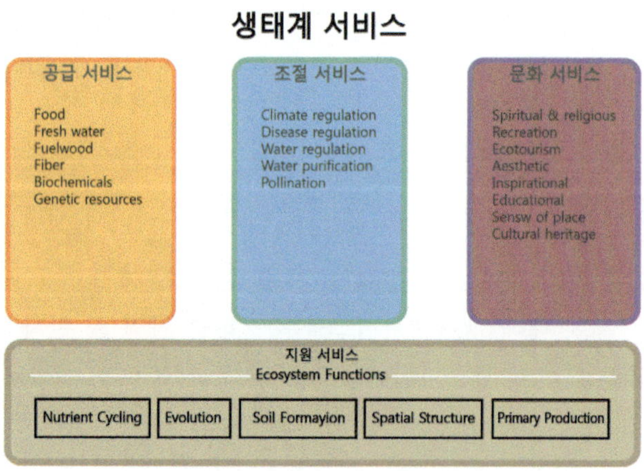

그림 201 생태계서비스
(자료:새천년생태계평가(2005)를 수정)

표 24 생태계서비스 유형 및 구성요소

구분	분류	구 성 요 소
Costanza et al.(1997)	생산기능	식품생산, 원료, 유전자원
	조절기능	가스조절, 용수조절, 폐기물처리, 침식 및 퇴적조절, 외부교란조절, 식물수분, 생물학적 보호, 영양염 순환, 토양형성
	서식처기능	피난처
	정보기능	레크레이션, 문화, 휴양
구본학 (2002)	생산기능	경제적 생산
	조절기능	물, 지하수조절, 오염조절, 기후조절, 홍수조절, 토양안정, 물질순환
	서식처기능	종다양성유지
	정보 및 문화기능	문화, 교육, 레크레이션
MA(2005)	공급서비스	식품, 신선한 물, 나무와 섬유, 연료
	조절서비스	기후조절, 홍수조절, 질병조절, 수질정화
	부양서비스	영양순환, 토양형성, 기초생산
	문화서비스	미적, 정신적, 놀이적, 교육적
De Groot et al. (2010)	공급서비스	식량, 섬유, 원료, 생화학생산물, 유전물질, 용수, 의료물질
	조절서비스	대기질 및 물 조절, 폐기물 처리, 침식조절, 식물수분, 자연재해저감, 기후조절, 생물학적 조절
	시식지 또는 부양서비스	토양생성과 재생, 유전자원 생산
	문화 및 어메니티	레크리에이션과 관광, 문화유산과 동질성, 문화예술과 디자인을 위한 영감, 정신적 및 종교적 영감, 교육 및 과학
TEEB (2011)	공급서비스	식량, 원자재, 담수, 약용자원
	조절서비스	지역의 기후 및 공기 질의 규제, 탄소 격리 및 저장, 극단적 재해의 방지, 폐수처리, 부식 방지 및 토양 비옥도의 유지, 수분작용, 생물학적 조절
	서식지 또는 부양서비스	종을 위한 서식지, 유전적 다양성의 유지
	문화서비스	레크레이션과 정신 및 신체건강, 관광, 미적감상과 문화, 예술, 디자인에 대한 영감, 영적경험과 장소의 의미

*출처:Costanza et al.(1997), 구본학(2002), MA(2005), De Groot et al.(2010), TEEB(2011) 재구성

그 외에도 Lobo(2001), Norberg(1999), Folke et al.(2002) 등 연구자들도 생태계서비스 유형을 다음과 같은 몇가지 다른 방법으로 구분하고 있다.

- **기능에 따른 유형 분류**: 조절, 운반, 서식처, 생산, 정보 서비스 등
- **조직에 따른 유형 분류**: 특별한 종과 관련된 서비스, 외인성 입력 조절 서비스, 생명체 조직과 관련된 서비스 등
- **서술적 유형 분류**: 재생가능한 자원재, 재생불가능한 자원재, 물리적 구조 서비스, 생물학적 서비스, 생물지화학적 서비스 정보서비스, 사회적 문화적 서비스 등

이들을 종합하여 일반적으로는 생태계서비스 유형을 새천년생태계서비스평가(MEA)에서 제안한 공급서비스(provisioning), 조절서비스(Regulating), 문화서비스(cultural),지지(부양 또는 지원) 및 서식처 서비스(supporting or Habitat) 등 4개 유형으로 구분한다(그림 202).

그림 202 생태자원과 생태계서비스
(출처:Mark van Koningsveld)
(https://publicwiki.deltares.nl/display/BWN/Tool+-+Contingent+Valuation+Method+for+Nature+Valuation)

생태계서비스는 각 유형별로 개념적으로 혼재하거나 또는 유사한 개념이 존재할 수 있다. 예를 들어 토양 유실 조절 같은 일부 서비스들은 사람에게 주는 영향의 시간 규모와 직접성에 따라 부양서비스와 조절서비스 등으로 복합적으로 분류될 수 있다. 즉, 토양을 형성해 주는 서비스가 변화한다면 식량 공급서비스에 영향을 미쳐 사람들에게 간접적으로 영향을 미칠 것이다. 또한, 기후 조절은 조절서비스로 분류된다. 생태계가 변화하면 인간의 의사결정과 관련있는 시간 규모(몇십년에서 몇백년)에서 지역적 또는 지구적으로 기후에 영향을 미칠 수 있기 때문이

다. 아울러 광합성을 통한 산소 발생은 부양서비스로 분류된다. 대기 중의 산소 농도에 대한 어떠한 영향이라도 매우 긴 시간에 걸쳐 일어날 것이기 때문이다. 부양서비스의 다른 예로는 일차생산, 대기 중 산소 발생, 토양 형성과 유지, 영양소 순환, 물 순환, 서식지 제공 등이 있다.

2. 생태계서비스 유형별 구성 요소

[1] 부양(지지)서비스 (Habitat & Supporting services)

부양(지지, 지원)서비스 또는 서식지 및 부양서비스는 영양물질 순환, 토양형성, 일차생산(광합성), 물순환, 서식지 제공 등 생태계의 기본적인 기능을 구성하는 기초적 서비스를 의미하며, 생태계서비스의 다른 범주인 공급, 조절, 문화서비스들이 제공되기 위해 필요한 근간이 되고 있다. 생태적 형성과정(ecological process)에 근거를 두며, 공급, 조절, 문화서비스들은 사람들에게 상대적으로 직접적이고 단기간의 영향을 주는 데 반해 부양서비스는 사람에게 주는 영향이 간접적이고 장기간에 걸쳐 일어난다는 점에서 차이점을 보인다.

- **야생동물서식처**: 서식처는 동식물 개체들이 살아가는데 필요한 식량, 물, 피난처 등을 제공한다. 각 생태계는 각 생물종의 라이프사이클에 적합한 필수적인 서식처를 제공할 수 있다. 철새, 회유성 어류 등과 같은 이동성 종은 각 이동경로에 따라 서로 다른 서식환경이 필요하게 된다.
- **유전적 다양성의 유지**: 유전적 다양성은 각 종별 개체군 및 개체군 사이의 유전자의 다양성을 말하며 서로 다른 품종이나 종족을 구별하기 위한 근거가 되고, 상업적 이용이 가능하도록 농작물이나 목축을 더 발전시키기 위한 유전자 풀과 지역에 잘 적응된 품종 등을 위한 기반을 제공한다. 이와 같이 유전적으로 매우 다양성이 높고 종의 수가 특히 많은 특정 서식처는 '생물다양성 특별보전지역(biodiversity hotspots)'으로 지정 관리한다.

[2] 공급서비스 (Provisioning services)

공급서비스는 생태계에서 얻을 수 있는 물질과 에너지로서 식량, 물, 기타 자원들을 의미한다. 여기에는 음식, 신선한 물, 목재나 섬유, 연료, 유전자원, 장식용 자원 등 생태계를 기반으로 생산 공급되는 자원을 포함한다.

- **식량**: 생태계는 식량 증산 조건을 제공한다. 식량은 기본적으로 잘 관리된 농업생태계로부터 공급되나 해양과 담수생태계 또는 산림생태계 등도 사람들이 소비하는 식량을 제공한다. 야생에서 공급되는 식량은 때로 과소평가되기도 한다.
- **원재료**: 생태계는 목재, 바이오연료, 식물성 오일 등 다양한 유형의 재료와 연료

를 제공한다. 이들은 야생이거나 재배된 식물종으로부터 얻을 수 있다.

- **맑은 물**: 생태계는 물의 흐름과 정화 등을 조절함으로써 지구물순환에 매우 중요한 역할을 한다. 식물과 숲은 지역에 필요한 수량에 영향을 끼치게 된다.
- **의약품 자원**: 생태계와 생물다양성은 전통적으로 약품으로 이용되는 많은 식물들을 공급해왔고 의약산업을 위한 원재료를 공급하고 있다. 모든 생태계는 약용자원의 잠재적 공급원이라고 할 수 있다.

[3] 조절서비스 (Regulating services)

조절서비스는 생태계 과정을 조절함으로써 얻어지는 편익으로서, 기후조절, 홍수조절, 질병 조절, 수질정화 및 폐기물처리, 대기질 유지, 토양 유실 조절 등 생태계의 안정과 건강성을 유지하기 위한 생태계 구조와 기능을 말한다. 즉, 생태계가 공기와 흙의 질 또는 홍수 및 질병을 조절하며 조정자의 역할로서 제공하는 서비스를 말한다. 건강한 생태계는 조절 서비스를 통해 기후 및 자연환경의 다른 측면들을 조절하는데 도움을 준다. 예를 들어 숲과 바다는 기후를 조절하고, 대기로부터 온실가스를 흡수함으로써 지구온난화를 완화시켜 준다.

또한 건강한 생태계와 그 생태계를 구성하는 생물다양성은 공기의 질을 개선하거나 유지하고, 물을 정화하며, 폐기물을 처리하고 자연 재해와 침식, 해충 및 질병으로부터 사람들을 보호해 준다.

이렇듯 생태계의 조절서비스는 지구라는 생태계의 자연적 생태적 균형을 유지시키고 있다.

- **탄소 감축**: 식물은 광합성 작용을 통해 대기 중의 이산화탄소를 감소시키고, 식물의 조직에 이산화탄소를 탄수화물 형태로 저장하며 토양 중에 유기탄소 형태로 저장한다. 이러한 기능은 숲이나 습지와 같은 생태단위에서 더 복합적이면서도 분명하게 나타날 수 있다.
- **기후 조절**: 나무는 그늘을 제공하고 대기 중의 오염 물질을 제거한다. 숲과 나무에서 광합성에 의한 이산화탄소를 체내에 흡수하고 산소를 방출함으로써 대기를 정화시키고 있다. 방풍림은 바람을 차단하거나 완화시키고 방조림은 바다로부터 날라 온 조풍과 염분을 차단시키기도 한다.
- **물 조절**: 습지는 수자원 확보와 적절한 이용을 통해 수자원 개발 및 관리 비용을 절감하고 또한 수질정화 기능을 통해 환경오염 비용을 절감하고 있다. 홍수나 빗물 등 표면수의 급류를 일시적으로 차단하여 흡수한 후 천천히 방류시키는 동시에 많은 양의 물을 저장할 수 있기 때문에 순간적으로 높아지는 수위를 어느 정도 낮출 수 있다. 도시 하천 주변의 습지는 빌딩이나 도로로부터 흘러내리는 표면수의 급작스런 증가로 일어 날 수 있는 범람을 완화시켜주는 역할을 한다.

- **토양유실 조절**: 토양은 풍화나 오염 등에 의해 토지의 질 저하 및 사막화가 진행되기도 한다. 잘 보전된 생태계는 토양 부식을 방지하고 토양 비옥도를 유지한다. 또한 식생으로 피복된 토지의 토양 보존과 산사태 방지에 중요한 기능을 한다.
- **수질정화와 폐기물 처리**: 토양 및 습지의 미생물이 많은 오염 물질을 처리하는 것처럼, 인간과 동물의 폐기물을 분해한다. 생태계는 담수에서 불순물을 발생시키는 경우 있지만 육수, 연안, 해양으로 흘러든 유기물들을 여과하고 분해하는 데 도움을 준다.
- **인간 질병의 조절**: 생태계의 변화로 인해 콜레라같은 인간 병원균의 양이 직접적으로 변화할 수 있고, 모기같은 병균 매개체의 양도 변화한다.
- **생물학적 조절**: 생태계는 해충 및 매개체에 의한 질병을 방지하기 위하여 중요하다. 생태계 변화는 이들 매개체에 영향을 끼침으로서 작물과 가축의 전염병과 질병의 전파 정도에 영향을 준다.
- **수분(pollination) 조절**: 수분작용은 식물이 씨앗과 열매를 생산하게 되고 번식을 하는 필수과정이다. 수분은 주로 꿀벌이나 나비 등의 곤충을 매개로 이루어지며, 심지어 박쥐와 같은 동물도 수분 작용을 돕기도 한다.
- **홍수 등 극단적 재해 방지**: 생태계와 살아있는 유기체는 홍수, 폭풍, 그리고 산사태 등의 자연 재해에 대한 완충 기능을 한다. 예를 들어, 열대 및 아열대 해안의 맹그로브 습지와 산호초같은 연안생태계는 태풍이나 큰 파도에 의한 해안지역의 피해를 줄여준다.

[4] 문화서비스 (Cultural & Amenity Services)

문화서비스 또는 문화 및 어메니티서비스는 생태계와의 접촉으로부터 사람들이 얻는 비물질적인 편익으로서, 미적, 정신적 그리고 심리적 편익 등을 포함한다. 문화서비스는 생태계를 기반으로 제공되는 문화적 다양성, 영감과 심미적 가치, 종교적 가치, 교육적 기능과 레크레이션 등 인류의 역사와 함께 해 온 생태계의 문화적 현상을 말한다.

- **미적 감상과 문화, 예술, 디자인 등 창작활동에 대한 영감**: 선사시대 암벽화와 몇 문화 흔적들은 인류 역사 초기에 어떻게 자연이 예술과 문화에 영감을 주었는지 설명하고 있으며, 현대의 문화, 예술 그리고 디자인도 자연으로부터 영감을 받음. 영감을 주는 경관 형태 또는 생물의 수와 면적 등이 중요
- **영적 경험과 장소의 의미**: 종교적 의미를 지니거나 신화나 전설, 설화 등 전해오는 이야기와 관련된 생태공간은 거주 이용이 아닌 그 상징성과 장소성 등과 관련된 영적 경험을 위하여 보존됨
- **미적가치와 자연풍경 감상 등의 심미적 기능**: 경관이 지니는 심미적 질과 형식미

학적 기능은 시각적으로 인지된 경관형태의 수 또는 면적, 그리고 미적 가치의 표현 등을 통해 제공됨

- **휴양관광 및 여가활동의 기회 제공**: 매력적인 야생경관은 교육적 목적 외에도 휴양, 여가, 체험 등의 기회를 제공하며, 이를 위해서는 인지된 경관과 야생형태의 수와 면적 등이 중요
- **문화유산과 경관적 고유성 제공**: 경관 형태와 자생 생물 다양성, 토착민의 문화적 경험 등이 지역의 경관적 고유성 제공
- 기타 교육과 문화탐방 등 생태문화적 현상 등 포함.

[참고] 문화서비스 항목 및 해설 (표 25)

표 25 생태계문화서비스 항목 및 해설 (박미옥, 2021)

서비스항목	해설
경관 및 심미적 가치	- 생태계가 제공하는 시각적 경관과 심미적 안정감 등 - 경치를 보며 아름다움을 느끼고 마음 치유 - 자연미를 제공하며, 화가나 예술가들에게 주제를 제공 - 주변의 주택이나 시설 등에게 미적 아름다움을 제공 - 예술작품으로 묘사되거나, 디자인이나 건축물 등의 컨셉에 영향
레크레이션 및 관광	- 생태계를 조직적인 또는 비정형적 레크레이션 목적으로 활용 - 여가 및 레크레이션 등 생태관광 장소 제공 - 접근성을 높이거나 레크레이션을 위한 기반시설이 있음 - 낚시, 수상스포츠, 수영, 생태관광 등 레크레이션 자원으로서의 가치 제공
생태교육 연구	- 초중고 학습에서 대학의 학술적연구와 교육 등 다양한 형태의 정형적/ 비정형적 교육 활동 - 자연을 통해 생태교육이나 연구재료 제공 - 대중의 인식이나 교육의 재료가 있음 - 청소년 교육활동, 장기연구 및 모니터링, 생태탐방 학습 등
지역사회 공동체	- 생태계 주변지역에 공동체가 구성되었거나, 어로행위(상업용 등), 농경활동, 산책이나 조깅, 조류탐사나 사진 촬영 등의 다양한 공동체 활동 - 지역 정체성을 형성하고 주민 간 교류 활성화 - 생태계 기반 동아리, 공동체 활동 등 사회적 가치 제공
문화유산	- 생태계를 기반으로 하는 문화유산, 역사, 종교적/영적 체험 등 - 지역 내 전래동화, 신화, 전설, 역사기록, 동식물, 기타 여러 형태의 예술 활동의 대상 - 생태계가 영적 또는 종교적 의식의 대상임 - 종교나 전통신앙과 관련된 생태계 관리 행위 진행

[참고] 문화서비스 정의 및 구성요소 (박미옥, 2015)

생태계 문화서비스는 생태계와의 접촉으로부터 사람들이 얻는 비물질적인 편익을 포함하며, 미적, 정신적 그리고 심리적 편익 등을 포함하는 내용으로 레크레이션과 정신 및 신체건강, 관광, 미적 감상과 문화, 예술, 디자인에 대한 영감, 영적 경험과 장소의 의미 등을 포함한다.

생태계 문화서비스를 구성하는 요소들을 다음과 같이 세분할 수 있다.

첫째, 심미적 기능으로서 미적가치와 자연풍경 감상 등을 포함한다. 경관이 지니는 심미적 질과 형식미학적 기능 즉 구조적 다양성, 푸르름, 평온 등을 포함한 미적 가치를 의미한다. 여기서는 눈으로 인지된 경관형태의 수 또는 면적, 그리고 미적 가치의 표현 등이 중요하다.

둘째, 레크레이션 및 여가활동의 기회를 제공한다. 매력적인 야생경관과 같은 경관요소가 관련되며, 인지된 경관과 야생형태의 수와 면적 등이 중요하다.

셋째, 문화, 예술, 디자인 등 창작활동을 위한 영감을 제공한다. 예술활동을 위한 경관형태 또는 생물을 통해 느끼는 영감의 가치 등이 관련되어 있다. 영감가치를 가진 경관형태 또는 생물의 수와 면적 등이 중요하다.

넷째, 문화서비스는 문화유산과 경관적 고유성을 제공한다. 앞에서 거론한 문화유산의 경우와 같이 경관형태와 생물의 문화적 중요성이 관련되어 있다.

그 외에도 문화서비스는 영적 종교적 영감, 교육과 문화탐방 등 생태문화적 현상들을 포함한다.

3. 생태계서비스 평가

[1] 생태계서비스 평가

생태계서비스의 가치를 평가하고자 하는 노력이 국제적으로 TEEB, IPBES(생물다양성 및 생태계서비스에 관한 정부 간 과학-정책 플랫폼) 등을 중심으로 증가하고 있다.

생태계서비스는 생태계의 기능과 가치, 그리고 인류 복지 등과 연계되며, 이러한 연계체계 및 그 과정을 개념화한 다양한 모델들이 소개되고 있다. 생태계 변화를 유발하는 구동력 즉 환경압과 사회적 변화 등은 중장기적으로 생태계 서비스를 형성하며, 이는 생태계 내 재화와 인류복지와 관련이 있고 이는 다시 생태계 변화를 유발하는 구동력에 영향을 끼친다. 인류복지는 사회적 가치, 건강 가치, 경제적 가치 등의 측면에서 고려될 수 있다. TEEB는 생태계서비스의 평가에 대한 틀을 구체화한 바 있다.

생태계서비스는 인간이 생태계로부터 얻는 이익으로서 유무형 이익과 직접적, 간접적 이익을 모두 포함시키고 있다. 또한, Boyd와 Banzhaf(2007)같은 연구자들은 생태계 구성요소가 인간복지를 위해 직접적으로 쓰는 것으로 정의하여 생태계가 인간의 복지와 연관이 있음을 보였다(그림 203).

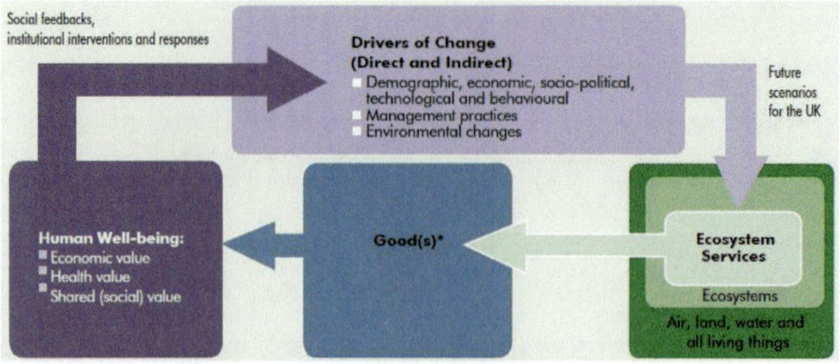

그림 203 생태계, 생태계서비스, 재화, 가치 및 인류 복지와의 연계체계의 개념적 틀
(자료:UK National Ecosystem Assessment)

이러한 생태계서비스의 사회경제적 가치를 평가한 사례로서, Costanza & Forke(1997)은 전세계 생태계서비스 총액이 연간 $33조에 이른다고 계산하였다. Yaron(2001)은 카메룬의 열대우림이 제공하는 홍수조절 기능에 ha당 연간 US$24의 가치를 매겼다. Van Beukering(2003)를 비롯한 연구진들은(대략 25000km2의 열대 우림으로 이루어진) Leuser 생태계로부터의 물 공급의 순현재가치(NPV)를 US$2,420억으로 추정했다. 지하수 충전 Kaiser and Roumasset(2002)은 4만ha에 이르는 하와이의 간접적인 편익을 통해 얻는 가치가 US$14억2천만~26억3천만에 이르는 것으로 발표했다.

EU에 의하면 곤충의 수분작용에 의한 농작물을 경제적 가치로 환산하면 약 €150억으로 산출되었으며, Priess(2007)와 연구진들은 인도네시아 Sulawesi의 산림이 제공하는 수분서비스의 가치를 ha 당 €46으로 평가했다.

국내에서도 이러한 비용 산정에 관한 연구가 진행되어 최근의 연구에 의하면, 국립산림과학원(2010)에서 우리나라 전국 산림이 총 73.2조원의 가치가 있다고 보고하였고, 류대호와 이동근(2013)은 수도권 그린벨트지역의 산림지역과 농업지역을 대상으로 MA(2005) 및 de Groot et al.(2010)의 산출지표를 이용하여 생태계서비스 가치를 평가하였다. 공급서비스는 시장분석법, 물공급과 조절서비스는 대체비용법, 문화서비스는 선행연구에서 산출한 지불의사금액을 적용하여, 수도권 그린벨트의 산림 및 농경지가 제공하는 생태계서비스의 연간 경제적 총가치(TEV)는 산림 1조 8,600억 원, 농경지 6,029억 원으로 총 2조 4,629억 원으로 추산하였다.

[2] 습지 생태계서비스 간편평가법(RAWES)

2018년 제13차 람사르습지 당사국총회에서 습지생태계서비스 간편평가도구(RAWES; Rapid Assessment Wetland Ecosystem Services)가 국제표준 방법론으로 승인되었다. 지역주민과 습지 전문가가 함께 현장에서 FGI를 통하여 평가한다. 평가 항목은 총 37개로 구성되는데, 공급서비스 10개, 조절서비스 14개, 문화서비스 8개, 부양서비스 5개 등으로 구성된다. 다만, 조절서비스에서 [염분조절] 항목은 연안습지나 기수습지에만 해당이 되어 내륙습지(담수습지)에는 1개 항목 제외한 총 36개 항목으로 평가한다.

평가등급은 5단계 평가로서 각각 ++, +, 0, -, --, ?(평가불가능)으로 평가하며, 각 등급별로 중요도 점수를 중요도 2(++)1.0점(매우긍정적), 중요도 1(+)0.5점(긍정적), 중요도 0(0) 0점(보통), 중요도-1(-) -0.5점(미흡), 중요도-2(--) -1.0점(매우 미흡) 등으로 각각 평가한다. 자료불충분(?)은 분석에서 제외한다(그림 204).

평가점수는 ESI로 산정되며(식 262), 그래프로 나타낸다(그림 205; 그림 206).

$$ESI = \frac{\sum(n_{+\,1.0} + n_{+\,0.5}) + \sum(n_{-\,1.0} + n_{-\,0.5})}{\sum n}$$

RAPID ASSESSMENT OF WETLAND ECOSYSTEM SERVICES
FIELD ASSESSMENT SHEET

Key	How important?
+ +	Significant positive benefit
+	Positive benefit
0	Negligible benefit
-	Dis-benefit
- -	Significant dis-benefit
?	Gaps in evidence

Wetland name:
GPS coordinates:
Date:
Assessors:

		How important?	Describe benefit	Scale of benefit: Local	Regional	Global
Provisioning services	Fresh water					
	Food					
	Fuel					
	Fibre					
	Genetic resources					
	Natural medicines or pharmaceuticals					
	Ornamental resources					
	Clay, mineral, aggregate harvesting					
	Energy harvesting from natural air and water flows					
Regulatory services	Air quality regulation					
	Local climate regulation					
	Global climate regulation					
	Water regulation					
	Flood hazard regulation					
	Storm hazard regulation					
	Pest regulation					
	Disease regulation - human					
	Disease regulation - livestock					
	Erosion regulation					
	Water purification					
	Pollination					
	Salinity regulation					
	Fire regulation					
	Noise and visual buffering					

그림 204 생태계서비스간편평가법(RAWES) 평가 시트
(자료: RRCEA)

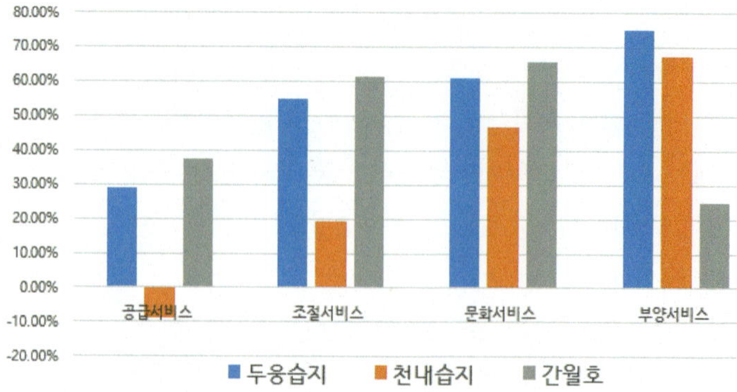

그림 205 주요 습지에 대한 ESI 그래프 사례

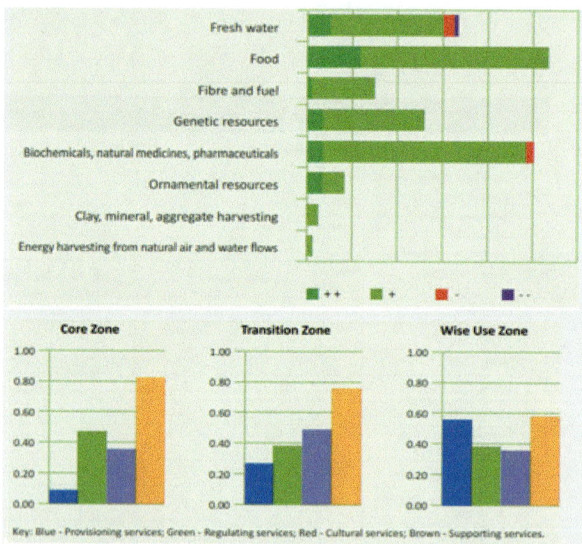

그림 206 보호지역 평가점수 및 ESI 그래프 사례
(자료: RRCEA)

[3] 생태계서비스 지불제(ESP)

(1) 생태계서비스 지불제 개념

건강한 생태계, 건전한 자연환경을 유지하는 것은 곧 사람들에게 건강하고 건전한 삶을 보장하는 것이라는 생태적 사고에 기반하여, 건강한 생태계를 유지하기 위해 국제적으로 다양한 생물다양성 상쇄프로그램이 운영되고 있다(그림 207; 그림 208). 예를 들면, 멸종위기종 서식지역에서 개발 사업을 진행하고자 할 경우 다른 대체지역에 동등 이상의 서식지를 조성하거나 조성 비용을 부담하도록 하는 제도가 그것이다(그림 209).

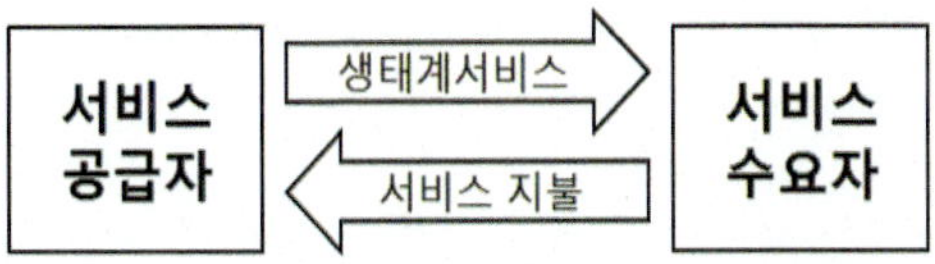

그림 207 생태계서비스지불제 개념도

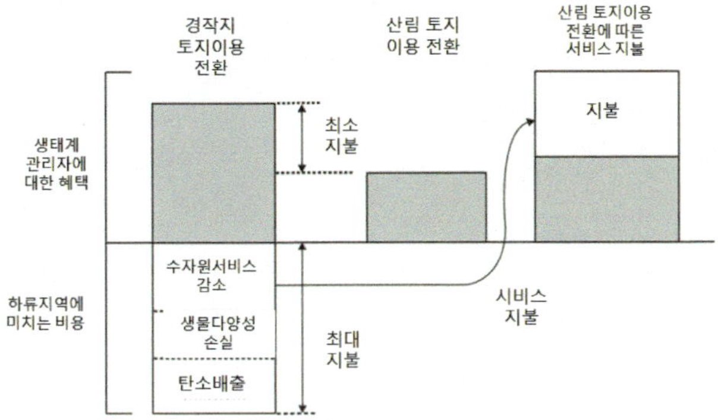

그림 208 생태계서비스 지불 비용 개념

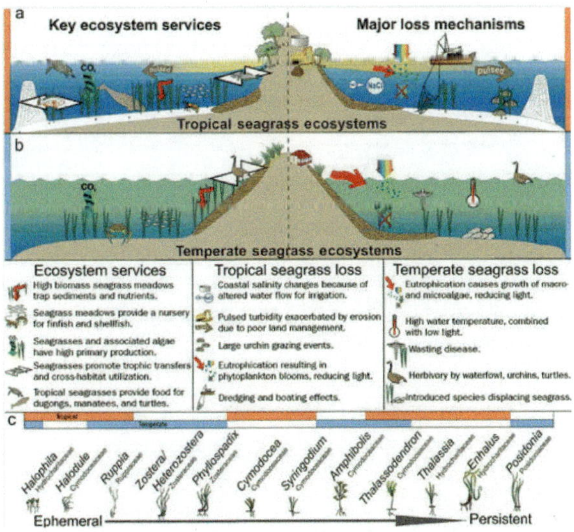

그림 209 생태계서비스 손실 개념도
(자료:Orth et al., 2006)

(2) 잠재지표

생물다양성 프로그램을 적용하기 위해서는 해당 생태계서비스에 대한 평가가 우선되어야 하며, 그 평가결과를 근거로 보전지역에 대한 대체지역 조성 면적이나 비용 등을 추산하게 된다.

생태계서비스의 지속가능한 이용 가능성을 평가할 수 있는 지표로서 de Groot et al.(2010)은 다음과 같이 각 생태계서비스 유형별 구성요소별 상태지표와 성능지표로 구분하여 제시한 바 있다(표 26).

표 26 생태계서비스 지속적 이용을 위한 잠재지표 (de Groot et al., 2010)

	생태계 서비스 구성 요소 및 사례	생태적 형성과정 또는 서비스를 공급하는 요소(기능)	상태지표 (생태계 서비스량)	성능지표 (지속가능한 사용 및 제공된 서비스량)
공급서비스				
1	음식	먹을 수 있는 동식물	전체 또는 평균 저장량(kg/ha)	순생산량(kcal/ha/year 또는 다른 단위)
2	물	저수지	수자원 총량 [m^3/ha]	최대 수자원유용량 [m^3/ha/year]
3	섬유, 연료, 다른 원료	목재, 연료 또는 원료로 사용 잠재력을 가진 생물종 또는 무생물적 구성요소	총 생체량 [kg/ha]	순생산량 [kg/ha/year]
4	유전물질:식물병원체 저항 유전자	(잠재적으로) 유용한 유전물질을 가진 생물종	'유전자은행' 가치 (예, 생물종 및 아종의 수)	최대 지속수확량
5	생화학적 생산물과 약용 자원	화학적이나 약용으로 유용한 생물종 또는 무생물 구성요소	추출할 수 있는 유용한 물질의 총량 [kg/ha]	최대 지속수확량 (양/면적/시간)
6	관상용 생물종과 자원	관상용 생물종 또는 무생물 자원	총 생체량 [kg/ha]	최대 지속수확량
7	공기정화조절 (미세먼지 포착)	대기로부터 에어로졸과 화학물질을 추출하는 생태계 수용력	잎면적지수, 질소고정 등	공기질에 영향을 끼치는 에어로졸 또는 화학물질 추출량
8	기후조절	토지피복과 생물매개과정을 통해 지역과 지구기후에 미치는 생태계 영향	온실가스균형 (특히 탄소 배출) ;토지피복 특성 등	기후인자에 영향을 끼치는 온실가스 고정 또는 배출량
9	자연재해완화	숲의 자연재해 완화 기능 (예, 홍수피해로부터 보호)	물의 저장(완충)능[m^3당]	홍수위험 감소, 사회기반시설 손상방지
10	물조절	물을 흡수하여 서서히 배출하는 숲의 기능	토양 또는 지표의 수분보유능	수자원 저장량과 관개시설 등 유황(hydrological regime)의 영향

표 26 (계 속)

	생태계 서비스 구성 요소 및 사례	생태적 형성과정 또는 서비스를 공급하는 요소(기능)	상태지표 (생태계 서비스량)	성능지표 (지속가능한 사용 및 제공된 서비스량)
조절서비스				
11	폐기물처리	유기물, 기타 영양물질 및 혼합물의 제거 또는 분해에 대한 생물과 무생물적 과정	탈질작용 (kg N/ha/y); 식물과 토양에서의 고정	지속적으로 재사용 되거나 고정될 수 있는 화학물질 최대량
12	침식보호	토양유지를 위한 식생과 생물의 역할	뿌리가 그물망처럼 발달한 식생 피복	토양 저장 및 침전물 포착량
13	토양형성과 재생	토양형성과 재생에 대한 자연형성과정	생물교란 (bio-turbation)	(재)생성된 표토층의 양(ha/yr)
14	(식물의) 수분	꽃가루매개자의 양과 효율성	수분매개 종의 수와 영향	자연수분 의존 농작물
15	생물학적 조절	영양관계를 통한 해충 개체군 조절	질병조절 생물종의 수와 영향	인간질병과 가축질병의 감소 등
16	서식처	이주종에게 번식, 섭식, 휴식을 제공하는 생태계의 중요성	이주종과 개체수 (특히 상업적 가치를 가진 종)	양육서비스에 대한 다른 생태계(또는 경제)의 의존성
17	유전자풀 보호	생태적 균형과 진화 과정 유지	지연적 생물다양성(특히 고유생물종);서식지 온전성(임계 크기)	생태적 가치 (예를 들면 실제와 잠재적 생물다양성의 가치 차이)
18	자연풍경의 미적 감상(레크레이션적 활동 제외)	구조적 다양성, 푸르름, 평온 등에 기초한 경관의 심미적 질	특별한 감동으로 기록된 특징적 경관의 수와 면적	기록된 미적가치(예, 자연지역경계에 있는 주거 수 또는 경관도로 사용자 수)
19	휴양:관광 등 레크레이션적 활동 기회	경관에 특화된 매력적 야생동물	레크레이션적 가치로 기록된 특징적 경관과 야생동물의 수와면적	적극적으로 이용하는 시설과 사람의 최대 지속가능 수
20	문화, 예술, 디자인을 위한 영감	인간예술에 대한 영감을 주는 경관특성 또는 생물종	영감을 주는 특징적 경관 또는 생물종의 수와 면적	생태계에서 영감을 얻는 책과 그림의 수
21	문화유산과 고유성:장소성과 일체감	문화적으로 중요한 경관형태와 생물종	문화적으로 중요한 특징적 경관과 생물종의 수와면적	숲을 문화유산과 고유성을 위해 이용하는 사람의 수

표 26 (계 속)

	생태계 서비스 구성 요소 및 사례	생태적 형성과정 또는 서비스를 공급하는 요소(기능)	상태지표 (생태계 서비스량)	성능지표 (지속가능한 사용 및 제공된 서비스량)
문화 및 어메니티 서비스				
22	영적, 종교적 영감	영적, 종교적 가치를 가친 경관형태 또는 생물종	영적 가치를 가진 경관형태 또는 생물종의 존재	생태계를 영적 또는 종교적으로 중요하게 여기는 사람의 수
23	공식적, 비공식적 교육 훈련을 위한 교육과 과학의 기회	특별한 교육적 과학적 가치/흥미	특별한 교육적 또는 과학적 가치와 흥미를 지닌 특징적 요소	수업방문의 수, 과학연구의 수

(3) 경관 복원, 자연 보전, 지속가능한 토지 관리의 이점을 분석하고 파악하기 위한 PES 지침

경관 복원, 자연 보전, 지속가능한 토지 관리의 이점을 분석하고 파악하기 위한 PES 지침(De Groot et al., 2018)에서는 생태계서비스 지불제 과정을 다음과 같이 정하고 있다(그림 210).

1) 분석 범위 및 목적
2) 주어진 개입의 직접적인 환경 영향 분석
3) 생태계서비스에 대한 영향 분석
4) 혜택 및 수혜자 평가
5) 금전적 평가: '토지의 가치' 변화 평가
6) 경제분석 : 금융 및 경제자본 수익률 분석
7) 가치 포착: 보존과 복원에 투자하는 인센티브
8) 가치 전달: 영감의 회복
9) 역량강화와 제도변화

구매자와 공급자 사이에 발생되는 생태계서비스 지불 개념은 그림 211과 같이 설명할 수 있다(Bladon er al., 2014).

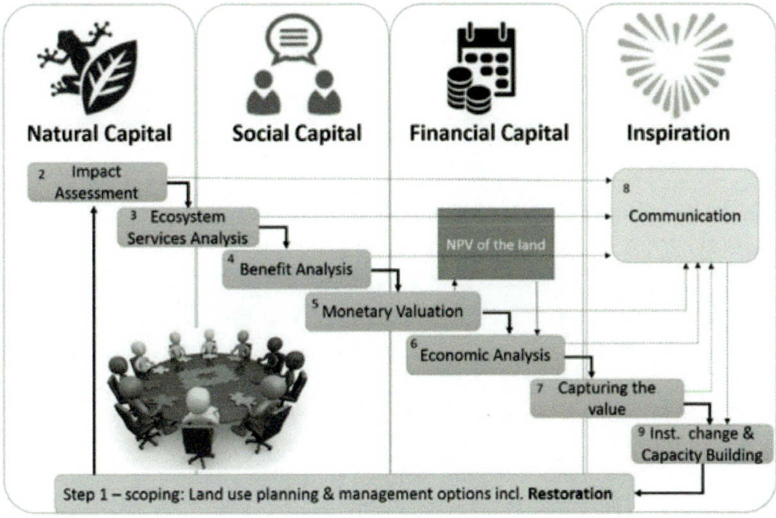

그림 210 생태계서비스 지불제 과정 PES
(자료:de Groot al., 2018)

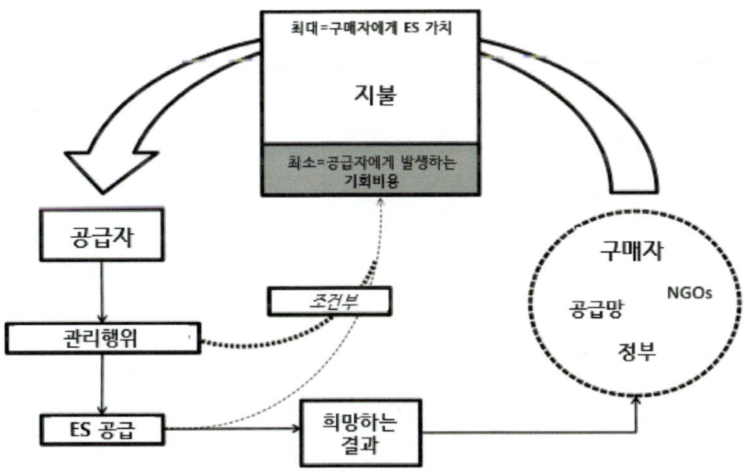

그림 211 구매자와 공급자 사이에 발생하는 생태계서비스 지불 비용
(Bladon er al., 2014)

- 구매자는 공급망 주체, 정부 및 NGO를 포함할 수 있으며 공공-민간 파트너십 형성 가능.
- 최대지급액 :구매자에 대한 ES의 가치
- 최소 지급액 :ES 제공으로 이어지는 관리 활동 수행을 위해 제공자가 발생하는 기회비용
- 원하는 결과에는 회복이 포함될 수 있음 -수익성 향상, 구매자에게 다른 ES제공 등.
- 지불 :공급자의 행동 또는 ES 결과에 따라 결정

[4] 생태계서비스 평가 사례

(1) 습지

국립생태원(2019)에서는 습지보호지역의 생태자산 및 생태계서비스를 평가하였다(표 27).

표 27 습지보호지역 생태자산·생태계서비스 평가
(자료: 국립생태원, 2019)

구분	항목		정의
공급	바이오매스	영양	영양 섭취를 목적으로 재배되거나 사육된 육상수생 동식물
		자원	자원 활용을 목적으로 재배되거나 사육된 육상수생 동식물
		에너지	에너지원 활용 목적으로 재배되거나 사육된 육상수생 동식물
	유전물질		개체군 정착, 품종 번식 등을 위해 사용되는 식물, 조류, 균류, 동물
	물(자원, 에너지)		자원 및 에너지원으로 활용되는 지표수 및 지하수
	물리적 속성(재생에너지)		에너지원으로 사용되는 광물질, 비광물질 등의 생태계 속성
조절	온실기체	CO2 흡수	식생의 이산화탄소 흡수, 토양의 이산화탄소 고정
	대기질	SO2, NO2 흡수	식생의 오염물질 흡수/제거
		PM10 제거	식생의 오염물질 흡착/제거
	수질	TN 제거율	하천생태계의 오염물질 제거, 분해, 자정능력에 미치는 영향의 지표로서 질소의 양
	재해	홍수조절	습지생태계의 수문 및 토양특성에 따른 홍수 저감
	해충 질병	자생종 비율	습지생태계서식 고유종의 해충, 외래종 및 질병 조절
		분원성대장균 제거율	수체에유입된 분원성대장균(병원균 존재 가능성 지표 미생물)제거
	수분	수분 매개체 종 수	작물 및 영양물질 생산에 관여하는 수분매개체의풍부도
문화	경관미		인간이 심미적 아름다움을 느끼는 생태자산에 대한 미적인 근원적 가치 정도
	교육		생태자산에 대한 인간의 직간접적인 교감 활동으로 알게 되는 지식서비스 전반에 대한 정도
	영감		생태자산의 체험으로 인간의 자연에 대한 예술적 창작 결과물의 생산 정도
	유산		생태자산에 대한 역사적 가티인식으로 후손을 위한 현시대의 사회적 계승 행위의 표현 정도
	생태관광		단순한 일반 관광이 아닌 생태자산에 대한 가치 체험을 목적으로 방문하는 관광 정도

박미옥 등(2021)은 습지의 생태계서비스 간편평가법을 개발하였다(그림 212).

표 1. 박미옥 등(2021)의 제시된 평가표

	생태계서비스	설명 및 예시	현장에서 확인해야 할 사항 예시
공급서비스	담수공급	- 물을 저장하여 식수 및 농업용수 제공 - 지역주민식수, 관개용수, 가축용수 등	- 담수의 공급원(수원)이거나 저장하고 있는가? - 오염원이거나 용수공급이 훼손되었는가?
	음식(식량) 공급	- 인간 및 야생동물에게 먹거리 제공 - 농작물, 과일, 물고기 등	- 습지에서 재배되는 것은 무엇인가? - 동물이나 농작물이 습지에서 사육 재배되는가?
	천연섬유 공급	- 건축용 목재, 의류용 섬유 등	- 목재, 섬유, 짚, 동물섬유(양모/가죽/힘줄/뿔/기타) 등 천연재료를 구할 수 있는가?
	연료 공급	- 목재 등 연료용 재료로 사용 - 연료용 목재, 이탄 등	- 지역주민을 위한 연료용 자연 재료가 있는가?
	유전자원 공급	- 농작물이나 가축 등 희귀종 서식	- 유전자 보존에 기여하는 동식물 야생종 또는 재배종이 있는가? (예를 들면 약재, 동식물 회복탄력성 향상, 원예용 상품화 등)
	천연 약재 공급	- 천연적인 약재로 사용 - 전통 약재로 사용되는 식물	- 동식물 개체 또는 일부분이 약재로 사용되는가?
	장식용 자원 공급	- 습지 생산물이 장식용 재료로 사용 - 조개 껍질, 꽃 등	- 동식물 개체 또는 일부분이 장식재로 사용되는가?
	토양, 미네랄, 골재 공급	- 건축용 모래와 자갈, 벽돌용 진흙 등	- 구조물용 또는 다른 용도 재료가 생산되는가?
	대기와 물 등 자연에너지	- 수력, 풍력 등 자연에너지로 활용	-수차, 풍차 등 자연에너지 활용 기술이 있는가?
	기타 공급 작용		

그림 212 습지 생태계서비스 간편평가법

(자료: 박미옥 등, 2021)

표 1. 박미옥 등(2021)의 제시된 평가표

	생태계서비스	설명 및 예시	현장에서 확인해야 할 사항 예시
조절서비스	대기질 조절	- 자동차, 산업시설, 농업 등에서 배출되는 대기 중 미세입자 제거 - 미세먼지, 대기오염 등	- 대기오염원이 있는가? - 습지내 서식처가 대기오염 물질을 정착시키는 구조인가? - 습지상태가 대기오염 물질(미생물, 미립자, 화학물질 등)의 공급원이 되는가?
	지역 미기후 조절	- 그늘, 기온저하 등을 통해 지역 미기후 조절 - 증발산, 수분공급, 골바람 등	- 서식처 구조가 그늘을 제공하는가? - 수분증 발산이 되어 기온을 저감시키는 식생에 의한 그늘이나 그 외의 그늘이 있는가?
	광역적 범위 기후조절	- 온실가스 저감, 기후변화 완화 - 온실가스 저감, 탄소격리 등 국제적 기후조절	- 탄소를 저장하거나 격리시키는가? - 메탄과 기타 온실가스 균형을 이루는가?
	수자원 및 홍수 조절	- 홍수기 및 갈수기 물흐름 조절, 지하수 조절 등 - 홍수기 저장 및 조절, 강우강도 조절 등	- 지형, 투수성, 조도 등 이홍수 기물을 저장하여 서서히 배출하거나, 지하수로 저장하는가? - 건조기 유지유량을 위해 배출을 조절하는가? - 홍수기 물을 조절하고 저장하고 가두는가? - 강우와 지표수를 저장하여 하류부 생태계와 재산에 미치는 영향과 홍수를 조절하는가?
	폭풍우 재해 조절	- 조수, 폭우, 해일, 심한 바람 등의 재해 조절	- 서식지 복잡성, 특히 나무, 갈대, 기타 식생과 지형 등이 인근 생태계나 재산 등을 훼손시키는 폭우나 태풍, 파도 등의 재해 에너지를 흡수하는가?
	해충 조절	- 모기, 쥐, 파리 등 해충 조절	- 습지에 의한 자연적 포식 및 기타 생태적 과정에 의해 해충을 조절하고 통제하는지? - 습지가 해충의 원천인지?(더러운 물에서 번식하는 쥐 등)

그림 212 (계속)

표 1. 박미옥 등(2021)의 제시된 평가표

	생태계서비스	설명 및 예시	현장에서 확인해야 할 사항 예시
조절서비스	질병조절(사람)	- 지역 풍토병 등 사람의 질병을 전파하는 종(매개체)을 제어하는 종의 존재	- 습지의 자연 포식 및 기타 생태적 과정이 인간 질병을 유발 할 수 있는 유기체를 조절하는지? - 대변, 박테리아 또는 잠재적 병원성 미생물의 습지에 고정되어 있는지? - 습지가 모기와 같은 질병 매개체의 부정적인 확산에 기여하고 있는지?
	질병조절(가축)	- 렙토스피라, 주혈흡충증, 고병원성 조류인플루엔자, 진드기 매개질병 등 가축 질병 전염 매개체 제어하는 종의 존재	- 습지의 자연포식 및 생태적 과정이 가축 질병 유발유기체를 조절하는지? - 대변, 박테리아 또는 잠재적 병원성 미생물이 습지 과정에 고정되어 있는지? - 습지가 모기 또는 달팽이 등 질병 매개체 확산을 억제하고 있는지?
	침식조절	- 비바람으로 인한 토양 유실 완화 - 침식 위험을 줄이기 위한 에너지 환경 규제, 토양을 보호하는 밀집된 식생 존재	- 습지 식생이 토양 침식으로부터 보호하는지? - 습지에 나대지와 같은 침식 흔적이 있는지?
	수질정화	- 하천, 지하수 등을 정화 - 수질정화, 개선, 모래퇴적, 오염물질 및 오염원 포집 등	- 습지내 물리화학적(햇빛, 호기성 및 혐기성 미생물 등), 생물학적 과정이 통과하는 물 속 유기물, 미생물 및 기타 오염 물질을 분해하는지? - 부유물질이 퇴적되었는지? - 습지로 드나드는 물의 탁도와 같은 눈에 띄는 변화가 있는지?
	수분작용 (꽃가루받이)	- 벌, 나비 등 수분 매개자에 의한 식물, 농작물의 수분 작용	- 수분 매개자에 의해 습지 식생을 위한 수분 활동이 있는지? - 수분 매개자들이 습지 주변 농작물, 정원, 도시 농업 등의 수분 작용에 도움을 주는지?
	염분조절(연안습지, 기수습지에만 해당)	- 습지 내 담수가 염수(해수)에 대한 장벽 제공 (조절자)	- 습지의 수문학적 작용으로 담수의 염수화를 조절하는지? - 습지의 담수로 토양의 염화를 조절 억제할 수 있는지? - 연안습지에서는 인공적으로 조성된 제방, 도로, 철도 등이 염수와의 연결을 방해하는지?
	화재조절	- 화재 확산을 억제하는 물리적 장벽을 제공하거나 습윤상태 유지	- 하천이나 수로가 화재의 확산을 억제하는 데 도움이 되는지? - 대상지 또는 주위에 화재를 억제하는 수체가 있는지? - 유기질 또는 이탄이 건조화되어 화재 나열기에 취약한지?
	기타 조절작용		

그림 212 (계속)

표 1. 박미옥 등(2021)의 제시된 평가표

	생태계서비스	설명 및 예시	현장에서 확인해야 할 사항 예시
문화서비스	문화 유산	- 전통 생태지식 등 역사적, 고고학적 가치로서의 가치 제공(전통적인 활용이나 관리 행위, 문화 경관 등)	- 습지생태계가 문화적 중요성을 지니고 있는지?(자연적 요소 또는 전통적 요소 등)
	레크레이션 및 관광	- 여가 및 레크레이션 등 생태 관광 장소 제공 - 낚시, 수상스포츠, 수영, 관광 등 레크레이션 자원으로서의 가치 제공	- 습지가 조직적인 또는 비정형적 레크레이션 목적으로 이용되는지? - 접근성을 높이거나 레크레이션을 위한 기반시설이 있는지? - 관광 또는 생태관광으로서의 효과가 있는지?
	심미적 가치	- 경치를 보며 아름다움을 느끼고 마음 치유 - 자연미를 제공하며, 화가나 예술가들에게 주제를 제공	- 습지가 주변의 주택이나 상업시설 등에게 미적 아름다움을 제공하는지? - 부동산 가격에 영향을 미치는지? - 예술 작품으로 묘사되고 있는지?
	영적, 종교적 가치	- 지역 내 종교행사, 신성한 장소, 전통 신앙체계 등을 이룸	- 사람들이 습지에서 영적·종교적 가치를 얻는지? - 사람들에게 영적·문화적 가치를 제공하는지? - 전통적 종교의식의 대상이나 주제가 되는지? - 종교 또는 전통신앙에 근거한 습지관리 행위가 있는지?
	영감제공	- 지역 내 전래 동화, 신화, 전설, 역사 기록, 동식물, 기타 여러 형태의 예술 활동의 대상	- 특별한 신화나 고유의 이야기들이 전해오는지? - 지역에서 전해오는 구전이야기나 신화에 습지 동물 이야기가 있는지? - 습지가 사람들에게 음악이나 기타 예술 창작의 영감을 주는지? - 디자인이나 건축물 등의 컨셉에 영향을 주는지?
	지역사회 관계	- 지역 정체성을 형성하고, 주민간 교류 활성화 - 어로 활동, 농경 활동 등의 공동체 형성	- 습지 주변 지역에 공동체가 구성되었거나 어로행위(상업용, 관상용 등), 농경 활동, 산책이나 조깅, 조류탐사나 사진 촬영 등의 다양한 공동체 활동이 이루어지고 있는지?
문화서비스	교육 연구	- 자연을 통해 생태 교육이나 연구 재료 제공 - 청소년 교육 활동, 장기연구 및 모니터링, 생태탐방학습 등	- 초·중·고 학습에서 대학의 학술적 연구와 교육 등 어떤 형태의 정형적·비정형적 교육 활동이 이루어지는지? - 대중의 인식이나 교육의 재료가 있는지?
	기타 문화작용		

그림 212 (계속)

표 1. 박미옥 등(2021)의 제시된 평가표

	생태계서비스	설명 및 예시	현장에서 확인해야 할 사항 예시
부양서비스	1차 생산량	- 식물 등 1차 생산(광합성)	- 광합성 작용에 의해 유기물질 생산, 에너지 축적 등이 있는지?
	영양물질 순환	- 영양물질 공급원의 존재(농업용지로 부터 유입, 식물체 내부 순환, 홍수기 유입, 분해자(미생물, 소동물) 등)	- 습지 형성 과정이 물질을 생화학적으로 전환하는지?(질화작용, 탈질작용 등) - 영양 물질이 입자상으로 침전되어 습지생태계 내를 통과하는 물의 특성이 변화하는지? - 유기 물질을 분해하고 순환시키는 분해자가 풍부한지?(미생물, 소동물 등)
	물순환	- 습지 식생과 개방수면은 증발산이 이루어짐 - 물의 지역적 재활용과 상대적으로 닫힌 캐노피와 바람에 대한 적은 노출 등으로 지역적 순환체계에서 물을 유지 - 모래나 거친 기질 등으로 지하수 교환 가능	- 습지 구조가 물을 순환체계에 저장할 수 있는지?(예: 증발산에 의한 수증기를 다시 포집) - 습지가 지하수 교환이 가능한지?(방류 및 재충전)
	서식처 제공	- 야생 동식물의 살 곳을 제공하여 생물다양성 증진 - 지역적으로 중요하거나 보전가치가 높은 서식처와 종의 존재	- 지역적을 대표하는 생물 다양성을 제공하는지? - 사람들에게 보전가치가 높고 특별한 흥미를 주는 종의 서식지를 제공하는지? - 습지의 생태계 서비스나 기능을 저해시키는 침입·외래종 동식물이 있는지?
	기타 부양 작용		

그림 212 (계속)

(2) 정원

박미옥(2015)은 정원문화라는 관점에서 정원의 생태적 문화적 기능에 중점을 두고 생태계 문화서비스 기능과 지표를 도출하였다. 생태적 요소와 문화적 요소를 아우르는 복합적 경관으로서의 정원의 기능이라는 관점에서 정원의 문화서비스 기능을 설정하고, 각 기능별로 생태계 문화서비스로서의 지표를 상태지표와 성능지표로 구분하여 제안하였다(표 28).

(3) 공원녹지

공원녹지는 공공복지 실현을 위한 그린인프라, 생태서비스 등의 확장된 개념을 담고 있으며, 임휘룡(2014)은 그린복지 인프라, 그린복지 서비스, 그린생태문화 서비스 등 3가지 대항목을 설정하였다. 공원녹지는 그린인프라와 생태서비스에 복지의 개념이 적용되었으므로 시설 기반인 그린인프라는 복지와 결합하여 그린복지 인프라로, 녹색공간이 기반이 되어 복지의 개념과 결합된 그린복지 서비스, 그린인프라를 기반으로 생태와 문화의 개념이 복지와 결합되어 프로그램으로 제시되는 그린생태문화 서비스(생태계문화서비스)로 각각 설정하였다(표 29).

표 28 생태계 문화서비스로서의 정원의 기능과 지표 (박미옥, 2015)

<table>
<tr><th colspan="2">생태계문화서비스</th><th rowspan="2">구조와 기능</th><th colspan="2">생태계 문화서비스 지표</th></tr>
<tr><th>문헌연구</th><th>문화서비스 제안</th><th>상태지표</th><th>성능지표</th></tr>
<tr><td>미적 가치 : 자연풍경의 감상</td><td>심미적 가치 (조형미, 경관 등) (aesthetic values)</td><td>사람들이 자연 지역의 풍경을 즐기며 미학적 기쁨을 주는 환경에서 거주 선호</td><td>-인지된 정원경관의 수/면적</td><td>-정원경관의 심미적 질 형식미학적 기능
-시각적 선호도, 만족도</td></tr>
<tr><td>휴양 : 관광 또는 여가활동의 기회</td><td>생태관광과 에코힐링 (ecohealing and ecotourism)</td><td>-휴양, 생물다양성, 생태관광
- 생태계는 사람들의 휴식이나 레크리에이션을 위해 올 수 있는 장소로서 중요한 가치</td><td>-비오톱 등 생태적 질과 경관.
-탐방프로그램 개발 운영.</td><td>-생태관광 에코힐링 프로그램 수
-프로그램에 의해 방문하는 탐방객 수</td></tr>
<tr><td>문화, 예술, 디자인을 위한 영감</td><td rowspan="2">장소성과 문화적 유산 (cultural diversity)</td><td rowspan="2">-문화적으로 또는 예술적으로 중요한 의미.
-문화, 예술, 디자인을 위한 영감</td><td rowspan="2">-정원 문화적 다양성
-문화적으로 중요한 정원경관 형태</td><td rowspan="2">-정원이 제공하는 장소성을 나타내는 자원의 수
-정원으로부터 장소적 문화적 영감을 얻는 사람의 수</td></tr>
<tr><td>문화유산과 고유성 ; 장소와 부속품</td></tr>
<tr><td>영적, 종교적 영감</td><td>영적, 종교적 영감 (spiritual and religious values)</td><td>자연 생태계와 자연 요소(고대의 폭포나 오래된 나무 등)는 윤리와 유산 가치를 통해 표현되는 우주 공간의 연속성의 의미와 이해</td><td>-영적가치를 지닌 성스런 숲, 나무, 동물 등 숭배 대상 존재</td><td>-정원을 영적 또는 종교적으로 중요하게 여기는 사람 및 시설</td></tr>
<tr><td>공식적, 비공식적 교육과 훈련을 위한 교육과 과학의 기회</td><td>생태환경 교육 및 과학적 지식 (educational values & knowledge systems)</td><td>생태계는 서로 다른 문화에서 발달되는 지식 체계의 유형에 영향을 미치며 전통적 및 공식적 체계</td><td>-생태교육 프로그램
-흥미있는 탐방자원</td><td>-생태학습 프로그램 운영
-생태조사 모니터링 등 연구</td></tr>
</table>

자료: de Groot et al.(2010), Costanza et al. (1997), Hermann et al.(2011), Daily(1999), MA(2005)

(4) 사찰림

장영환과 구본학(2019)은우리나라 사찰림의 생태문화적 가치를 평가하는 평가지표를 개발하고, 개발된 사찰림의 평가지표를 삼보사찰의 한 곳인 송광사에 적용하였다(표 30). 사찰림의 생태문화적 평가지표에 대해 4개 영역 20개 평가항목으로 각각 5점으로 하였으며 역사문화적 가치는 5개 항목으로 총 25점을, 생태적 가치는 5개 항목으로 총 25점, 휴양·관광적 가치는 6개 항목 총 30점, 교육·이용적 가치는 4개 항목 총 20점으로 각각 배점하여서 총점을 100점으로 하였다.

표 29 공원녹지 생태계서비스 정책 방향

(자료 : 임휘룡, 2014)

공원녹지 생태계 서비스	구성요소	서비스 현황	시사점	정책 방향
그린 복지 인프라	확충 연결 생물다양성	미집행도시공원 해소, 녹색그물망 조성, 생태습지 조성, 위험절개지 정비	막대한 예산확보 애로, 안전과 공공복지 차원으로 접근 필요	공원녹지가치제고 주민건강 증진 허브 역할
그린 복지 서비스	수목공개념 균형배치 일자리 창출	수목공개념도입, 공원녹지 서비스 소외지역 해소, 시니어 일자리 창출	균형공급, 개인적 공권에 대비한 적극적인 서비스 행정 필요	균형배치 등 적극적 서비스 행정 필요
그린 생태 문화 서비스	역사·교육 프로그램 개발 도시농업	생애주기별 맞춤형 생태문화 프로그램 운영, 역사문화 탐방로, 도시농업프로그램	맞춤형 프로그램 개발 필요, 스토리텔링 접목 전문가 확보가 요구됨	생애주기별 맞춤형 프로그램 개발

장영환(2022)은 사찰림의 생태문화적 특성에 있어 생태계 문화서비스 항목과 평가지표 선정 결과 사찰림 생태계 문화서비스 항목을 크게 4분류, 14개 항목으로 선정하였으며, 생태계 문화서비스의 가치를 평가하기 위해 평가지표를 제시하였다(표 31).

사찰림의 생태계 문화서비스는 불교복지 실현을 위해 치유공간 이용, 사회적 약자에 대한 봉사활동, 사회적 약자에 대한 복지시설 공간으로 제공할 수 있으며, 불교역사 · 자연문화유산 가치에 대한 활용적 측면에서는 불교역사문화 보전 및 보호, 불교역사문화 활용, 자연문화유산 보전 및 보호, 자연문화유산 활용 공간으로 제공할 수 있다.

정신적 · 종교적 깨달음을 위해 사찰림은 불교의식(전법수행), 성직자 양성, 일반인들에 대한 수행정진 기회 제공의 공간으로 제공할 수 있으며, 생태교육 및 연구적 가치에 대한 활용적 측면에서는 생태교육 장소, 생태적 가치에 관한 연구 활동, 기후변화 적응을 위한 교육 활동 공간으로 제공할 수 있다.

표 30 사찰림의 생태문화적 평가지표

(장영환과 구본학, 2019)

평가영역	평가항목	평가기준
사찰림의 역사·문화적 가치 (25점)	사찰림보호에 관한 기록(금산·봉산·원찰·태실봉안사찰·능찰 등)	역사적 사실에 관한 기록(문헌)
	서화에 나타난 기록	경관적 가치에 관한 기록(문헌)
	사찰림과 관련된 전설·유래(지팡이 설화 등)	전설·유래에 관한 기록(문헌)
	사찰림내 국가지정 문화재지정	명승·천연기념물 등
	사찰림 인식 또는 홍보	특정 유명 숲길 등
사찰림의 생태적 가치 (25점)	사찰림 면적	사찰림의 평균면적 비율
	산림유전자원 보호구역 지정	지정여부 및 면적대비(산림청 자료)
	생태자연도	등급(환경부)
	영급,경급(수령,대경목)	3~5영급이상 비율 중·대경목 비율(산림청)
	토양의 물리적 특성	토심, 토성(산림청)
사찰림의 휴양·관광적 가치 (30점)	사찰림내 치유, 명상 공간운영	템플스테이 운영 및 숲전문가의 교육
	자연공원 지정	국립공원, 도립공원, 군립공원
	산림청 명품숲 지정	100대 명품숲
	사찰림의 청정도	면적대비 I 등급 차지비율(산림청)
	사찰림내 식물원 조성 및 계획	조성완료 및 계획
	공익적 이용	공익용산지 면적 비율
사찰림의 교육·이용적 가치 (20점)	사찰림보호를 위한 계획	조직 또는 담당(산감)
	지역주민과 경제적 생산활동으로 이용	고용 및 경제적 이익 창출을 위한 이용 및 계획
	유소년을 위한 산림교육장	이용 및 계획
	지자체, 기업등 사찰림에서의 문화활동	등반대회, 숲속음악회, 업무관련 등 이용 및 계획

표 31 사찰림 생태계문화서비스 평가

(자료: 장영환, 2022)

핵심 평가항목	평가내용	평가지표	세부평가지표	기초 데이터	가치 추정액 (천원/yr)
치유와 명상	산림에서의 산책 또는 등산을 통하여 마음의 안정과 건강을 회복	치유 및 명상 목적의방문객 수(인)	치유 및 명상 목적의 방문객 수, 1인당 국민여행지출액(기타 당일)	치유 및 명상을 위한 목적으로 방문한 방문객 수는 41%인 78,874명	치유 및 명상 4,732,440
자연문화유산 가치	미래세대에 전승해야 할 자연과 문화유산 가치를 가지고 있음. 천연기념물, 명승 등의자연문화유산 존재	자연문화유산 관람을 위한 지불금액(원)	천연기념물 또는 명승으로 지정된 곳의 자연 및 풍경감상 목적 방문객수, 1인당 문화재관람료 지출액	자연풍경 감상과 문화유산 감상을 목적으로 방문한 방문객 수는 57%인 109,655명	자연풍경 감상과 문화유산 감상 328,965
문화·예술적 영감	우수한 경관으로 사람들에게 창조적인 자극, 착상 등을 제공함. 자연과 동화된 건축	전통한옥 건축비용 (원)	전통한옥 건축면적, 평당 건축비	송광사를 전통한옥의 건축면적(평) 총 907평	건축비용 5,442,000
역사자연경관미 및 장소성	자연경관의 아름다움을 제공하고, 생태계의 다양한 인식, 경험, 미적 즐거움을 통해 장소성을 부여	자연 및 풍경감상목적 방문객수(인)	자연 및 풍경감상 방문객 수, 기타 당일 여행비용	자연풍경 감상을 목적으로 방문한 방문객 수는 50%인 96,188명	역사자연경관미 및 장소성 5,771,280
정신적·종교적 깨달음	사찰, 노거수, 암반 등이 존재하여 정신적·종교적 가치를 느낄 수 있는 공간을 제공함(자연과 종교의 공간에서 깨달음을 얻음)	템플스테이 참가자수, 신도수	템플스테이참가자 수, 1인당 참가비(휴식형) ,신도수,신도회비	템플스테이 참가인원은 3,785인, 신도회원수는 15,000명	깨달음을 위한 비용 450,640

6장

글로벌리스크와 환경문제

1절 글로벌리스크와 지구생태용량 초과의 날

1. 글로벌리스크

세계경제포럼(WEF; Davos 포럼)에서는 각 분야 전문가를 대상으로 '글로벌 리스크 인식조사(GRPS)'를 진행하여 앞으로 10년간 단기 및 중장기적으로 세계 경제에 미칠 위험요인을 경제(Economic), 환경(Environmental), 지정학(Geopolitical), 사회(Societal), 기술(Technological) 등 5개 부문으로 나누어 가능성과 파급력등에 따라 향후 10년간 인류에게 심각한 위협을 끼치는 위험요소를 당해연도, 단기(2~5년), 장기(5~10년) 등으로 나누어 발표한다(그림 213).

그림 213 글로벌리스크 보고서
(자료: WEF)

2025년의 경우, 다보스포럼에서 발표한 [글로벌 위험보고서 2025]에서 선정한 10대 글로벌 리스크는 AI의 확산과 전세계적인 슈퍼 선거의 해에 맞물려 잘못된 정보 및 허위정보(misinformation & disinformation)a, 극단적인 기상이변(extreme weather events), 국가간 무력충돌(Statd-based armed conflict), 사회적 양극화(social polarization), 사이버 스파이 및 전쟁(cyber espionage and warfare) 등을 5대 위기로 선정하였고, 그외에도 생활비 위기 (cost of living crisis), 사이버 안보(cyberattacks) 등의 순으로 나타났다. 그 외에도 오염(pollution), 불평등 (inequality), 비자발적 이주 또는 이전(involuntary migration or displacement), 지경제적 대립(geoeconomic confrontation), 인권 및 시민적 자유의 침해(erosion of human rights and/or civic freedoms) 등이 10대 위기에 포함되었다.

장기적 위협은 기후환경문제가 가장 심각하여 10대 위기의 50%인 5개가 기후환경문제이고 특히 1~4위가 기후환경문제로서 환경문제의 심각성을 경고하고 있다(그림 214). 대표적인 기후환경 위기로는 극단적 기후, 생물다양성 훼손 및 생태계 붕괴, 지구생태계의 급격한 변화, 자연자원 부족, 오염 등이 언급되어 인류가 환경문제를 가장 심각한 위협으로 인식하고 있음을 알 수 있다.

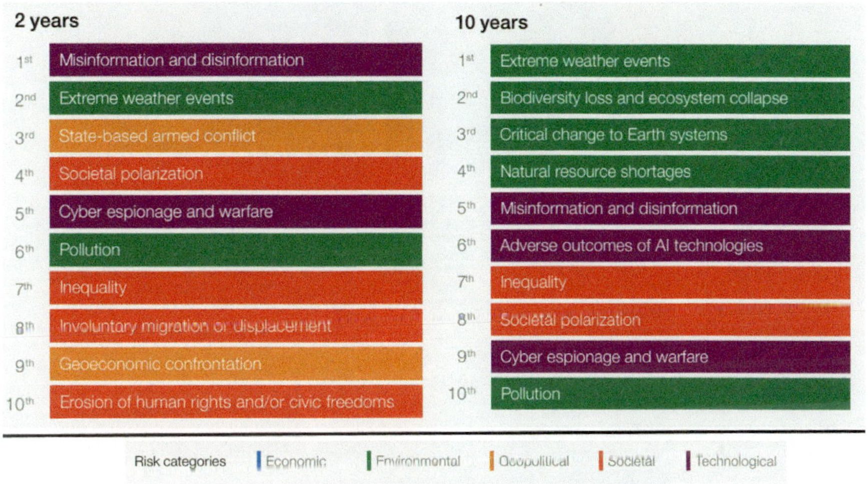

그림 214 2025 글로벌 리스크 변화 추세
(자료: WEF, 2025)

중장기적인 글로벌 리스크의 변화 추세를 살펴보면, 단기적으로나 장기적으로 경제문제가 점차 사라지고 기후환경문제가 가장 큰 위협으로 나타나고 있다(그림 215).

그림 215 글로벌 리스크 변화 추세
(자료: WEF, 2024)

2. 지구생태용량 초과의 날

[1] 지구생태용량 초과의 날

지구생태용량 초과의 날(Earth Overshoot Day)은 지구가 한 해 재생할 수 있는 자원보다 인간이 소비하는 수요가 초과하는 시점. 즉, 물, 공기, 토양 등 자원에 대한 인류의 수요가 지구의 생산 및 폐기물 흡수 능력을 초과하게 되는 시점을 일컫는 말로, 이날로 인류는 한 해에 주어진 생태 자원을 모두 소진하게 된다는 의미이다.

1960년대에는 지구가 복원할 수 있는 생태자원의 3/4밖에 사용하지 않았으나 1970년대 급속한 산업화가 이루어지면서 인류의 생태자원 소비는 자연의 재생 능력을 넘어서게 되었다. GFN

(국제생태발자국네트워크)에서 1970년을 지구생태용량 초과일을 12월31일로 산출하였는데, 이는 1970년에 지구의 생태용량과 인류의 생태발자국이 같음을 의미한다. 1970년 이후로는 매년 그 날짜가 앞당겨져 2024년 8월1일로 산출되었다,

그림 215 생태용량과 생태발자국
(자료 : WWF)

WWF의 파트너인 GFN은 사람들이 필요로 하는 자연자원의 수요와 생태계에서 제공되는 자연자원의 공급을 측정하여 지구생태용량 초과의 날을 산출한다(그림 216). 수요란 인류의 생태발자국(Ecological Footprint; 인류가 소비하는 모든 자원을 생산하고 폐기하는데 드는 생태적 비용)을 의미하고, 공급이란 생태계의 자원 재생산 능력을 의미하는 생태용량(Carrying Capacity; 지구가 그해에 생산할 수 있는 생태적 자원)을 비교하는데, 과거 인구와 소비 증가율, 세계 총생산량과 자원소비에 기초하여 예상 수치를 산출한다.

지구생태용량 초과의 날 = (생태용량 / 생태발자국) x 365

지구생태용량 초과의 날 이후 우리가 쓰는 자원은 미래세대에게 빌려 쓰는 부채(debt) 상태라

고 할 수 있다.

지구생태용량은 다음 4가지의 주요한 요인으로부터 결정된다.

- 우리가 얼마나 소비하는가
- 우리가 만드는 제품이 얼마나 효율적인가
- 얼마나 많은 사람들이 살고 있는가
- 자연이 얼마나 생산할 수 있는가

지구생태용량 초과의 날은 1970년 12월 31일 이후 해마다 앞당겨지다가 2020년 Covid-19로 인해 후퇴한 이후 다시 8월 1~3일 사이에서 변화하고 있다(그림 217). 이는 인류가 현재 수준으로 생활할 경우 1.75개의 지구가 필요하다는 의미로 해석된다.

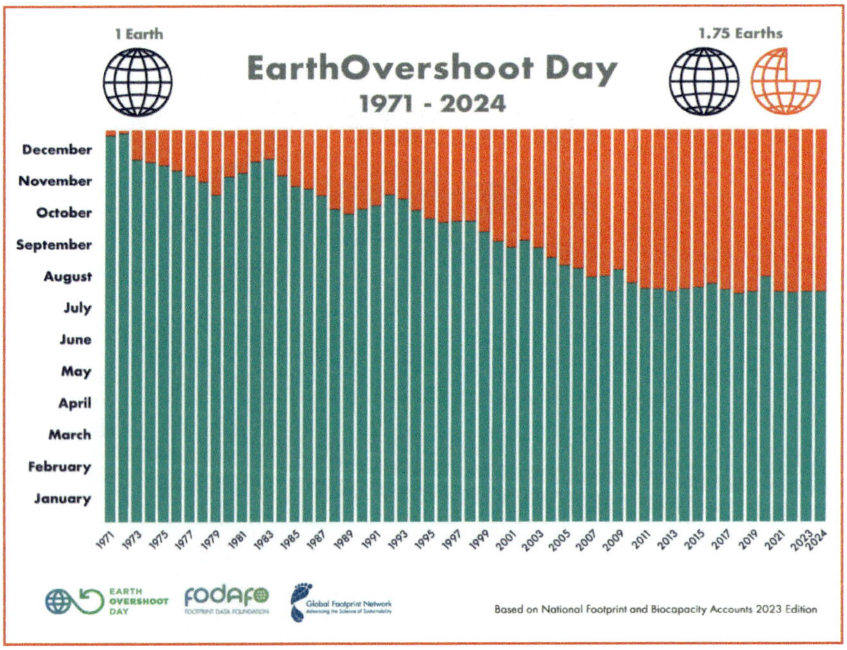

그림 217 지구 생태용량 초과의 날 변화

(자료: ©Earth Overshoot Day)

[2] 나라별 생태용량 초과의 날

지구생태용량 초과의 날이 지구 상 모든 나라를 통합한 개념이라고 한다면, 각 나라별 특성을 고려한 나라별 생태용량 초과의 날 (Country Overshoot Day)을 산출한다(그림 218). 한 국가의 생태용량 초과의 날은 모든 인류가 해당 국가의 사람들처럼 소비된다면 지구생태용량 초과의 날이 끝나는 날이다.

국가 생태용량 초과의 날은 가장 최근에 산출된 국가 생태발자국 및 생태 용량을 사용하여 매년 1월 1일에 게시된다. 2024년 국가 생태용량초과의 날은 2023년판을 기준으로 하며, 2023년판은 1961년부터 2022년까지의 결과를 제공한다.

그림 218 나라별 생태용량 초과의 날

(자료: ©Earth Overshoot Day)

2024년 우리나라의 생태용량 초과의 날은 4월 2일로서 세계적으로도 매우 심각한 수준이다. 이는 우리나라가 제공하는 생태용량을 불과 3개월만에 소비해버렸다는 의미이다.

또한 국가 면적 대비 1인당 소비량이 가장 큰 곳은 대한민국으로 전 세계사람들이 우리나라처럼 소비를 한다면 3.85배의 지구가 필요하다.

2절 생태환경문제 특성과 국제협력

1. 생태환경문제

역사 이래로 자연과 더불어 살아오던 인간은 문명의 발달과 더불어 더 많은 에너지와 식량이 필요하였고, 이에 필요에너지를 충당하기 위해 화석 연료를 사용하고, 식량수확을 위해 숲을 베어내고 화학비료를 사용해왔다. 그 결과 지구온난화, 열대우림 파괴, 산성비, 황사, 미세먼지, 사막화, 오존층 파괴 등과 같은 끝없는 지구환경문제 야기하였다.

현대 환경문제의 원인은 인구성장과 도시화, 식량부족, 경제성장, 자원고갈, 사용불가능한 에너지 생성 등을 들 수 있다. 생태환경문제의 특징을 요약하면 다음 표 32와 같다.

표 32 생태환경문제의 특징

생태환경문제	특 징
상호관련성	공기-물-토양-동식물-인간
광역성	공간이동-국제적문제 (지구환경문제)
시차성	오염의 발생과 영향간에 시차 존재 사전 예방
탄력성과 비가역성	자정 작용
엔트로피 증가	사용 가능한 에너지→사용 불가능한 에너지 :자원의 감소 - 환경오염
간접적, 지속적	자외선-피부암, 유전적 영향
인과관계 불분명	원인-결과의 규명 불명확

[1] 상호관련성

생태계를 구성하고 있는 공기 물 토양 등의 환경요인과 동식물 인간 등 생물요인들은 서로 작용과 반작용을 하면서 상호관계를 맺고 있다.

작용(action)은 비생물환경인 온도, 물, 햇빛 등이 생물에 미치는 영향을 말하며, 반작용(reaction)은 생물이 비생물환경에 미치는 영향을 말한다.

그러나 이를 현대 인공의 영향을 강하게 받는 생태계에서 생태환경문제에 적용 설명하면 반대의 해석이 가능하다. 즉, 작용이란 사람을 중심으로 생물이 비생물환경에 미치는 영향을 말하며, 반작용이란 비생물환경이 사람에게 미치는 영향이라고 할 수 있다.

생물적 상호작용에는 크게 중립, 경쟁, 포식 및 기생, 공생 등이 있다.

이를 간단히 정리해보면 다음 표 33과 정리할 수 있다.

표 33 상호작용

		약한 종에 미치는 영향		
강한 종에 미치는 영향		-	0	-
	-	상호억제경쟁 Mutualinhibition 자원이용경쟁 Competition resource	편해공생 amensalism	기생 parasitism
	0	편해공생 amensalism	중립(불편) neutralism	편리공생 commensalism
	+	포식 predation	편리공생 commensalism	상리공생 mutualism 원시협동 protocooperation

※상호작용에 대한 자세한 설명은 이 책 제3장 '개체군과 군집', 2절 '개체군과 성장'에서 구체적으로 소개하였다.

[2] 광역성

생태환경문제는 대기, 물 등을 통한 공간이동 특성으로 인해 제한적 범위에서 발생하는 것이 아니라 지역적, 국가적, 나아가 국제적 문제로 대두되고 있다. 이러한 광역성 특성으로 인해 지구환경문제가 발생된다.

지구환경문제는 생태환경문제의 특성 중 광역성에 의해 나타나는 현상으로서 국제적, 범지구적 환경 문제를 일컫는다. 기후변화와 지구온난화, 산성비, 열대림감소, 오존층파괴, 사막화, 해양오염, 유해폐기물 국가간 이동 등을 의미한다. 지구환경문제는 피해 정도가 크고 광범위하여 어느 특정 지역이나 국가만의 노력으로는 불가능하므로 국제간 협력과 공동대응이 필요하다. 이를 위해서 국가적 대응을 포함하여 국제기구, 국제협약, 국가 간 공동대응 등의 전략이 논의되고 있다.

지구환경문제는 오존층파괴, 열대우림파괴, 지구온난화, 사막화, 산성비, 황사현상, 미세먼지 등을 들 수 있으며, 국제적인 협력을 위한 논의들이 계속되고 있는데 1992년도 리우환경회의와 같은 국가 정상급 회의를 비롯하여 다양한 규모와 형태의 국제간 협약 및 회의를 통해 지구 생태계를 건전하게 지키고 지속가능한 발전을 이루기 위한 시도가 계속되고 있다.

■ 리우환경회의

1992년 브라질 리우데자네이로에서 전 세계 정상급 지도자들이 모인 지구정상회담(EARTH SUMMIT)로서 정식명칭은 환경 및 개발에 관한 유엔 회의(United Nations Conference on Environment and Development, UNCED).

[3] 시차성과 사전예방

생태환경문제가 인식되기 시작할 때는 이미 그 현상이 발생한 시기로부터는 상당한 기간이 지나게 되며 해결을 위한 비용과 인력 등의 소모가 크게 된다. 따라서 0.1%의 작은 가능성에도 사전 예방적 조치가 필요하며, 이렇게 하는 경우 비용과 노력을 절감할 수 있다.

시차성의 심각성을 보여주는 대표적인 사례로는 오대호 중에서 에리(Erie)호와 온타리오(Ontario)호를 연결하기 위해 건설하려던 러브커낼 사건(Love Canal Accident)을 들 수 있다. 운하 공사가 중단된 러브커낼에 묻힌 유독성매립되었던 유독성 화학물질과 쓰레기, 군사용 유해성 폐기물들이 오랜 시간 후에 심각한 환경성 질환을 발생시킨 사건이다. 운하 주변은 이후 주거지와 초등학교로 사용되었으나 20여년 후부터 오염징후가 나타나기 시작하여 주민들은 피부병과 두통이 자주 발병하였고 유해 화학물질이 다량 검출되었으며 토양에서도 유독물질을 포함한 물이 표면으로 스며 나오는 등 문제가 드러나면서 역학조사를 통해 유독성 화학물질의 영향을 밝혀냈다. 마침내 미국 연방환경청은 이 지역을 환경재해지역으로 선포하고, 거주하던 238가구로 하여금 즉시 떠날 것을 명령하였으며, 초등학교는 폐쇄되었다. 그 후 복구작업이 진행되어 막대한 예산이 투입되었고 슈퍼펀드법(The Comprehensive Environmental Response, Compensation, and Liability Act)을 제정하여 러브 커낼과 비슷한 지역이 미국 내에서만 2만 766개로 나타났다. 러브커낼 지역은 세 차례에 걸쳐 총 2억 5천만 달러를 들여 복구를 시도했지만 아무도 살지 못하는 죽음의 도시가 되어 현재도 이 곳은 단 한 명도 살지 않는 유령도시로 남아있다(그림 219; 그림 220).

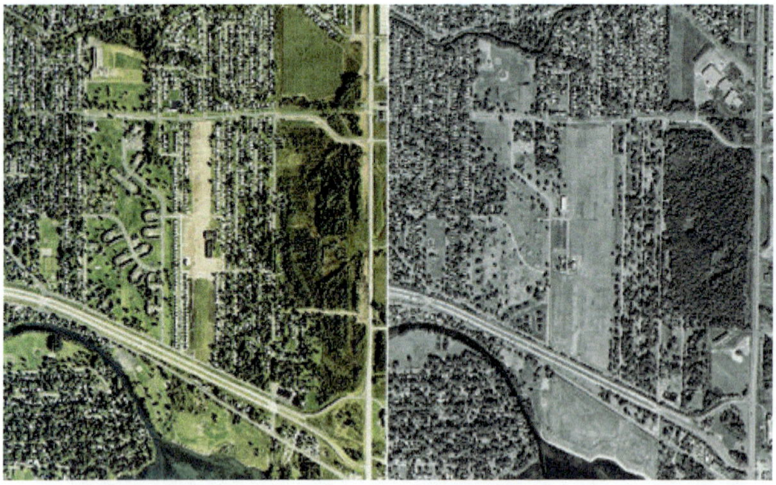

그림 219 러브캐널 과거와 현재. 왼쪽:1980년, 오른쪽 : 2002년
(자료:https://pubs.acs.org)
운하 근처의 마을이 모두 이전했음.

그림 220 러브커넬 지역의 피해자 어린이의 고발성 시위.
(자료 : http://www.buffalonews.com)

[4] 탄력성과 비가역성

생태환경문제는 자연형성과정에 의해 수용력(Carrying Capacity) 범위까지는 자정작용에 의해 스스로 조절 가능하며 이를 탄력성이라고 한다. 그러나, 수용능력의 한계를 벗어나면 자정능력을 상실하게 되어 조절이 어렵게 되며 이를 비가역성이라고 한다.

(1) 생태용량(Carrying Capacity)

생태용량은 생태계가 지니는 자원과 서비스의 공급능력 즉 '생태적 수용능력'을 말하며 기호는 'K'로 표기한다. 이는 개체군 성장에서 생육에 좋은 조건일 때 생물의 성장 초기에는 기하급수적으로 증가하나 외부 및 내부의 영향으로 성장률이 감소하고 성장이 멈추게 되는 'S'형 성장곡선이 더 이상 증가하지 않는 한계를 의미한다(그림 221).

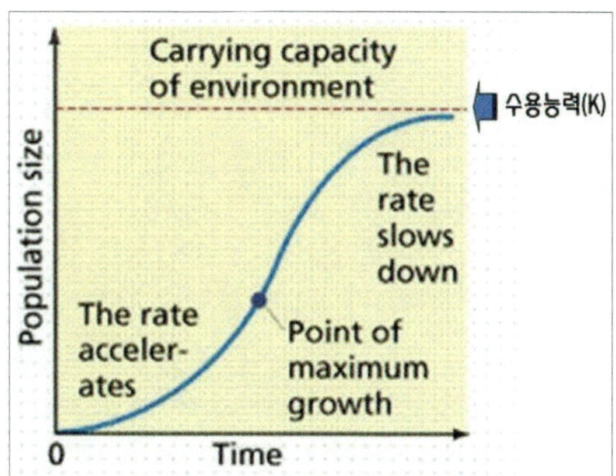

그림 221 생태적 수용력

(2) 생태발자국(Ecological Footprint)

생태발자국은 인간이 지구에서 삶을 영위하는데 필요한 의식주 등을 제공하기 위한 자연자원의 생산과 폐기에 드는 비용을 토지로 환산한 지수로서 생태용량과 반대되는 개념이다(그림 222, 그림

223). 즉, 사람들이 지구에서 삶을 영위하면서 자원생산과 폐기에 필요한 비용을 면적으로 산출하며, 단위는 'GHa, 글로벌 헥타르'로 표기한다.

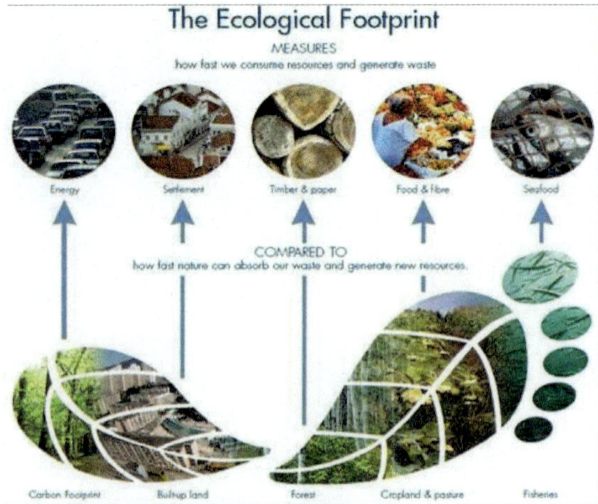

그림 222 생태발자국
(자료:Global Footprint Network)

1글로벌 헥타르는 생물학적으로 생산적인 토지와 어장의 헥타르당 인간이 사용하고 인간 폐기물을 동화시키는 연간 세계 생물학적 생산량으로서 다양한 제품의 생산과 소비를 측정한다. 작물, 삼림(목재 생산과 CO2 흡수), 방목 및 어업을 포함한 세계의 총 생물학적 생산 및 폐기물 동화량을 산출하여 사용하는 토지의 풍부함에 따라 가중치를 설정하고 생산의 총량을 사용한 헥타르 수로 나누어 산출한다. 생물학적으로 생산적인 지역에는 경작지, 삼림 및 어장이 포함되며 사막, 빙하 및 열린 바다는 포함되지 않는다.

시각적으로는 생태환경 훼손과 오염부하량을 각각 포함하여 발자국 면적으로 표현하며, 면적이 넓을수록 환경문제가 심각한 것으로 해석된다. 지구가 기본적으로 제공하는 생태발자국은 1인당 1.8gha으로서 이미 지구의 생태발자국은 생태적 수용능력을 초과하였다. 우리나라는 1995년에 생태용량을 넘어 4gha에 이르는 것으로 산출되며, 이는 인류가 우리나라와 비슷한 수준으로 생활한다면 지구가 2개 이상 필요하다는 의미이다.

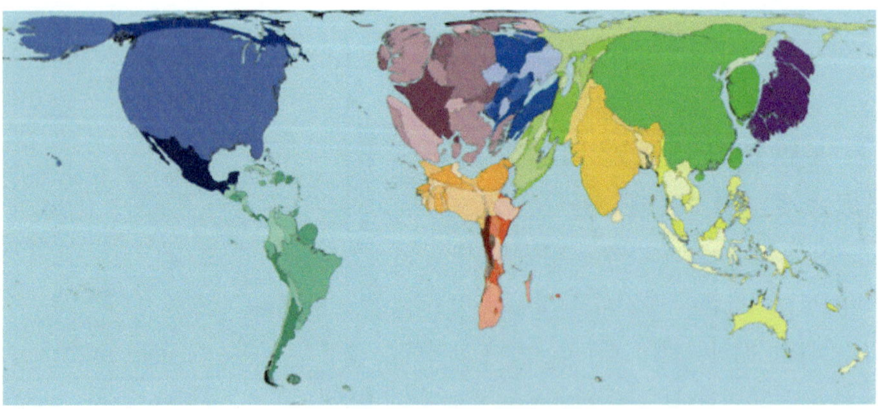

그림 223 생태발자국으로 본 세계지도
(자료:The Living Planet Report, 2006)
Global Footprint Network, 2006)

■ 탄소발자국

탄소발자국(Carbon Foot Print)는 개인이나 단체 또는 상품 등에 의해 발생되는 온실가스 배출 총량을 의미한다. 즉, 일상생활에서 사용하는 전기, 도시가스 등 연료, 생활용품, 음식, 기타 생활필수품 등을 모두 탄소량으로 환산하여 발자국으로 표현한 것이다.

국내에서도 환경부, 산림과학원, 각 지자체 및 시민단체 등에서 일상생활에서의 탄소발자국을 산출하기 위한 탄소발자국 계산기 또는 탄소가계부 기록장 등을 운영하여 일반시민들이 손쉽게 탄소배출량을 계산하고 저감 노력을 할 수 있도록 하고 있다.

[5] 엔트로피 증가

엔트로피(entropy)의 증가란 사용 가능한 에너지(available energy)가 사용 불가능한 에너지의 상태로 전환됨을 의미하며, 독일의 물리학자 루돌프 클라우지우스 Rudolf Clausius에 의해 창안된 용어이다. 에너지의 상태가 무질서한 상태. 즉 사용 불가능한 에너지(unavailable energy)의 척도로 사용된다.

즉, 에너지는 무질서가 증가하는 방향, 즉 엔트로피가 증가하는 방향으로 이동한다는 이론으로서 이를 엔트로피 증가의 법칙 또는 열역학 제2법칙 이라고 한다.

1865년 클라우지우스가 변화를 뜻하는 그리스어 '$\tau\rho o\pi\eta$(trope=turning)'에서 이 물리량을 엔트로피라고 이름을 붙였다(Clausius, 1865). 즉, 'energie +trope (turning)+y'의 조합을 통해 '에너지 변화'라는 개념의 용어가 정립되었다.

2. 지구환경문제

[1] 열대우림 파괴

지구의 생물종은 대략 1,000~3,000만종으로 추정되는데 지구상의 생물종의 50~70%가 열대우림에 서식하는 것으로 알려져 있다. 해마다 육지면적의 0.1%에 해당하는 약 11만km^2의 열대우림이 벌채되고 있어 약 150년 후에는 완전히 사라진다는 보고가 있다. 열대우림이 파괴되는 원인으로는 원주민의 생존을 위한 열대우림파괴(화전), 경제개발과 외환상환을 위한 국가의 미봉적인 규제(인구증가), 목재를 원하는 다국적 기업의 수요증가(산업 및 경제활동의 증가) 등을 들 수 있다.

이렇게 열대우림이 파괴되면 토양의 유기물층 훼손으로 토양이 유실되고, 기후가 건조화되어 사막화가 가속되며, 생물종의 감소로 생물다양성의 파괴되는 등의 문제가 발생하게 된다.

또한 열대우림은 밀집된 생산자의 광합성 작용으로 온실가스인 이산화탄소를 흡수하는 탄소저장고이나 열대우림 파괴로 인해 기능이 손실되고 지구차원에서의 이산화탄소 증가 원인이 되고 있다. 지구상에서 매년 증가하는 40억톤의 CO_2 중 약30%가 열대우림의 파괴에서 발생하고 있다고 보고된 바 있다.

[2] 사막화와 황사

(1) 사막화

사막화(Desertification)란 건조, 준건조, 습기부족지역에서 기후변동 및 인간활동으로 인하여 토지가 황폐해지는 현상을 말한다(그림 224). 사막화 진행은 원상태 회복이 불가능한 비탄력적 현상이라는 점에서 더욱 심각성이 높다.

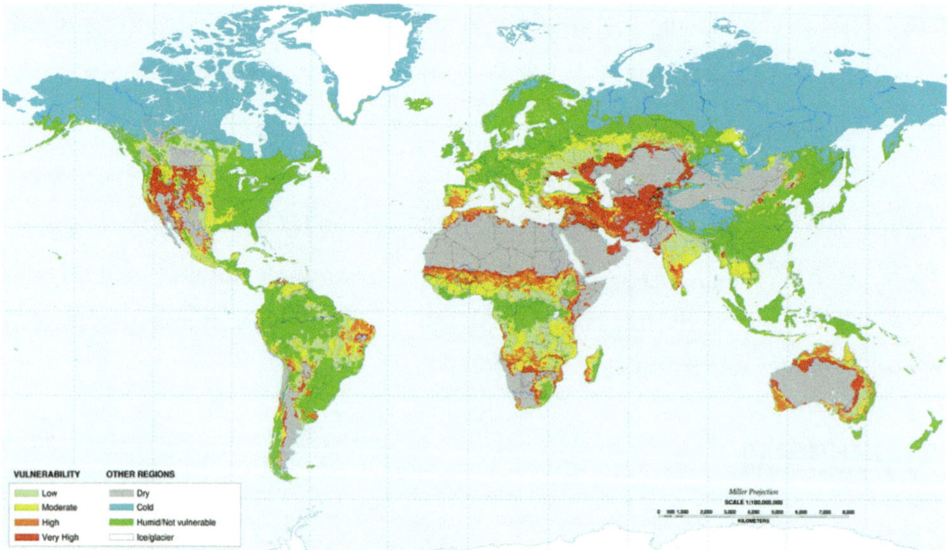

그림 224 사막화 취약지역(자료:USDA)

사막화의 원인은 자연적 요인인 가뭄이나 건조화 현상과 인위적 요인인 관개, 산림벌채, 환경오염 등이 복합적으로 작용하여 토지가 사막화 되는 경향이 많다. 일단 숲이 사라지면 지표 반사율이 증가하고 냉각화되어 강우량이 감소하고 이로 인해 숲의 형성이 불가능해지는 악순환을 통해 더욱 빠른 속도로 사막화가 진행된다(그림 225).

▼Linkages and Feedback Loops among Desertification, Global Climate Change and Biodiversity Loss

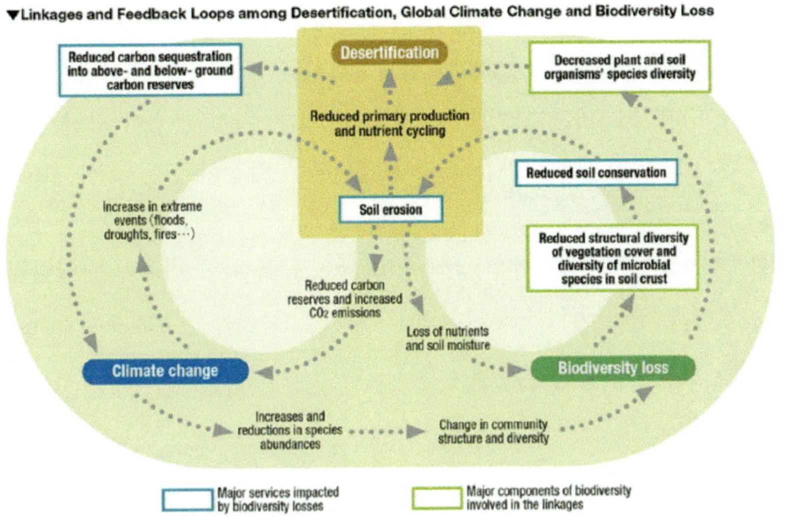

그림 225 사막화 과정
(자료:MEA(새천년생태계서비스평가))

사막화 현상은 자연적 원인과 더불어 주로 인위적 원인에 의해 가속화된다고 할 수 있다. 주로 다음과 같은 원인에 의해 발생하게 된다.

- 과도한 벌목으로 인한 토양침식
- 관개농업에 의한 토지의 염류화(salinisation)
- 토지 능력을 초과한 과도한 경작
- 자연 생태계의 식물종 감소
- 기후변화에 의하여 사막화의 속도 가속
- 심한 가뭄 한발(drought)
- 지나친 방목(overgrazing)
- 지나친 경작(overcultivation)
- 산림의 제거(deforestation)

(2) 황사

황사(Yellow sand dust; Asian dust)는 황토지대나 사막 등지에서 발생한 미세한 토양입자가 바람을 타고 대기 중에 이동되어 낙하하는 현상으로서, 북반구에서는 황사가 발생하면 초속 30m 편서풍을 타고 3,000~5,000km 상공까지 올라간 미세먼지가 대기 중에 퍼져 하늘을 덮었다가 모래흙으로 떨어지는 현상을 말한다.

발원지는 주로 중국 내륙과 몽골 등의 사막과 건조지대에 밀집되어 있으며 중국, 우리나라, 일본에 큰 피해를 주고 있는 것은 물론 심할 때는 태평양 건너 미국의 서해안에 영향을 끼치기도 한다. 우리나라에 피해를 주는 황사의 발생지로서는 주로 중국 황하강 유역 황토고원, 타클라마칸 사막지대, 몽골 고비 사막지대 등을 들 수 있다. 황사 알갱이 크기는 1~1000μm까지 다양한데, 우리나라와 일본에서 관측된 황사는 미세한 알갱이로서 크기는 1~10μm 정도로 구성되어 있다.

황사는 화학적으로 풍화되기 쉬운 장석, 탄산칼슘 등을 다량 함유하는 알칼리성 토양으로서 장거리 이동 중에 오염된 지역을 통과하면서 SO_2, NO_2 등 가스상 물질을 흡착하여 황산염이나 질산염 등을 생성하기도 한다(그림 226).

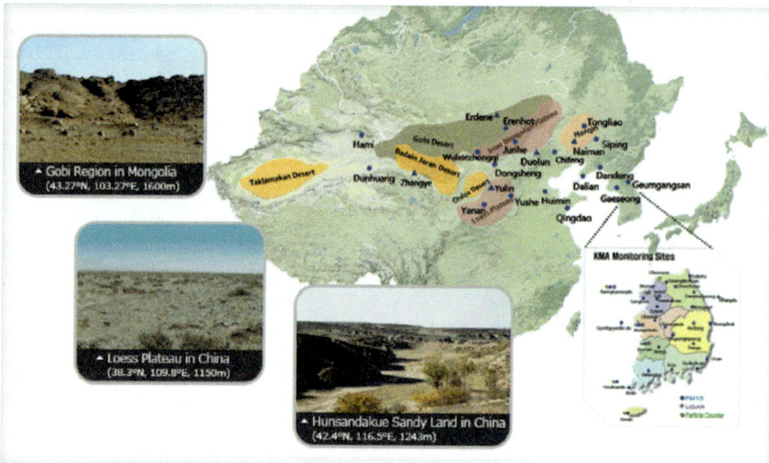

그림 226 황사발생

(자료:National Institute of Meteorological Research)

봄철에는 겨울 내내 얼어있던 건조한 토양이 녹으면서 잘 부서져 부유하기 쉬운 크기의 모래먼지가 발생하기 때문에 유난히 황사의 피해가 자주 나타나게 된다. 이러한 황사는 일부 긍정적 효과도 있을 것으로 보고 있으나, 대체로 큰 피해를 유발하는 것으로 알려진다.

역사적으로 기록에 의하면 삼국시대 이후 황사발생 기록이 나타나고 있다(그림 227).

[3] 오존층과 산성비

(1) 오존층 파괴

오존(O_3)은 인체에 유해한 자외선을 차단 또는 흡수하여 보호해 주는 기체상 물질로서, 오존층 파괴는 냉장용 냉매인 프레온가스(CFCs) 등에서 나오는 화학물질이 오존의 산소 결합 고

Period of the Three Kingdoms (BC 57 - AD 938)

YEAR	MONTH (Lunar)	KINGDOM	ORIGINAL RECORD	MEANING
174	1	Silla	雨土	Dust fell like rain.
299	10	Goguryeo	黃霧四塞	Yellow fog in all directions
379	4	Baekje	雨土竟日	Dust fell all day.
389	2	Silla	雨土	Dust fell like rain.
500	4	Silla	京都 黃霧四塞	There was yellow fog in all directions in Gyungju, Silla's capital.
606	3	Baekje	王都雨土晝暗	The sky of Baekje's capital was darkened like night by dustfall.
627	3	Silla	大風雨土過五日	Dust storm lingered over five days.
644	10	Goguryeo	平壤 雪 色赤	Snow tinged with red in Pyungyang.
770	3	Unified Silla	雨土	Dust fell like rain.
780	1	Unified Silla	黃霧	Yellow fog
780	2	Unified Silla	雨土	Dust fell like rain.
850	1	Unified Silla	京都雨土	Dust fell in Gyungju, Silla's capital.

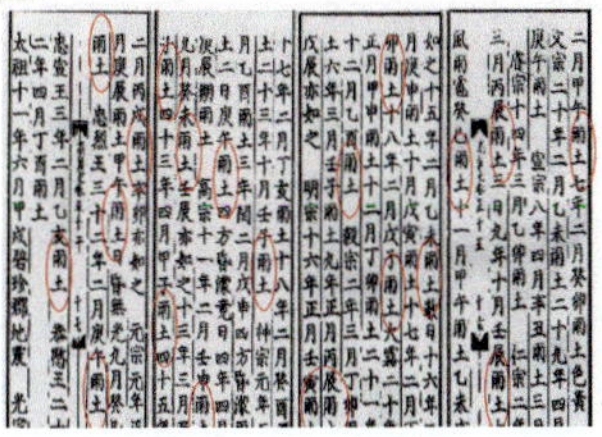

"Woo-Tou" are recorded in Goryeo sa. At this time, almost all events were observed in the capital. Out of these records, 50 were about a dust event during from AD 918 to 1392.

Prisoners were set free in Silla after the occultation of Saturn by the moon and a dustfall with very strong wind in AD 850.

그림 227 기록에 나타난 황사

(자료: 기상청. 2003에서 발췌)

리를 끊어 성층권의 오존층을 파괴하는 현상을 말한다.

성층권에 존재하는 오존층에는 많은 양의 오존이 있어 인체 및 생명체에 유해한 자외선을 차단하여 생물들을 보호하는 기능을 하며, 우리 주변의 대기 중에는 건강을 해치는 일이 없을 정도의 낮은 농도가 유지되어야 한다. 그런데 오존이 있어야 할 성층권의 오존층은 양이 줄어들고 있고, 우리 주변에서는 인간과 생태계 전반에 유해한 영향을 줄 정도로 그 양이 높게 나타나고 있어 심각하다.

오존은 태양의 자외선을 흡수하여 생명을 보호하는 '지구의 방패' 기능을 하기 때문에 오존층이 파괴되면 지표면에 도달하는 자외선이나 유해 광선이 많아져 농작물이나 육상 및 해양생태계의 생육을 저해시키고, 피부암, 안질환 등 질병을 야기시키며, 인체 면역기능을 손상시키는 등 환경문제를 일으킨다.

그런데 오존층 파괴 물질인 프레온가스 등 사용 증가로 오존층 파괴가 가속화 되고 있다. 대표적인 오존층 파괴물질로는 프레온, 할로겐, 트리클로로에탄, 사염화탄소 등으로서 이들은 분해되지 않고 장기간 잔류하는 속성을 갖고 있다. 특히 오존층 파괴의 주범으로 인식된 프레온가스의 사용이 늘면서 오존층은 1980년대 이후 매년 4%씩 감소해 왔다. 최근의 조사에 의하면 지구 오존층 회복을 방해하는 가장 큰 복병이 프레온가스가 아닌 '사염화탄소'일 가능성이 제기되었고, 사용 금지되었음에도 불구하고 꾸준히 방출되고 있다고 보고되고 있다.

한편, 세계 오존층 보호의 날을 지정하여 범지구적인 노력을 하고 있으며, 최근 세계기상기구(WMO)와 유엔환경계획(UNEP)에서 남극의 오존층에 생긴 구멍이 드디어 작아지기 시작했다는 발표를 공식적으로 밝혔다.

① 비엔나협약과 몬트리올의정서

1985년에 채택된 비엔나협약(Vienna Convention)은 국제적 차원에서 오존층 보호를 위한 기본 골격을 담고 있다. 몬트리올의정서(Montreal Protocol)는 비엔나협약의 후속 작업으로서 오존층 파괴물질의 생산과 소비의 감축을 주요 내용으로 1987년에 채택되었다. 우리나라는 1992년 2월에 비엔나협약 및 몬트리올의정서에 가입했다.

이 협약에서는 오존층을 파괴하는 물질로 염화불화탄소(CFCs), 할론(Halon), 사염화탄소 등 95종의 물질을 규정하고 있다.

② 오존홀(Ozone hole)

1966년 영국의 남극 탐사대가 남극 대기권 오존층에서 구멍을 발견하면서 관심이 집중되었고 1974년에 염화불화탄소(CFC)가 오존층을 파괴한다는 가설이 제기되었다. 1987년 10월, 남극 15~20km 고도 내에서 오존전량의 약 95%가 파괴되었으며, 핼리 만(Halley Bay)에서 관측된 오존전량은 1970년 오존전량의 반 이하로 감소됨이 밝혀졌다(그림 228). 1989~1990년 동안에 오존층은 아주 심각하게 파괴되었으며, 1979년 이래 전지구적 오존전량은 년 3 %정도 감소되고 있음을 발견하였다.

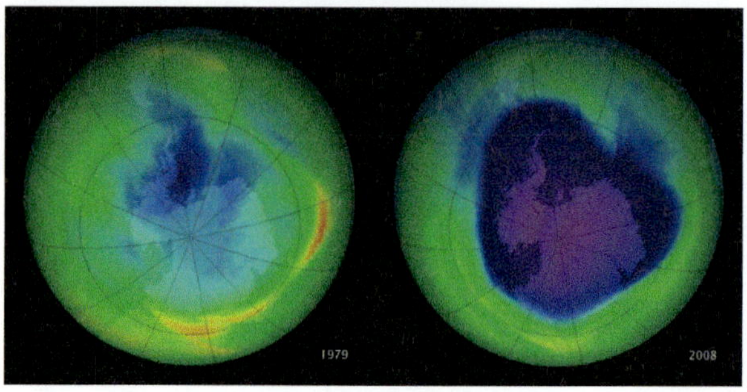

그림 228 남극 오존홀의 변화
(자료: earthobservatory.nasa.gov)

이후 지속적인 노력으로 2010년 이후 오존층이 회복되고 있다는 보고와 더불어, 한편으로 2011년에는 북극에서도 오존홀이 발견되었다.

(2) 산성비

산성비(Acid rain)란 화석연료의 대량연소에 의해 대기 중으로 배출된 산성입자가 수분이나 다른 혼합물과 만나 결합된 상태로 강하하는 pH5.65 이하의 산성강하물을 말한다. 산성비는 국지적인 대기오염문제와는 달리 광역적으로 발생하고 그 피해도 광범위하게 나타나 국제적인 환경오염문제를 일으키게 된다. 즉, 먼거리까지 이동하는 특징이 있으며, 이는 환경생태문제의 특성 중 광역성에 해당된다.

자연 상태에서 내리는 비, 진눈깨비, 눈 등 강수물(precipitation)은 일반적으로 대기 중의 CO_2

와 반응하여 25℃에서 탄산(H_2CO_3)을 생성하여 pH 5.65의 약산성을 띠게 되는데 이를 자연적 중성이라 하며, 이 수치보다 낮은 경우를 산성비라 한다.

대기오염 물질 가운데 황산화물(SO_2)과 질소산화물(NO_x) 등이 상공에 머무르는 동안 대기 중의 수증기나 빗물과 작용하여 수화 또는 산화(광화학반응)되어 만들어진 황산(H_2SO_4)이나 질산(HNO_3)이 포함된 산성강수물(acid precipitation)이 되어 강하한다(그림 229).

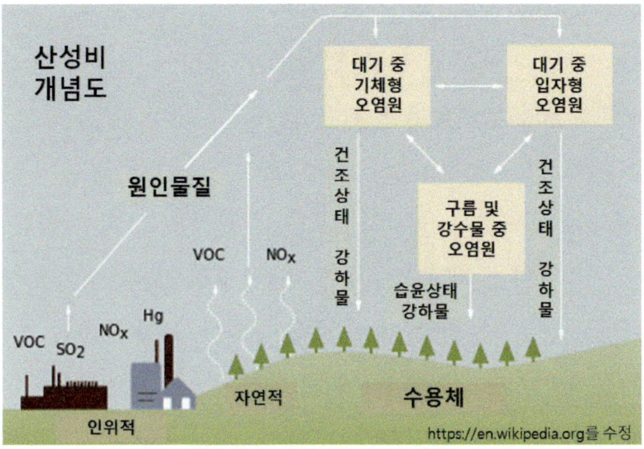

그림 229 산성비 발생 원리
(자료:위키피디아를 수정)

3. 국제협력

[1] 기후변화협약

UN기후변화협약(UNFCCC;United Nations Framework Convention on Climate Change)은 1992년 브라질 리오데자네이로에서 개최된 지구정상회담(UN 환경개발회의)에서 채택되어 1994년 발효된 국제 협약으로서 우리나라는 1993년 12월, 47번째로 가입하였다. IPCC 제1차 평가보고서(AR1)에서 범지구적 공동 노력 필요성이 제기되어 지구정상회담에서 체결되었다. 주요 목표는 기후변화로 인한 온실가스의 감축과 적응을 목표로 하며, 생태계가 기후변화에 자연적으로 적응하고 생산량이 위협받지 않으며 지속가능한 경제 발전이 가능할 정도로 온실가스 농도를 안정화할 것을 구체적인 실천목표로 설정하고 있다.

협약 채택 당시 지구온난화에 역사적 책임이 있는 선진국의 온실가스 배출량을 2000년까지 90년 수준으로 감축할 것으로 권고한 바 있으며, 이후 선진국들의 2000년 이후 강제적인 온실가스 감축목표 설정에 합의한 '교토의정서'를 채택하였다. 협약의 대상이 되는 온실가스로는 6대 온실가스(CO_2, CH_4, N_2O, HFCs, PFCs, SF_6)를 주요 관리 대상으로 설정하고 있다.

(1) 교토의정서

1997년 12월 일본 교토에서 지구온난화를 지연시키기 위한 새로운 조약에 합의하였다. 주요 협약 내용은 다음과 같다.

우선, 공동·차별화 원칙에 따라 협약 당사국을 Annex I, Annex II 및 Non-Annex I 국가로 구분하여 각기 다른 의무를 부담토록 규정하고 있다.

- **공통의무사항**: 모든 당사국들은 온실가스 배출량 감축을 위한 국가전략을 자체적으로 수립·시행하고 이를 공개함과 동시에 온실가스 배출량 및 흡수량에 대한 국가통계와 정책이행에 관한 국가보고서를 작성, 당사국총회(COP)에 제출
- **특정의무사항**: Annex I 국가는 온실가스 배출량을 1990년 수준으로 감축하기 위하여 노력토록 규정하였으나 강제성은 부여치 않음
- Annex II 국가는 개발도상국에 대한 재정 및 기술이전 의무

Annex 1에 해당되는 선진국 중 미국, 터키 등을 제외한 38개 국가는 2008-2012년 사이 온실가스 방출 1990년보다 평균 5.2% 감축하도록 합의하였으며, 개발도상국에게는 온실가스 방출량 감축을 요구하지 않도록 하였다. 참고로, 우리나라는 Non-Annex I 국가로 분류되어 있어 국가보고서 제출 등 공통의무사항만 수행하면 되나, OECD 가입 당시에 정책이행 국가보고서 작성 시 선진국에 대한 가이드라인을 고려하기로 약속한 바 있다.

또한 공동이행제도, 청정개발제도, 배출권거래제 등을 포함하는 교토메카니즘(Kyoto Mechanism)을 설정하였다.

① 공동이행제도(JI)

공동이행제도(JI;Joint Implementation)은 선진국(부속서 I 국가)과 선진국(부속서 I 국가) 사이에서 온실가스 감축사업을 공동으로 수행하는 것을 인정하는 것으로서, 한 국가가 다른 국가에 투자하여 감축한 온실가스 감축분을 투자국의 감축실적으로 인정하는 제도이다. 공동이행제도에서 발생되는 이산화탄소 감축분을 ERU(emission reduction unit)라고 한다(그림 238).

② 청정개발제도(CDM)

청정개발제도(CDM;Clean Development Mechanism)는 온실가스 의무감축국가인 부속서 I 국가들은 비의무감축구가인 비부속서 I 국가들에 지속 가능한 발전을 위한 프로젝트를 수행하여 발생하는 온실가스 배출 감축분(CER:Certified Emission Reduction)을 자국의 감축 성과로 인정받을 수 있는 제도이다. 선진국에게는 저렴한 감축기회 제공

하고 개도국에게는 추가적인 재정지원과 선진기술의 확산이 가능한 전략이다. CDM은 반드시 부속서 I 국가들의 투자가 있어야 하는 Bi-lateral CDM과 부속서 I 국가들의 투자 없이도 가능한 Uni-lateral CDM으로 구분된다. Bi-lateral CDM 방식은 선진국이 개발도상국에게 기술과 설비와 자본을 투자하여 감축실적 크레딧을 제공받는 형식이며, Uni-lateral CDM 방식은 개발도상국의 자체 투자 후 감축실적 크레딧을 선진국에게 판매하는 형식으로서 감축실적 크레딧 발급 단계부터는 부속서 I 국가들의 참여가 필수적이다. 현재 대부분의 사업이 Uni-lateral CDM 방식으로 진행되고 있다.

③ 배출권거래제(ET)

온실가스 감축의무 국가가 의무감축량을 초과하여 달성하였을 경우, 이 초과분을 다른 온실가스 감축의무국가와 거래할 수 있도록 하는 제도이다(그림 230).

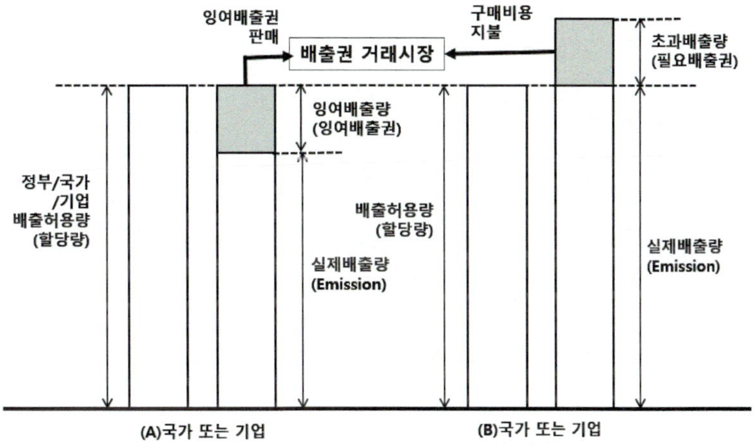

그림 230 배출권 거래제

반대로 의무를 달성하지 못한 온실가스 감축의무 국가는 부족분을 다른 온실가스 감축의무국가로부터 구입할 수 있다. 이 시스템은 온실가스감축량도 시장의 상품처럼 사고 팔 수 있도록 허용한 것이라고 할 수 있다.

탄소배출권의 종류는 다음 표 33과 같다.

표 34 탄소배출권의 종류

구 분	배출권의 종류
의무시장 (Compliance Market)	AAU:교토의정서 하의 부속서 B국가에 대한 국가별 할당량
	ERU:공동이행(JI)제도에서 발생하는 배출권
	CER:청정개발체제(CDM)에서 발생하는 배출권
	RMU:흡수원에서 발행된 배출권
자발적 시장 (Voluntary Market)	VER VCS, Gold Standard 등:국제 자발적 탄소 인증 기준을 거친 배출권
	ER:검증되기 이전 상태의 배출권
	PER:향후 감축이 예상되는 배출권
신규 시장 (New Market)	NAMAs:개도국이 자발적으로 국가별 수준 및 역량에 부합하게 추진하는 온실가스 감축활동

■ 우리나라의 온실가스 배출권 거래제

국내에서는 2009년 국가 온실가스 감축목표(2020년, BAU 대비 30%)를 설정하였고, 「저탄소 녹색성장기본법」 제46조에 따라 「온실가스 배출권거래제」를 도입하여 2012년 5월 「온실가스 배출권의 할당 및 거래에 관한 법률」을 제정하여 시행하고 있다.

2014년 9월 국가 배출권 할당계획(제1차 계획기간 동안 배출권 총수량 16억 8,700만 톤)을 확정하고, 2014년 12월 23개 업종 520여개 업체에 온실가스 배출권을 할당하여 2015년 1월 1일부터 온실가스 배출권거래제를 시행하고 있다.

(2) 파리협정과 신기후체제

2015년 파리에서 열린 제21차 유엔 기후변화협약 당사국총회(COP21)가 13일 폐막하고 신기후체제 합의문인 '파리협정(Paris Agreement)'을 채택하였다. 파리협정으로 2020년 이후 적용될 새로운 기후변화 대응 체제가 마련되었다. 당초 2012년 만료 예정이었던 기존의 교토의정서 적용이 2020년까지로 연장되고 2021년 이후 파리협정에 의한 신기후체제가 시행되었다.

파리협정은 각 나라가 온실가스 감축목표를 스스로 정하고 이를 검증하는 체제이다. 세부적인 내용은 다음과 같이 요약할 수 있다.

- **장기목표**: 산업화 이전 대비 지구 평균기온 상승을 2℃보다 상당히 낮은 수준으로 유지하기로 하고 1.5℃ 이하로 제한하기 위한 노력을 추구한다.
- **온실가스 감축**: 국가별 목표(기여방안·INDC)를 스스로 정하며, 기여방안 제출은 의무로 하되, 이행에는 국제법적 구속력을 두지 않는다. 목표 실천을 위

해 각국은 국내적으로 노력한다. 5년마다 상향된 목표를 제출하되 차기 목표 제출시 이전보다 진전된 목표를 제시한다는 원칙을 세웠다.

- **이행점검**: 검증도 5년 단위로 하여, 국제사회가 공동으로 검증하는 '이행점검(Global Stocktaking)' 시스템을 만든다. 국가 온실가스 인벤토리, 감축목표 달성 경과 등의 보고를 의무화하며 개도국에게는 유연성을 허용하였다.
- **탄소시장**: 목표의 효과적 달성을 위해 다양한 형태의 국제 탄소시장 메커니즘 설립에 합의했다. 기후변화협약 중심의 시장과 더불어 당사국 사이의 자발적 협력도 인정한다.
- **적응**: 온실가스 감축뿐 아니라 기후변화에 대한 적응의 중요성에 주목하고, 기후변화에 따른 '손실과 피해' 문제도 규정하였다. 모든 국가는 국가적응계획을 수립하고 관련 보고서를 제출한다.
- **재원**: 개도국의 기후변화 대응을 위한 선진국의 재원 공급 의무를 규정했다. 선진국 이외 국가의 자발적 기여도 장려하고 공공기금을 포함한 다양한 분야에서 재원을 조성한다.
- **기술**: 개도국의 동참을 장려하기 위해 선진국을 중심으로 기술의 개발 및 이전을 강화한다. 개도국의 기후변화 대응 역량 제고를 위해 '파리위원회'를 설립한다.

(3) IPCC(Intergovernmental Panel on Climate Change)

기후변화 문제에 대처하기 위해 세계기상기구(WMO)와 유엔환경계획(UNEP)이 1988년에 공동 설립한 국제기구로, 기후변화에 관한 과학적 규명에 기여한다. 전세계 과학자가 참여・발간하는 IPCC 평가보고서(AR: Assessment Report)는 기후변화의 과학적 근거와 정책방향을 제시하고 유엔기후변화협약(UNFCCC)에서 정부간 협상의 근거자료로 활용한다(출처 : 기상청 기후변화포털).

- 제1차 평가보고서('90) : 유엔기후변화협약(UNFCCC) 채택('92)
- 제2차 평가보고서('95) : 교토의정서 채택('97)
- 제4차 평가보고서('07) : 기후변화 심각성 전파 공로로 노벨평화상 수상(엘 고어 공동 수상)
- 제5차 평가보고서('14) : 파리협정 채택('15)
- 제6차 평가보고서('23) : 파리협정의 첫 전 지구적 이행점검(1st Global Stocktake)의 투입자료로 활용('23)

■ 제6차 평가보고서 (AR6)

IPCC는 제6차 평가보고서(AR6) 주기('15~'23년) 동안 총 8개의 보고서를 작성하였다.

○ 평가보고서 : 기후변화의 과학적, 기술적 평가에 관한 발간자료

- 제1실무그룹(WG I) 보고서: 기후변화 과학('21.8.)
- 제2실무그룹(WG II) 보고서: 기후변화 영향, 적응, 취약성('22.2.)
- 제3실무그룹(WG III) 보고서: 기후변화 완화('22.4.)
- 종합보고서: 3개 실무그룹 보고서 및 특별보고서 핵심내용 통합 · 평가('23.3.)

○ 특별보고서: 평가보고서 외 특별한 주제에 대해 발행하는 보고서

- 「지구온난화 1.5℃」('18.10.) : [산업화 이전 수준 대비 지구온난화 1.5℃의 영향과 관련 온실가스 배출경로- 기후변화에 대한 전지구적 대응 강화, 지속가능 발전, 빈곤근절 노력의 측면에서]
- 「기후변화와 토지 특별보고서」('19.8.) : [기후변화와 사막화, 토지황폐화, 지속가능한 토지관리, 식량안보 및 지표시스템의 온실가스 플러스]
- 「변화하는 기후에서의 해양 및 빙권 특별보고서」('19.9)

○ 방법론보고서: 국가온실가스 인벤토리 준비를 위한 실용적 가이드라인, UNFCCC 당사국의 인벤토리 보고에 활용

- 「IPCC 국가온실가스 인벤토리 2006 지침 2019 개선보고서」 (2019.5.)

[2] 생물다양성협약

(1) UN 생물다양성협약(Convention on Biological Diversity, CBD)

1992년 리우에서 개최된 유엔환경개발정상회의(UNCED, United Nations Conference on Environment and Development)에서 생물종 감소의 가속화로 종 다양성 보전에 대한 국제적 공감대가 형성되어 생물다양성협약이 채택되었다. 생물다양성협약은 기후변화협약, 사막화방지협약과 더불어 리우 환경회의에서 체결된 3대 환경협약 중 하나로 평가되고 있다. 우리나라는 1994년도에 154번째 회원국으로 가입하였다.

생물다양성 협약은 생물종의 감소와 생태계 파괴의 가속화에 따른 생물다양성의 보전에 대한 범지구적 공감대 형성을 위하여 추진되었으며, 선진국의 지식재산권 보호에 반발한 개도국 그룹의 이익 공유를 포함하는 생물자원에 대한 주권 확보 강화를 추구한다.

즉, 협약이 체결된 1992년을 기준으로 협약 이전에는 유전자원은 인류의 공동유산이라는 논리

를 바탕으로 자원에 대한 무상접근과 무상이용을 통해 선진국의 막대한 이득을 추구하였다면, 협약 이후에는 유전자원은 인류의 공동관심사일 뿐 공동자산이 아닌 국가적 권리로 인정한 계기가 되었다(그림 231). 그 결과 선진국의 유전자원 보존활동에 대한 의무를 강화하였다.

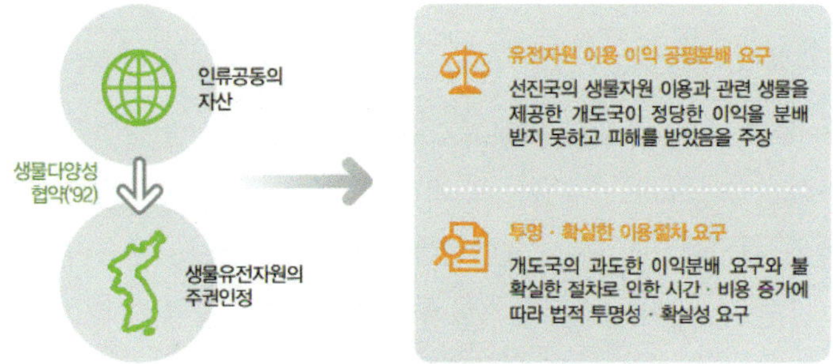

그림 231 생물다양성협약의 의의
(자료:환경부, 국립생물자원관)

생물다양성의 보전, 지속 이용과 발생한 이익의 공평한 공유를 목표로 하며 생물다양성 협약의 3대 목적은 다음과 같이 설정하고 있다.

- 생물다양성 보전
- 그 구성요소의 지속가능한 이용
- 생물유전자원 관련 이익의 공평한 공유(ABS;Access to genetic resources and Benefit Sharing)

■ 본 가이드라인

생물다양성 협약에는 유전자원 접근과 이익공유와 관련하여 구체적 이행 방법 및 절차 등이 마련되어 있지 않았다. 이후 2002년 CBD 제6차 당사국 총회(네덜란드 헤이그)에서 '본 가이드라인(Bonn Guidelines)'이 채택되었다. 공식명칭은 'Bonn Guidelines on Access to Genetic Resources and Fair and Equitable Sharing of the Benefits arising out of their utilization (2002)'이다.

그러나 '본 가이드라인'은 ABS에 대한 기본적인 틀만을 제시하였기 때문에 법적 구속력이 없는 자발적 지침에 불과하였고, 이에 따라 개도국을 중심으로 이익공유의 실질적인 이행이 의문시 된다는 우려가 강하게 제기되면서 실효성 있는 새로운 ABS 국제규범의 필요성이 대두되었다. 즉, 생물다양성 협약이 체결된 이후 일부 생물자원 보유국(원산지국)들은 자국 생물자원에 대한 접근 통제, 해외반출 규제 등의 개별적인 국내법적 조치를 시행하였으나, 국내법적 조치들만으로는 이익공유가 곤란하다고 판단하고 이익 공유를 확실히 보장 할 수 있는 국제적 규범의 채택을 요구하게 되었다. 이는 생물자원이 풍부한 나라는 주로 개도국인 반면 생물자원을 상업적으로 이용할 수 있는 능력은 주로 선진국이 보유하고 있다 보니, 선진국과 개도국 간 대립구도가 형성된 것이다.

(2) 나고야 의정서

나고야 의정서(NAGOYA PROTOCOL)는 유전자원에 대한 접근과 그 이용으로부터 발생하는 이익을 공정하고 공평하게 공유하고자 하는 목적으로 2010년 일본 나고야에서 열린 '제10차 생물다양성협약 당사국총회'에서 채택됐다. 나고야의정서는 생물다양성협약의 3번째 목표인 '유전자원의 접근 및 이익 공유'의 실현을 위해 마련된 국제 규범이며 법적구속력이 있다.

나고야 의정서의 공식 명칭은 '생물다양성협약 부속 유전자원에 대한 접근 및 유전자원 이용으로부터 발생하는 이익의 공정하고 공평한 공유에 관한 나고야 의정서'이다. 전문, 36개 조문, 1개 부속서로 구성되었고 2010년에 채택되어 2014년부터 발효되었다. 생물유전자원과 관련 전통지식을 이용하려는 자는 자원제공국의 사전통보승인을 얻어야 하고, 여기에서 발생한 이익은 상호합의조건에 따라 공유해야 한다.

나고야 의정서의 주요 내용은 생물유전자원 이용을 위한 접근절차(Access), 이익공유(Benefit-sharing), ABS 정보공유체계(ABS-Clearing House) 등을 담고 있다.

[3] 스톡홀름 선언과 브룬트란트 보고서

(1) 스톡홀름 선언

스톡홀름 선언은 1972년 스웨덴의 스톡홀름에서 개최된 유엔환경회의(UNCHE ; the United Nations Conference on the Human Environment)에서 합의된 '인간환경선언(Declaration on Human Environment)'으로서, "하나뿐인 지구(Only One Earth)"를 슬로건으로 하며 '인간 환경에 관한 행동 강령'을 채택하였다.

스톡홀름 유엔환경회의는 환경문제의 해결에 대한 국제적인 협력의 필요성을 촉구하면서 나아가 인류에게 환경문제 인식을 일깨우는 계기가 되었다. 스톡홀름 유엔환경회의의 핵심은 유엔인간환경선언(스톡홀름 선언) 채택, '세계환경의 날' 지정, 인간환경을 위한 행동계획 채택, 유엔환경계획(UNEP) 창설 기반 등으로 요약될 수 있다.

○ UNEP, UNESCO, IEEP

유엔환경계획(United Nations Environmental Programme; UNEP)은 1973년 스톡홀름 회의의 권고에 따라 설립되었다.

1975년 국제연합교육과학문화기구(United Nations Educational, Scientific and Cultural Organization; UNESCO), 국제 환경교육 프로그램(International Environmental Education Programme; IEEP)을 설립하였다. IEEP는 전 세계에 결친환경교육의 연구경향, 환경교육 개발연구 등을 수행한다.

○ 환경의 날

'유엔인간환경선언(스톡홀름 선언)'은 인간환경의 보전과 향상에 대한 공동 인식과 일반 원칙을 천명한 것으로서, 인간환경 행동계획은 인근 주거환경의 계획과 관리, 천연자원관리의 환경적 측면, 국제적으로 중요한 오염물질의 파악과 규제, 환경교육, 정보사회문화적 측면, 개발과 환경 등 5개 분야 109개 활동으로 구성되어 있다. 유엔인간환경회의 개최일인 6월 5일을 '환경의 날'로 지정하였다.

○ IPBES

IPBES(생물다양성과 생태계서비스에 관한 국제 과학-정책 플랫폼; Intergovernmental Science-Policy Platform on Biodiversity and Ecosystem Services)는 생물다양성 및 생태계서비스 문제에 대한 과학과 정책 간의 인터페이스를 개선하여 전세계 생물다양성 감소에 대응하기 위하여 설립된 정부 간 조직으로서, IPCC(기후변화에 관한 정부 간 패널)과 유사한 기능을 한다. 2010년 제65차 UN 총회 결의안에서 UNEP(UN환경계획)에 IPBES 설립을 위한 총회 소집을 촉구한 이후, 2012년 독립적인 정부간 기구로서 창설하여 독일 본에 사무국을 설치한다는 결의안을 채택하였고, 2013년에 IPBES 총회를 위한 초기 개념 프레임워크가 채택되었다(그림 232).

2021년에는 IPBES와 IPCC 공동으로 생물다양성과 기후변화에 관한 공동 워크샵 보고서를 발표하였다.

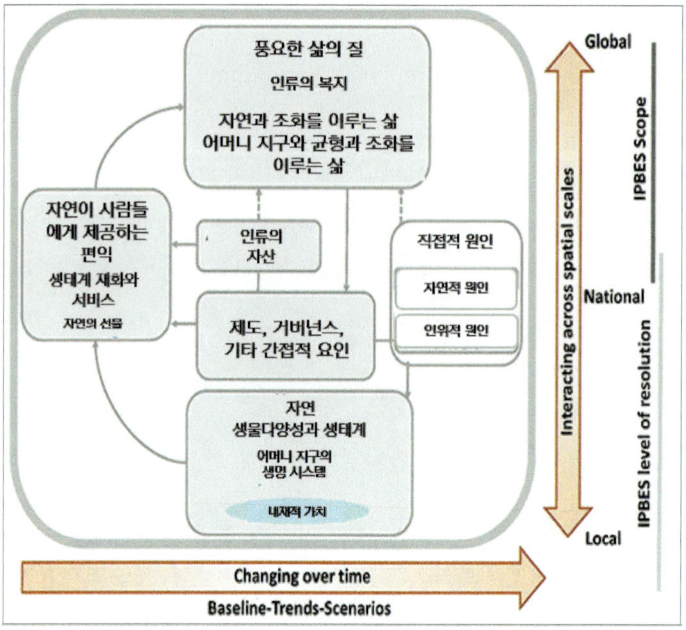

그림 232 IPBES Conceptual Framework
(자료:IPBES,2015)

(2) 브룬트란트 보고서 (우리 공동의 미래)

1987년 환경과 개발에 관한 세계위원회(WCED)에서 채택된 보고서 [우리 공동의 미래(Our Common Future)]에서 '지속가능발전(sustainable development)'을 "미래 세대의 욕구를 충족시킬 수 있는 능력을 저해하지 않으면서 현재 세대의 욕구를 충족시키는 발전(development that meets the needs of the present without compromising the ability of generations to meet their own needs)"이라고 정의하였다. 이 보고서는 위원장인 노르웨이의 수상 '그로 할렘 브룬트란트(Gro Harlem Brundtland)'의 이름을 따서 '브룬트란트 보고서(Brundtland report)'라고도 불린다.

3절 환경오염

1. 환경과 환경지표

[1] 환경과 환경문제

환경정책기본법에 의하면 환경은 자연환경과 생활환경을 말한다.

자연환경은 지하·지표(해양을 포함한다) 및 지상의 모든 생물과 이들을 둘러싸고 있는 비생물적인 것을 포함한 자연의 상태를 말한다. 여기서 자연의 상태는 생태계 및 자연경관을 포함한다. 이러한 야생생물의 남획 및 그 서식지의 파괴, 생태계질서의 교란, 자연경관의 훼손, 표토의 유실 등으로 인하여 자연환경의 본래적 기능에 중대한 손상을 주는 상태를 환경훼손이라고 한다.

생활환경은 대기, 물, 폐기물, 소음·진동, 악취, 일조 등 사람의 일상생활과 관계되는 환경을 말한다. 사람의 활동에 따라 발생되는 대기오염, 수질오염, 토양오염, 해양오염, 방사능오염, 소음·진동, 악취, 일조방해 등으로서 사람의 건강이나 환경에 피해를 주는 상태를 환경오염이라고 한다.

이와 같은 환경오염 및 환경훼손으로부터 환경을 보호하고 오염되거나 훼손된 환경을 개선함과 동시에 쾌적한 환경의 상태를 유지·조성하기 위한 행위를 환경보전이라고 한다.

이와 같은 법적 정의를 바탕으로 이 책에서는 환경오염과 생태계훼손을 다음과 같이 정의한다.

① 환경오염

생활환경에 영향을 주는 대기오염, 수질오염, 토양오염, 해양오염, 방사능오염, 소음·진동, 악취, 일조방해 등 직접적으로 사람의 건강이나 환경에 피해를 주는 상태를 환경오염이라고 할 수 있다.

[참고]오염과 환경오염

- 오염 : 인간이나 다른 생물체의 건강, 생존 또는 활동을 위협하는 물질이 대기, 물, 토양 및 음식 등으로 유입되는 현상.
- 환경오염 : 환경에 새로운 물질이 들어와서 원래의 상태와 다르게 환경이 바뀌는 것으로서 환경의 질을 저하시키는 현상.

② 생태계훼손 (환경훼손)

자연환경에 영향을 주는 야생생물의 남획 및 그 서식지의 파괴, 생태계질서의 교란, 자연경관의 훼손, 표토의 유실 등으로 인하여 자연환경의 본래적 기능에 중대한 손상을 주는 상태를 말하며, 환경정책기본법 상의 '환경훼손'을 이 책에서는 '생태계훼손'으로 정의한다.

③ 환경보전

환경오염 및 생태계 훼손으로부터 환경을 보호하고 오염되거나 훼손된 환경을 개선함과 동시에 쾌적한 환경의 상태를 유지·조성하기 위한 행위로서 생활환경보전과 자연환경보전으로 구분하며, 이 책에서는 특히 자연환경보전은 생태계보전으로 정의한다.

[2] 환경지표와 환경기준

(1) 용존산소

물 속에 용해되어 있는 산소의 양을 용존산소(DO;Dissolved Oxygen)라고 한다. 용존산소는 순수한 물일 때 최대이며 염류농도가 높을수록 감소하고, 수온이 낮을수록 또는 기온이 높을수록 증가한다. 또한 물속에 유기물이 많을수록 감소한다.

물 속에 사는 호기성 세균은 용존산소를 소비하지만 조류(Algae)는 광합성 작용을 하면서 산소를 공급한다. 또한 무기화합물(제1철염, 아질산염, 아황산염, 황화물 등)은 DO를 소모한다. 이렇게 호기성 박테리아에 의해 유기오염 물질 분해될 때 산소가 소비되며 산소를 필요로 하는 수생생물의 생존을 제한하게 된다.

일반적으로 대기 중 약 21%가 산소이며, 물 속(20℃, 1기압)에는 9.17 ppm 정도로 알려져 있다. 그런데 물 속에서는 산소가 고갈되기 쉬운 환경이다. 물 속에서는 미생물에 의한 유기물질 분해로 산소가 소비되어 혐기성 상태가 되면 부패한 가스가 발생하고 악취가 나며 물 색깔이 검은색에 가까워진다.

(2) 생(물)화학적 산소 요구량

생(물)화학적 산소 요구량(BOD;Biochemical Oxygen Demand)은 생물에 의해 수중의 유기물이 산화, 분해될 때 소비되는 산소의 양을 ppm으로 표시한 것이다. 즉, 물 속의 유기물이 호기성 세균에 의해 분해되면서 소비되는 산소량을 말하며 유기물의 양을 간접적으로 측정할 수 있다. 분해되기 쉬운 유기물의 양이 많으면 그만큼 산소 소비량이 크기 때문에 분해성 유기물의 양을 판정할 수 있는 것이다.

- **BOD 농도가 높다**: 유기물질이 다량 함유되어 미생물이 이것을 분해 안정화 하는데 많은 양의 산소 소모되며, DO가 낮아지거나 혹은 혐기성 상태 유발
- **BOD 농도가 낮다**: 유기물질 함유량이 적어 적은 양의 산소가 소모

BOD는 물 속에서 생물학적으로 분해 가능한 유기물을 20℃에서 호기성 미생물에 의해 분해하여 안정화시키는데 소모되는 용존산소(DO)의 양을 ppm(mg/l)로 환산해서 유기물의 농도를 표시한다.

물 속의 유기물(오염원)을 모두 분석하기 불가능하기 때문에 호기성 미생물의 물질대사 때 유기물을 섭취하면서 새로운 세포를 형성하고 용존산소를 소모하는 원리를 이용하여 유기물의 농도를 간접적으로 측정하는 방법으로서 오염원의 농도를 표시하는 방법 중 가장 널리 사용된다. 유기물이 완전 분해될 때까지 방치해야 하지만 이럴 경우 시간이 20일 이상 걸리므로 일반적으로 5일간 배양한 값(BOD_5)을 표준적인 BOD값으로 취하게 된다.

(3) 화학적 산소 요구량

화학적 산소 요구량(COD;Chemical Oxygen Demand)이란 산화제를 사용하여 수중의 유기물을 산화했을 경우 소비되는 산소의 양을 ppm으로 표시한 것이다

산화제를 이용하여 폐수중의 유기물을 산화시킬 때 소요되는 산소의 양으로 간접적인 오염물질의 양을 산출하는 방법으로서 BOD와 함께 수질오염의 지표로 많이 쓰인다. 산화제로는 과망간산칼륨($KMnO_4$)을 사용하며, 일반적으로 2시간 내외 측정한다.

■ BOD와 COD

COD는 화학적으로 산화 가능한 유기물을 산화시키기 위한 산소요구량이며, BOD는 미생물에 의해서 산화되는 산소요구량을 말한다. BOD 측정이 최소 5일이 소요되는데 비해 COD는 2시간으로 측정이 가능하여 BOD를 모르는 폐수를 위하여 COD 지표를 활용한다.

폐수의 COD가 BOD보다 클 경우에는 폐수 내에 생화학적으로 분해가 안되는 물질을 함유하고 있거나 미생물에 독성을 끼치는 물질을 함유하고 있기 때문이다. BOD가 COD보다 클 경우에는 BOD측정 중에 질산화가 발생하였거나 또는 COD측정에 방해되는 물질이 폐수 내에 함유되어 있기 때문이다.

일반적으로 하천이나 도시하천은 BOD값이 사용되며, 공장폐수나 해수 등의 오염지표로는 COD값이 많이 사용한다.

호소, 해양의 오염도 COD를 주로 사용하는데, 그 이유는 조류가 많이 발생하고 있을 때에는 탄소동화작용의 결과로 산소가 생성되므로 BOD 의미 없으며, 해수의 경우에는 이상적인 BOD 측정법이 없기 때문이다.

(4) TOC

BOD와 COD가 유기물질을 산화시킬 때 미생물이나 산화제로 소비된 용존산소량을 측정하여 산출하기 때문에 난분해성 물질을 포함한 유기물질 총량을 측정하지 못하는 한계가 있다. BOD는 5일동안 미생물을 배양하여 소비된 산소량을 측정하여 20~40%내외 측정되며, COD는 1시간정도 산화제로 측정하여 50~60% 수준으로 측정이 가능하다.

이러한 시간적 한계와 측정량의 한계에 의해 더 정밀한 측정이 가능한 총유기탄소(total organic carbon, TOC)기준이 도입되었다. TOC는 유기물질 내 탄소량을 직접 측정하기 때문에 실시간으로 90% 이상 측정이 가능하다. 이때 탄소(C)를 이산화탄소(CO2)로 전환하여 측정한다.

TOC는 총탄소(TC) 중에서 반응성이 없는 총무기탄소(TIC)를 제외한 물질의 총량을 말하며, 반응성이 있어 수질오염의 척도로 사용된다(그림 233).

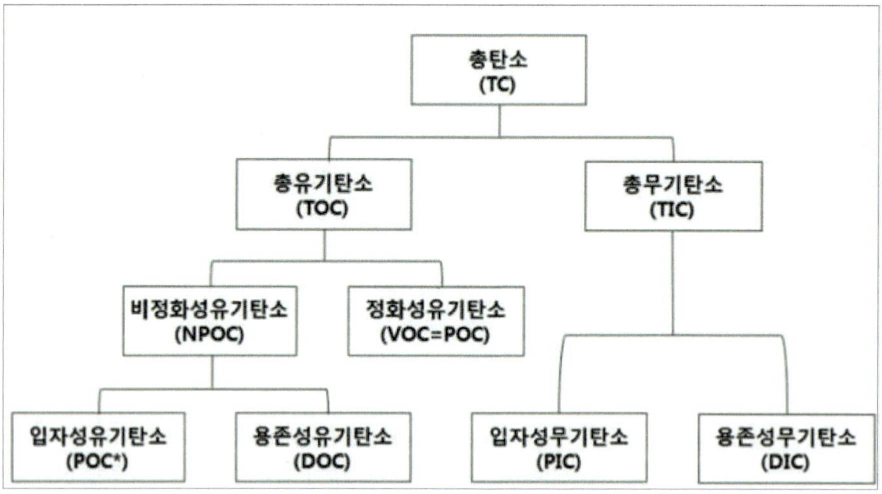

그림 223 총탄소와 유기탄소, 무기탄소

TOC 측정은 시료를 산화성 촉매로 충전된 고온의 연소기에 넣은 후에 연소를 통해서 수중의 유기탄소를 CO2로 산화시켜 비분산적외선 가스 분석계(nondispersive infraredanalyzer, NDIR)를 이용하여 정량한다.

- 무기성 탄소를 측정한 후 총탄소에서 감하는 방법(가감법)
- 무기성 탄소를 사전에 제거하여 측정하는 방법(비정화법)

[참고] 총탄소와 유기탄소, 무기탄소

- 총탄소(totalcarbon,TC):유기탄소와 무기탄소의 합으로 모든 탄소량
- 총유기탄소(total organic carbon,TOC): 유기분자들과 공유결합한 모든 유기탄소량

- 총무기탄소(total inorganic carbon,TIC): 탄산염, 중탄산염, 용존이산화탄소 등 모든 무기탄소량
- 비정화성 유기탄소(non-purgeable organic carbon, NPOC): 비활성가스에 의해 제거되지 않고 남은 유기탄소량
- 정화성 유기탄소(purgeable organic carbon, POC): 비활성가스로 제거 가능한 휘발 성분의 유기탄소량 (휘발성유기탄소 Volatile Organic Carbon(VOC)라고도 함)
- 입자성유기탄소(particle organic carbon, POC*): 용존유기탄소를 제외하고 남은 용존되지 않은 유기탄소량
- 용존성유기탄소(dissolved organic carbon, DOC): 0.45㎛ 공극 필터를 통과한 여액의 모든 유기탄소량
- 입자성무기탄소(particle inorganic carbon, PIC): 용존무기탄소를 제외하고 남은 용존되지 않은 무기탄소량
- 용존성무기탄소(dissolved inorganic carbon, DIC): 비활성가스로 제거 가능한 휘발성분의 무기탄소량

(5) 수중입자

① 부유물질 (SS; Suspended Solids)

부유물질이란 수중의 무기물과 유기물을 함유하는 고형물을 말하며, 직경이 0.1μ 이상의 부유상태의 물질을 말한다. 침전 가능한 물질과 침전 불가능한 물질로 구분되며 탁도(turbuidity)를 유발한다.

침전 가능 물질은 침전지에서 쉽게 제거되며 도시폐수 SS의 50~60% 정도이며, 침전 불가능 물질은 분산상태의 부유물질로서 화학적 침전 또는 생물학적 처리로 침전 가능하다.

유입하수, 처리수 등을 여과지로 여과하면 여과지에 부유물질이 잔류한다. 이러한 부유물질은 슬러지의 발생량 산정이나 부하량 산정 등에 사용된다.

② 콜로이드(colloids)

입자 크기 0.001~0.1μ의 물질을 말한다.

③ 용존물질(dissoved solids)

입자 크기 0.001μ 이하의 물질을 말한다.

(6) 생물학적/생태적 지표

특정 환경조건에서 나타나는 종으로서 해당 지역, 공간의 환경조건에 대한 기초적 정보를 제공해 주는 생물을 지표종(indicator species)이라고 한다. 주로 내성 범위가 좁은 종, 희귀 종, 내

성 강한 종 등이 이에 해당된다.

예를 들면, 선태류나 지의류는 고등식물에 비해 좋은 지표가 될 수 있는데 이들은 몸 전체로 개스를 교환하고, 빗물을 몸 전체에서 직접 흡수하며, 저온에서 최적생장을 한다. 수질오염의 경우 실지렁이는 다른 생물 멸종되는 용존산소 2ppm이하에서 생존하여 대표적인 지표종이 될 수 있으며, 대기오염의 경우 지의류는 SO_2 0.3ppm 이상에서 소멸된다.

오염 지표 식물로서 내공해성이 약한 수목을 통해 오염 여부를 쉽게 확인할 수 있다. 귀화식물의 분포를 통해 그 지역의 도시화율을 판단할 수 있다.

㉠ SO_2 **민감하여 피해**: 들깨, 메밀, 참깨, 담배, 개여뀌, 소나무, 해송

㉡ SO_2 **체내 농축상태로 오염여부 파악**: 갈대, 느티, 가시

㉢ **오존**: 소나무, 개잎갈, 아왜, 느릅, 일본목련, 느티, 자귀, 털여뀌, 괭이밥

㉣ **대기오염**: 소나무, 젓나무, 시다, 가시, 느티, 착생이끼

수중생물을 통한 수질평가법도 수질을 판단하기 위한 유용한 지표가 될 수 있다. 다음 표 35에서 몇 생물종에 의한 수질 등급을 찾을 수 있다.

표 35 수질 및 수생태계 상태별 생물학적 특성 이해표

등급	생물 지표종		서식지 및 생물 특성
	저서생물	어류	
매우 좋음 - 좋음	옆새우, 가재, 뿔하루살이, 민하루살이, 강도래, 물날도래, 광택날도래, 물날도래, 광택날도래, 염날도래	산천어, 금강모치, 열목어, 버들치 등 서식	• 물이 매우 맑으며, 유속은 빠른 편임 • 바닥은 주로 바위와 자갈로 구성됨 • 부착조류가 매우 적음.
좋음 - 보통	다슬기, 넓적거머리, 강하루살이, 동양하루살이, 등줄하루살이, 등딱지하루살이, 물삿갓벌레, 큰줄날도래	쉬리, 갈겨니, 은어, 쏘가리 등 서식	• 물이 맑으며, 유속은 약간 빠르거나 보통임
보통 - 약간 나쁨	물달팽이, 턱거머리, 물벌레, 밀잠자리	피라미, 끄리, 모래무지, 참붕어 등 서식	• 물이 약간 혼탁하며, 유속은 약간 느린 편임 • 바닥은 주로 잔자갈과 모래로 구성됨 • 부착조류가 녹색을 띠며 많음
약간 나쁨 - 매우 나쁨	왼돌이물달팽이, 실지렁이, 붉은깔다구, 나방파리, 꽃등에	붕어, 잉어, 미꾸라지, 메기 등 서식	• 물이 매우 혼탁하며, 유속은 느린 편임 • 바닥은 주로 모래와 실트로 구성되며, 대체로 검은색을 띰 • 부착조류가 갈색 또는 회색을 띠며 매우 많음

[3] 수질기준

(1) 하천수질

우리나라 하천 수질환경 기준은 환경정책기본법 시행령에 정하고 있다(표 36).

표 36 하천 수질 기준 (생활환경 기준)

등급		상태(캐릭터)	기준								
			수소이온농도 [pH]	생물화학적 산소요구량 (BOD) [mg/L]	화학적 산소요구량 (COD) [mg/L]	총유기탄소량 (TOC) [mg/L]	부유물질량 (SS) [mg/L]	용존산소량 (DO) [mg/L]	총인 (T-P) (mg/L)	대장균군 [군수/100mL] 총대장균군	분원성대장균군
매우 좋음	Ia		6.5~8.5	1 이하	2 이하	2 이하	25 이하	7.5 이상	0.02 이하	50 이하	10 이하
좋음	Ib		6.5~8.5	2 이하	4 이하	3 이하	25 이하	5.0 이상	0.04 이하	500 이하	100 이하
약간 좋음	II		6.5~8.5	3 이하	5 이하	4 이하	25 이하	5.0 이상	0.1 이하	1,000 이하	200 이하
보통	III		6.5~8.5	5 이하	7 이하	5 이하	25 이하	5.0 이상	0.2 이하	5,000 이하	1,000 이하
약간 나쁨	IV		6.0~8.5	8 이하	9 이하	6 이하	100 이하	2.0 이상	0.3 이하	-	-
나쁨	V		6.0~8.5	10 이하	11 이하	8 이하	쓰레기 등이 떠있지 아니할 것	2.0 이상	0.5 이하	-	-
매우 나쁨	VI		-	10 초과	11 초과	8 초과	-	2.0 미만	0.5 초과	-	-

각 등급별 수질 및 수생태계 상태는 다음과 같다.

- **매우 좋음:** 용존산소가 풍부하고 오염물질이 없는 청정상태의 생태계로 여과·살균 등 간단한 정수처리 후 생활용수로 사용할 수 있음.
- **좋음:** 용존산소가 많은 편이고 오염물질이 거의 없는 청정상태에 근접 한 생

태계로 여과·침전·살균 등 일반적인 정수처리 후 생활용수로 사용할 수 있음.

- 약간 좋음: 약간의 오염물질은 있으나 용존산소가 많은 상태의 다소 좋은 생태계로 여과·침전·살균 등 일반적인 정수처리 후 생활용수 또는 수영용수로 사용할 수 있음.
- 보통: 보통의 오염물질로 인하여 용존산소가 소모되는 일반 생태계로 여과, 침전, 활성탄 투입, 살균 등 고도의 정수처리 후 생활용수로 이용하거나 일반적 정수처리 후 공업용수로 사용할 수 있음.
- 약간 나쁨: 상당량의 오염물질로 인하여 용존산소가 소모되는 생태계로 농업용수로 사용하거나, 여과, 침전, 활성탄 투입, 살균 등 고도의 정수처리 후 공업용수로 사용할 수 있음.
- 나쁨: 다량의 오염물질로 인하여 용존산소가 소모되는 생태계로 산책 등 국민의 일상생활에 불쾌감을 유발하지 아니하며, 활성탄 투입, 역삼투압 공법 등 특수한 정수처리 후 공업용수로 사용할 수 있음.
- 매우 나쁨: 용존산소가 거의 없는 오염된 물로 물고기가 살기 어려움.
- 용수는 당해 등급보다 낮은 등급의 용도로 사용할 수 있음
- 수소이온농도(pH) 등 각 기준항목에 대한 오염도 현황, 용수처리방법 등을 종합적으로 검토하여 그에 맞는 처리방법에 따라 용수를 처리하는 경우에는 당해 등급보다 높은 등급의 용도로도 사용할 수 있음.

(2) 사람의 건강보호 기준

사람의 건강보호 기준은 다음 표 37과 같다.

표 37 사람의 건강보호 기준

항 목	기준값[mg/L]
카드뮴(Cd)	0.005 이하
비소(As)	0.05 이하
시안(CN)	검출되어서는 안 됨(검출한계 0.01)
수은(Hg)	검출되어서는 안 됨(검출한계 0.001)
유기인	검출되어서는 안 됨(검출한계 0.0005)
폴리크로리네이티드비페닐(PCB)	검출되어서는 안 됨(검출한계 0.0005)
납(Pb)	0.05 이하
6가크롬(Cr6+)	0.05 이하
음이온계면활성제(ABS)	0.5 이하
사염화탄소	0.004 이하
1,2-디클로로에탄	0.03 이하
테트라클로로에틸렌(PCE)	0.04 이하
디클로로메탄	0.02 이하
벤젠	0.01 이하
클로로포름	0.08 이하
디에틸헥실프탈레이트(DEHP)	0.008 이하
안티몬	0.02 이하

(3) 호소 수질

환경정책기본법 시행령에 규정된 호소 수질 기준은 다음 표 38과 같다.

표 38 호소 수질 기준 (생활환경 기준)

등급		상태(캐릭터)	기준								
			수소이온농도 [pH]	화학적 산소요구량 (COD) [mg/L]	총유기 탄소량 (TOC) [mg/L]	부유 물질량 (SS) [mg/L]	용존 산소량 (DO) [mg/L]	총인 (T-P) (mg/L)	총질소 (T-N) (mg/L)	대장균군 [군수/100mL] 총 대장균군	대장균군 [군수/100mL] 분원성 대장균군
매우 좋음	Ia		6.5 ~8.5	2 이하	2 이하	1 이하	7.5 이상	0.01 이하	0.2 이하	50 이하	10 이하
좋음	Ib		6.5 ~8.5	3 이하	3 이하	5 이하	5.0 이상	0.02 이하	0.3 이하	500 이하	100 이하
약간 좋음	II		6.5 ~8.5	4 이하	4 이하	5 이하	5.0 이상	0.03 이하	0.4 이하	1,000 이하	200 이하
보통	III		6.5 ~8.5	5 이하	5 이하	15 이하	5.0 이상	0.05 이하	0.5 이하	5,000 이하	1,000 이하
약간 나쁨	IV		6.0 ~8.5	8 이하	6 이하	15 이하	2.0 이상	0.10 이하	1.0 이하	-	-
나쁨	V		6.0 ~8.5	10 이하	8 이하	쓰레기 등이 떠있지 아니할 것	2.0 이상	0.15 이하	1.5 이하	-	-
매우 나쁨	VI		-	10 초과	8 초과	-	2.0 미만	0.15 초과	1.5 초과	-	-

[4] 오염물질

(1) 오염물질

오염은 인간이나 다른 생물체의 건강, 생존 또는 활동을 위협하는 물질이 대기, 물, 토양 및 음식 등으로 유입되는 현상을 말한다. 또한 환경오염은 환경에 새로운 물질이 들어와서 원래의 상태와 다르게 환경이 바뀌는 것으로서 환경의 질을 저하시키는 현상이다.

오염을 유발하는 대표적인 오염물질인 살충제(pesticide)는 해충을 제거하기 위해 인위적으로 살포되나 대기 중이나 수중에 유입되어 오염을 발생시킨다. 해충은 서식지 자체에 대한 해충이라기보다는 사람의 이익, 편리 및 복지에 방해가 되는 생물이 해당된다.

오염물질의 지속성: 지속(잔류) 여부에 따라 아래와 같이 세분할 수 있다.

- 생분해성 오염물질(Biodegradable pollutant)
- 난분해성 오염물질(Slowly degradable pollutant)
- 비분해성 오염물질(Nondegradable pollutant)

(2) 생태계에 대한 영향

1960년대 미국의 해양생태학자인 Carson 박사는 「침묵의 봄(Silent Spring)」이라는 책에서 자연의 반격을 경고하여 많은 사람들의 공감을 사는 한편 환경위기에 대한 사람들의 인식을 깨우치는 계기가 되었다. 책의 주요 내용 중 하나는 해충을 제거하기 위해 살포했던 DDT가 해충 퇴치에는 성공했으나 분해되지 않고 잔류하여 먹이연쇄를 통해 포식자인 조류 등도 함께 사라져 마침내 봄은 왔으나 새가 울지 않는 침묵의 봄을 맞이 하게 되었다. 즉, 살충제의 직접적 영향은 해충에게만 국한되지 않고 다른 생물 특히 천적에 더 많은 영향을 주게 된다. 그 이유는 천적들이 살충제가 포함된 해충을 많이 먹게 되고, 개체수도 해충보다 적기 때문이다.

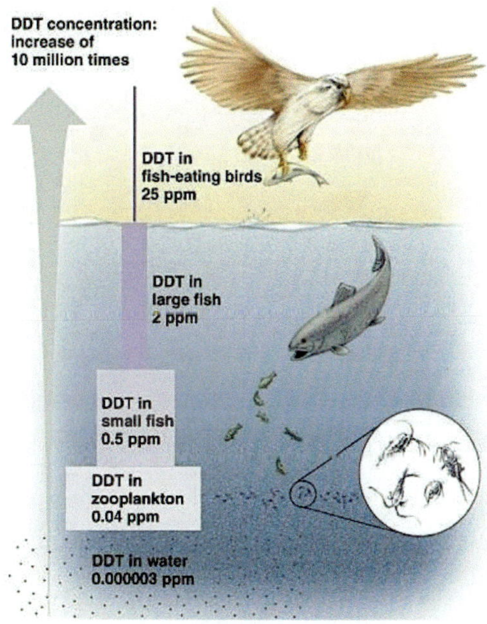

그림 234 DDT의 농축
(자료: PearsonEducation)

천적들은 먹이연쇄를 통해 해충의 몸 속에 남아 있는 살충제를 흡수하게 되고 농축되어 더 큰 피해가 발생하기도 한다(그림 234).

또한 살충제를 많이 뿌리면 해충은 많이 살아남는 반면 오히려 천적은 대부분 없어지게 되어 천적의 간섭이 없는 해충의 수가 증가되거나 경쟁관계의 포식자가 없어져 새로운 해충이 발생하게 된다.

(3) 중금속에 의한 오염

중금속(Heavy metals)은 밀도가 5 이상이며 원자량이 매우 큰(〉100) 물질의 총칭이다. 대개 금속 고유의 색과 질감을 띠며 자연계에는 지표나 암반 등에 분포하는데 그 양은 매우 미미하며, 주로 제련, 반도체 등 산업활동의 폐기물로 생산된다. 중금속은 유해한 물질로 알려져 있으나 아연(Zn), 철(Fe), 구리(Cu), 코발트(Co) 등은 인체의 생리 기능을 유지하는데 필수적인 금속이다. 특히 수은(Hg), 납(Pb), 카드뮴(Cd), 비소(As) 등은 인체에 불필요할 뿐만 아니라 치명적인 독성을 유발하여 대표적인 유해 중금속으로 거론된다.
다만 필수 금속이라 해도 과잉 섭취하면 신체 내 금속이온 조절·유지 기능에 문제가 발생하여 독성작용을 나타낼 수 있다. 예를들면, 구리를 과잉 섭취하는 경우 용혈성 빈혈 및 모세혈관의 손상, 간장 등의 장기에 장애를 초래하며, 코발트는 조혈기능을 저해시킬 수 있다.

중금속 오염은 일반적으로 공장폐수에서 기인하며, 몸 속에 들어왔을 때 배출이 쉽지 않고 간, 지방, 뼈 속에 농축되어 급·만성 피해를 끼치게 된다. 중금속은 생체 내에서 안정한 형태의 유기 복합체를 형성하여 생체 활성유지에 필요한 각종 효소들과 비가역적으로 결합한다. 이로 인해 당, 단백질 및 각종 에너지 대사계를 차단하여 생리기능에 영향을 미치게 된다. 또한 난분해성으로서 먹이사슬을 통하여 상위 포식자나 사람의 체내에 다량 축적될 경우 신체 기능에 심각한 장애를 유발하게 된다. 최근에는 수은, 납 등 일부 중금속이 신체 내 섬세한 호르몬계에 영향을 주어 생식기능을 비롯한 내분비기능에 광범위한 독성작용을 미치는 내분비계장애물질로 분류되고 있다. 이러한 물질들은 급·만성 중독 증세를 유발하며 심지어 자녀 세대에도 심각한 독성을 발현할 수 있는 잠재력을 갖고 있다. 특히 이들은 생태계의 자정능력에 의하여 쉽게 제거되지 않는다는 점에서 매우 심각한 피해 원인이 되고 있다.
인체나 생물체에 미치는 영향은 유기물 농도가 높은 물보다 중금속이 높은 물이 더 심각하다. 중금속에 의한 수질오염 사례로는 다음 사례를 들 수 있다.

- 미나마타병: 1953년~1959년 일본 미나마따 마을에서 발생한 수은중독 사건이다. 손발 마비, 언어 장애, 시야협착 등의 현상이 나타났으며 수십명의 사망자와 더불어 수백명의 중환자가 발생하였다.
- 이타이이타이병: 1968년 일본 도야마현에서 발생한 카드뮴 중독 사건이다. 골다공증, 전신 통증 등이 발생하였다.
- 우리나라의 경우 주로 폐광산 주변 토양과 하천, 지하수 등이 비소, 카드뮴, 납 등의 중금속 기준치를 초과하고 있고 하천이 붉게 변화는 '적화현상'이 나타나고 있다.
- 아울러 중금속을 취급하는 일부 산업단지에서 관리 소홀로 오염원을 바다로 유출시켜 해저 퇴적토가 중금속에 오염되고 있다.

2. 수환경

[1] 수질오염 원인 및 현상

(1) 수질오염

수질오염(water pollution)은 오염물질이 물의 자연 자정능력을 초과하여 자연수체 내로 유입되어 수중 생물상의 생활환경에 불리한 상태가일어나거나 물의 이용 목적에 저해되는 상태를 말한다. 오염원의 유형에 따라 점오염원(point source), 비점오염원(nonpount source) 등으로 구분하며, 주로 질소(N), 인(P) 성분이 주 오염물질이다(표 39).

표 39 오염원의 유형 및 특성

오염원 유형	특 성	배출 관리
점오염원 Point source	• 제어용이 • 관을 따라 처리장으로 이동하는 것과 같이 오염물질의 배출원이 뚜렷한 것 • 하수처리장, 공장폐수, 광산, 유조선 등	• 하수, 폐수, 가정하수 처리 • 산업폐수(industrial wastewater) 처리 • 고농도, 배출수량 작다. • 배출량이 강우와 무관.
비점오염원 Non-point source	• 배출원이 광범위하게 흩어져 있기 때문에 문제해결의 접근 어려움. • 처리시설에 의해 처리되지 않고 있기 때문에 오염원의 확인이 불분명하고 관리 곤란 • 강우 시 도시지역과 농경시, 축산농가, 잔디밭, 주차장, 산림지역의 유출수, 공사현장 등	• 농경지, 삼림, 도시지표, • 유역토지관리, 유출수 처리 • 저농도 다량 유출인 경우가 많다. • 강우 시에 대량 배출된다. • 처리가 어렵다.

① 점오염원(point source)

오염원이 관을 따라 이동하는 것과 같이 오염물질의 배출원 뚜렷하여 제어가 용이하다. 가정하수, 산업폐수, 하수처리장, 공장폐수, 광산, 유조선 등에서 발생된다.
고농도이고 배출량이 작으며, 배출량이 강우와 무관하다. 주로 질소가 점오염원의 대표적 요소이며, 강우강도가 적어도 쉽게 유출되고 강우가 지속되면 오히려 빗물에 희석되어 농도가 감소한다.

② 비점오염원(nonpoint source)

배출원이 광범위하게 흩어져 있어 오염원 확인이 불분명하고 처리시설에 의해 처리가 곤란하여 오염원 관리에 매우 어렵다. 농경지, 축산농가, 잔디밭, 주차장, 산림지역의 유출수, 공사현장, 도시지표면 등 토지이용에 의한 광범위한 오염원이며 유역의 토지관리와 유출수 처리에 의해 저감이 가능하다.

저농도이나 다량 유출하는 경우가 많고 특히 강우 시 광범위하고 대량으로 유출된다. 주로 인 성분이 주된 비점오염원이며, 강우강도가 낮으면 유출이 적고 유량 증가 시 배출 농도가 증가한다. 습지조성이 유용한 대책이다.

오염원의 특성은 오염유형에 따라 다르게 나타난다.

- **도시지역에서 유출되는 빗물**: SS 및 유해 중금속의 함유도가 높음
- **건축현장 및 광산, 벌채지**: 토양 침식에 따른 토사 유출
- **농경지 및 목초지**: 질소, 인과 같은 영양염류가 많이 배출

(2) 인 및 질소

인(P) 및 질소(N)은 수질오염의 주 원인이 된다(표 40).

표 40 오염원별 특징

오염원	특 징
질소 N	• 주로 점오염원에 의해 발생, • 강우강도가 적어도 쉽게 유출 • 강우가 지속되면 희석되어 농도 감소
인산 P	• 주로 축사 등의 비점오염원에 의해 발생되며 • 강우강도가 낮으면 유출정도가 적고 • 유량 증가시 농도가 증가

① 인

인은 클라크수(지각 내의 평균 함유량) 제11위의 풍부한 원소로서 인회석 $[Ca_{10}(PO4)_6(OH)_2]$과 같은 인산염으로 존재한다. 화산암에는 소량이, 바닷물 속에도 미량 함유되어 있다. 바다새의 배설물인 구아노에도 다량의 인산칼슘 함유하고 있다. 인은 생물증식기능에 중요한 요소이며, 질소N과 더불어 수질 부영양화의 원인이 된다. 총인(T-P, total phosphorus)은 하천, 호소 등의 부영양화를 나타내는 지표의 하나로서 물속에 포함된 인의 총량이다.

② 질소

대기 중의 78%가 가스 상태의 질소(N_2)이며 해수나 암석 등에도 광범위하게 존재하며 질산이나 암모니아와 같은 단순한 화합물에서부터 단백질, 핵산과 같이 복잡한 화합물에까지 다수 존재한다. 여러 형태의 질소는 대기에서 토양, 식물, 동물로 순화하고 이어서 다시 토양으로 그리고 대기로 끝없이 순환을 한다.

- **질소고정(fixation)**: 식물은 대기 중의 질소(N_2) 형태를 사용할 수 없다. 식물

이 대기 중의 질소를 사용하기 위해서는 암모니아(NH_3) 또는 질산염(NO_3)으로 바뀌어야 한다. 이렇게 대기 중의 질소가 사용 가능한 질소로 전환되는 것을 질소고정이라 한다.

- **암모니아화**: 질소가 풍부한 폐기물은 여러 종의 세균에 의해 분리되어 암모니아(NH_3)로 바뀐다.
- **질산화**: 암모니아는 Nitrosomonas 세균 종에 의해 아질산(NO_2)으로 산화되고 다시 질산 박테리아인 Nitrobacteria에 의해 질산(NO_3)으로 산화 된다. 이 과정은 질산화라 한다. 질산염은 식물 뿌리에서 흡수되어 다시 이용된다.
- **탈 질산화**: 질산염은 세균 pseudomonas에 의해 아질산으로 분해되어 가스 형태인 N_2O로 전환되어 다시 대기로 방출되는데, 이 공정을 탈질산화라고 한다.

(3) 산업 및 생활하수

- **침전물질**: 홍수 등과 같은 외부요인에 의해 침식되는 경우 광물질 미립자가 물 속으로 녹아들어가 물이 흐려지며, 광선 투과를 방해하여 수중 식물이 광합성작용을 못한다.
- **도시폐수**: 가정하수, 공공폐수, 공장폐수 등을 포함하며, 폐수는 일반적으로 강한 산성으로서 생명체의 각종 생리작용을 저해하여 정상적으로 생육하지 못한다. 하수나 뇨(오줌)에 포함되어 있는 N, P는 폐수처리로는 거의 제거 되지 않기 때문에 부영양화의 원인이 된다.
- **농업용수**: 농업, 임업, 축산업폐수(농약, 비료 등) 등을 포함한다. 특히 농경지 및 목초지 등에서는 질소, 인과 같은 영양염류가 많이 배출된다.
- **공업폐수**: 광산, 채광, 정련 등에서 배출되는 폐수를 포함하며, 공장폐수는 업종에 따라 매우 다양하다. 강산성이거나 Fe, Cu, Cd와 같은 중금속을 많이 포함하고 있는 경우도 있다.

(4) 유기물

유기성 폐기물은 균류와 세균의 먹이가 되어 수질 오염을 가속화 시키는 원인이 된다.

[2] 부영양화

(1) 자정작용과 수용능력

자연계의 물은 유입된 오염물질을 물리화학적 및 생물학적 작용에 의해 정화할 수 있는 능력을 갖고 있다. 하천의 경우 상류에서 하류로 물이 흘러가면서 오염물질을 스스로 정화하며 호수의 경우도 일정 범위 즉 생태적 수용능력 범위 내에서는 스스로 정화하게 된다. 이러한 자정작용은 자연적인 희석과 박테리아에 의한 분해작용으로 유기물 오염이나 열오염으로 부터 어렵지 않게 원상태로 회복된다.

자정작용(Purification)은 오염물질이 지나치지 않고 하천이나 호수 등의 유량이 풍부한 경우에 가능하며, 자정작용이라 해도 물에서 아주 서서히 분해되거나 아예 분해되지 않는 물질들은 제거하지는 못한다. 즉 하천이나 호소에 유기물이나 질소 인 등 영양염류가 적당히 존재하면 자연정화되지만 과잉 공급되면 식물성 플랑크톤이나 조류의 이상번식 촉진으로 수질이 악화된다.

이와 같이 하천이나 호수 등 자연 스스로 정화할 수 있는 범위를 생태적 수용능력(carrying capacity)라고 하며, 기호로는 K로 나타낸다.

(2) 부영양화 현상

부영양화(eutrophication)란 정체수역에 질소(N), 인(P), 탄소(C) 등의 영양염과 유기물이 유입되어 조류(algae)의 번식을 촉진시켜 부영양호로 진행되는 현상이다. 자연상태의 부영양화는 인, 질소 등의 영양소 공급으로 남조류 등의 조류가 번성하게 된다(그림 235). 그러나 인위적 부영양화는 주변의 농경지, 목초지, 골프장 등의 토지이용 행태로부터 유입된 오수에 인과 질소가 다량 포함되어 호수 내로 유입되어 진행된다. 특히 인위적 부영양화는 주변의 농경지, 목초지, 골프장 등의 토지이용행태로부터 유입된 오수에 인과 질소가 다량 포함되어 호수 내로 유입되어 진행된다(그림 236).

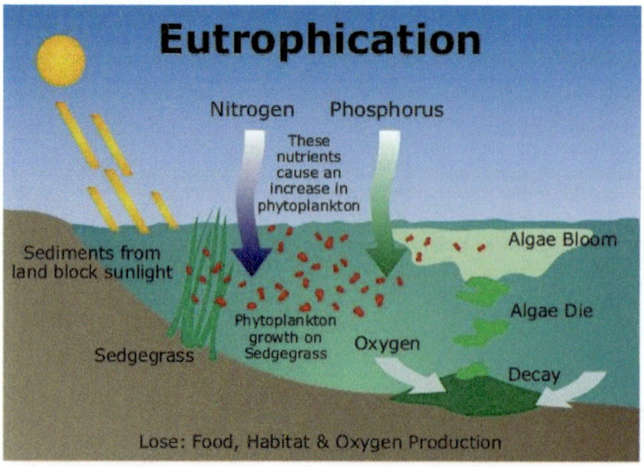

그림 235 부영양화 현상
(자료 : https://us.envguide.com/eutrop/)

부영양화가 진행되면 물 속 용존산소(DO) 고갈로 어패류가 소멸되며, 조류의 이상 번식에 의한 투명도가 저하되고 수중생태계가 파괴된다.

그 외에도 부영양화가 나타나면 다음과 같은 피해가 발생하게 된다.

- 수중 산소 고갈로 메탄가스 발생
- 조류 대 번성으로 색도 변화, 악취, 투명도 감소
- 수초 대번성으로 육지화 가속
- 상수원 이용 시 모래 여과상이 막혀 수돗물 생산량 감소
- 레크레이션 이용 불가능

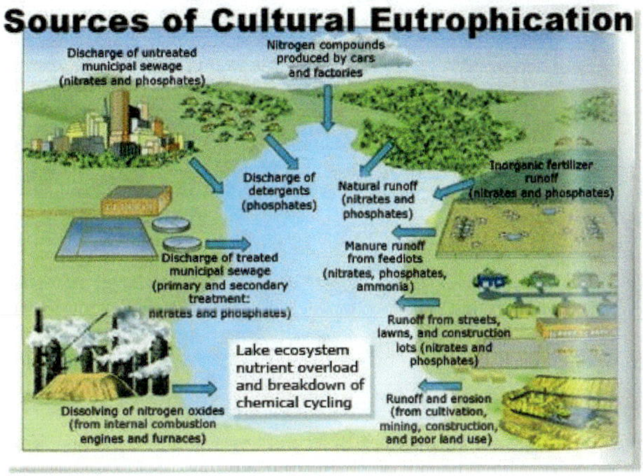

그림 236 부영양화에 미치는 인위적 영향
(자료 : https://zolushka4earth.wordpress.com/2010/08/21/38/)

(3) 부영양호와 호수 천이

호수는 영양물질에 따라 부영양호(eutrophic lake), 중영양호(mesotrophic lake), 빈영양호(oligotrophic lake) 등으로 구분한다. 질소나 인과 같은 무기물이 물 속으로 다량 유입되어 물 속 영양물질이 과다하게 비옥해지는 부영양화가 진행되면 생산이 낮은 빈영양호가 시간 흐름에 따라 생산이 높은 중영양호를 거쳐 부영양호로 발달하게 된다.

생산성이 낮은 빈영양호가 시간 흐름에 따라 생산성이 높은 부영양호로 천이된다. 공장폐수, 농업폐수, 분뇨 정화조 유입, 합성세제 등 각종 생활하수, 축산폐수, 산업폐수에 포함된 질소 및 인 등이 주 원인이며, 특히 비료와 농약은 수질오염에 심각한 영향을 끼친다.

유기물이나 질소 인 등 영양염류가 적당히 존재하면 자연 정화되지만 수용능력을 초과하여 과잉 공급되면 식물성 플랑크톤이나 조류의 이상 번식을 촉진하여 수질이 악화된다. 부영영화 초기에는 생산력을 증가시키지만 나중에는 생물의 순환체계를 악화시킨다.

① **부영양호**(Eutrophic lake)

영양물질과 식물이 많고 생산량이 큰 호수이다. 먹이연쇄를 통해 동식물의 생산력이 크며 박테리아의 분해활동도 높아 생태계 전체를 통해 물질대사 속도가 빠르다. 일반적으로 수심이 얕고 1차 생산력이 높으며, 플랑크톤의 밀도가 높고 혼탁하다. 조류의 집단 발생(bloom)을 유발한다. 폐수의 무기영양소 유입으로 1차생산 증가로 어류 생산량이 증가하며, 반면에 수영, 농업용수, 상수원으로 사용이 불가능하다.

조류가 번성하면 물 속의 산소를 소모하게 되어 DO가 저하되고, 물고기가 죽고, 조류의 부패과정에서 불쾌한 냄새가 나며, 독성 조류에서 독소가 발생한다. 또한 물의 색깔이 청색에서 녹갈색 물꽃(water bloom)이 대량 발생하며 이들은 정수작업에 의해서도 완전히 처리되기 어렵기 때문에 수돗물에 플랑크톤이 일부 섞여 불쾌한 색을 띠기도 한다. 온도 및 산소 성층현상으로 생물 분해잔류물이 심수층에 침강하여 분해 계속되기 때문에 용존산소를 흡수하여 바닥에는 산소가 거의 없는 혐기성 환경 발생하여 생물활동이나 각종 화학반응에 큰 영향을 끼친다. 물의 색은 녹색 또는 갈색, 황색 등이다. 부영양호는 점차 육지화되면서 초원과 관목, 교목림으로 발달과정을 거쳐 극상림으로 천이되며, 자연적 부영양화는 수세기 이상 소요되는 반면 인간에 의한 부영양화는 수십년 내외 정도 시간이 소요된다(그림 237).

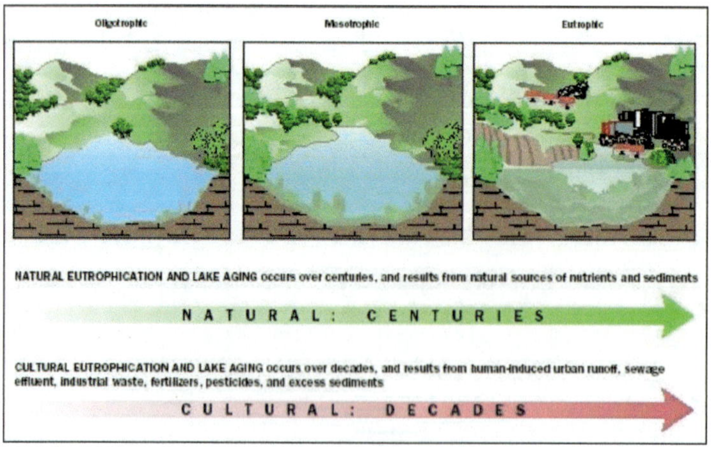

그림 237 부영양화 진행

(자료 : http://www.geocaching.com)

■ 조류의 집단발생과 물꽃현상

녹조현상은 식물성 플랑크톤이 과도하게 성장되는 현상으로서 영양물질이 충분한 부영양호에서 수온이 상승하고 햇빛이 충분히 들게 되면 조류의 활동이 활발해져 급격히 번성하면서 물의 색깔이 청색에서 녹갈색으로 변하는 조류 집단발생(물꽃현상; algal bloom; water bloom) 또는 조류 대번성 현상이 나타난다(그림 238).

조류 집단발생은 영양이 충분히 공급되는 호수에서 봄, 가을 전체 수층의 상하 혼합 시 자연 발생한다. 주로 도시폐기물, 유기성 산업 폐기물, 동물사육장 폐기물 등의 유입으로 인한 유기물의 증가가 원인이 되어 영양물질이 충분하게 되며, 제초제 유입 등 물리적, 화학적 요인에 의해 특정 조류를 위한 환경 조건이 형성된다. 이러한 조건에서 기온 상승 및 냉각수 유입 등의 이유로 수온이 상승하는 경우, 어떤 영향으로 조류를 먹는 작은 물고기가 멸종된 경우, 합성세제 등 인산염 유입 증가 등의 원인이 된다.

물꽃은 정수작업에 의해서도 완전히 처리하기 어려우며 수돗물 중에 플랑크톤이 일부 섞여 색을 띠기도 한다. 영양이 충분히 공급되는 호수에서 봄, 가을 전체 수층의 상하 혼합 시 자연발생 도시폐기물, 유기성 산업 폐기물, 동물사육장 폐기물 등의 유입으로 유기물이 증가하여 특정 조류 위한 환경 조건 형성되며 수온 또한 상승하여 조류 대발생을 일으켜 물꽃현상(water bloom)이 나타난다.

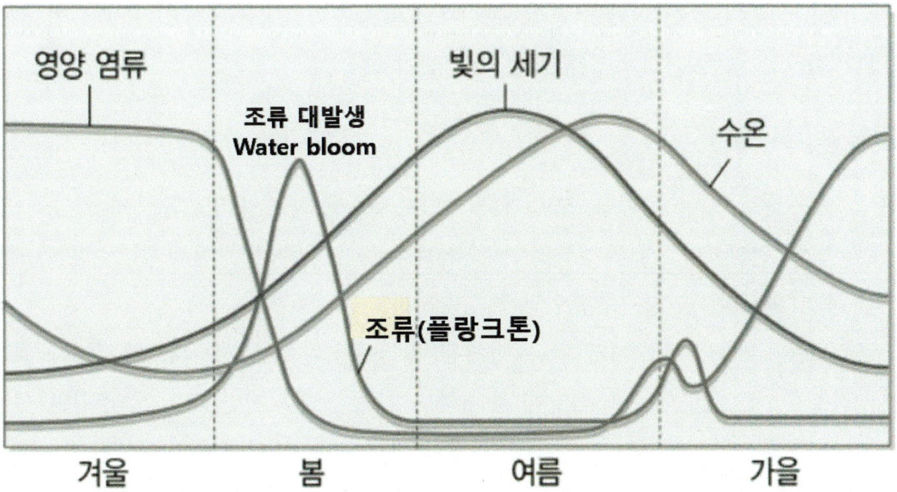

그림 238 조류 집단 발생

② 빈영양호(Oligotrophic lake)

영양염류 물질이 빈약하고 식물이 적으며 생산량이 적다. 투명도는 8 m 이상이며, 규조류가 많고 바닥에는 산소를 많이 필요로 하는 종이 많다. 남색 녹색의 맑은 호수나 산간의 깊은 호수들이 이에 속한다. 일반적으로 수심이 깊고, 표수층보다 넓은 심수층을 갖고 있으며 플랑크톤의 종수는 많으나 밀도가 낮으며 물이 맑다. 수영, 농업용수, 상수원 등으로 사용되며 반면에 1차 생산력 저하로 어류 생산량이 감소한다.

③ 중영양호

빈영양호와 부영양호의 중간 단계로서 투명도 4~8m 내외이다.

[수생천이 : 호수의 천이과정]

자연적으로 시간이 지나면 호수에 영양물질이 유입되어 부영양화가 진행되고 육지화로 이어지는 천이가 진행되며, 인간 간섭으로 천이기간이 짧아진다.

빈영양호 →중영양호 →부영양호 →습원 →초원 (관목림) →산림

초기 빈영양 상태로서 영양물질이 적고 분해가 잘되지 않으며, 산소소비가 적어 용존산소 농도가 높다. 후기로 갈수록 영양물질이 증가되어 부영양상태가 되면서 상하층의 수온이 같아지고 유기물 분해되어 산소결핍 현상이 나타난다. 외부에서 유입된 물질이 퇴적되어 수심 얕아지며 식생 등이 침입하여 점차 육화가 진행되면서 수생식물이 우점하는 marsh형 습지로 변한다. marsh는 다시 수환경적응도가 높은 관목류와 교목류가 우점하는 swamp형 습지를 거쳐 이탄습지인 fen 및 산성이탄습지인 bog 등의 단계를 지난 후 완전히 육상식생으로 바뀌게 된다. 이러한 변화는 물리적인 변화와 더불어 그 안에 살고 있는 동식물의 변화를 함께 유발하게 된다. 예를 들어 bog는 이탄층의 발달이 빠르고 물이끼, 사초류 등이 우점하며 수십년에서 수백년의 비교적 빠른 시간에 산림식생으로 천이된다.

(4) 부영양화 원인

부영양화 현상은 공장 폐수, 농업폐수(N, P), 분뇨정화조 유입, 합성세제 등 가정용 생활하수 유입 등이 원인이다. 각종 생활하수, 축산폐수, 산업폐수에 포함된 질소 및 인 등이 주 원인이며, 특히 비료와 농약은 수질오염에 심각하다.

부영양화는 호수나 저수지와 같은 정체된 수역에서 주로 발생한다. 하천이나 호소에 유기물이나 질소 인 등 영양염류가 적당히 존재하면 자연 정화되지만 과잉 공급되면 식물성 플랑크톤이나 조류의 이상 번식을 촉진하여 수질이 악화된다. 부영영화 초기에는 생산력(productivity)을 증가시키지만 나중에는 생물의 순환체계를 악화시킨다.

부영양화 현상의 발생과정을 보면, 생활하수, 비료, 세제 등이 하천으로 방류 되면 녹조현상이 발생된다.

- 각종 생활하수, 축산폐수, 산업폐수 등에 포함된 질소나 인과 같은 기물이 물속으로 다량 유입

- 특히 비료와 농약은 수질오염의 주범
- 호수나 저수지에서 주로 발생(정체된 수체)

유기물질이 수중에 투입되었을 때 호기성인 박테리아나 곰팡이는 그것을 섭취하여 일부는 증식에 이용하고 일부는 분해하여 무기물로 환원시키며, 이 과정에서 산소가 필요하다.

수계에 유기물이 투입되면 유기물은 조류algae 등 미생물에 의해 분해되면서 새로운 세포를 형성하고 죽은 세포는 다시 분해되어 영양소로 공급된다. 분해 단계에서 용존산소가 소비되고 한편으로는 광합성에 의해 산소가 공급되어 DO가 증가되나 유기물이 극단적으로 많을 경우 식물성 플랑크톤이 대량 증식되면서 DO가 급격히 감소하고 어패류 등 생물체가 폐사된다. 혐기성박테리아가 활동하게 되지만 유기물 분해속도가 떨어져 분해되지 않은 유기물 축적된다.

이를 좀 더 구체적으로 설명하면, 유기물질이 수중에 투입되었을 때 호기성인 박테리아나 곰팡이는 그것을 섭취하여 일부는 증식에 이용하고 일부는 분해하여 무기물로 환원시키며, 이 과정에서 산소가 필요하다.

수계에 유기물이 투입되면 유기물은 조류(algae) 등 미생물에 의해 분해되면서 새로운 세포를 형성하고 죽은 세포는 다시 분해되어 영양소로 공급된다. 분해 단계에서 용존산소 소비되고 광합성에 의해 DO공급되나 유기물이 극단적으로 많을 경우 식물성 플랑크톤이 대량 증식되면서 DO급격히 감소하고 어패류 등 생물체가 폐사된다. 혐기성박테리아가 활동하게 되지만 유기물 분해속도가 떨어져 분해되지 않은 유기물 축적된다.

부영양화를 유발하는 조류에는 다음과 같은 종류가 있다. 남조류(blue green algae)에서 발생하는 독소는 곰팡이 냄새를 나게 하는데 저수지에 소량이라도 불쾌한 냄새가 난다. 규조류인 Asterionella는 불쾌한 맛을 내며 냄새와 맛을 완전히 제거하기 어렵다.

① 규조류

일반적인 식물성 플랑크톤으로써, 상자모양의 규조 껍질과 녹색의 엽록소를 가지고 있으며 노랑 또는 갈색의 색소를 색소세포에 지닌다. 비린내가 나며 수질오염의 지표이다.

② 녹조류

장구말과 같은 단세포형, 사상형, 유영군체형 등으로 선명한 녹색을 나타내고 썩는 냄새를 낸다.

③ 남조류(blue green algae)

녹조의 주원인으로 알려져 있다. 광합성을 주로 하는 플랑크톤으로 점액질의 특성과 수질 내 산소를 고갈시키는 특성으로 인해 어패류의 폐사의 주원인이 되고 있다. 단세포 또는 군체형으로 청록색 색소를 지니며, 질소고정 능력이 있고 독성이 있어 독소를 생성하여 악취를 발생한다.

④ **편모조류**

적조의 주 원인으로 알려져 있다. 편모를 지닌 플랑크톤으로 식물과 동물의 중간 형태를 띄고 있는 플랑크톤으로써, 독소를 내포하고 있으며, 물 속 산용존소를 고갈시키고 점액질 특성을 지녀, 어패류의 아가미에 달라 붙어 어패류의 호흡을 방해하여 집단 폐사를 시키는 주 원인이 되고 있다.

(5) 억제 대책

부영양화를 억제하기 위한 대책으로는 다음과 같은 접근방법이 가능하다.

- Top-Down 방법: 물고기 등을 키워 발생 조류, 수초 제거
- Bottom-Up 방법: 영양염류를 제거하여 부영양화 현상 제거

영양염류를 제거하기 위해서는 다음과 같은 조치가 필요하다.

- N, P를 중심으로 한 유기물 유입 억제
- P를 다량 함유한 가정용 합성세제 사용 억제
- 하수 내의 N, P 고도 처리
- 일시적으로 황산동(H_2S) 살포

[3] 해양 및 지하수

(1) 해양 적조현상

적조현상(Red tide)이란 고밀도의 미소한 미생물군의 과다 번식에 의해 물의 색깔이 변하는 현상을 말한다. 특정 종류의 플랑크톤이 급격히 번식하여 물이 변색된다.
붉은 색으로 대표되나 갈색, 짙은 청색 등 다양한 색으로 나타난다.
적조현상의 원인은, 먼저 육상으로부터 오염 물질의 유입을 들 수 있다. 정화되지 않은 도시 생활수, 산업폐수 등이 유입되어 부영양화를 가속한다.
이러한 부영양화는 N, P 등 영양염류가 풍부한 도시하수, 공장폐수, 농업폐수 등이 유입되는 정체해역에서 잘 발생하며, 해양으로 유입된 영양염류가 미량금속, 특수유기물 등과 빛, 수온, pH, 염분, 기타 물리화학적 환경이 적합하면 적조생물이 급격히 번식하게 된다. 때로 근해나 원양에서는 용승현상(upwelling)으로 영양염류가 풍부한 저층수가 섞여 적조현상을 발생하기도 한다.
식물성 플랑크톤이 크게 증식된 후 일시에 죽게 되면 먹이 연쇄가 무너지고 물질의 순환이 단절되어 생태계에 막대한 영향을 초래한다. 죽은 플랑크톤의 분해를 위해 물속의 용존산소가 소모되고, 황화수소(H_2S), 탄산가스 등의 가스가 증가하여 어패류가 질식하거나, 점액질의 플랑크톤에 의해 호흡장애로 질식되기도 한다.

또한 적조생물이 배설하는 독성이나 적조생물에 번식하는 세균의 독성에 의해 중독사하며, 수질변화 등 환경조건의 악화로 인한 피해도 발생한다.

(2) 해양 유류오염 및 열오염

해양 유류오염(oil spill)은 주로 선박의 기름유출로 인해 발생된다. 선박에서 유류가 유출되면 해수면 피막이 형성되고 식물성 플랑크톤의 일차생산력이 저하되는 등 해양생태계가 심각하게 훼손되며, 영양생물 먹이원 감소, 미생물감소 등을 초래하여 마침내 해양생태계가 파괴된다. 유류오염의 특징은 피해 범위가 광범위하고 해류를 따라 이동성이 있어 피해가 널리 확산되는 광역성이 있다.

우리나라에서 발생된 대표적인 해상 유류오염 사례로서 2007년 12월 7일 충남 태안반도 앞바다에서 발생한 유조선 허베이 스피리트호 유류 유출 사고는 청정해역인 태안 해안국립공원 일대를 기름바다로 만든 이후 빠른 속도로 확산되어 태안 앞바다 일대는 물론, 전남 해안을 거쳐 제주도 해안에서도 발견되는 등 최악의 환경재앙이었다(그림 239). 총 12,547kl의 원유가 유출되어 국내에서 발생한 최악의 유출사고로 기록되었으며, 해안을 덮은 기름을 제거하기 위해 100만명이 넘는 자원봉사자들이 참여한 바 있다(그림 240).

그림 239 유류사고로 기름에 덮인 태안 해안
(자료: http://www.pacificspirit.org/)

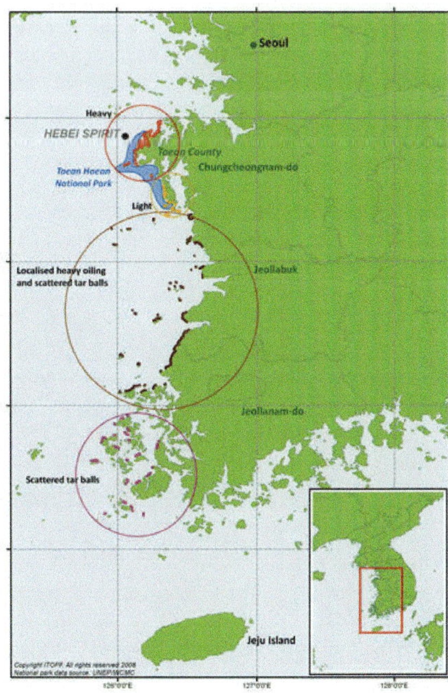

그림 240 유조선 허베이스피릿 호에서 유출된 유류오염 지도
(자료: http://www.skuld.com/topics/casualties/hebei-spirit/Fighting-Spirit)

정부에서는 지역주민 등의 피해를 보상하고 해상생태계를 복원하기 위해 '허베이 스피리트호 유류오염사고 피해주민의 지원 및 해양환경의 복원 등에 관한 특별법'을 제정하기도 하였다. 또한 1995년 여름 남해안에 상륙한 태풍 페이에 의해 여수 소리도 앞바다에서 침몰된 씨프린스호 사고로 원유 98천톤과 벙커C유 1천톤이 유출되어 3,295ha에 이르는 해상과 73km의 해안을 오염시켰고 10여년이 지난 2007년까지 잔존 유분이 발견된 바 있다.

해양 열오염은 화력이나 원자력 발전소에서 방류되는 냉각수가 해양으로 유입되어 발생한다. 고온의 냉각수 유입으로 수온이 상승하고 생물의 호흡량이 증가하여 산소요구
량이 증가된다. 이는 해양 내 용존산소(DO) 감소를 유발하여 해양생태계를 파괴하고, 어종이 냉수어종에서 온수어종으로 대체되기도 한다.

(3) 지하수오염

지하수는 중요한 지구자원으로서, 충진되는데 오랜 시간이 필요한 반면 쉽게 오염되거나 고갈된다. 그럼에도 지하수의 오염자체에 대한 생태학적 위험도는 파악되지 않고 있으며, 나아가 오염여부 자체도 파악하기 어렵고 피해범위가 광범위한 특징이 있다.

지하수를 식수로 이용하는 경우 지하수에 포함되어 있을지도 모를 오염물질은 사람의 건강에 심각한 위협이 되고 있다. 또한 자정작용이 쉽게 일어나지 않으며 흐름이 느리고 폐쇄적이라는 한계가 있다.

3. 대기환경

[1] 대기오염 원인 및 현상

(1) 대기오염 원인

대기오염은 연소산화물(황산화물, 질소산화물, 이산화탄소 등), 분진, 미세먼지, 광화학산화물 등이 대기 중에 다량 분포하여 대기의 질을 저하시키는 상태를 의미한다.

세계보건기구(WHO)에서는 대기오염을 '대기 중에 인위적으로 배출된 한가지 또는 그 이상의 오염물질이 존재하여 오염물질의 양, 농도 및 지속시간이 어떤 지역의 불특정 다수인에게 불쾌감을 일으키거나 해당 지역에 공중보건상의 위해를 끼치고, 인간이나 동식물 활동에 해를 주어 생활이나 재산을 향유할 정당한 권리를 방해받는 상태'라고 정의하고 있다.

대기오염은 식물이 도시생활공간에 식재되었을 때 가스, 분진 등 도시공해 요소가 생육장애 요인이 되며, 비배관리, 병충해 방제 등으로 내공해성을 배양할 필요가 있다. 식물에 피해를 주는 오염원으로는 대기 중 SO_2, CO, NO, H_2C, H_2S, Cl_2 등을 포함하여 옥시던트, 산성비,

분진 등이 피해를 주는 원인이 되고 있다.

(2) 오염원별 특징

오염물질은 형태에 따라 고체상(입자상), 기체상(가스상) 물질로 나눌 수 있다. 또한 오염물질은 오염발생경로에 따라 제1차 오염물질과 제2차 오염물질로 구분된다.

제1차 오염물질(primary pollutants)은 특정 오염원으로부터 배출되어 생물과 무생물에 직접적인 피해를 끼치는 아황산가스(SO_2), 이산화질소(NO_2), 불화수소(HF) 등이 해당된다.

제2차 오염물질(secondary pollutants)은 제1차 오염물질들이 특정한 환경 내에서 상호반응함으로써 생성되어 유해한 영향을 끼치게 되며 오존, PAN (peroxyacetylnitrate) 등이 이에 해당된다.

아울러 유기오염물질 및 무기오염물질로 구분할 수 있다.

이를 종합하면 다음과 같이 정리할 수 있다(표 41).

표 41 대류권을 오염시키는 주요 대기오염물질 (Smith, 1990)

구분		무기오염물질	유기오염물질
고체상	제1차	중금속, 염류(황산염, 질산염, 암모늄염, 염산염, 불화물 등), 산류, 염기류, 분진, 토양	포자, 화분, 검댕
	제2차	수소이온염, 황산이온염, 질산이온염, 염산이온염, 암모늄이온염	농축된 탄화수소류, 카르복실산, 디카르복실산, 지방족 질산 등
기체상	제1차	산화물(탄소, 황, 질소산화물), 할로겐족 원소(브롬, 염소, 브롬화수소, 염화수소, 불화수소), 기타(수은, 암모니아, 황화수소)	탄화수소류, 산화된 탄화수소류, 메르캅탄류, 할로겐화수소류, 황화물
	제2차	오존, 과산화수소, 질산, 아초산, 암모늄이온염 등	PAN과 상동물질, 산화된 탄화수소류, N-nitroso화합물, 과초산(peracetic acid)

[참고] 광화학스모그

자동차 배기가스, 매연, 기타 원인에 의한 질소산화물, 아황산가스 등이 태양에너지의 자외선과 반응하여 옥시던트를 생성하게 된다. 옥시던트는 PAN, 알데히드, 오존 등이 화합하여 만들어지는 생성물로서 눈, 코, 기도점막 자극 등 인체에 해로운 영향을 주는 물질이다.

[2] 미세먼지

미세먼지(PM; Particulate Matter; 입자상물질)는 대기중에 떠다니거나 흩날려 내려오는 입자상

물질로서 크기에 따라 PM10(10㎛이하)와 PM2.5(2.5㎛이하)로 구분된다(그림 241).

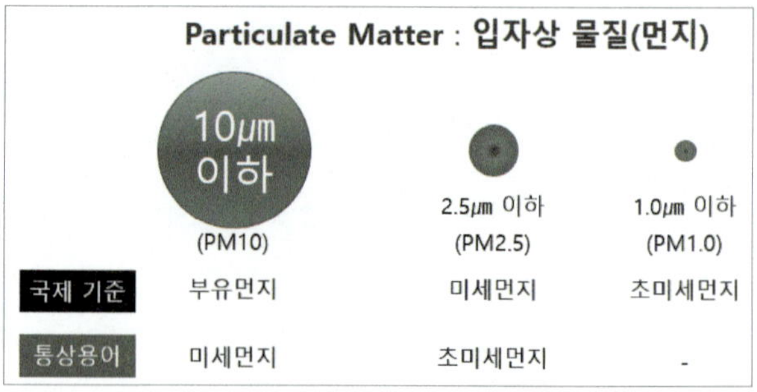

그림 241 미세먼지 구분

배출원인은 대체로 다음과 같다.

- 화석연료의 연소, 공장과 자동차의 배출가스 등 인간의 활동으로 배출
- 인체에 유해한 탄소류·대기오염물질 등
- 중국발 황사 등 먼지에 함유된 산업오염물질의 증가
- 중국동북부 화력발전소 등 산업시설 증가

미세먼지 배출 특성은 직접배출에 의한 1차 생성과 간접배출에 의한 2차 생성으로 구분할 수 있다.

1) 직접배출(1차생성)

- 공장 굴뚝 등 고정 배출원, 자동차 배기가스, 건설현장의 비산먼지 등에서 미세먼지 배출
- 2차 생성에 비해 상대적으로 먼지의 크기가 크며 주로 PM-10의 농도와 관련

2) 간접배출(2차생성)

- 가스상태로 배출된 물질이 공기 중의 다른 물질과 화학반응.
- 황산화물(SOx), 질소산화물(NOx), 휘발성유기화합물(VOCs) 등이 미세먼지로 전환
- 석탄, 석유 등 화석연료가 연소되는 과정에서 배출되는 황산화물
- 자동차 배기가스에서 나오는 질소산화물
- 1차 생성에 비해 상대적으로 먼지의 크기가 작아 PM2.5의 농도와 관련
- PM2.5 농도의 대부분은 2차생성에 기인함

[참고] 미세먼지와 황사

재난 및 안전관리 기본법에서 규정한 재난 기준에서 황사는 자연재난에 속하며 미세먼지는 사회재난으로 분류한다(그림 242).

4. 기타 오염

[1] 토양환경

토양오염물질에 의한 토양환경의 질적 저하를 의미하며, 도시화의 확산과 생산활동을 위한 각종 비료와 농약, 화학물질 등의 사용으로 토양의 기능이 점점 악화되고 있다. [토양환경보전법]에 의하면 사업활동이나 그 밖의 사람의 활동에 의하여 토양이 오염되어 사람의 건강·재산이나 환경에 피해를 주는 상태를 말한다. 토양은 대기, 물, 생물, 암석 등 다른 환경인자와 복잡하게 상호작용하고 있다. 질소와 탄소 등은 대기와 토양과 물을 이동하면서 순환한다.

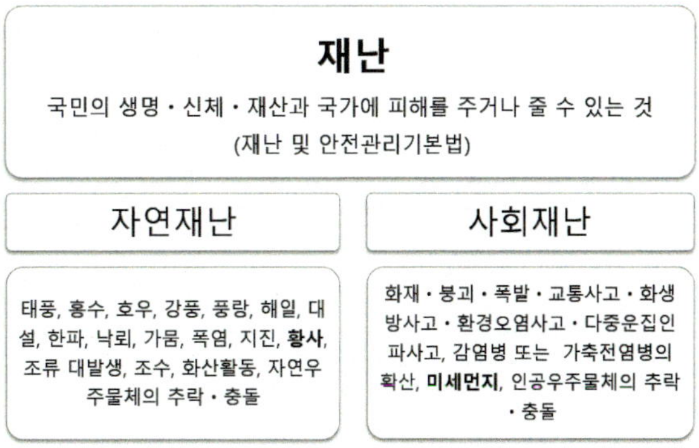

그림 242 재난 분류

그러나 토양 속에 생활하수, 공장폐수, 폐기물, 농약, 비료 등이 유입되어 오염된다. 토양오염은 다른 오염과도 밀접한 관계가 있다. 대기오염으로 산성비가 내려 토양에 피해를 주고, 수질오염으로 물 속의 오염물질이 토양에 영향을 주게 된다. 특히 토양오염은 지하수의 오염원, 하천수의 오염원이 될 수 있다는 점에서 유의하여야 한다. 산성비는 지표에 흡수되면 토양 산성화를 유발하여 토양 중 칼슘과 마그네슘 등과 같은 양이온이 황산염으로 변하게 된다. 또한 토양 속 지렁이나 미생물 등이 사라지면서 물질순환이 단절되거나 유기질이 부족해지면서 식물이 병충해에 취약해지고 심한 경우 죽게 된다.

토양오염의 원인이 되는 물질을 토양오염물질이라고 한다. [토양환경보전법]에서는 카드뮴(Cd) 및 그 화합물, 구리(Cu) 및 그 화합물, 비소(As) 및 그 화합물 등 중금속물질과 폴리클로리네이티드비페닐, 시안화합물, 페놀류, 벤젠, 벤조(a)피렌 등 23개의 물질과 그 밖에 토양오염의 방지를 위하여 특별히 관리할 필요가 있는 물질을 토양오염물질로 정의하고 있다.

특히 벤젠, 톨루엔, 에틸벤젠, 크실렌, 석유계총탄화수소, 카드뮴(Cd), 구리(Cu), 비소(As), 수은(Hg), 납(Pb), 6가크롬, 아연(Zn), 니켈(Ni), 불소(F) 등은 토양오염물질이 인체와 환경에 미치는 위해의 정도를 평가하여 토양정화 범위, 시기 및 수준 등에 반영하고 있다(표 42).

표 42 오염물질 및 기준

물질	오염 기준 (단위: mg/kg. 다이옥신의 경우에는 pg-TEQ/g)		
	1지역	2지역	3지역
1. 카드뮴	4	10	60
2. 구리	150	500	2,000
3. 비소	25	50	200
4. 수은	4	10	20
5. 납	200	400	700
6. 6가크롬	5	15	40
7. 아연	300	600	2,000
8. 니켈	100	200	500
9. 불소	400	400	800
10. 유기인화합물	10	10	30
11. 폴리클로리네이티드비페닐	1	4	12
12. 시안	2	2	120
13. 페놀	4	4	20
14. 벤젠	1	1	3
15. 톨루엔	20	20	60
16. 에틸벤젠	50	50	340
17. 크실렌	15	15	45
18. 석유계총탄화수소(TPH)	500	800	2,000
19. 트리클로로에틸렌(TCE)	8	8	40
20. 테트라클로로에틸렌(PCE)	4	4	25
21. 벤조(a)피렌	0.7	2	7
22. 1,2-디클로로에탄	5	7	70
23. 다이옥신(퓨란을 포함한다)	160	340	1,000

[2] 폐기물

(1) 폐기물 원인 및 현상

폐기물관리법에 의하면 "폐기물"이란 쓰레기, 연소재, 오니, 폐유, 폐산, 폐알칼리 및 동물의 사체 등으로서 사람의 생활이나 사업활동에 필요하지 아니하게 된 물질을 말한다. 폐기물은 생활폐기물, 사업장폐기물로 구분된다(그림 243).

사업장폐기물이란 「대기환경보전법」, 「수질 및 수생태계 보전에 관한 법률」 또는 「소음·진동관리법」에 따라 배출시설을 설치·운영하는 사업장 등에서 발생하는 폐기물을 말한다. 생활폐기물이란 사업장폐기물 외의 폐기물을 말한다. 사업장폐기물 중에서 폐유·폐산 등 주변 환경을 오염시킬 수 있거나 의료폐기물 등 인체에 위해를 줄 수 있는 해로운 물질들을 특별히 지정폐기물로 관리하게 된다.

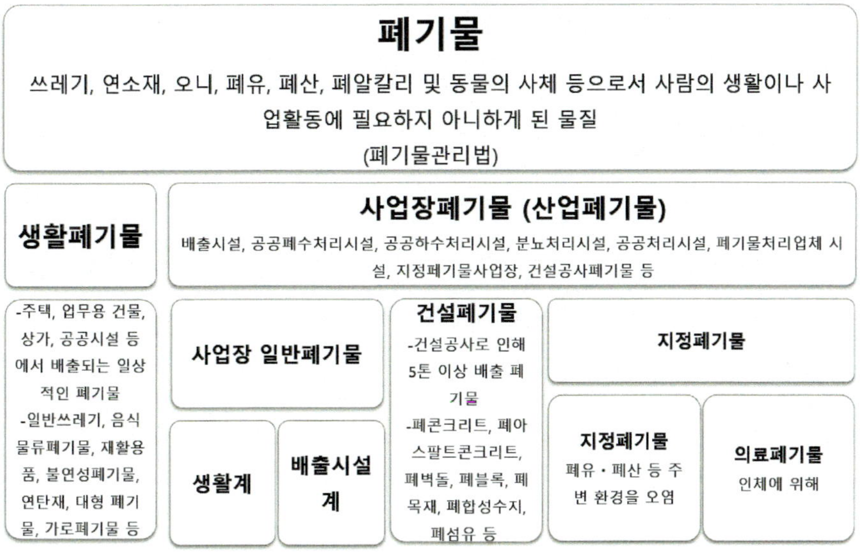

그림 243 폐기물 유형

(2) 지정 폐기물

① 특정시설에서 발생되는 폐기물

가. 폐합성 고분자화합물

- 폐합성 수지(고체상태의 것은 제외)
- 폐합성 고무(고체상태의 것은 제외)

나. 오니류

- 수분함량이 95퍼센트 미만이거나 고형물함량이 5퍼센트 이상인 것
- 폐수처리 오니
- 공정 오니

다. 폐농약

- 농약의 제조·판매업소에서 발생되는 것

② 부식성 폐기물

- **폐산**: 액체상태의 폐기물로서 수소이온 농도지수가 2.0 이하인 것
- **폐알칼리**: 액체상태의 폐기물로서 수소이온 농도지수가 12.5 이상인 것, 수산화칼륨 및 수산화나트륨 포함

③ 유해물질함유 폐기물

- 광재(鑛滓):철광 원석의 사용으로 인한 고로슬래그(slag)는 제외

- 분진:대기오염 방지시설에서 포집된 것으로서 소각시설에서 발생되는 것은 제외
- 폐주물사 및 샌드블라스트 폐사(廢砂)
- 폐내화물(廢耐火物) 및 재벌구이 전에 유약을 바른 도자기 조각
- 소각재
- 안정화 또는 고형화·고화 처리물
- 폐촉매
- 폐흡착제 및 폐흡수제:광물유·동물유 및 식물유의 정제에 사용된 폐토사(廢土砂) 포함. 단, 폐식용유는 제외

④ 폐유기용제

- 할로겐족
- 그 밖의 폐유기용제

⑤ 폐페인트 및 폐래커

- 페인트 및 래커와 유기용제가 혼합된 것으로서 페인트 및 래커 제조업, 용적 5세제곱미터 이상 또는 동력 3마력 이상의 도장시설, 폐기물을 재활용하는 시설에서 발생되는 것
- 페인트 보관용기에 남아 있는 페인트를 제거하기 위하여 유기용제와 혼합된 것
- 폐페인트 용기(용기 안에 남아 있는 페인트가 건조되어 있고, 그 잔존량이 용기 바닥에서 6밀리미터를 넘지 아니하는 것은 제외)

⑥ 폐유

- 기름성분을 5퍼센트 이상 함유한 것(폴리클로리네이티드비페닐(PCBs)함유 폐기물, 폐식용유와 그 잔재물, 폐흡착제 및 폐흡수제는 제외)

⑦ 폐석면

- 건조고형물의 함량을 기준으로 하여 석면이 1퍼센트 이상 함유된 제품·설비(뿜칠로 사용된 것 포함) 등의 해체·제거 시 발생되는 것
- 슬레이트 등 고형화된 석면 제품 등의 연마·절단·가공 공정에서 발생된 부스러기 및 연마·절단·가공 시설의 집진기에서 모아진 분진
- 석면의 제거작업에 사용된 바닥비닐시트(뿜칠로 사용된 석면의 해체·제거작업에 사용된 경우에는 모든 비닐시트)·방진마스크·작업복 등

⑧ 폴리클로리네이티드비페닐 함유 폐기물

- 액체상태의 것(1리터당 2밀리그램 이상 함유한 것)
- 액체상태 외의 것(용출액 1리터당 0.003밀리그램 이상 함유한 것)

⑨ 기타 폐기물

- 폐유독물(「유해화학물질관리법」 제2조제3호에 따른 유독물)
- 의료폐기물
- 그 밖에 주변환경을 오염시킬 수 있는 유해한 물질

(3) 의료폐기물

의료폐기물이란 보건·의료기관, 동물병원, 시험·검사기관 등에서 배출되는 폐기물 중 인체에 감염 등 위해를 줄 우려가 있는 폐기물과 인체 조직 등 적출물, 실험 동물의 사체 등 보건·환경보호상 특별한 관리가 필요하다고 인정되는 폐기물로서 다음 폐기물을 말한다(표 42).

표 42 의료폐기물 종류

(폐기물관리법시행령 제4조 별표2)

유형	내 용	
1. 격리의료 폐기물	「감염병의 예방 및 관리에 관한 법률」 제2조제1호의 감염병으로부터 타인을 보호하기 위하여 격리된 사람에 대한 의료행위에서 발생한 일체의 폐기물	
2. 위해의료 폐기물	가. 조직물류폐기물	인체 또는 동물의 조직·장기·기관·신체의 일부, 동물의 사체, 혈액·고름 및 혈액생성물(혈청, 혈장, 혈액제제)
	나. 병리계폐기물	시험·검사 등에 사용된 배양액, 배양용기, 보관균주, 폐시험관, 슬라이드, 커버글라스, 폐배지, 폐장갑
	나. 손상성폐기물	주사바늘, 봉합바늘, 수술용 칼날, 한방침, 치과용침, 파손된 유리재질의 시험기구
	라. 생물·화학폐기물	폐백신, 폐항암제, 폐화학치료제
	마. 혈액오염폐기물	폐혈액백, 혈액투석 시 사용된 폐기물, 그 밖에 혈액이 유출될 정도로 포함되어 있어 특별한 관리가 필요한 폐기물
3. 일반의료 폐기물	혈액·체액·분비물·배설물이 함유되어 있는 탈지면, 붕대, 거즈, 일회용 기저귀, 생리대, 일회용 주사기, 수액세트	

(4) 폐기물 처리 및 재활용

폐기물 처리란 폐기물의 수집, 운반, 보관, 재활용, 처분을 말한다. 여기서 처분이란 폐기물의 소각·중화(中和)·파쇄·고형화 등의 중간처분과 매립하거나 해역으로 배출하는 등의 최종 처분을 말한다.

재활용이란 다음의 어느 하나에 해당하는 활동을 말한다.

- 폐기물을 재사용·재생이용하거나 재사용·재생이용할 수 있는 상태로 만드는

활동

- 폐기물로부터 「에너지법」 제2조제1호에 따른 에너지를 회수하거나 회수할 수 있는 상태로 만들거나 폐기물을 연료로 사용하는 활동

폐기물처리시설이란 폐기물의 중간처분시설, 최종처분시설 및 재활용시설을 말한다.
폐기물감량화시설이란 생산 공정에서 발생하는 폐기물의 양을 줄이고, 사업장 내 재활용을 통하여 폐기물 배출을 최소화하는 시설을 말한다.

(5) 폐기물 대책 및 처리

최선의 폐기물 대책은 소비를 줄이는 것이며, 일회용품 사용 줄이기, 생활쓰레기 특히 음식물 쓰레기를 줄이는 것이 중요하다.
폐기물 대책 및 처리방안으로는 발생억제, 재사용, 재활용, 소각, 매립, 해양투기, 퇴비화 및 사료화 등이 있다.

① 발생 억제

- 쓰레기 종량제, 1회용품 사용 규제, 과대포장 규제, 폐기물부담금제도,

② 재사용

- 리필 제품생산 권고, 알뜰시장(벼룩 시장, 녹색가게 등)

③ 재활용

④ 소각(Incineration)

부피를 줄이기 위해 중간처리과정으로 널리 사용

⑤ 매립(landfill)

- 단순매립(Open Dump): 부피를 줄이기 위하여 폐기물을 태운 후 구멍을 파서 쓰레기를 넣고 흙으로 덮는 방법
- 위생매립(Sanitary landfill): 환경이나 인간의 건강에 미치는 영향을 최소화하기 위하여 가능한 적은 면적에 폐기물 부피를 최소화 한 후 바닥은 진흙을 깔고 매일 복토해 주면서 매립

⑥ 해양투기(Ocean dumping)

⑦ 퇴비화 및 사료화(Composting)

[3] 방사능 오염

(1) 방사능 오염 특징

방사능오염(radioactive contamination)은 의도하지 않거나 바람직하지 않게 방사성 물질이 인체를 포함한 고체, 액체, 기체의 내부나 표면에 축적 또는 존재하는 것을 말한다(IAEA, 2007). 방사능 오염으로 인해 인체에 직접적인 피해와 더불어 거주 공간, 옷, 동식물, 음식물 등이 오염되어 또다른 피해를 끼친다. 방사능 오염은 주로 원자력발전소에서의 유출사고로 인해 발생할 수 있으며, 자연적으로도 약간의 방사능에 노출되어 있다. 대표적인 방사능 오염 사례로는 비키니 제도의 환초, 체르노빌 원자력 발전소, 후쿠시마 원자력 발전소 등을 들 수 있다. 최근 발생한 대표적인 방사능 유출사고인 일본 후쿠시마 원전사고(Fukushima Daiichi nuclear disaster)는 2011년 3월 일본 도호쿠 지방 태평양 연안에서 발생한 지진으로 인해 센다이 해안으로 쓰나미가 몰려들어 인근의 후쿠시마 원자력발전소에서 방사능이 유출된 사건이다. 원전사고 등급상 최고 등급인 7등급으로서 러시아 체르노빌 원자력 발전소와 더불어 최악의 원전사고로 평가되고 있다. 이후 원자력발전소에서 유출된 방사능은 대기 중으로 누출되었고 또한 방사능처리수가 태평양으로 유출되어 해류를 타고 확산되고 있다(그림 244).

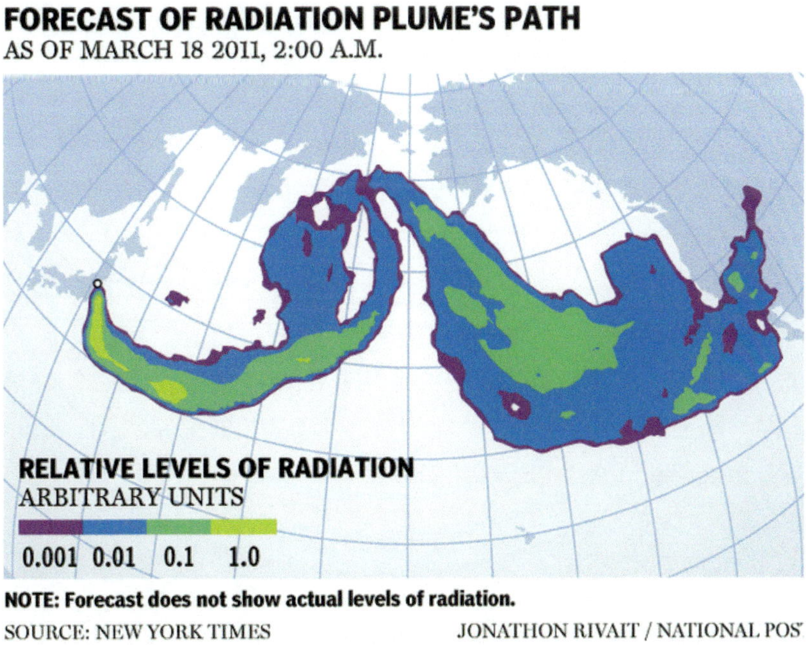

그림 244 일본 후쿠시마 원전 사건에 의한 방사능 확산

(자료 : http://wpmedia.news.nationalpost.com/)

(2) 방사능 오염 유형

1) 오염 경로에 따른 유형

방사능 오염은 표면오염, 공중오염, 체내오염 등으로 구분할 수 있다.

① 표면오염

사람이나 식물의 표면 오염은 가장 일반적인 형태의 방사능 오염으로서 단위 면적당 방사능으로 표시되며, 제곱미터당 베크렐(Bq/m²)로 나타낸다. 다른 단위로는 '100제곱센티미터당 피코 퀴리' 또는 '제곱센티미터당 분당 붕괴수'($1\ dpm/cm^2 = 167\ Bq/m^2$) 등이 사용된다. 여기서 1Bq는 방사선이 1초당 1번 붕괴하는 양을 의미하며, dpm은 분당 붕괴수를 의미한다. 이때 1dpm=0.0167bq이다.

② 공중오염

공기 중에 떠다니는 입자 형태의 방사성 동위원소에 의해 공기가 오염될 수 있는데, 사람들이 인식하지 못하고 흡입하여 위험해진다. 적절한 공기 정화기나 공기를 공급하는 방호복으로 호흡하여 위험을 저감시킬 수 있다.

③ 체내오염

방사능은 음식물, 공기흡입, 피부, 때로는 주사 등을 통해 체내로 들어갈 수 있다. 방사능에 노출된 생명체나 주변의 물질들은 잠재적인 오염원이 될 수 있으므로 침입 경로를 예측하여 방지하는 것이 중요하다.

2)오염 정도에 따른 유형

한편, 오염정도에 따라 고준위, 중준위, 저준위 오염으로 나누기도 한다.

저준위 방사능 오염은 피해가 미약한 수준이긴 하지만 검출기로 검출되는 농도이므로 주의할 필요가 있다. '오염지역' 표지를 설치하고 출입을 억제하며 출입을 할 때는 오염방지복을 입는다.

고준위 방사능 오염은 사람과 환경에 심각한 위협이 되는 수준으로서 다량의 방사성 물질이 확산되어 치명적인 수준의 방사선에 노출되었을 수 있다. 특별히 심한 지역을 '핫스팟(hot spot)'으로 설정하여 특별한 주의를 한다.

[4] 소음, 진동

(1) 소음 진동

소음이란 기계 · 기구 · 시설, 그 밖에 물체의 사용 또는 공동주택 등의 장소에서 사람의 활동으로 인해 발생하는 강한 소리를 말하며, 진동이란 기계 · 기구 · 시설, 그밖에 물체의 사용으로 인하여 발생하는 강한 흔들림을 말한다. 소음 · 진동은 우리가 원하지 않은 소리나 떨림으로 일상생활에 느끼는 공해 중 가장 빈번하게 느끼고 있으며, 피해 당사자에게 참을 수 없는 고통을 주어 정신적 · 심리적 스트레스의 원인이 될 뿐만 아니라 심한 소음의 경우 환청과 난청의 원인이 되기도 한다.

「소음 · 진동관리법」에서는 소음진동 관리대상을 공장소음, 생활소음, 교통소음, 항공기소음으로 구분하고 있다.

① 공장소음

공장소음은 공장 설비 가동 소리(파열음, 충격음, 동력전달음 등)로서 다른 소음원과는 다르게 일시적이지 않고 지속적으로 발생하는 특징이 있다. 공장설비를 한번 설치되면 반영구적으로 사용하게 되므로 인근 지역에 지속적으로 피해를 줄 수 있어, 사전 입지 단계에서부터 고려하여야 한다.

② 생활소음

생활 소음 배출원은 확성기 소음, 건설 공사장의 작업 소음, 소규모 공장의 작업 소음, 유흥업소 심야소음, 스포츠나 야외활동에 의한 소음 등 매우 다양하며, 인구 증가와 도시화, 상업화 등에 따라 생활 소음 배출원이 급격히 증가하고 있다.

③ 교통소음

교통소음은 그 배출원이 자동차, 기차 등으로서 발생 소음도가 매우 클 뿐만 아니라 그 피해 지역도 광범위하다. 특히 자동차 도로망이 광대하게 확대되고 차량 보유 대수가 급격히 증가하고 있어서 도심 지역의 주요 소음원이 되고 있다.

- 자동차, 오토바이 등 차량의 동력음(엔진음, 냉각팬음, 흡배기음), 주행음(타이어음), 기타음(동력전달음, 자체의 바람소리, 경적 등)
- 기차, 전철 등 통행시 발생하는 소음

항공기 이륙 · 착륙시 발생하는 항공소음은 항공기 운항 항로 신설 및 운항 회수의 급격한 증가에 따라 항공기 소음 피해가 증가하고 있으며, 소음 유형 중 소음 크기가 가장 높다.

(2) 층간 소음

층간소음은 공동주택에서 사람의 활동으로 인해 발생하여 다른 입주자들에게 피해를 주는 소음을 말하며, 직접충격 소음과 공기전달 소음으로 나눌 수 있다.

- 직접충격 소음 : 아이들이 뛰는 소리, 물건 떨어지는 소리, 가구의 이동 소리, 어른의 발소리, 망치질 소리 등
- 공기전달 소음 : TV 소리, 오디오 소리, 피아노 등 악기 소리

우리나라 아파트의 대부분은 벽식 구조로 건설되어 충격음이 벽을 타고 전달되는 특성이 있으며, 윗집에서만 발생하는 것이 아니라 옆집이나 대각선 등 다른 인접 세대에서 유발되는 경우도 많다. 층간소음 관리 기준은 환경부와 국토교통부 공동으로 공동주택에서 발생되는 층간소음으로 입주자 및 사용자의 피해를 최소화하고 발생된 피해의 분쟁을 해결하기 위하여 '공동주택 층간소음의 범위와 기준에 관한 규칙' 을 정하여 관리하고 있다.

(3) 소음진동기준

소음진동기준(표 43)은 생활환경보전과 국민의 건강을 보호하기 위하여 환경정책의 목표치로서 국제표준화기구(ISO)의 권고안을 참고로 하여 설정한 것으로 사전환경성검토, 환경영향평가 등에 검토기준으로 활용되며, 소음진동기준의 달성정도를 파악하기 위하여 환경소음측정망을 설치운영한다.

표 43 소음기준 (환경정책기본법)

단위 : Leq dB(A)

지역구분	적용 대상지역	기준	
		낮 (06 : 00 ~ 22 : 00)	밤 (22 : 00 ~ 06 : 00)
일반지역	"가"지역	50	40
	"나"지역	55	45
	"다"지역	65	55
	"라"지역	70	65
도로변지역	"가" 및 "나"지역	65	55
	"다"지역	70	60
	"라"지역	75	70

1. **지역구분**

["가"지역]

1) 「국토의 계획 및 이용에 관한 법률」에 따른 녹지지역
2) 「국토의 계획 및 이용에 관한 법률」에 따른 보전관리지역
3) 「국토의 계획 및 이용에 관한 법률」에 따른 농림지역 및 자연환경보전지역
4) 「국토의 계획 및 이용에 관한 법률 시행령」에 따른 전용주거지역
5) 「의료법」에 따른 종합병원의 부지경계로부터 50미터 이내의 지역
6) 「초 · 중등교육법」 및 「고등교육법」에 따른 학교 부지경계로부터 50미터 이내

의 지역

7) 다음의 어느 하나에 해당하는 시설의 부지경계로부터 50미터 이내의 지역

가) 「도서관법」에 따른 공공도서관

나) 「도서관법」에 따른 특수도서관

["나"지역]

1) 「국토의 계획 및 이용에 관한 법률」에 따른 생산관리지역

2) 「국토의 계획 및 이용에 관한 법률 시행령」에 따른 일반주거지역 및 준주거지역

["다"지역]

1) 「국토의 계획 및 이용에 관한 법률」에 따른 상업지역 및 계획관리지역

2) 「국토의 계획 및 이용에 관한 법률 시행령」에 따른 준공업지역

["라"지역]

1) 「국토의 계획 및 이용에 관한 법률 시행령」에 따른 전용공업지역 및 일반공업지역

2) "도로"란 자동차(2륜자동차 제외)가 한 줄로 안전하고 원활하게 주행하는 데에 필요한 일정 폭의 차선이 2개 이상 있는 도로를 말한다.

3) 이 소음환경기준은 항공기소음, 철도소음 및 건설작업 소음에는 적용하지 않는다.

규제기준은 환경기준 유지와 행정목표 달성을 위한 규제수단의 하나로 환경기준과는 구별된다 (그림 245).

대상지역	구분	한도	
		주간 (06:00 - 22:00)	야간 (22:00 - 06:00)
주거지역, 녹지지역, 관리지역 중 취락지구 및 관광·휴양개발진흥지구, 자연환경보전지역, 학교·병원·공공도서관의 부지 경계선으로부터 50미터 이내 지역	소음 LeqdB(A)	68	58
	진동dB(V)	65	60
상업지역, 공업지역, 농림지역, 생산관리지역 및 관리지역 중 산업·유통개발진흥지구, 미고시지역	소음LeqdB(A)	73	63
	진동dB(V)	70	65

그림 245 교통소음진동 관리기준 (소음진동관리법)